바람직한 국가위기체제의

국가안보정책론

권혁빈 · 박준석

Security

머리말

1991년 소련의 붕괴와 함께 동서 냉전은 종식되고, 국제정치 구조는 미소 양극 체제에서 미국을 중심으로 한 일초다극(一超多極) 체제로 전환되어 왔습니다. 그러나 냉전의 종식에도 불구하고, 세계 각국의 안보 체제는 민족 간 분쟁, 종교 분쟁, 영토 분쟁, 핵무기・대량살상무기(WMD : Weapons of Mass Destruction)의 확산, 테러리즘 등 계속적인 다양한 위기에 직면하고 있습니다.

국가안보는 외부의 침략으로부터 국가의 주권과 영토를 지키는 군사적 안보뿐만 아니라 비군사적인 위협으로부터 국가의 가치를 보호하고 생존과 번영을 확보하고 유지하는 국가능력과 이를 위한 일체의 활동을 의미합니다. 그동안 국가안보는 외부의 군사적 위협에 대응해 군사적 방법으로 국가안보와 국가이익을 지키는 '전통적 안보' 개념으로 이해되어 왔으나 오늘날에는 군사적 위협뿐만 아니라 비군사적 위협에 대처하는 '포괄적 안보' 개념으로 넓어지고 있습니다. 따라서 전통적인 군사적 위협 외에 핵무기 등 대량살상무기의 확산, 테러전쟁의 증가, 해적, 사이버 공격, 산업 스파이 등의 새로운 유형의 위협과 함께 자연재해, 전염성의 발생과 확산, 기후문제, 에너지, 식량문제 등도 포괄적 의미의 안보영역이라 할 수 있습니다.

국가안전 보장의 궁극적 목표는 전쟁의 위협으로부터 국민과 영토, 주권을 방위하는 것이므로 평시에 국가가 수행할 핵심적 책무는 제반 유형의 위기에 능동적이고 효율적으로 대처하는 통합적 위기관리입니다. 국가 통합위기관리체제는 군사적 위협에 대한 위기뿐 아니라 재난 및 테러 등 다차원적 위협에서 비롯되는 국민보호 및 국가보전 분야의 중요 위기를 모두 망라하여 국가가 관장하는 위기관리 방식의 하나입니다. 탈냉전시대가 도래한 후 국가안보를 위협하는 요인이 다변화됨에 따라 국제사회는 군사적 위협에 국한된 위기관리 개념을 넘어 포괄적 통합위기관리 개념을 기조로 삼는 패러다임 혁신을 추진해왔습니다. 우리나라 또한 예외일 수가 없으며 국가 위기관리의 성공을 보장하는 고효율의 포괄적 통합안보체제를 구축하는 일이 시급하고 중차대한 과제라는 문제의식이 본서의 출발점입니다.

본서는 주로 비교론적인 관점에서 각국의 위기관리 조직과 정책을 비교・분석하고 바람직한 국가위기체제의 구축 방안을 제시하는 데 역점을 두었습니다.

최근 정부조직법에 의해 국민안전처가 신설되고, 대통령을 보좌하는 경호실, 국가안보실, 비서실의 역할과 기능이 필요한 이 시기에 명확한 정책적 매뉴얼을 통해 예방, 대응, 준비, 복구 단계에 의한 체계적 시스템을 구축하는 데 의의가 있습니다. 또한 각 정부부처와 산학관연의 협업기능에 대한 역할을 명확히 하여 국가안보의 기능과 활동, 책임을 부여할 수 있는 Matrix를 구축할 필요가 있다고 생각됩니다. 즉, 국회, 국방부, 행정자치부, 국민안전처, 교육부, 국정원, 법무부, 검찰청, 경찰청, 여가부, 환경부, 외교부, 통일부 등 각 정부부처의 역할을 명확하게 구분하여 실질적 국민안전과 국익을 통하여 국가안보의 발전에 정책적 자료를 제공하는 데 큰 의의가 있다고 사료됩니다.

끝으로 공동저자이신 용인대학교 박준석 교수님을 비롯하여 백산출판사 진욱상 사장님, 이치영 연구원, 선후배 학자님들께 진심으로 감사의 말씀 드립니다.

2014년 12월 31일

저자 권혁빈・박준석

차 례

제6장 각국의 테러대응 동향과 한국적 대응전략

제7장 해외진출기업의 테러위협 및 보호방안

부 록 관계법령 및 직제

제 1 장

각국의 국가경호조직(경호실) 비교

제 1 장 각국의 국가경호조직(경호실) 비교

경호의 포괄적 함의는 정부요인과 국내외의 주요 인사 등 피보호자의 신변에 대하여 직・간접적으로 가해지려는 위해를 방지하기 위하여 위험요소를 사전에 제거하고 피보호자의 안전을 도모하는 전형적인 경찰상 위험방지 활동의 일환으로, 특히 경호대상자 중에서도 대통령, 국왕, 수상 등을 포함한 국가수반은 헌법상 국가를 보위하고 헌법을 수호하는 책임을 지기 때문에 국가원수에 대한 경호는 한 개인의 신변을 보호하는 것으로 그치는 것이 아니라 그것은 곧 국가와 국민의 안전을 보장하는 것과 직결된다고 할 수 있다(이상원, 임준태, 2005: 287; 박준석, 정주섭, 2010: 25).

이러한 목적을 달성하기 위하여 적극적으로 일정한 경호작용을 주도적으로 실시하는 당사자인 경호주체는 경호 대상에 따라서 대통령경호실과 같은 국가원수 경호 전담기관, 국무총리 등 주로 경찰이 담당하는 경호기관, 민간경호기관 등으로 구분된다.

세계사적으로 볼 때 국가원수에 대한 위해가 국제지형을 뒤흔들고 국제간 분쟁으로 이어지는 대표적인 사례는 제1차 세계대전의 발생 요인인 오스트리아의 프란츠 페르디난드 황태자 부부의 암살사건임은 공지의 사실이다. 어느 시대, 어느 국가에 있어서도 국가수반에 대한 경호의 중요성은 변함이 없으며, 더욱이 세계화의 시대를 맞아 모든 국가간의 이해관계가 상호 중첩된 범글로브화 현상은 어느 특정국가의 수반이 홀로 안전지대에 안주하는 여지를 허용하지 않는다.

다시 말하면 국가의 수반은 국내외의 분쟁과 갈등상황 속에서 자신의 안위가 다양한 변인에 의해 노출되는 극한적 위기를 맞고 있다. 특히 우리나라의 경우 남북 간의 첨예한 대립관계에서 빚어진 국가원수에 대한 위해사건[1)]이 끊임없이 발생하는 위험

사각지대에 놓여 있다. 이에 더하여 국내외적인 위기사회에 있어서의 국가원수에 대한 위해상황의 예측 변수로서는 탈세계화에 따른 국제범죄의 광역화, 국제분쟁지역에 대한 자국의 개입에 따른 이념 간 충돌과 더불어 국내의 계층과 세대 및 이념에 따른 극심한 양극화는 위기사회의 징후인 갈등현상을 증폭시켜 그 모든 책임을 국가수반의 책임으로 미루는 나머지, 전혀 예기치 못한 국내외의 정치사회적 급변사태를 초래하는 경우를 상정할 수 있다(박준석, 2000: 138; 박준석, 2010: 283; 김두현, 2007: 48).

따라서 본 논문은 제각기 역사적 상황을 달리하는 한・미・일 3국의 국가원수 경호조직의 비교를 통해 바람직한 한국의 경호체계를 모색해 보고자 한다.

1. 미국의 Secret Service(SS)

미국의 대통령 경호를 담당하는 국가기관은 The United States Secret Service(SS)이다. 오늘날 세계에서 가장 뛰어난 전문성과 대규모 경호 인력을 보유하는 SS는 한국의 대통령 경호실 및 일본의 시큐리티 폴리스(SP) 창설에 직・간접적인 모델이 된 바 있다.[2] 본래 위조지폐 적발을 위한 수사기관으로 출발한 SS는 아직까지도 요인경호(protection)과 금융하부구조(financial infrastructure)의 보호라는 이원화된 임무(dual mission)을 띠고 있는 것이 특징이다.[3][4] SS의 모토는 "신뢰와 확신을 받을 수 있도록"(worthy of trust and confidence)이다(Emmett, 2014: 3).

1) SS의 역사

SS는 대통령 암살 등 비극적인 역사적 사건들을 거치며 발전해 온 바 있다. SS는 1865년 7월 5일 미국 최초의 연방수사기관으로서 재무부(Department of Treasury) 산하

---

1) 대표적인 사례로서 1952.6.25. 이승만 대통령에 대한 부산 극장에서의 암살 미수; 1968.1. 박정희 대통령에 대한 무장공비 청와대 습격; 1974.8.15. 육영수 여사 피살; 1983.10.9. 아웅산 원격폭파 전두환 대통령 암살미수 등

2) SS는 2013년 4,160개소의 방문지 국내 요인을 수행하고 1,168명의 방미 해외 정상의 경호를 담당한 바 있다. (United States Secret Service, 2014)

3) http://www.secretservice.gov/mission.shtml(2014년 7월 15일 검색)

4) SS는 2013년 전세계에서 합계 약 1억5천6백만 달러 상당의 달러화 위조지폐를 수거한바 있다. (United States Secret Service, 2014)

에 창설되었다. 그 주된 창설 목적은 남북전쟁을 거치면서 급속히 만연된 위조지폐의 대량 유통 문제를 해결하기 위해서였다.[5)]

당시 대통령의 경호는 Washington DC 경찰이 담당하고 있었으나, 1865년 4월 14일 Abraham Lincoln 대통령 암살에 이어 1881년 9월 19일 James A. Garfield 대통령이 암살당하는 사건이 일어나자 미 의회에서는 대통령 경호에 대한 문제가 대두되었다. 하지만 대통령 직속의 경호기관을 창설할 경우 민주주의에 반하여 대통령의 사병화(私兵化)에 대한 우려로 인해 결론을 내리지 못하였다(장기붕, 2001).

1867년 SS는 미합중국 내 위조지폐 문제를 대부분 해결하였다. 의회는 SS에 대정부사기죄를 수사할 수 있는 권한을 추가로 부여하였다. 1901년 9월 6일 William Mckinley 대통령이 또다시 암살됨에 따라 1902년 의회가 대통령 경호에 관한 법안을 통과시킴으로써 SS가 공식적으로 대통령 경호 업무를 수행하게 되었다. 이후 SS의 권한과 임무는 계속 확대되었다. 1913년에는 대통령 당선자에 대한 경호 권한이, 1917년에는 대통령 가족에 대한 경호 권한이 부여되었으며, 1922년에는 오늘날 US Secret Service Uniformed Division의 전신인 The White House Police Force가 설치되었다. 1961년에는 SS가 전직 대통령에 대해 합리적 기간동안 경호하는 것을 의회가 승인했다. 1963년 11월 22일 John F. Kennedy 대통령 암살 사건 발생 이후 SS의 편제를 재무성 산하의 課단위에서 局단위의 외청 형태로 확대 개편하고 대통령 경호요원을 대폭 확충하며 교육기관을 창설하여 엄격한 교육을 실시하는 등의 대책안이 발표되었다. 또한 대통령 후보에 대한 경호 역시 SS가 담당하게 되었다. 1971년에는 국빈경호과가 신설되어 미국을 방문하는 외국의 국가수반의 경호를 담당하게 되었다. 2000년에는 Presidential Threat Protection Act가 통과됨으로써 국가의 특별한 중요행사에서 SS가 경호작전에 참여할 수 있도록 권한이 부여되었다. 2001년 9/11 테러 사건 이후 국토안보부(Department of Homeland Security)가 신설됨에 따라 SS는 재무부 산하에서 국토안보부 산하로 이관되었다.

---

5) 당시 미국 내 유통 지폐의 1/3이 위조지폐였다고 한다. Lincoln 대통령이 1865년 4월 14일 암살 전 마지막으로 추인한 법안은 SS의 설립 법안이었다. (Kessler, 2010)

2) SS의 조직

SS는 미 국토안보부(Department of Homeland Security) 산하의 연방법 집행기구(Federal Law Enforcement)로서 美전역에 50개 지부와 11개의 연락사무소 그리고 전세계에 24여개의 해외연락사무소를 운영하고 있다. 2012년 4월 현재 SS에는 연간 약 16억 달러의 예산을 집행한 바 있으며, 약 7,000여명의 직원들이 근무하고 있다.[6] 여기에는 3,200여명의 특수 경호요원(special agent), 1,300여명의 정복 경호요원(uniformed division officers), 2,000여명의 행정・사무직 직원들을 포함한다.[7]

그리고 S.S에는 차관보급의 실장(Director)과 차장(Deputy Director)이 있으며 8개 부서(Office)의 참모진으로 구성되어 있다. 각 부서와 그 담당업무는 다음과 같다.

- Office of Administration(행정처)는 경리・조달・관리・행정 등 행정업무를 총괄한다.
- Office of Government and Public Affairs(정부기관 및 대외업무 연락처)는 연방수사기관, 국회 등 공공기관 연락관 운용 및 대언론창구의 역할을 한다.
- Office of Human Resources and Training(인사처)은 채용・교육훈련 등 인사업무를 총괄한다.
- Office of Investigation(수사처)는 경호위해사범 수사, 위폐수사, 수표 및 신용카드 위·변조 사범 수사, 법률자문 및 수사지원, Field Office(지부) 관장을 담당한다.
- Office of Professional Responsibility(감찰실)은 직무감찰 및 회계감사, 직원비리 조사를 담당한다.
- Office of Protective Operation(경호처)는 근접경호업무 수행, 경호작전과 관련 경호유관기관 협조 및 지휘를 담당하며 정복경비부, 경호부, 후보자 및 당선자 경호부, 요인 경호부로 나뉜다.
- Office of Strategic Intelligence and Information(전략정보처)는 경호・수사정보 수집 및 전파, 검측・화생방 탐지 및 행사 안전업무, 신원정보 자료존안을 담당한다.
- Office of Technical Development and Mission Support(임무지원 및 기술발전처)는 임무지원, 경호 및 수사체제 연구, 경호・수사장비 발전계획 수립을 담당한다.

---

6) http://www.secretservice.gov/depdirector.shtml(2014년 7월 15일 검색)

7) http://www.secretservice.gov/faq.shtml(2014년 7월 15일 검색)

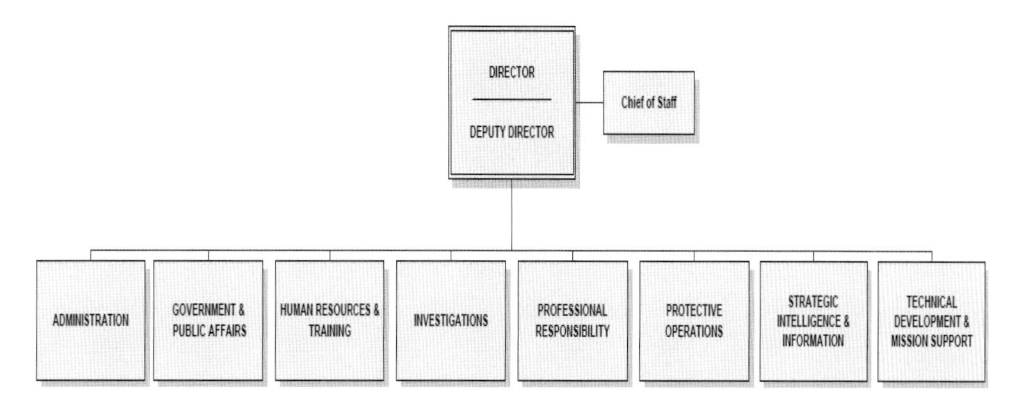

https://www.dhs.gov/xlibrary/assets/org-chart-usss.pdf(2014년 7월 28일 검색)

〈그림 1-1〉 SS의 조직구조

3) SS의 운영

(1) 경호대상 및 법적 근거

SS의 권한과 임무를 규율하는 법령은 U.S Code18, Sec.3056 "Powers, authorities, and duties of United States Secret Service"이다. 그 중 경호업무와 관련된 주요 내용을 살펴보면 다음과 같다.

(a) United States Secret Service는 다음과 같은 사람들에 대한 권한을 갖는다.

① 대통령, 부통령 및 대통령 부통령 당선자

② ①항의 직계가족

③ 전직 대통령 및 배우자 (퇴직 후 10년)

④ 전직 대통령 자녀中 16세 미만자
(10년이 넘지 않는 범위 내에서 만 16세 미만자)

⑤ 미국을 방문중인 외국의 정부수반

⑥ 기타 미국을 방문중인 주요인사 및 대통령 특사 자격으로 외국을 방문하는 미국의 공식 대표로서 대통령이 지시하는 者

⑦ 대통령 선거일 기준 120일 동안의 주요 정당의 대통령 및 부통령 후보자

그리고 동법령 (C) 항에는 SS요원들의 영장집행과 총기 휴대의 권한을 명시하고 있으며 (D) 항에는 경호업무를 포함하는 SS요원들의 법 집행 행위에 대해 고의적인 방해 및 물리적인 저항을 하는 경우에는 $1,000 이하의 벌금이나 1년 이하의 징역에 처할 수 있도록 규정하고 있다.

또한 동법을 母法으로 하여 국가기관의 대통령 경호지원을 의무화하고 지원범위와 절차를 규율하는 Public Law 94-524, Presidential Protective Assistance Act를 1976년 제정한 바 있다.

(2) 경호작전체계

SS의 경호대상은 대통령, 부통령 등의 permanent protectee와 단기간의 경호임무를 수행하는 정·부통령 후보자, 외국국가 수반 등 temporary protectee로 구분되어 경호를 담당하게 될 단위조직이 구성된다. 그 단위조직 규모는 경호대상에 따라 현격한 차이가 있으나 경호처 예하에 대통령경호과[8]와 부통령 경호과를 완편하여 두고 있으며 국빈경호과, 대통령후보 경호과 등은 필수적인 소수인원으로 감소 편성하여 운영하다가 임무 부여시 태스크 포스 개념으로 완편된다. 각각의 피경호인에 대하여 Detail Leader라고 하는 실제적인 경호책임자를 임명하는데 대통령인 경우에는 대통령경호과장[9]이 당연직으로 Detail Leader가 되며 대통령 경호와 관련된 모든 작전지휘권을 갖게 된다.[10]

美대통령의 실제 행사 시 S.S의 경호작전체계를 살펴보면 Detail Leader인 백악관 경호대장 즉 PPD(Presidential Protective Division) 長은 PPD 소속의 요원 중에서 사전예방경호활동을 책임지게 될 Lead Advance를 선임하고 Lead Advance는 경호작전에 필수요

---

8) 대통령경호과(PPD : Presidential Protective Division)는 S.S의 가장 핵심적인 부서로서 일명 백악관 경호대라고 불리워진다. 경호부장 즉 백악관 경호대장은 정복과(Uniformed Division)를 작전지휘하며, 대통령경호와 관련하여 경호인력의 동원, 장비구성 등 모든 경호작전요소를 지휘한다.

9) 대통령경호과장(SAIC of PPD : Special Agent In Charge of Presidential Protective Division)은 미국 연방공무원의 직급상 SES(Senior Executive Service)로서 고위직공무원이며, S.S의 실장(Director)으로 승진하는 것이 일반적이다.

10) 실장 차장 처장 등의 상위보직 간부들은 경호전문가로서 이미 경호 단위 부서의 책임자로 서 임무를 수행한 경험을 가지고 있으나 일반적으로 경호작전에 관여하여 지휘하지 않으며 경호계획의 결제 감독 및 평가에 따른 인사권을 갖게 된다. 이와같은 이유는 지휘부는 조직관리자로서의 기능을 우선해야 할 뿐만 아니라 경호업무의 특성상 긴급한 우발사태 발생 시 단지 직급이 높다는 이유로 작전지휘 라인에 관여하여 수습체계에 의견을 제시할 경우 신속하며 효율적인 대처가 어려울 뿐만 아니라 오히려 혼란을 가중시킬 수 있다는 것이 과거 암살사의 역사 속에서 입증되었기 때문이다. (장기붕, 2001: 33)

소인 〈그림 1-2〉의 내용과 같은 작전요소를 관장하는 담당 부서에 인력지원을 요청하여 태스크 포스인 Advance Team을 편성한다.

Advance Team은 被경호인이 방문하게 될 행사지역을 정밀답사하여 지역실정과 행사성격 및 경호환경에 부합하는 작전요소별 적정 경호인력을 산출하며 필요장비의 동원, 최기병원 및 비상대피로의 선정, 화재와 재난에 대비한 방재 및 구급 구조 계획수립 등 세부계획을 수립 지휘계통에 보고한 후 시행한다. 또한 Advance Team은 軍, 연방기구, 지역경찰 및 지방자치단체 등에 필요사항을 요청하며 국가통신망이 가설된 Command Post를 설치하고 그들과 합동근무를 하게 된다.

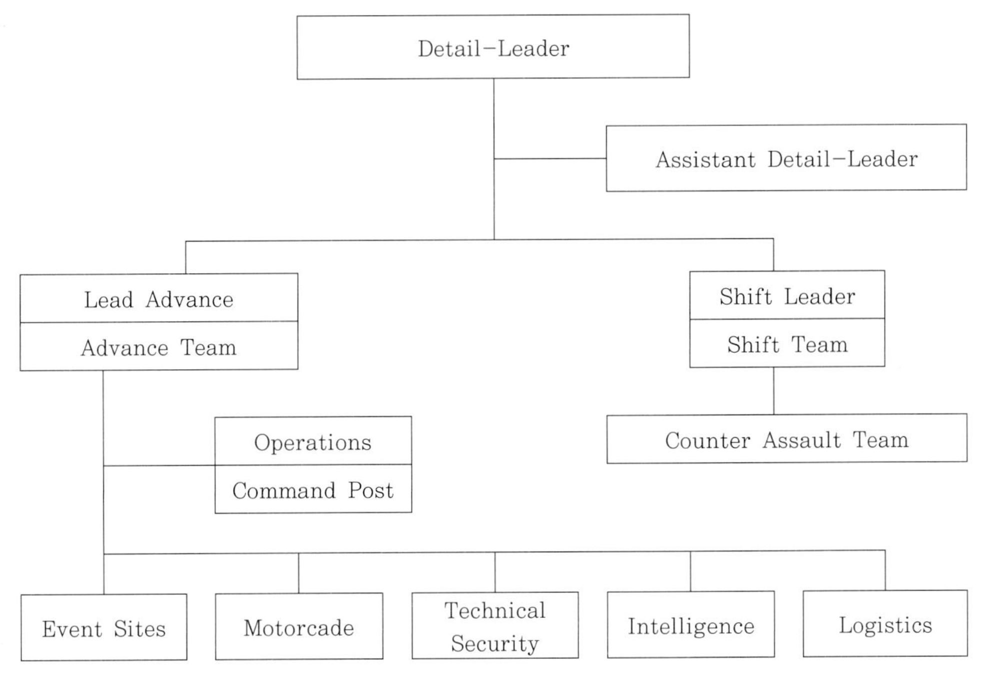

※ Detail Leader : 경호책임자
Assistant Detail Leader : 경호 부책임자
Shift Leader : 수행경호팀장
Shift Team : 수행경호팀
Counter Assault Team : 강습대비팀
Lead Sdvance : 선발경호팀장
Advance Team : 선발경호팀
Operations : 작전담당관
Command Post : 작전지휘소
Event sites : 행사담당관
Motorcade : 차량운용팀장
Technical Security : 검측팀장
Intelligence : 정보팀장
Logistics : 군수지원팀장

출처: 장기붕, 21세기 國家警護機關 model에 관한 硏究, 연세대학교 행정대학원 석사학위논문, 2001, p.34.

〈그림 1-2〉 SS의 경호작전체계도

백악관을 출발하여 되돌아올 때까지 수행경호를 담당하는 Shift Team은 10명 내외로 구성되며 1일 3교대 주 2~3일 교대근무를 통하여 교육 근무 휴식 및 행사준비 등 일정한 패턴의 근무를 하게된다. 또한 Detail Leader는 고도의 집중력을 필요로 하는 근접경호의 특성상 육체적 정신적 피로에 의한 집중력 저하를 방지하기 위하여 외부행사와 관련 Assistant Detail Leader와 일일 교대근무를 시행하며 일반적으로 Detail Leader는 Assistant Detail Leader에 대하여 당일 경호작전과 관련 지휘하지 않는다.

(3) 지원기관

미 국방부(Department of Defence)는 미국의 대통령경호 및 대통령의 직무수행과 관련 편의를 위하여 매우 중요한 작전요소를 제공한다. 국방부는 대통령 및 각료들을 휘한 효율적 지원을 위하여 군사지원단(Washington Headquarters Service; WHS)을 편성하고 군사지원단은 대통령에 대한 24시간 군사지원체제의 유지를 위하여 고위장교를 백악관 연락장교로 파견하여 연락사무소를 설치 운영하며 SS실장의 통제를 받는다.[11]

국방부의 대통령과 경호실에 대한 중요 지원요소는 〈그림 1-3〉과 같다.

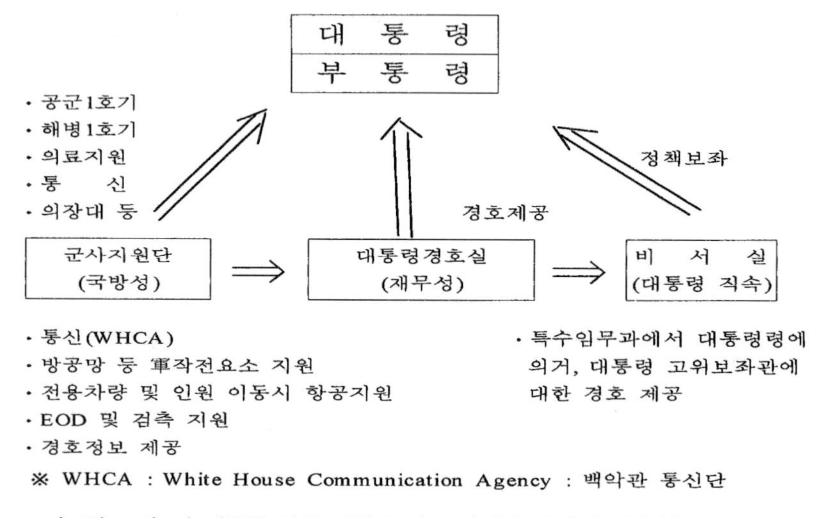

〈그림 1-3〉 미 대통령 경호 관련 근접 보좌기관 및 운용체제 (출처 없음)

11) 국방부 작전명령 Department of Defence Directive No. 305, 13의 Employment of Department of Defence Resources in Support of the United States Secret Service 제3항은 미 합중국 대통령, 부통령의 경호지원을 위한 수단으로서 인력, 통신, 항공, 검측, 의료 등의 지원을 명시하고 있으며, S.S의 요청에 의하여 명령을 받은 軍인력은 임 무 수행중 S.S 실장 혹은 실장이 지정한 자에 의하여 감독을 받도록 규정하고 있다. (장기붕, 2001: 35)

기타 경호작용과 관련 과학적이고 체계적인 예방경호활동을 위하여 국가 정보기관 및 수사기관 그리고 지방경찰과의 협조를 통하여 정보교류 및 불안정 요인에 대한 제거 노력이 필수적이다. 이와 관련 SS는 CIA, FBI, 국방성, 지역경찰 등과 철저한 공조체계를 유지하며 국내외 테러 관련 정보 및 각종 위해 가능자에 대한 신상정보의 Database를 구축, 공동으로 활용한다.

〈표 1-1〉 미국의 경호유관기관 현황

소속	기관명	관련업무
대통령 직속	CIA(Central Intelligence Agency)	• 국제 테러조직 및 적성국 정·첩보 수집, 분석, 전파
법무부(Department of Justice)	FBI(Federal Bureau of Investigation)	• 국가테러 예방 수사 및 수습 • 조직범죄에 대한 첩보수집 및 수사 • 신원조사 Database 구축
	INS(Immigration Naturalization Service)	• 해외 불순인물 잠입 예방 • 불순용의자 출입국 파악 및 정보제공
	DEA(Drug Enforcement Administration)	• 국내 외 마약 조직에 대한 첩보 수집 및 위해동향 분석
	ATF(Bureau of Alcohol, Tobacco, Firearms, and Explosives)	• 대규모 행사 시 경호인력 지원 • 불법무기 단속 및 위해첩보 제공
재무부(Department of Treasury)	IRS(Internal Revenue Service)	• 대규모 행사 시 경호인력 지원
국토안보부(Department of Homeland Security)	CBP(Customs and Border Protection)	• 대규모 행사 시 경호인력 지원 • 공·항만 위험물 출입관리
	Coast Guard	• 해상경비, 테러 방지 및 수습
교통부(Department of Transportation)	FAA(Federal Aviation Administration)	• 항공기 납치 방지 • 항공안전에 관한 정보수집 및 전파 • 비행금지구역 설정(VIP 행사지역)
우정국(US Postal Service)	Postal Service	• 우편물 테러 방지
내무부(Department of Interior)	Park Police	• 국립공원 치안유지 • 백악관 앞 Lafayette 공원 관할 - 경호인력 지원 - 공원 내 시위자 통제
주, 군, 시(State, County, City)	Police	• 경호인력 지원 • 관할지역 범죄조직 감시 및 정보 제공

*출처: 장기붕(2001:37)에서 재구성

또한 S.S는 지방경찰의 구체적인 지원을 위하여 Council of Government Police Mutual Aid Agreement 를 통한 시위, 교통정보, 인력지원 및 정보의 교류 등을 규율하고 있다.

(4) 교육훈련[12]

신규 임용된 특수 경호요원(Special Agent) 연수생들은 처음으로 Georgia주 Glynco에 위치한 연방 법집행 훈련센터(Federal Law Enforcement Training Center; FLETC)에서 10주간의 범죄수사관 훈련 프로그램(Criminal Investigator Training Program; CITP)을 교육받게 된다. 동 프로그램에서는 형법, 취조기술과 같은 이후 받을 각각의 직무교육을 위한 기초지식을 제공하고 있다.

CITP를 성공적으로 수료한 특수요원 연수생들은 다음으로 Maryland주 Beltsville에 위치한 James J. Rowley Training Center(RTC)에서 17주간의 특수요원 교육을 받게 된다.[13] 이 과정은 수사와 보호라는 이원적 책임과 관련된 SS의 정책 및 절차에 초점을 맞춘다. 또한 위조수사, 사기와 같은 재정적 범죄행위 및 정보수사, 물리적 경호기술, 응용경호, 응급처치에 대해 기본 지식을 학습하고 응용훈련을 받는다. 이러한 교육과정의 핵심은 사격술, 통제전술, 수중생존기술 및 신체 단련 등의 광범위한 훈련과 함께 진행된다.

SS 요원들은 근무기간 동안 계속해서 응용훈련을 받는다. 이 훈련은 화기조작 및 응급처치에 대한 재교육을 포함한다. 경호 임무를 맡은 요원들은 실제상황과 같은 다양한 시뮬레이션 시나리오를 통해 훈련에 참가하게 된다. 이 훈련은 다양한 비상상황 시나리오를 통해 경호요원들에게 즉각적인 피드백을 제공한다.

직무에 배치된 요원들은 범죄수사와 관련된 응용 훈련을 받을 수 있으며, 다른 법집행기관에서 지원하는 훈련과정에 참여할 기회가 주어진다. 모든 경호요원들은 다양한 관리기법과 자기발전을 위한 다양한 훈련에 참여한다. 이는 윤리성, 다양성, 대인관계, 실질적 리더십, 관리 감독에 대한 소개 등을 포함한다.

제복 경호요원(uniformed agent)는 FLETC에서 12주간의 훈련 프로그램을 마친 후 RTC에서 13주간의 전문적인 훈련을 성공적으로 마쳐야 한다. 트레이닝에 포함된 내용

---

12) http://www.secretservice.gov/faq.shtml(2014년 7월 15일 검색)

13) 2013년 RTC는 413개의 훈련 프로그램을 통해 12,709명의 훈련생을 배출하였다. (United States Secret Service, 2014)

으로는 경찰직무절차, 화기, 체력, 심리학, 경찰지역 사회관계, 형법, 응급처치, 체포, 수색과 압류, 물리적 방어기법, 외교면책특권, 국제조약 및 방법 등이 포함된다. 현장 훈련과 응용 직무간 훈련이 이와 함께 진행된다.

이상과 같이 미국의 경호제도는 민주주의와 참담한 암살의 역사 속에서 경호제도를 발전시켜 왔으며 오늘날 SS는 세계 최고의 경호전문 기관으로서 명성에 손색이 없는 전문성 제고와 Know-How를 축적하고 독자적인 근접경호의 시행과 함께 필요한 군 경 등 경호 작전요소의 효율적인 지원을 얻기 위하여 조정자로서의 역할을 하고 있다.

또한 美S.S는 대통령의 경호제도와 관련 경호조직의 특성과 규모 등 일반사항은 물론 중요 경호작전 요소인 근접경호대형, 비표운용, 금속탐지기운영, 폭발물탐지 및 對저격조 운용 등 대부분의 경호메카니즘이 실제행사시 외부로 노출될 수밖에 없는 특성에 따라 전문 테러조직에게도 노출되어 있다는 것을 전제하고 경호조직이 국가조직이라는 관점에서 국민의 알권리 충족을 위하여 조직, 인원, 예산 및 경호작전체계 등을 가능한 범위내에서 공개하고 있다. 오히려 S.S는 방송과 인터넷 등의 홍보매체를 적극 활용, 조직의 활동내용과 비전을 홍보해서 국민들이 요인경호에 보다 많은 관심을 갖도록 하여 진정한 의미의 총력경호를 유도하고 있다.

그러나 실제적인 의미에서 중요 경호역량인 경호장비체계, 즉 방탄차량의 제원, Anti-Missile System, 기타 특수장비 및 통신장비 등과 수사 및 신원자료 등은 개인의 인권보호와 예방경호체계의 확립을 위하여 보안대상으로 분류하고 있다.

결론적으로 미국의 경호제도는 민주주의의 근간인 철저한 법치와 함께 모든 국가기관 지방 공공기관 및 국민들의 자율적인 지원을 통한 진정한 의미의 총력경호체제의 제도를 갖도록 하기 위하여 조직의 일정 부분과 경호 매카니즘을 공개하는 개방형 조직관리의 특징을 갖고 있다고 하겠다(장기붕, 2001).

2. 일본의 시큐리티 폴리스(SP)

일본의 경찰체계는 국가경찰인 경찰청과 자치경찰인 도・도・부・현 경찰로 이루어진 이원체계로 운영된다. 토쿄도를 관할로 하는 경시청과 자치경찰인 도・도・부・현 경찰은 자율적인 운영체계이지만 경찰청의 감독을 받는다.

시큐리티 폴리스(Security Police; SP)란 일본의 경시청 경비부 경호과에서 요인경호임무를 담당하는 경찰관을 가리키는 칭호이다. 경시청 이외의 각도부현 경찰경비부 경비과 혹은 형사부에 속하는, 요인경호를 행하는 경찰관 전체를 가리키는 경우도 있으나, 그들은 정확히는 경비대원, 신변경계원 등으로 불려 경시청 경비부 경호과의 과원(SP)과는 구별된다.

1) SP의 역사

1975년 사토 에이사쿠(佐藤榮作) 전 수상 국민장례식장에서 미키 타케오(三木武夫) 수상이 우익단체인 대일본애국당의 당원에게 구타당해 부상당한(미키 수상 구타사건)을 계기로 창설되었다.[14] 당시의 경호는 요인의 전면에 나오는 일 없이 눈에 띄지 않게 실시되고 있었으나 경시청은 경호의 방식을 재검토했다.

1974년 제랄드 포드(Gerald Ford) 미국 대통령이 내일했을 때 SS(secret service)의 합리적이고 눈에 띄는 경호방식이 경시청 경비간부에게 강한 인상을 남겼다. 이에 SP는 SS를 참고로 훈련되었다. 약칭 SP는 시크릿 서비스의 약칭 SS를 본뜬 것이다. 본래 영어로 secret police는 공안경찰을 의미한다.

2) SP의 조직

경시청 경비부 경호과의 편제는 다음과 같다.

- 경호관리계(서무담당)
- 경호제1계(내각총리대신 담당)
- 경호제2계(국무대신 담당)
- 경호제3계(외국요인, 기동경찰담당)
- 경호제4계(토쿄도지사, 정당요인 담당)
- 총리대신관저 경비대(총리대신관저의 시설경비를 행하는 부대로 신변경호는 행하지 않으므로 SP가 아님)

14) http://r25.yahoo.co.jp/fushigi/rxr_detail/?id=20071025-90002848-r25(2014.8.14)

부대는 근접보호부대와 선착경호부대 등 두 종류의 임무부대가 있으며, 양 부대는 공안경찰과 소관경찰서와의 긴밀한 연대 아래 경호를 행한다. 근접보호부대는 상시 경호대상자의 신변에서 경호를 행하는 부대이며, 일반적으로 SP라 칭하는 것은 이 부대의 대원을 말한다. 선착경호부대(SAP)는 "어드밴스"라 불리는 선착경호를 담당하는 부대이다. "어드밴스"란 공안경찰의 경찰관과 함께 경호대상자의 행선지와 현지 경찰에 대해 경호 협력을 구하기 위한 교섭을 행하며, 불심자 및 불심물의 유무를 검색함으로써 사건의 예방을 행하기 위한 임무이다.[15]

SP・SAP 양부대의 구성원 일부에는 불측 사태 발생 시 현장에 남아서 범인과 최후까지 교전하는 임무를 맡은 SP가 포함되어 있으며, 이 때 경호대상자는 다른 SP의 호위를 받아 신속히 퇴피한다. 경호대상자에 대한 위협도 등의 상황과 행동에 따라서는 어드밴스는 행해지지 않거나 또는 간략화된다. SP는 법률등에 정해진 경호대상자에 대해서는 관할과 관계없이 신변경호를 행하고, 현지의 도부현 경찰은 SP의 경호활동의 지원을 행한다.

3) SP의 운용

(1) 경호대상자

일본에서는 경찰관에 의한 경호대상자는 법적으로 명확하게 규정되어 있는바, 요인이라고 불리는 인원 전체를 경호하는 것은 아니다. 법률상 규정이 있는 경호대상자는 아래와 같다.[16]

(1) 내각총리대신
(2) 국빈
(3) 그 외 경찰청 장관이 정하는 자
  ① 중의원 의장, 참의원 의장
  ② 최고재판소 장관

15) http://www.laqoo.net/keisatu/security.html(2014.8.14)
16) 일본 경찰법 경찰법시행령 경호요칙 경호세칙(昭和二十九年政令第百五十一号) 제2조

③ 국무대신
④ 국빈, 공식실무방문빈객
⑤ 그 외 경찰청경비국장이 정하는 자(전 총리, 정당대표자, 재일대사 등)

내각총리대신, 중의원의장, 참의원의장, 국빈 등 해당자에 대해서는 법률상의 경호대상자이기 때문에 요청과 관계없이 경호한다. 미국의 SS는 대통령의 가족도 포함해서 경호하도록 규정되어 있으나, 일본의 경우는 내각총리대신의 가족은 경호대상자가 아니며 SP는 총리대신을 경호하더라도 그 가족까지는 경호하지 않는다.

법률상 규정은 없으나 중의원 부의장, 참의원 부의장, 국무대신, 전 총리대신인 중의원의원은 요청출동에 의한 경호의 대상자이다. 여당인 자유민주당의 간사장, 정무조사회장, 총무회장, 참의원의원회장, 참의원간사장, 선거대책위원장도 마찬가지이다.

국회에 의석을 두는 정당의 대표자에 대해서 필요에 응하여 경비를 행한다. 이들은 '요청출근'이라 불리는 경호로서 요청이 없으면 경호하지 않는다. 주요정당의 대표자는 국정에 중요한 위치를 점하더라도 법률적으로는 경호대상자가 아니기 때문이다. 일본공산당만은 당원유지로부터 경비원을 고용하여 자주경비를 하고 있으나, 과거에 재일조선통일민주전선사건과 중핵자위대사건 및 일본공산당 스파이심문사건 등 역사적 경위에 의해, 아직까지 공안조사청과 공안경찰(경시청 공안부, 도부현 경찰경비부 공안과)로부터 '파방법에 기초를 둔 조사대상'으로 지정되어 있는 것이 불복되어, 경찰관으로부터의 요청출근의 타진을 거절해 오고 있다. (같은 경비부에서도 경비경찰은 공산당의원의 보호를 담당하나, 공안경찰은 공산당을 감시대상으로서 적시하고 있다.)

법률로 정해진 경호대상자 이외에 토쿄 도지사에게는 도 조례에 의해 SP가 경호를 담당한다. 또한 오사카 부지사는 부 조례에 의해 (2008년 2월부터) SP와 동등한 입장에 있는 경비대원(경호원)이라 불리는 경찰관으로부터의 경호를 받고 있다. (경시청은 토쿄 도의, 오사카 부경찰은 오사카 부의 기관이다.)

주일대사에게는 중화인민공화국, 이스라엘, 미국 등 분쟁국가, 국제정치 중 미묘한 외교문제를 안고 있는 나라의 대사에게는 대사관 관계자가 고용하고 있는 보디가드에 더하여 SP와 공안경찰에 의한 경호가 붙는다.

민간인에 대해서는 유일하게 일본경제단체연합회(경단련)의 현역회장이 SP에 의한 경호를 받은바 있다. 경단련회장에게 SP가 붙은 기간은 노무라 슈스케(野村秋介)가 이끄는 미시마 유키오(三島由紀夫)파의 우익단체에 의한 경단련습격사건이 일어난 1977년부터 2010년까지의 33년간이었다. 현재 민간인으로서 SP에 의한 경호를 받는 자는 없다.

일반적으로 국회의원(주요정당의 대표자 또는 각료가 아닌 자)에게도 SP가 붙는다고 생각될 수 있으나, 원칙적으로 SP가 국회의원의 경호를 담당하는 일은 없으며 각 국회의원은 경비회사의 보디가드에 개별적으로 의뢰하고 있다. 단지 그 발언과 정책 등으로 폭력단과 우익단체, 과격파 등으로부터 생명을 위협받을 위험이 있는 국회의원에게는 해당 의원측 혹은 경찰당국에서의 요청으로 경호가 행해지는 경우가 있다.

이처럼 SP가 신변경호를 행하는 대상인물은 어디까지나 법률에 기초를 둔 비상적으로 제한된 범위이므로 비록 거물 정치가와 고급관료 등 요인이라 하더라도 생명을 위협받는 위험성이 명백하지 않는 한 SP가 경호하는 일은 없다. 그들의 신변경호는 지지자와 경비회사의 보디가드에 의해 행해진다.

(2) 직무내용

국회에 의석을 갖는 일본공산당 이외의 각 정당의 대표자, 각국에서 내일하는 요인 등, 법률에 의해 규정된 경호대상자가 자택을 나와서 귀가할 때까지의 신변 경호가 전문직무이며, 범죄수사, 지역경계, 교통단속 등은 그 직무 외이다. 또한 경호대상자 자택의 경비는 기동대와 공안경찰의 담당이며 자택의 주변은 유격경계차와 사복 패트롤카 등에 의해 경비된다. SP는 비상사태에는 온몸으로 경호대상자를 지키지 않으면 안 된다는 것과 그 고도의 직무내용으로 인해 각 부서에서의 선발자로 구성된다. 또한 현행범이라도 습격자에 대한 사법조사에는 관련되지 않는다. 이것은 배경이 사상적이라면 공안과의, 단순한 폭력이라면 형사과의 담당이다.

천황, 황족의 신변경호에 대해서는 경찰청의 부속기관인 황궁경찰본부 소속의 황궁호위관 중 호위전속의 시위관이 전속을 행한다. 단 경시청 경비부에도 경위과가 존재하지만, 주변경비를 행할 뿐 신변경호는 행하지 않는다. 경시청 경비부 경위과 및 각 경찰본부의 경찰관은 지방공무 등에서 황궁호위관의 후방지원을 행한다.

총리대신관저에는 경비를 전문으로 행하는 경찰관(총리대신관저경비대)가 배치되어 있으나, 어디까지나 총리대신관저라는 시설의 경비를 행할 뿐 SP가 행하는 신변경호와는 차이가 있다. 또한 SP의 내각총리대신담당 부서인 경호제1계와 총리대신관저경비대는 같은 경시청 경비부 경호과에 속해 있으며, 양자는 인사교류를 행하며 총리대신관저경비대로부터 SP로 선발되는 케이스이다.

국회의사당 내에서는 위시(衛視)가 신변경호를 담당한다. 입법부가 행정부의 경찰에 경비를 맡기는 것은 바람직하지 못하다는 인식에 따라, 경찰관은 의장의 허가가 없는 한 국회의사당 내에 진입할 수 없다. 국회의사당내에 있는 SP는 의장의 허가를 받는다.

(3) 자격, 기능[17]

1년 이상의 실무경험을 갖춘 순사부장 이상의 경찰관으로 신장 173cm 이상, 유도 또는 검도 3단이상, 권총사격 상급, 영어회화 가능 등 일정 조건을 갖추어야 하는 것이 필수조건이다. 이 조건을 갖추는 것으로 SP로서의 적성을 인정받은 경찰관 중에서 부서의 상사 등으로부터 추천을 받은 자는 후보자로서 경찰학교 등의 시설에서 3개월간의 특수 훈련을 받는다. 훈련을 통해 엄격한 경쟁을 통과한 우수한 후보자 중에서 다시 선발된 자만이 SP에 임명된다.

3. 한국의 대통령경호실(PSS)

1) 대통령경호실의 역사

(1) 제1, 2공화국

대한민국 정부 수립 직후 국가 주요인사에 대한 경호는 1948년 11월 내무부에 경무국을 두고 경무국장 예하에 경호부장과 경호경찰관을 두어 대통령 등 국가주요인사의 경호를 담당케 하였다. 1949년 2월 23일 대통령령 제59호인 '경찰서의 위치명칭 및 관할지역 변경에 관한 건'에 의가하여 경무대경찰서를 신설하면서 당시 종로경찰서 관할인 중앙청 및 경무대 구내를 경무대경찰서의 관할구역으로 하였다. 이후 경무대 경찰서장이 경호책임자가 되어 주로 대통령 경호임무를 수행하였다.

---

17) http://sp-keigo.com(2014.8.15)
http://www.laqoo.net/keisatu/security.html(2014.8.15)

1960년 4·19혁명으로 제1공화국이 막을 내리고 제3차 개헌을 통해 제2공화국이 성립하고 대통령 중심제에서 내각책임제로 전환되면서 동년 6월 29일 경무대경찰서가 폐지되고 경무대지역의 경비업무는 서울시 경찰국 경비과에서 담당하게 되었다. 동년 8월 13일 민주당 정부의 제2공화국이 수립됨에 따라 서울시 경찰국 경비과에서 경무대 경찰관 파견대를 설치하여 대통령의 경호 및 대통령관저의 경비를 담당하였다.

이후 5·16 군사혁명은 경찰 경호를 마감시켰다. 국가재건최고회의 의장경호대가 임시로 편성되어 박정희 국가재건최고회의 의장의 경호를 담당하였으며, 당시 청와대의 경비담당은 서울시경 소속 청와대 경찰관파견대가 맡았다. 1961년 6월 1일 창설된 중앙정보부는 경호대설치령을 제정하여 1961년 11월 18일 중앙정보부 경호대가 발족되었으며, 이를 통해 군경호대를 흡수했다. 즉 행정과, 사전기획과, 경호과, 정보과, 기동경호과 등 5개 과 37명으로 편재된 경호대가 출범하였다. 이후 1962년 3월 24일 박정희 국가재건최고회의 의장이 대통령 권한대행을 맡게 됨에 따라 1962년 9월 29일 경호대를 경호실로 개칭하였다. 이로서 특별전문 경호기관이 정착되었다.

(2) 제3공화국에서 현대까지

1963년 12월 14일 대통령경호실법(법률 제1507호)이 제정되어 경호실 설치의 법적 근거가 마련되었다. 12월 16일에 대통령경호실법시행령이 공포되고 (12월 17일) 박정희 대통령 취임과 동시에 대통령경호실이 발족했다.

대통령경호실에는 경호실장을 두고 그 직속으로 인사관리·교육훈련·예산의 심사분석 및 관리에 관한 업무를 담당하는 행정차장과 경호·경비·수사 및 정보에 관한 업무와 행사계획에 대한 업무를 담당하는 계획차장을 두도록 하였다.

1981년에는 대통령경호실법의 개정으로 대통령 당선자와 그 가족 및 전직 대통령과 배우자, 자녀에 호위가 경호실 임무에 추가되었다.

대통령경호실은 이명박 정부 때인 2008년 대통령경호실법이 대통령등의경호에관한 법률로 변경되면서 대통령실 소속 경호처로 전환되었다가 2013년 박근혜 정부하에서 정부조직개편에 따라 다시 대통령경호실로 독립되었다.[18]

---

18) http://www.pss.go.kr/site/homepage/menu/viewMenu?menuid=001006002(2014년 7월 15일 검색)

대통령령 제24931호 '대통령경호실과 그 소속기관 직제'에 따르면 2014년 12월 현재 대통령경호실 소속 공무원의 정원은 486명에 이른다. 이는 정무직 2명(경호실장 및 경호실차장), 특정직 393명, 일반직 91명 등을 포함한다.

2) 대통령경호실의 조직

경호실의 조직은 기획관리실, 경호본부, 경비본부, 안전본부로 편성되며 경호전문교육기관을 위한 소속기관으로 경호안전교육원을 두고 있다.

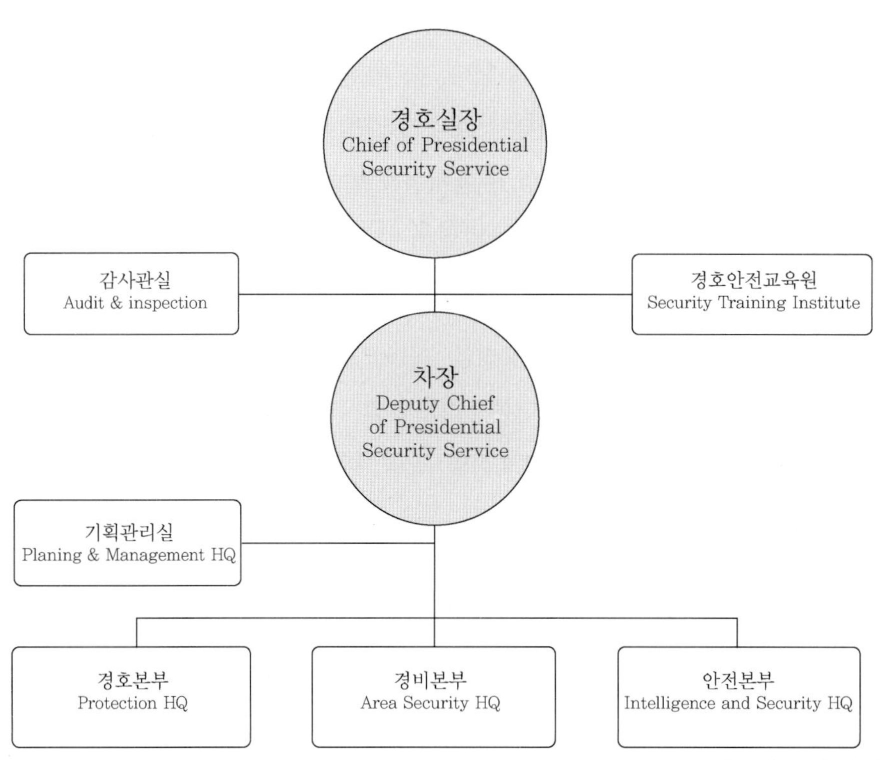

*출처: http://www.pss.go.kr/site/homepage/menu/viewMenu?menuid=001006007(2014년 7월 15일 검색)

〈그림 1-4〉 대통령경호실의 조직구조

- 기획관리실은 국회 · 예산 등 대외업무와 인사 · 조직 · 정원관리 업무, 총무와 재정 등 행정지원 업무를 담당한다.

- 경호본부는 대통령 행사 수행 및 선발 경호활동, 방한하는 외국정상, 행정수반 등 요인에 대한 경호를 담당한다.
- 경비본부는 청와대와 주변지역 안전 확보를 위한 경비를 총괄하며 청와대 내・외곽을 담당하는 군・경 경호부대를 지휘한다.
- 안전본부는 국내・외 경호관련 정보수집 및 보안업무, 행사장 안전대책 강구 및 전직 대통령에 대한 경호를 담당한다.
- 경호안전교육원은 경호안전관리와 관련되는 학술연구 및 장비 개발, 경호안전 관련 단체에 종사하는 자에 대한 수탁교육을 담당한다.

3) 대통령경호실의 운영

대통령경호실장은 대통령이 임명하고 경호실의 업무를 총괄하며 소속공무원을 지휘・감독한다. 경호실에는 차장 1명을 두며, 차장은 정무직・1급 경호공무원 또는 고위공무원단에 속하는 별정직 국가 공무원으로 보하며, 실장을 보좌한다.[19]

2013년 개정된 대통령등의경호에관한법률상 경호대상자들에 관한 조항들은 다음과 같다.[20]

> ① 경호실의 경호대상은 다음과 같다.
> 1. 대통령과 그 가족
> 2. 대통령 당선인과 그 가족
> 3. 본인의 의사에 반하지 아니하는 경우에 한정하여 퇴임 후 10년 이내의 전직대통령과 그의 배우자 및 자녀. 다만, 대통령이 임기만료 전에 퇴임한 경우와 재직 중 사망한 경우의 경호기간은 그로부터 5년으로 하고, 퇴임 후 사망한 경우의 경호기간은 퇴임일로부터 기산(起算)하여 10년을 넘지 아니하는 범위에서 사망 후 5년으로 한다.
> 4. 대통령권한대행과 그 배우자

19) 대통령등의경호에관한법률(법률 제11530호, 2013.12.11. 타법개정) 제3조
20) 대통령등의경호에관한법률(법률 제11530호, 2013.12.11. 타법개정) 제4조, 동법시행령 제12조 참조

5. 대한민국을 방문하는 외국의 국가원수 또는 행정수반(行政首班)과 그 배우자
6. 그 밖에 실장이 경호가 필요하다고 인정하는 국내·외 요인(要人)
② 제1항제1호 또는 제2호에 따른 가족의 범위는 대통령령으로 정한다.
③ 제1항제3호에도 불구하고 전직 대통령 또는 그 배우자의 요청에 따라 실장이 고령 등의 사유로 필요하다고 인정하는 경우에는 5년의 범위에서 같은 호에 규정된 기간을 넘어 경호할 수 있다.

동법 15조에 따르면 실장은 직무상 필요하다고 인정할 때에는 국가기관, 지방자치단체, 그 밖의 공공단체의 장에게 그 공무원 또는 직원의 파견이나 그 밖에 필요한 협조를 요청할 수 있다.[21] 대통령 경호 시 협력체계는 일률적이지는 못하나 대표적 참여기관으로 제2선과 제3선 경비·경계활동을 담당하는 경찰과 군, 정보부문에서 협조체계를 구축하고 있는 국가정보원, 지역 관련 협조체계를 이루고 있는 해당 지방자치단체 등을 들 수 있다(민재기·김계원, 2004).

4. 한·미·일 3국의 비교

〈표 1-2〉 한·미·일 국가원수 경호체제의 비교

	미국 Secret Service	일본 Security Police	한국 대통령경호실
창립년도	1865	1975	1963
근거법안	U.S Code18, Sec.3056 "Powers, authorities, and duties of United States Secret Service"	경찰법	대통령등의경호에관한법률
소속	국토안보부(Department of Homeland Security)	경시청 경비부 경호과	대통령 직속
수장	Director of the USSS	경시청 경비부 경호과장	대통령경호실장
국가경호체제	특별경호조직 주도형	경찰주도형	특별경호조직 주도형
법체제	영미법	대륙법	대륙법

21) 대통령등의경호에관한법률(법률 제11530호, 2013.12.11. 타법개정) 제15조

이상 살펴본 한・미・일 경호기관의 특징을 비교해 보면 다음과 같다. 첫째, 미국의 SS는 본래 위조지폐 적발 등의 업무를 담당하는 연방수사기관으로서 설립되었다는 역사적 특징이 있으며, 이로 인해 현재까지도 요인경호(protection)와 금융하부구조(financial infrastructure)의 보호라는 이원화된 임무(dual mission)를 띠고 있다는 특징이 있다. 이는 다른 국가의 경호기관에서는 찾아보기 힘든 특징이다. 한편 SS는 한국의 대통령경호실과 일본의 SP 설립의 모델이 되었는바, 세 기관은 조직과 운영에 유사점이 다수 존재하며 밀접한 관계에 있다는 것을 알 수 있다.[22]

둘째, 국가 경호체제를 경찰주도형 경호체제와 특별경호조직 주도형 경호체제로 구분하는 경우, 영국, 독일, 캐나다, 일본, 스위스, 호주 등이 경찰주도형에 속하며, 한국, 미국, 칠레, 이스라엘, 이집트 등이 특별경호조직 주도형에 속한다(허훙, 1998; 임준태, 2009). 한국의 대통령경호실과 미국의 SS는 대표적인 특별경호조직 주도형이며 일본의 SP는 대표적인 경찰주도형이란 점에서 차이가 있다. 세계 각 선진국의 예를 살펴볼 때, 특별경호조직 주도형 경호체제 국가는 드물며[23] 경찰주도형 경호체제 국가들이 대부분이라는 데서 한국과 미국의 경호체제의 특수성을 찾아볼 수 있다. 선진 각국의 예를 볼 때 우리나라에서도 향후 국가원수 경호업무를 수도경찰 또는 국가경찰 사무로 이관해야 한다는 의견 또한 존재한다(장기붕, 2001; 임준태, 2007).

셋째, 국가 경찰체제 및 경호체제는 영미법계 체제와 대륙법계 체제로 구분되어 연구되는 경우가 일반적이다. 영국과 미국을 중심으로 발달해온 영미법계 체제는 인권과 분권을 중시하며, 독일과 프랑스를 중심으로 발달해온 대륙법계 체제는 국가체제 유지와 능률성을 중시한다(민제기, 김계원, 2004: 130). 독일의 법률체계를 대폭 받아들인 일본과 일본의 법률체계를 받아들인 한국 역시 대륙법 체계에 속한다.

그러나 영미법 체제 국가인 미국이 같은 영미법 국가인 영국, 호주 등과 달리 중앙집권적인 특별경호조직 주도형 경호체제를 갖추고 있고, 대륙법 체제 국가인 일본이 자치적, 분권적인 경찰주도형 경호체제를 갖추고 있다. 또한 같은 대륙법 국가인 한국

22) 이는 세 기관의 영문 명칭에서도 잘 나타나 있다. 설립당시 한국 대통령경호실의 영문 명칭이었던 PSF(Presidential Secret Force) – 현재는 PSS(Presidential Security Service)로 개칭됨 – 와 일본 시큐리티 폴리스(SP)는 모두 미국의 Secret Service(SS)를 참조하여 명명된 것으로 알려져 있다(임준태, 2009: 143).

23) 1901년까지 대통령 경호와 백악관 경비 업무는 Washington DC 경찰이 담당하다가 SS로 이관되었다. 한국의 경호체제 역시 제1공화국과 제2공화국에서는 경찰주도형이었으며, 5・16 군사혁명 발발 후 특별경호조직 주도형으로 바뀌었다.

은 일본과는 달리 영미법 국가인 미국과 마찬가지로 중앙집권적인 특별경호조직 주도형 경호체제를 갖추고 있다. 이런 점에서 볼 때 경찰체제의 영미법/대륙법 이원적 구분은 반드시 각국 경호체제에 쉽게 적용될수 없다는 것을 알 수 있다.[24] 이것은 SS의 설립 유래, 한국에서의 군사정권 통치 및 SS를 모델로 한 대통령경호실의 설립 역사 등 각국의 역사적, 문화적 특수성에 기인한다고 보아야 할 것이다.

넷째, 조직적 위상으로 볼 때 한・미・일 3국의 경호기관은 각각 큰 차이가 있다. 한국의 대통령경호실은 대통령 직속기관인 반면, 미국의 SS는 내각부처인 국토안보부(Department of Homeland Security) 산하의 기관이며, 일본의 SP는 수도경찰기관인 경시청 경비부에 속해 있다. 국가원수 경호기관이 독립된 대통령 직속기관이라는 것은 세계 각국의 예와 비교해 볼 때에도 매우 드문 예라고 할 수 있다(임준태, 2007: 98).

다섯째, 세계 각국의 경호기관은 정치적 상황과 문화, 제도 및 역사에 따라 각자 독특성을 가지고 있다. 한・미・일의 경호기관들의 경우에도 공히 비극적 암살사건 등을 거치며 발달해 왔다는 역사적 공통점이 있다. 그러나 이러한 특징은 미국 SS에서 특히 두드러지며, 한국의 대통령경호실, 일본의 SP의 순으로 그 정도가 약해진다고 볼 수 있다. 이는 Lincoln 대통령에서 Kennedy 대통령까지 4명의 대통령이 암살당하고 그 외에도 수차례에 걸친 대통령 암살사건이 있었던 미국에 비해, 1명의 대통령이 암살당한 한국과 국가원수 암살의 경험이 없는 일본 등 세 나라 사이의 역사적 차이에서 기인한다고 하겠다.

여섯째, 미국과 일본의 경호기관의 경우 그 경호대상자의 범위가 한국보다 넓다. 한국의 대통령경호실 경호 대상자는 대통령, 대통령 당선자, 대통령 권한대행 및 전직대통령과 그 가족, 해외 국빈에 한정되는 반면, 미국 SS의 경우 부통령 및 대통령 후보, 일본 SP의 경우 삼부수장과 국무대신, 필요에 따라 토쿄 도지사와 외국 주일대사까지 포함한다. 미국과 일본의 예처럼 한국의 경호체제 역시 필요에 따라 법률상 경호대상자의 범위를 현재보다 넓힐 수 있도록 하는 것이 바람직할 것이라 보인다.[25]

---

24) 미국의 경우 약간의 예외적 상황이나 SS가 역사적으로 볼 때 연방 법집행기관으로 출발하였으며, 상당수 정복경찰관들이 경호경비직무를 수행하고 있는 점이라던가, 특정한 영역의 범죄수사를 병행하고 있는 측면에서 볼 때 연방경찰기관으로 평가할 수 있다는 의견이 있다(임준태, 2007: 97).

25) 대통령 등의 경호에 관한 법률상 경호대상으로 '그밖에 실장이 경호가 필요하다고 인정하는 자'가 포함되어 있으나, 그 범위를 어떻게 볼 것인가에 관해서는 이견이 존재한다(박준석, 정주섭, 2010: 242-244).

일곱째, 경호기관 및 그 수장의 위상과 정치적 영향력을 비교해 볼 때, 한국의 대통령경호실이 특히 강력함을 알 수 있다. 미국의 경호부서 책임자가 차관보급, 일본의 경우 경무관급임에 비해 대통령경호실은 대통령 직속기관이며 그 수장은 장관 또는 차관급으로 보임되어 왔다. 과거 경호실은 권력기관의 하나로서 인식되어 왔으며, 여러 경호실장들, 특히 박정희 정권 하에서 박종규, 차지철 등의 인물들이 강력한 정치적 영향력을 행사해 왔다. 이는 특히 남북분단과 군사정권이라는 특수한 상황에 기인한, 다른 국가에서 찾아보기 어려운 예이다.

따라서 장기적으로는 선진국의 예를 미루어 볼 때, 그리고 정치적 중립성 등을 위하여 대통령경호실을 폐지하고 경호업무를 경찰청에 이관하여 경찰을 경호업무의 전담기구로 하는 안을 고려해볼 필요가 있다. 또한 이를 통하여 대통령과 대통령 당선인 및 그 가족뿐 아니라 필요에 따라 대통령 후보와 국무총리, 삼부수장 등 다른 중요 요인들의 경호 역시 담당할 수 있도록 할 수 있게 하여야 할 것이다. 또한 경호조직의 인사관리는 철저히 전문가 위주로 이루어져야 하고, 경호관련 법령의 통합화와 교육훈련의 확대 및 전문화가 필요하다는 교훈을 얻을 수 있다.

대통령, 국왕, 수상 등을 포함한 국가수반은 헌법상 국가를 보위하고 헌법을 수호하는 책임을 지기 때문에 국가원수에 대한 경호는 한 개인의 신변을 보호하는 것으로 그치는 것이 아니라 그것은 곧 국가와 국민의 안전을 보장하는 것과 직결된다고 할 수 있다. 국내외적인 위기사회에 있어서의 국가원수에 대한 위해상황의 예측 변수로서는 탈세계화에 따른 테러리즘과 국제범죄의 광역화, 국제분쟁지역에 대한 자국의 개입에 따른 이념 간 충돌과 더불어 국내의 계층과 세대 및 이념에 따른 극심한 양극화에 따른 갈등현상이 있다. 다시 말하면 국가의 수반은 국내외의 분쟁과 갈등상황 속에서 자신의 안위가 다양한 변인에 의해 노출되는 극한적 위기를 맞고 있다. 특히 우리나라의 경우 남북 간의 첨예한 대립관계에서 빚어진 국가원수에 대한 위해사건[26]이 끊임없이 발생하는 위험 사각지대에 놓여 있다. 이와 같은 위기적 상황 속에서 국가원수에 대한 경호는 그 중요성을 더해가고 있다.

---

26) 대표적인 사례로서 1952.6.25. 이승만 대통령에 대한 부산 극장에서의 암살 미수; 1968.1. 박정희 대통령에 대한 무장공비 청와대 습격; 1974.8.15. 육영수 여사 피살; 1983.10.9. 아웅산 원격폭파 전두환 대통령 암살미수 등

세계 최대 규모의 국가원수 경호조직인 미국의 SS는 본래 위조지폐 등 금융범죄를 적발하기 연방 수사기관으로 출발했다는 역사적 특수성에 기인하여 아직까지도 국가원수 및 요인의 보호와 함께 금융범죄 수사 등 금융하부구조의 보호라는 이원화된 조직목표를 가지고 있다. 대통령 암살 등 비극적인 역사적 사건을 통해 그 기능이 발달하고 확대되어 온 역사를 가지고 있다. 대통령 중심제이자 영미법 계열의 국가로서 선진국 중에서 세계적으로 예를 찾아보기 힘든 특별경호조직 주도형 경호체계라는 점에 그 특징이 있다. 또한 SS는 일본의 SP와 우리나라의 대통령경호실 설립의 모델이 되었는바, 그 조직체계와 운영 등에서 여러 유사점을 찾아볼 수 있다. 그에 비해 일본의 SP는 한국이나 미국과 달리 의원내각제 국가로서 경찰주도형 경호체계를 갖추고 있다. 한편 미국과 마찬가지로 특별경호조직 주도형 경호체계를 갖춘 한국의 대통령경호실은 남북분단과 군사정권의 경험이라는 역사적 특수성 속에서 발전해온 바, 그 위상과 정치적 영향력이 특히 강해왔다는 특징이 있다.

이처럼 한・미・일의 국가원수 경호조직은 그 나라의 역사와 문화적, 법적 특성 등에 따라 각기 상이하게 발달해 왔으며 각기 이질적이며 동질적인 특성을 동시에 내포한 특징을 갖고 있음을 알 수 있다. 따라서 미국과 일본 등 인접하는 국가의 국가원수 경호조직을 비교 고찰하여 그 특징과 장단점을 파악함으로써 한국의 경호체제의 바람직한 운영방안을 모색하는데 도움이 될 수 있도록 해야 할 것이다.

참고문헌

김두현, 제17대 대통령선거후보자 경호제도에 관한 연구, 한국경호경비학회지, 14, 2007, pp.43-67.

민제기 · 김계원, 한국과 미국의 국가원수경호조직 비교연구, 경호경비연구, 8, 2004, pp.127-153.

박준석, 한국 대학의 경호관련 이론분야의 학문적 발전 방안, 한국인적교육학회보, 3(1), 2000, pp.137-151.

박준석 · 정주섭, 경호학원론, 서울: 백산출판사, 2010.

이상원 · 임준태, 경찰경호시스템의 발전방안에 관한 연구, 한국공안행정학회보, 20, 2005, pp.283-337.

임준태, 각국의 경호조직 및 교육제도의 시사점을 통한 경호경찰발전방안, 한국경찰연구, 6(2), 2007, pp.69-108.

임준태, 비교경호제도론, 서울: 백산출판사, 2009.

장기붕, 21세기 國家警護機關 model에 관한 硏究. 연세대학교 행정대학원 석사학위논문, 2001.

허 홍, 要人警護에 관한 硏究: 4개국 경호제도와 위해사례를 중심으로, 성균관대학교 행정대학원 석사학위논문, 1998.

Emmett, D. Within arm's length: A Secret Service Agent's definitive inside account of protecting the President, New York: St. Martin's Press, 2014.

Kessler, R. In the President's Secret Service: Behind the scenes with Agents in the line of fire and the Presidents they protect. New York: Crown Forum, 2010.

United States Secret Service.(2014). U.S. Secret Service 2013 annual report. Department of Homeland Security.

http://www.secretservice.gov/faq.shtml(2014년 7월 15일 검색)

http://www.secretservice.gov/depdirector.shtml(2014년 7월 15일 검색)

https://www.dhs.gov/xlibrary/assets/org-chart-usss.pdf(2014년 7월 28일 검색)

http://sp-keigo.com(2014년 8월 15일 검색)
http://www.laqoo.net/keisatu/security.html(2014년 8월 15일 검색)
http://www.pss.go.kr/site/homepage/menu/viewMenu?menuid=001006002(2014년 7월 15일 검색)
http://www.pss.go.kr/site/homepage/menu/viewMenu?menuid=001006007(2014년 7월 15일 검색)
http://r25.yahoo.co.jp/fushigi/rxr_detail/?id=20071025-90002848-r25(2014년 8월 15일 검색)
http://www.laqoo.net/keisatu/security.html(2014년 8월 15일 검색)
http://www.secretservice.gov/faq.shtml(2014년 7월 15일 검색)
http://www.secretservice.gov/mission.shtml(2014년 7월 15일 검색)
警察法 警察法施行令 警護要則 警護細則(昭和二十九年政令第百五十一号) 第2條
대통령등의경호에관한법률(법률 제1530호, 2013.12.11. 타법개정) 제3조, 제4조, 제15조, 동법시행령 제12조

제2장

각국의 국가위기관리조직(NSC) 비교

제2장 각국의 국가위기관리조직(NSC) 비교

1991년 소련의 붕괴와 함께 동서 냉전은 종식되고, 국제정치 구조는 미소 양극 체제에서 미국을 중심으로 한 일초다극(一超多極) 체제로 전환되어 왔다. 그러나 냉전의 종식에도 불구하고, 세계 각국의 안보 체제는 민족간 분쟁, 종교 분쟁, 영토 분쟁, 핵무기・대량살상무기(Weapons of Mass Destruction; WMD)의 확산, 테러리즘 등 계속적인 다양한 위기에 직면하고 있다.

이에 따라 미국의 경우에는 2001년 9/11 테러 공격 이후 국토안보부(Department of Homeland Security)를 신설하고, 2009년 오바마(Barack Obama) 행정부 출범 직후에는 국가안전보장회의(National Security Council; NSC)의 기능을 크게 강화하여 안보 및 위기관리정책의 컨트롤타워(control tower)로 삼는 등 국가적 위기에 종합적으로 대응하기 위한 노력을 계속해 왔다.

또한 최근 동북아시아 각국은 천안함 피격, 연평도 포격 등 북한의 대남 도발, 북한의 장거리 미사일 발사와 핵실험 등 군사적 위협, 센카쿠 열도(尖閣列島 – 중국명 댜오위다오(釣魚島))를 둘러싼 중국과 일본 간의 충돌 등 심각한 안보 위기를 맞고 있다. 특히 한국과 일본은 각기 2013년 2월 박근혜 정부, 2012년 12월 제2차 아베 신조(安部普三) 내각 등 새로운 정권 출범을 맞아, 공히 주요 선거공약으로 제시한바 있는 위기관리 및 안보 정책의 정비・강화를 시도하고 있다. 그 핵심 중 하나는 최근 미국의 모델을 참조로 한 안보・위기관리 정책의 컨트롤타워로서의 NSC 또는 그 유사 기구의 기능 확대 및 강화이다.

따라서 여기에서는 한국, 미국, 일본 등 3개 국가 정부의 NSC 기구를 그 조직, 기능,

역사를 중심으로 비교 분석하고, 최근 각 해당 국가들, 특히 대한민국이 직면한 정치・안보 상황에 비추어 시사점을 도출해 보고자 한다.

1. 미국의 국가안전보장회의(NSC: National Security Council)

1) NSC의 조직

국가안전보장회의(National Security Council, 이하 NSC)는 미국 대통령실(Executive Office of the President)에 속하는 자문기관이며 1947년 국가안전보장법(National Security Act)[1]에 의하여 설립되었다.

2013년 2월 현재 국가안전보장법상 NSC의 상시구성원은 대통령, 부통령, 국무장관, 국방장관이며, 공식 조언자로서 합동참모본부 의장(Chairman of the Joint Chiefs of Staff)과 국가정보국 국장(Director of the National Intelligence Agency)이 있다. 법에 규정되지 않으나 상시 참석하는 구성원으로 재무장관과 대통령 국가안보보좌관(National Security Advisor) 등이 있다. 필요하다고 대통령이 판단한 경우에는 그 이외의 내각 구성원이나 전문가 등을 참가시킬 수 있다.

NSC의 조직은 설립 이후 역대 대통령의 국정운영 방침에 따라 계속 변화되어 왔으며, 현재 NSC 산하에는 대통령 국가안보보좌관이 주재하는 장관급 위원회(Principals Committee; NSC/PC)와 국가안보부보좌관이 주재하는 차관급 위원회(Deputies Committee; NSC/DC), 부처간 정책조정위원회(Interagency Policy Committee; NSC/IPC)가 있다.

2) NSC의 기능

1947년 국가안전보장법에 규정된 NSC의 기능은 다음과 같다.

- 대통령에게 국가안전보장에 관련된 국내, 국외, 군사 각 정책의 통합에 관한 조언을 제공

1) The National Security Act of 1947(PL 235-61 Stat.496; U.S.C. 402)

- 국가안전보장에 관련된 정부 각 기관의 정책과 기능을 효과적으로 조정
- 미국의 목표, 관여, 위험을 평가
- 국가안전보장에 관하여 정부 각 기관의 공통되는 이해관계에 관한 정책을 검토

3) NSC의 역사

(1) NSC의 설립과 변천(1947-2008)

미국의 NSC는 제2차 세계대전 중 트루먼(Harry Truman) 행정부 하에서 군사 및 외교 정책의 조정과 각 군의 통합적 운용의 필요성이 대두됨에 따라, 대통령 자문기관으로서 1947년 국가안전보장법(National Security Act of 1947)에 의해 합동참모본부(Joint Chief of Staff; JCS)와 함께 설립되었다. 설립 당시 NSC는 대통령, 국무장관, 국방장관, 육·해·공군 장관, 국가안전보장자원위원장(Chairman of the National Security Resources Board) 등 7명으로 구성되며 군사전략의 통합 운영에 초점을 맞추고 있었다. 1949년에는 국가안전보장법이 개정되어 NSC의 상시 구성원이 현재와 같이 대통령, 부통령, 국무장관, 국방장관으로 규정되었다.

이후 NSC는 "미국 외교 및 국방정책의 수립과 집행에 가장 큰 영향을 끼쳐온 정부기관"으로 평가되어 왔다(Inderfurth, 2004). NSC는 설립 이후 정권 교체에 따라 그 조직과 기능이 계속 변화해 온 것이 특징이다. 일반적으로 역대 대통령은 취임 직후 NSC의 동의를 거친 대통령 훈령(Presidential Directive)을 발표하여 자신의 행정부 하에서 NSC의 조직과 기능에 관한 기본 방침을 제시하는 것이 관례가 되어 왔다.

예를 들어 조지 W. 부시(George W. Bush) 제43대 대통령은 2001년 2월 13일 국가안전보장 대통령 훈령(National Security Presidential Directive; NSPD) 1호 "Organization of the National Security Council"을 발표하였다.[2] 이 훈령은 합참의장과 중앙정보국 국장을 조언자로서 회의 구성원에 추가하고, 정부기관 간 정책조정작업을 주로 담당해온 부처간 실무그룹(Interagency Working Group; IWG)을 폐지하는 대신 정책조정위원회(Policy Coordination Committee: IPC)를 설치하였다.

---

2) National Security Presidential Directive-1: Organization of the National Security Council(2001)

상대적으로 NSC의 위상을 강화시킨 예로서 닉슨(Richard Nixon) 행정부(공화당, 1969–1974), 카터(Jimmy Carter) 행정부(민주당, 1977–1981), 오바마(Barack Obama) 행정부(민주당, 2009–)가 있으며, NSC가 약화된 예로는 케네디(John F. Kennedy) 행정부(민주당, 1961–1963), 레이건(Ronald Reagan) 행정부(공화당, 1981-1989)가 있다.

닉슨 행정부 하에서 NSC에는 담당 기능별로 7개의 위원회가 새롭게 설치되었고, 1973년 국무장관에 취임하게 되는 외교 전문가 키신저(Henry Kissinger) 대통령 국가안보보좌관(National Security Advisor)을 중심으로 자문기능뿐 아니라 안보・외교에 관한 정책결정과 집행기능까지 시행하는 등 그 위상이 크게 강화되었다. 키신저는 NSC의 주요 위원회를 주도하며 외교정책 결정에 있어 국무부(Department of State)를 압도하였고, 이 때문에 NSC의 조직이 중앙집권화・비대화되고 법률에서 정해진 권한을 크게 뛰어넘는다는 비판을 받기도 했다(花井, 木村, 1993; Best, 2011).

카터 행정부는 NSC 산하의 위원회를 2개로 통폐합하는 등 NSC의 조직 규모 축소를 시도하였으나, 실제로는 닉슨 행정부와 마찬가지로 백악관의 중심 브레인이던 브레진스키(Zbigniew Brzezinski) 국가안보보좌관을 중심으로 NSC가 안보정책뿐 아니라 국가운영 전반에 걸쳐 여전히 막강한 권한을 발휘하였다. 브레진스키는 국가안보보좌관으로서 각료급 지위를 부여받기도 하였는데 이는 현재까지도 전무후무한 예이며, 이란 인질 사태 등 안보・외교 현안의 주도권을 놓고 국무부와 경쟁하였다.

케네디 행정부는 NSC에 대해 자문기관이 아닌 한정된 중요문제에 관한 조언자(advisor)의 집합체로서 대통령에 봉사하는 역할을 상정하였다. 이에 따라 NSC의 규모가 축소되고, 회의 역시 정기적으로 개최되는 대신 대통령이 조언을 필요로 하는 경우에만 소집되게 되면서 침체기를 맞았다. 과거 NSC의 안보・국방정책에 관한 역할은 주로 필요에 따라 구성되는 주요 정책결정자들의 소규모 태스크 포스(task force) 조직들이 담당하게 되었다. 그 중 대표적인 조직이 1962년 쿠바 미사일 위기에 대처하기 위해 소집된 국가안보회의 집행위원회(Executive Committee of the National Security Council; EXCOMM)이다. 레이건 행정부에서도 역시 각종 위원회 조직들이 정책결정상 주요한 역할을 맡게 되었으며, 안보정책의 결정은 NSC를 대신하여 주로 국무부가 담당하였다. 이에 따라 NSC와 국가안보보좌관의 역할은 상대적으로 경시되었다.

이처럼 특히 막강한 권한을 행사했던 키신저와 브레진스키의 영향으로, NSC의 위상과 관련하여 대통령 국가안보보좌관의 역할은 매우 중요하다. 따라서 안보보좌관 임명에 상원의 동의를 받도록 해야 하고 안보보좌관이 의회 청문회에서 증언할 의무를 부여해야 한다는 주장 역시 제기되어 왔으나, 대통령이 신뢰하는 참모로부터 비공개적인 조언을 받을 필요가 있다는 반론 역시 존재한다(Best, 2011). 2013년 2월 현재 오바마 행정부의 대통령 국가안보보좌관은 국가안보부보좌관 출신으로 2010년에 임명된 톰 도닐런(Tom Donilon)이다.

(2) 오바마 행정부에서의 NSC의 기능 강화

버락 오바마(Barack Obama) 미국 제44대 대통령은 전임자들과 마찬가지로 취임 직후인 2009년 2월 13일 국가안전보장 대통령 훈령 1호 "Organization of the National Security Council"을 발표하여 자신의 행정부 하에서 NSC의 조직과 기능을 규정하였다.[3] 이에 따라 회의 구성원으로 법무부장관, 국토안전부장관, UN 대사(U.S. Representative to the U.N.), 대통령 고문(White House Counsel)이 추가되었고, 국토 안보와 대테러 정책 외에 국제 경제, 과학기술 정책 등도 논의할 수 있도록 범위가 확대되었다. 또한 2010년 5월에는 NSC와 국토안보회의(Homeland Security Council; HSC)의 스탭진이 National Security Staff (NSS)로 통합되어 사이버 보안, 국경 보안, 정보 공유 정책 등을 폭넓게 담당하게 되었다. 이와 같은 조직개편은 9/11 테러사건을 전후하여 나타난 정보・법집행 기관들 사이의 의사소통 부족과 불협화음의 문제를 해결하는 데에 도움을 줄수 있을 것으로 기대되고 있다(Best, 2011). NSC 스탭진의 정원은 조지 W. 부시 행정부 당시 109명에서 240명으로 증가하였다. 이처럼 오바마 행정부 하에서는 NSC의 권한이 크게 강화되었다.

4) 미국 NSC의 주요한 특징

첫째, 아래에서 설명되는 바와 같이 헌법에 의해 성립되어 탄력적 운영이 어려운 대한민국의 NSC와 달리, 법률에 의해 성립되며 대통령령으로 조직 및 기능 변화가 가능하므로 탄력적 운영이 가능하다. 그 결과 설립 이후 행정부 교체에 따라 그 기능과 위상이 계속 변화되어 왔다.

둘째, 이러한 기능과 위상 변화는 닉슨 행정부의 키신저와 카터 행정부의 브레진스

3) National Security Presidential Directive-1: Organization of the National Security Council(2009)

키의 예에서 볼 수 있듯이 NSC의 키맨(Key Man), 특히 대통령 국가안보보좌관의 정치적 영향력과 위상에 크게 좌우되어 왔다.

셋째, 세계적 안보 긴장 상황과 테러 및 재해의 위협 하에서 오바마 행정부 아래 NSC는 외교·국방·위기관리 분야뿐 아니라 환경·경제분야까지 포함한 정책 수립 및 집행의 사령탑으로서 과거 유례없는 기능 확대의 양상을 보이고 있다. 이와 같은 위상 변화는 대한민국과 일본의 위기관리 컨트롤타워 수립 정책에도 많은 영향을 끼치고 있다.

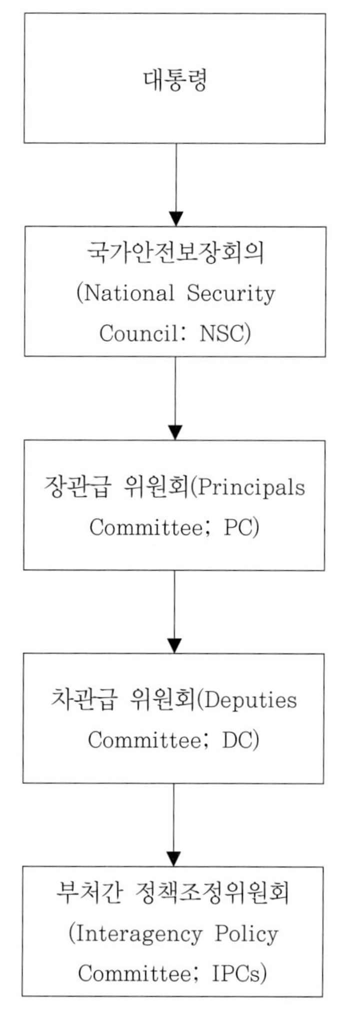

※ 출처: Kjonnerod, L. E. (2009). We live in exponential times: Interagency to whole-of-government. Center for Applied Strategic Learning, National Defense University.

〈그림 2-1〉 미 NSC의 의사결정구조

2. 일본의 국가안전보장회의(國家安全保障會議; National Security Council of Japan)

1) 국가안전보장회의의 조직

내각총리대신(수상)은 국가안전보장회의의 의장으로서 회의를 총괄한다.[4] 국가안전보장회의의 상시 구성원은 국무대신, 총무대신, 외무대신, 재무대신, 경제산업대신, 국토교통대신, 내각관방장관, 국가공안위원회위원장이다.[5]

의장은 의안에 따라 상시 구성원 이외의 각료를 임시로 참가시킬 수 있으며,[6] 또한 필요한 경우 내각 각료 이외에 통합막료장(統合幕僚長) 등 여타 관계자를 출석시켜 의견을 청취할 수 있다.[7] 총리실 산하 내각관방에 NSC 사무국 역할을 하는 국가안보국이 신설되어 외교, 안보, 테러, 치안 등에 대한 정보와 각 부처간 조율, 정책을 입안하고 각료회의에 보고하는 역할 및 미국 NSC 등 외국 유사 기관과의 정보 교환 창구 역할도 한다. 국가안보국은 총괄, 전략, 정보, 동맹・우호국, 중국・북한, 기타 지역 등 6개 실무 부서로 구성되며 외무성, 방위성, 경찰청 등에서 직원 60여 명이 파견된다.

2) 안전보장회의의 기능

국가안전보장회의는 국가안전보장에 관한 중요사항을 심의하기 위해 내각에 설치되는 기관이다.[8] 주요한 심의사항은 다음과 같다.[9]

(1) 국방의 기본방침
(2) 방위계획의 대강

---

4) 國家安全保障會議設置法 제4조
5) 國家安全保障會議設置法 제5조
6) 國家安全保障會議設置法 제5조 제2항
7) 國家安全保障會議設置法 제8조 제2항
8) 國家安全保障會議設置法 제1조
9) 國家安全保障會議設置法 제2조 1항

(3) 전호의 계획에 관련되는 산업등의 조정계획의 대강
(4) 무력공격사태 등의 대처에 관한 기본적인 방침
(5) 무력공격사태 등의 대처에 관한 중요사항
(6) 주변사태의 대처에 관한 중요사항
(7) 자위대법 제3조 제2항 제2호의 자위대의 활동에 관한 중요사항
(8) 국방에 관한 중요사항
(9) 국가안전보장에 관한 외교정책 및 방위정책의 기본방침 및 이 정책들에 관한 중요사항
(10) 중대긴급사태의 대처에 관한 중요사항
(11) 그 외 국가안전보장에 관한 중요사항

그 외의 구체적 기능으로는 안전보장분야의 종합적 조정기능, 방위청, 자위대 등 군사조직의 활동을 감시하는 문민통제 보장기능이 있다.

3) 안전보장회의의 역사

(1) 안전보장회의의 설치와 변천(1986-2012)

일본 국가안전보장회의의 전신은 1954년 설치된 국방회의(國防會議)이다. 국방회의는 당시 일본 방위청 및 자위대의 발족과 함께 1954년 방위청설립법에 따라 내각총리대신의 자문에 응하여 국방관련의 중요사항을 심의하기 위한 내각 기관으로 설치되었다.

그 후 나카소네(中曾根) 정부의 행정개혁의 일환으로 내각의 위기관리와 안전보장기능을 강화하기 위해 1986년 안전보장회의설치법(安全保障會議設置法)에 따라 안전보장회의가 내각에 설치되어 국방회의의 임무를 인계받게 되었다. 또한 내각관방 하에 안전보장실(1998년 안전보장위기관리실로 개편)이 설치되어 안전보장회의의 사무처리를 담당하게 되었다.

2003년에는 국가긴급사태 대처에 관한 기능을 담당하기 위하여, 총무대신, 경제산업대신, 국토교통대신을 회의 구성원에 추가하고 회의 산하에 내각관방장관을 위원장으로 하는 사태대처전문위원회를 설치하는 등 그 기능이 강화되었다.

(2) 일본판 국가안전보장회의(JNSC) 설치

2007년 자민당(自民黨) 아베 신조(安部晋三) 내각은 "수상관저가 주도하는 외교・안보 사령탑 기능의 재편 및 강화"를 제창하며 안전보장회의의 명칭을 국가안전보장회의 (JNSC: Japan National Security Council)로 바꾸고 사무국 설치 등 미국식으로 기능을 강화하는 법안을 상정했으나, 아베 내각이 퇴진하고 후쿠다(福田)내각으로 교체 후 백지화되었다.

2007년 2월 제출된 전문가 보고서[10]에는 국가안전보장회의 구성원의 확대, 심의사항의 확대, 특정 문제를 해당 각료가 조사・심의하는 전문회의 및 민간 전문가와자위관 등 10~20명으로 구성된 사무국을 신설하는 방안 등이 논의되었다. 이는 미국의 NSC를 모델로 하고 있다는 점에서 흔히 일본판 NSC 구상이라고 불린다.

2012년 자민당 총재에 재선출된 아베 신조는 집단적 자위권 개헌을 추구하며 안전보장회의의 강화를 다시 선거 공약으로 내세운바 있으며. 자민당의 12월 총선 승리로 제2차 아베 내각이 출범함에 따라 일본판 NSC의 설치 논의가 다시 주목을 받게 되었다. 특히 2013년 1월 일본인 7명이 희생된 알제리 인질사태에서 수상관저 주도로 사태에 대응하기 위한 정보 수집・분석과 사후대응이 미흡했다는 비판이 강해지고, 센카쿠 열도를 둘러싼 중국과의 갈등 및 장거리 미사일 발사, 핵실험 등 북한의 위협이 강화됨에 따라 NSC 창설 논의가 더욱 급부상하게 되었다.

2013년 2월 15일에는 NSC 설치를 위한 전문가회의가 개최되었다. 회의를 주관한 아베 총리는 "일상적, 기동적으로 (외교・안보정책을) 논의하는 장을 창설하여 정치의 강력한 리더쉽으로 신속하게 대응할 수 있는 환경을 정비하고 싶다"고 밝혔다. 특히 각 부처의 기밀정보 누출을 우려하여 NSC가 필요한 경우에 한하여 각 행정기관에 정보 제공을 요청할 수 있도록 한 2007년 NSC안과 달리, 새로운 안은 각 부처의 정보 제공을 의무화하고, 신설되는 사무국의 정보 수집・분석 기능을 강화한 것이 특징이다(産經新聞, 2013). 이에 대해 총리 산하의 NSC 사무국이 미국의 CIA(중앙정보국) 내지 일본 군국주의 시대의 내각정보국(內閣情報局)과 같은 성격의 기관이 되면서 총리에게 지나친 권한을 집중시키는 데 대한 우려의 목소리가 나오고 있다(최현미, 2013). 2013년 12월 4일 안전보장회의설치법이 통과되면서 안전보장회의는 정식으로 국가안

10) 國家安全保障에 관한 官邸機能强化會議報告書(2007.2.27)

전보장회의로 재편되었다. 2014년 1월 7일에는 국가안전보장국이 발족, 초대 국장에 야치 쇼타로(谷内正太郎) 내각관방참여가 취임했다.

(3) 일본 안전보장회의의 주요한 특징

첫째, 안전보장회의의 설립 이후 그 기능은 점차 강화되어 왔으나, 전문성과 정보수집 기능을 갖춘 사무국의 부재로 인해 주로 심의·자문기관으로서의 역할에 그쳐 왔다.

둘째, 안보·위기관리 사령탑의 필요성 고조 및 우익 정권의 출범 이후 수상에게 권한을 집중시키려는 움직임 아래, 미국의 사례를 따라 안전보장회의 또는 NSC의 역할, 특히 NSC 사무국의 기능을 강화하려는 움직임이 강했다.

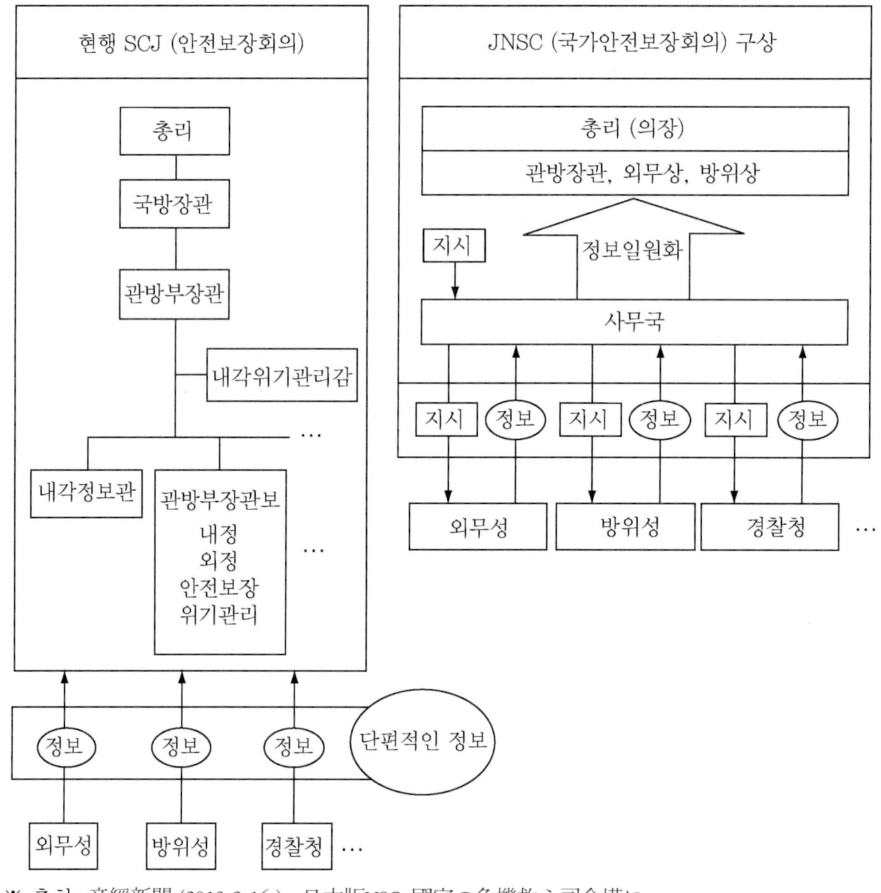

※ 출처: 産經新聞.(2013.2.16.). 日本版NSC 國家の危機救う司令塔に.

〈그림 2-2〉 일본판 NSC 구상

3. 한국의 국가안전보장회의(NSC: National Security Council)

1) 국가안전보장회의의 조직

현 대한민국헌법 제91조 1~3항은 국가안전보장회의(이하 NSC)에 대해 다음과 같이 규정하고 있다.

(1) 국가안전보장에 관련되는 대외정책, 군사정책과 국내정책의 수립에 관하여 국무회의의 심의에 앞서 대통령의 자문에 응하기 위하여 국가안전보장회의를 둔다.
(2) 국가안전보장회의는 대통령이 주재한다.
(3) 국가안전보장회의의 조직, 직무범위 기타 필요한 사항은 법률로 정한다.

따라서 NSC는 헌법에 명시된 대통령 자문기관이며, 헌법 제91조 3항의 위임에 따라 10조와 부칙으로 구성되는 국가안전보장회의법이 NSC의 조직과 직무범위 등 자세한 사항을 규정하고 있다.

현행 국가안전보장회의법에 따르면,[11] NSC의 의장은 대통령이며, 국무총리, 외교부장관, 통일부장관, 국방부장관 및 국가정보원장과 대통령령으로 정하는 약간의 위원으로 구성한다.[12] 의장이 필요하다고 인정하는 경우에는 관계 부처의 장, 합동참모회의 의장, 또는 그 밖의 관계자를 회의에 출석시켜 발언하게 할 수 있으며,[13] 국가안전보장회의 사무처를 두어 국가안보실 제1차장이 사무처장을 겸임하고, 정책조정비서관이 사무차장을 맡아 회의 운영을 지원하는 등의 사무를 관장한다.[14]

11) 국가안전보장회의법, [법률 제12224호, 2014.1.10, 일부개정]
12) 국가안전보장회의법 제2조
13) 국가안전보장회의법 제6조
14) 국가안전보장회의법 제8조, 국가안전보장회의 운영 등에 관한 규정[대통령령 25751호, 2014.11.19 시행]

2) 국가안전보장회의의 기능

NSC는 국가안전보장에 관련되는 대외정책, 군사정책 및 국내정책의 수립에 관하여 대통령의 자문에 응하는 것을 그 기능으로 한다.[15]

3) 국가안전보장회의의 역사

(1) 박정희 정부~이명박 정부에서의 국가안전보장회의

NSC의 설치를 최초로 규정한 것은 1963년 제3공화국 헌법이며, 이는 제4공화국 헌법, 제8차 개정헌법을 거쳐 현행 제9차 개정헌법에 이르기까지 존속되고 있다. 따라서 NSC는 헌법에 그 설치 근거를 두는 헌법기관이나, 그 구체적인 조직과 기능은 정권의 교체에 따라 계속 개편과 변화를 거쳐 왔다.

NSC는 1963년 박정희 정부에서 최초로 설치되었으나, 박정희 정부 후반기 중앙정보부와 국방부의 기능 강화로 인해 전두환, 김영삼 정부에 이르기까지 유명무실한 상태로 있어 왔다. 그 후 외교・안보 정책의 조정・통합 기능을 담당하고 국가 정보의 종합화 및 공유체계를 확립하기 위한 사령탑으로서 NSC의 기능 강화를 요구하는 주장이 계속되어 왔다(배정호, 2004). 김대중 정부 출범 후인 1998년에는 외교・국방・통일 정책을 통합적으로 협의・운영하기 위한 정책기구로 상설화되고 상임위원회, 실무조정회의, 정세평가회의, 사무처를 설치되었다.

노무현 정부에서는 2003년 사무처 정원을 46명으로 늘리고 사무차장을 차관급 정무직으로 격상시키며 국가안보종합상황실을 설치하는 등 NSC의 조직과 기능이 크게 강화되었다. 또한 NSC 위기관리센터가 신설되어 각종 국가위기 및 재해・재난 관리에 관한 정보 수집과 정책 조정 업무를 담당하게 되었다. 그러나 당시 야당이던 한나라당이 NSC 사무처의 역할 강화가 법적 권한을 넘어선다는 문제를 제기하여, NSC의 기능이 축소・분산되었다. 2006년 청와대에 통일외교안보정책실이 신설되어 정책 조정, 정보 관리 등 NSC 사무처의 일부 기능을 담당하게 되었으며, 안보정책조정회의가 신설되어 NSC 상임위원회의 역할을 사실상 대체하게 되었다(윤태영, 2010).

---

15) 헌법 제91조 1항, 국가안전보장회의법 제3조

이명박 정부에서는 NSC의 조직과 기능이 더욱 축소되었다. 2008년 국가안전보장회의법의 개정에 따라 상임위원회와 사무처가 폐지되었고 사무처의 기능은 대통령실 외교안보수석비서관실로 이관되었다. NSC 위기관리센터는 대통령실장 직속의 위기정보상황팀으로 축소 개편되었다. 그러나 2008년 금강산 관광객 피격 사건, 2010년 천안함 폭침 사건 등에서의 국가위기 관리의 미흡함이 비판을 받음에 따라, 위기정보상황팀은 2008년 국가위기상황센터, 2010년 국가위기관리센터로 확대 개편되었다.

(2) 박근혜 정부에서의 국가안보실 및 국민안전처의 설치

2012년 제18대 대선 과정에서 박근혜 당시 새누리당 대통령 후보는 대선 공약으로 다양한 국가적 위기에 효과적으로 대응하기 위한 외교·안보·통일 정책 컨트롤타워(국가안보실)의 구축을 내세운바 있다. 박근혜 당시 새누리당 후보는 2012년 11월 5일 외교·안보·통일 정책발표 기자회견에서 "천안함 폭침, 연평도 포격 같은 안보적 위기 상황에서 국정원, 외교부, 국방부, 통일부 부처 간의 입장 차이가 노출이 되지 않았는가"라며 "일관되게 효율성 있게 위기 관리를 하기 위해서는 컨트롤타워가 필요하다"고 밝혔다.

이와 관련하여 윤병세 박근혜 캠프 외교통일추진단장은 현 정부 국가위기관리실의 제한적 기능을 뛰어넘어 전략·정책·정보 분석과 부처 간 조율 기능까지 포괄하는 국가안보실을 신설할 것이라고 설명했다. 국가안보실은 김영삼·김대중·노무현·이명박 정부 등 지난 20년간 안보 컨트롤타워 운용과 관련된 시행착오와 미국 백악관 모델의 장점을 차용하여 고안된 것으로 알려졌으며[16], 그 기능은 과거 NSC 사무처의 역할과 매우 유사하다고 볼 수 있다.

또한 당시 문재인 민주통합당 후보는 NSC 사무처의 부활을, 안철수 무소속 후보는 NSC의 내실화를 공약으로 내세운바 있다. 이와 같이 18대 대선의 주요 후보 3인들이 모두 연평도 포격, NLL(북방한계선) 문제 등 당시 북한의 도발에 적극적으로 대응하지 못했던 이유 중 하나가 안보 컨트롤타워의 부재임을 인정하고, 각론의 차이는 있으나 NSC 또는 그 유사조직의 기능 강화를 통해 이 문제에 대처하려 했음을 알 수 있다(이덕로, 2012).

---

16) 한국일보, 2013.1.21 상설화된 외교·안보 컨트롤타워 국가안보실

2012년 2월 8일에는 초대 국가안보실장으로 김장수 전 국방장관이 지명되었으며, 3월 23일에는 대통령실에서 분리되어 국가안보실이 신설되었다.[17] 국가안보실은 장관급으로 격상되며 그 조직은 국제협력비서실, 정보융합비서실, 위기관리비서실 등 3개 부서로 구성된다. 국가안보실은 비서실과 함께 2실 체제의 양대 축을 이루게 되며, 그 역할은 정책조율 기능, 위기관리 기능, 중장기적 전략의 준비 기능 등 3가지로 요약된다. 또한 중장기 대북정책 로드맵을 구상하며, 국가위기상황 대응을 담당하게 된다.

외교부(2013)에 따르면 국가안보실 중심으로 하는 외교·통일·국방정책에 대한 컨트롤타워 강화 방안은 다음과 같은 장점이 있다. 첫째, 종래 국가안보 총괄체제의 부재를 극복하고 통합적인 국가안보정책의 수립이 가능하다. 둘째, 효과적인 총괄조정체제를 유지함으로써 지속성과 예측성이 높은 외교·통일·국방정책을 추진할 수 있다. 셋째, 미래의 외교·통일·국방 환경이 더욱 악화될 것으로 전망되는 가운데 복합 위기와 다중 위협에 신속하고 효과적으로 대응할 수 있다. 넷째, 지난 20년간 새로운 총괄조정체제가 시도된바 있으나 정책되지 못한바, 새로운 국가안보실 체제가 보다 안정적이며 지속가능한 체제로 정착할 것이 기대된다.

현 시점에서 국가안보실은 정무직 2명, 일반직 20명을 포함하여 총 22명의 정원으로 국가안보에 관한 대통령의 직무를 보좌하며, 정책조정, 안보전략, 정보융합, 위기관리에 대한 업무와 외교, 국방 및 통일 업무 중 국가안보에 관하여 그 직무를 수행하고 있다.[18]

2014년 11월 19일에는 새로운 재난 대응 컨트롤타워로서 국민안전처가 출범하였다. 국민안전처는 2014년 4월 16일 세월호 침몰사건에 대한 정부 대응의 미흡함과 혼선에 대한 비판이 계기가 되어 행정자치부의 안전관리 기능과 소방방재청, 해양경찰청을 통합하여 설립되었다. 국민안전처의 하부조직으로 안전정책실·재난관리실·특수재난실·중앙소방본부 및 해양경비안전본부 등을 두며, 국민안전처 장관 소속기관으로 국가민방위재난안전교육원·중앙소방학교·중앙119구조본부·해양경비안전교육원 및 중앙해양특수구조단 등을 둔다. 국민안전처는 정무직 2명, 별정직 고위공무원단 1명 등 1,035명의 공무원으로 구성되며, 그 소속기관에는 8,736명의 공무원을 둔다.[19]

---

17) 정부조직법 제15조, 국가안보실직제[대통령령 제25076호 2014.1.10. 일부개정] 제2조

18) 국가안보실 직제 제2조, 제4조, 제7조[대통령령 제25076호, 2014.1.10시행]

19) 국민안전처와 그 소속기관 직제[시행 2014.11.19] [대통령령 제25753호, 2014.11.19, 제정]

4) 한국, 미국, 일본의 NSC 비교

한국, 미국, 일본의 NSC는 모두 원칙적인 면에서 국가원수를 의장으로 하고 관계 각료급 요인들로 구성되는 회의체 조직이며, 안보 및 국가위기에 대해 국가원수에게 자문하는 기구라는 점에서 동일하다. 운영적인 면에서 정권과 국제정세의 변화에 따라 그 권한 및 기능이 변화되어 왔고, 여기에 회의체를 지원하는 전문가 조직이 중추적 역할을 담당해 왔다는 점 역시 유사하다. 특히 최근의 국제적 안보 위기를 맞아 세 국가가 공히 안보·위기 정책의 컨트롤타워로서 NSC 또는 그 유사조직에 주목하고 있다.

〈표 2-1〉 한·미·일 국가안전보장회의 비교 요약

	한국	미국	일본
부서명	국가안전보장회의(NSC: National Security Council)	국가안전보장회의(NSC: National Security Council)	국가안전보장회의 (國家安全保障會議: Security Council of Japan)
소속기관	독립기관	대통령실 (Executive Office of the President)	내각
의장	대통령	대통령	총리대신
설치연도	1962년	1947년	1986년
설치근거법	헌법	국가안전보장법(National Security Act of 1947)	국가안전보장회의설치법(國家安全保障會議設置法)
임무	국가안전보장에 관련되는 대외정책·군사정책과 국내정책의 수립에 관하여 대통령의 자문에 응함	국내정책, 외교정책, 군사정책의 통합, 정부 각 기관의 활동과 국방정책의 통합·조정에 대하여 대통령에게 자문	국방에 관한 중요사항 및 중대 긴급사태에의 대처에 관한 중요사항을 심의
비고	김대중 정부 출범 후인 1998년 상설화. 2006년 노무현 정부 하에서 사무처와 상임위를 설치하는 등 기능이 강화되었으나 야당의 반대로 다시 축소됨. 박근혜 신정부의 출범과 함께 2013년 청와대에 NSC와 기능이 유사한 국가안보실이 설치됨	2009년 Obama 대통령은 NSC가 경제, 에너지, 기후문제 등도 논의할 수 있도록 하고, 법규정상 상시 구성원인 대통령, 부통령, 국무, 국방장관 외에 법무부장관, 국토안전부장관, UN 대사, 대통령 고문 등 관련 고위급 인사들이 참석할 수 있도록 범위를 확대시켜, 그 권한을 강화시킴.	2007년 자민당 아베 내각의 행정개혁의 일환으로 회의 명칭을 안전보장회의에서 국가안전보장회의(JNSC: Japan National Security Council)로 바꾸고 사무국 설치 등 미국식으로 기능을 강화하는 법안을 상정했으나, 후쿠다 내각으로 교체후 백지화됨. 2012년 출범한 제2차 아베 내각에서 강화된 국가안전보장회의안이 통과됨

주요한 차이점으로는 일본의 NSC가 각료에 의한 회의체 조직으로 전속 전문가가 소수에 그치는데 비해, 미국의 NSC는 회의체인 동시에 이를 지원하는 전문가 조직이 갖추어져 있어 정책조정과 조언 기능뿐 아니라 정책결정 기능까지 담당하고 있다. 이와 같은 미일의 NSC의 차이는 특히 수상이 국민에 의해 선출되지 않고 의회에 책임을 지는 의원내각제와 대통령이 국민에 의해 선출되고 상대적으로 강한 권한을 갖는 대통령 중심제라는 양국 정치제도의 차이가 많은 영향을 끼쳐왔다고 볼 수 있다.

따라서 미국 NSC 모델을 일본에 적용하여 소위 '대통령적 수상제'를 지향하는 아베 내각의 시도에는 많은 우려의 목소리가 존재한다(等, 2006). 이는 대통령 중심제 정부인 한국과 미국, 한국과 일본 사이의 국가안전보장회의 조직과 기능의 차이점 및 유사점에도 역시 마찬가지로 적용되는 사항이다.

또한 안전보장회의가 법률에 근거하여 설립된 미국 및 일본과 달리, 한국의 NSC는 헌법 기관이므로 헌법 개정 없이는 그 근본적인 조직과 기능을 변화시키기 어렵다는 점도 중요한 차이점이다. 박근혜 정부가 안보·위기관리 정책의 새로운 컨트롤타워로서 NSC의 역할을 강화하는 대신 국가안보실을 신설한 것 역시 이 점과 관련이 있으리라 본다.

특히 2009년 미국 오바마 행정부의 수립과 함께 NSC의 기능이 강화되고, 2012년 말 한국과 일본에서도 역시 새로운 정권이 수립되면서 양국 정부가 모두 미국의 모델에 따라 행정부 수장 하에 국가안전보장회의 또는 그 유사조직의 기능 강화를 추진하고 있다는 점에 주목할 필요가 있다. 위에서 살펴본 바와 같이 이러한 논의가 급부상하게 된 것은 한국의 경우 천안함 폭침, 연평도 포격사태, 장거리 미사일 발사 등 북한의 군사적 위협, 일본의 경우 북한의 군사적 위협 외에 센카쿠 열도를 둘러싼 중국과의 마찰, 알제리 인질사태 등 안보위기가 중요한 계기가 되었다. 이는 최근 전 세계적인, 특히 동북아 지역의 안보 위기와 테러리즘 등 긴장 강화에 따라 안보·위기관리 정책을 통합, 조정하는 컨트롤타워의 필요성이 대두되고 있다는 점을 시사하고 있다.

5) 대한민국 안보·위기관리 컨트롤타워 수립을 위한 시사점

박근혜 정부 하에서의 국가안보실의 위상과 NSC와의 역할 분담 문제가 어떻게 이루어질지는 아직 구체화되지 않은 상태이다. 이에 따라 국가안보실의 설치·운용의 관건 중 하나는 담당하는 기능이 상당 부분 겹칠 것으로 보이는 헌법기관인 NSC와의 관계 설정 문제이라 할 것이다. 실제로 박근혜 정부 출범 직후 정부조직법이 국회를 통과하지 못하여 국가안보실이 정상 가동되지 못하던 시기, NSC가 일시적으로 안보 사령탑 역할을 담당하여 대북 전략을 수립·추진한 경험이 있다(김대현, 2013). 미국 및 일본의 경우와 달리 이처럼 이원적인 안보·위기관리 컨트롤타워 체제를 어떻게 불필요한 기능 중복 및 충돌 없이 효율적으로 운영할 것인가에 대하여 보다 깊은 고찰이 필요할 것이다. NSC를 고위 정책자문 기관으로서, 국가안보실을 정책 총괄·조정을 담당하는 컨트롤타워로서 각기 다른 기능을 담당하며 상호 보완하도록 하는 것 역시 적절한 조치 중 하나가 될 수 있다고 본다.

그러나 국가안보실이 안보·위기관리정책을 총괄하는 상설기관으로서 청와대 2실 체제의 한 축을 이루게 된다는 점에서, 미국 케네디 및 레이건 행정부 하에서 NSC의 역할을 대신하던 태스크 포스 위원회 조직들과는 크게 차이가 있을 것으로 보인다. 그리고 과거 노무현 정부 하의 NSC 사무처의 예에서 보듯이 법률의 수권을 받지 않은 상태에서 막강한 권한을 행사할 가능성이 있는 해당 기관의 기능 및 권한 범위를 정의하는 문제에 있을 것이다.

실제로 최근 정치권에서는 NSC, 국가안보실, 국민안전처의 국가안보 및 재난 대비 컨트롤타워로서의 역할 분담 문제가 논란이 되고 있다. 김장수 전 국가안보실장은 "청와대 국가안보실은 재난 컨트롤타워가 아니다."라는 발언으로 물의를 빚었으며, 야권에서는 NSC가 재난 컨트롤타워 역할을 맡아야 한다는 주장이 강하게 제기되었다. 이에 박근혜 대통령은 "NSC는 전쟁과 테러 위협 등 국가안보 관련 위기 상황을 전담하고, 국가안전처는 재난과 안전에 대해 책임을 맡아 총괄대응할 수 있도록 해달라."고 주문한바 있다.

청와대 측에서는 NSC에 재난 컨트롤타워를 설치하는 것이 곤란한 이유로 다음을 들어 반대했다. 첫째, 남북대치상황, 북핵위협 등 안보상황을 감안할 때 NSC는 국가안보에 집중할 필요가 있다. 국가안보·재난관리 통합 수행시 안보와 재난의 전문성 차이로 시너지 효과가 미흡하고, 오히려 재난분야가 위축될 우려가 있다(안보적 위기상황에서 대형재난이 발생했을 때 국가안전보장회의(NSC)의 컨트롤타워 기능이 분산될 가능성). 둘째, 내각 차원의 종합적 재난대응체계가 효과적이다. 재난발생 시 범부처 차원의 신속하고 종합적인 대응이 중요하고, 현장집행적 성격도 강하므로 내각의 팀장격인 총리 산하에 국민안전처를 설치해야 한다. 또 국가안전처가 관계부처 업무 조정통합기능 등 실제 집행업무까지 담당하고 있어 대통령 직속기관으로서 성질에 맞지 않으며, 국무총리가 행정각부를 통할토록 규정한 헌법에 위배될 소지가 있다. 셋째, 대통령 조직의 효율성 저하 및 월권 논란 우려가 있다. 국가안보실이 국방・외교・통일 업무 외에 재난업무까지 담당하면 긴급하고 중대한 의사결정에 집중력과 효율성이 저하될 수 있으며, 조직 및 인원 확대로 인한 청와대 조직의 비대화 논란과 부처수행 업무에 대한 관여 등으로 월권 논란이 재발할 수 있다. 또한 대통령 직속기구로 설치하면 정권교체에 따라 지속적인 전문성 축적이 곤란할 수 있다는 지적도 고려할 필요가 있다. 셋째, 미국 등 선진국의 경우에도 대통령실 NSC는 외교안보 기능만을 주로 담당하고 재난 관련 기구는 별도(국토안보부, FEMA(연방긴급재난관리청)로 운영하고 있다.

지금까지 살펴본 바와 같이 안보・위기관리 정책을 총괄・조정하는 컨트롤타워 조직의 성립은 국제적 안보상황이 악화되고 있는 최근 세계적인 추세이며, 미국과 일본의 경우에는 NSC를 중심으로 이루어지고 있다. 최근에는 중국 또한 중국판 NSC인 국가안전위원회를 설립하여 외교와 안보, 공안, 정보를 모두 통제할 새 컨트롤타워로 삼는다고 발표한바 있다. 이와 같은 필요성은 북한과 대치하고 있으며 위기・재해관리를 위한 부처간 협업이 원활히 이루어지고 있지 못한 우리나라의 경우 더욱 절실한 실정이다. 따라서 미국, 일본 등 외국의 정책사례를 분석하여 시사점을 이끌어내는 것은 매우 중요한 의미를 갖는다고 본다. 최근 신정부 출범과 국가안보실 및 국민안전처 신설이라는 상황 하에서, NSC와 국가안보실, 국민안전처 간의 상호보완적 기능 배분과 운영을 통하여 효과적・효율적인 안보 및 위기관리 정책의 수립과 집행을 위한 협업과 조정이 가능하도록 노력하는 것이 특히 중요할 것이다.

참고문헌

권혁빈, 국가안보실의 기능과 역할에 대한 한·미·일 비교연구, 2013 한국경호경비학회 특별세미나: 다차원 안보시대, 국가와 국민의 안전대책, 2013.

김대현, 정부조직법에 발목 잡힌 김장수 "북핵 대책 한시가 급한데…": 대북 컨트롤타워 국가안보실은 지금, 주간조선, 2013, 2247.

배정호, 국가안전보장회의(NSC)의 조직과 운영, 국방연구 47(1). 2004, pp.169-189.

외교부, 「주요국제문제분석」 국가안보 총괄조정체제 변천과 국가안보실 구상, 2013.

윤태영, 미국과 한국의 국가안전보장회의(NSC) 체제 조직과 운영, 평화학연구 11(3), 2010, pp.229-253.

이덕로, 대선 후보들 대북해법 가장 큰 차이점은, 한국일보, 2012.11.23.

최현미, 日 'CIA 기능 갖춘 NSC' 설치 논의 본격화, 문화일보, 2013.2.15.

한국일보, 상설화된 외교·안보 컨트롤타워 국가안보실, 2013.1.21.

Best, R. A. The National Security Council: An organizational assessment, Washington DC: Congressional Research Service, 2011.

Inderfurth, K. F. Fateful decisions: Inside the National Security Council, L. K. Johnson (Ed.). Oxford University Press, 2004.

Kjonnerod, L. E. We live in exponential times: Interagency to whole-of-government. Center for Applied Strategic Learning, National Defense University, 2009.

National Security Presidential Directive-1: Organization of the National Security Council, 2009.

National Security Presidential Directive-1: Organization of the National Security Council, 2001.

産經新聞, 日本版NSC 國家の危機救う司令塔に, 2013.2.16.

花井等, 木村卓司(). アメリカの國家安全保障政策. 東京, 日本: 原書房, 1993.

等雄一郎, 「日本版 NSC (國家安全保障會議)」 の 課題 – 日本の國家安全保障會議と米國のNSC –. 國立國會圖書館 Issue Brief Number 548, 2006.

國家安全保障會議設置法 제1,2,4,5,7,10조.

國家安全保障에 관한 官邸機能強化會議報告書, 2007.2.27.

産經新聞, 日本版NSC 國家の危機救う司令塔に, 2013.2.16.

국가안보실직제[대통령령 제25076호 2014.1.10. 일부개정]

국가안전보장회의 운영 등에 관한 규정[대통령령 25751호, 2014.11.19 시행]

국가안전보장회의법, [법률 제12224호, 2014.1.10, 일부개정]

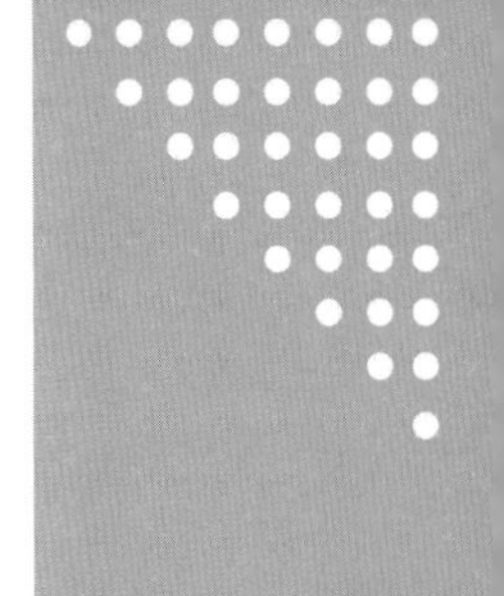

제3장

국가위기와 산업보안 대응체계

제3장 국가위기와 산업보안 대응체계

1. 국가위기관리에 대한 산업보안 대응의 필요성

1) 제도적 차원의 규제

일반적으로 기술이전은 그 당사자가 사기업이라고 해도 경제의 발전 및 안보에 심각한 영향을 줄 수 있기 때문에 기술 제공 국가나 도입 국가의 시각이 상반된다. 기술 제공 국가는 각종 규제를 우선시하고, 도입국가는 확대와 촉진 방안을 우선 채택하고 있다. 따라서 각 국가들의 합법적인 기술 이전이나 불법적인 기술유출에 대한 규제는 다양하게 나타나고 있다. 대체적으로 기술규제는 다음과 같은 차원에서 이뤄지고 있다.[1)]

① 기업 등의 기술 보호를 위해 제 3자에 의한 불법적인 기술사용을 방지(지적재산권법에 의한 보호),

② 국제적인 안전 보장의 관점에서 기술이 무기 등의 개발 등에 전용되는 것을 방지하는 것(국제적인 안전 보장 차원에 의한 전략물자 통제),

③ 자국의 국가안보와 국민경제의 보호를 위한 국가핵심기술에 대한 승인과 사전신고 등을 통한 보호(산업경쟁력 확보와 국가경쟁력 유지를 위한 기술유출 방지) 등으로 구분할 수 있다.

---

1) 田上博道, 我が国における技術移転規制について, Control of Technology Transfer in Japan, 特許研究 No.42. 2006/9, pp.57-64.

①의 경우 특허법과 부정 경쟁 방지법 등의 지적 재산법을 통한 기술 이전에 관한 규제 등이 대표적이다. ②의 경우 전략물자에 대한 통제나 일본의 외환관리법, 미국의 수출관리법, 무기수출관리법 등을 통해 기술 이전에 대해 규제하는 것이 대표적이다. ③의 경우 미국의 경제스파이 처벌법, 한국의 산기법이 대표적이다. 각국의 국제적 기술 이전에 관한 주요 규정을 정리하면 아래와 같다

〈표 3-1〉 각국의 기술 이전 규제[2)]

국가	법령	내용
미국	경제스파이법	영업비밀을 국외에 유출한 자는 15년 이하의 징역 또는 50만달러의 벌금. 조직이 해외로 유출한 경우 1천만 달러 벌금
	EAR(수출관리 규칙)	EAR의 규제대상이 되는 기술 등을 미국적 보유자로부터 외국국적 보유자에 개시한 경우 외국국적보유자의 모국으로 수출한 것으로 간주하여 민사벌(50만 달러 이하의 제재금)과 형사벌(10년 이하의 징역 또는 100만 달러 이하의 벌금) 병과 가능
	특허법	미국내에서 이루어진 발명에 대해 미국특허상표청(USPTO)에 출원후 6개월이 경과하지 않는 기간내에 USPTO의 허가를 받지 않고, 외국에 출원하거나 비밀유지명령을 무시하고 외국 출원을 한 자는 2년 이하의 징역 또는 1만 달러의 벌금
독일	부정경쟁방지법	영업비밀을 국외에 유출시킨 자에 대해서는 5년 이하의 징역 또는 벌금
	외국무역관리법	법령에서 규제된 기술 및 기술지원(구두, 전화, 전자적 형태를 포함)을 허가를 받지 않고 제공한 자는 5년 이하의 징역 또는 50만 유로 이하의 벌금
일본	부정경쟁방지법	일본에서 관리되고 있는 영업비밀을 외국에서 사용·개시한 자에 대해서는 10년 이하의 징역 또는 1천만엔 이하의 벌금(병과 있음)
	특허법	10년 이하의 징역 및/또는 / 1천만엔 이하의 벌금(법인에는 병과 가능)

2) 김민배 외, 산업기술의 유출방지 및 보호에 관한 법률의 제도적 정착을 위한 연구에 관한 보고서, 산업자원부, 2008, p.3.

국가	법령	내용
일본	외국환 및 외국무역법	비거주자에 대하여 규제대상기술을 경제장관의 허가를 받지 아니하고 제공한 자는 5년 이하의 징역 또는 제공가액의 5배 이하의 벌금(병과 있음), 3년 이내의 화물수출 · 기술제공의 금지(행정제재)
한국	부정경쟁방지법 및 영업비밀보호법	영업비밀을 해외에 유출시킨 자는 10년 이하의 징역 또는 부정이득액의 2배 이상 10배 이하의 벌금(병과 가능)
	대외무역법	전략물자에 관련된 무형물질(기술)에 대해 허가를 받지 않고 외국인에게 제공한 자는 4년 이하의 징역 또는 수출가액의 3배 이하의 벌금
	특허법	특허청 직원 · 특허심판원 직원 또는 그 직에 있었던 자가 그 직무상 취득한 특허출원 중의 발명(국제출원 중의 발명을 포함한다)에 관하여 비밀을 누설하거나 도용한 때에는 5년 이하의 징역 또는 5천만원 이하의 벌금
	산업기술의 유출방지 및 보호에 관한 법률	산업기술을 외국에서 사용하거나 사용되게 할 목적으로 산업기술과 국가핵심기술을 유출하거나 침해하는 경우 10년 이하의 징역이나 10억원 이하의 벌금. 예비음모 처벌

2) 지적재산권법에 의한 규제 등

(1) 특허법 등에서 보호

발명에 대한 독점적인 권리인 특허권은 국가에서 정한 요건과 절차에 따라 각국에서 성립하는 권리이기 때문에 우리나라에서 특허로 인정되더라도 다른 나라에서는 권리로 인정되지 않는 경우가 많다. 그 경우 특허권에 대한 권리 침해가 있다하더라도 사실상 금지 청구와 손해 배상청구 등을 할 수 없게 된다. 따라서 사업을 전개하려는 각 나라에서 제대로 권리(외국 특허 등)를 취득하거나 기타 필요한 기술 정보의 실시 허락 등을 받거나 처음부터 제품의 보호를 도모해야만 안정적인 사업 전개가 가능하다. 일반적으로 특허법은 발명의 공개 대가로서 발명자에 대해 일정 기간 독점적인 권리를 부여하는 것을 기본 원칙으로 하고 있다. 하지만 특허청에 출원된 특허는 그 발명에 관련된 공개가 공서 양속에 반하지 않는 한[3] 출원으로부터 일정기간 이후에는

3) 미국 내에서 한 발명은 외국 출원 허가제(미국 출원으로부터 6개월 이내에 외국 출원을 하고자 하는

공개되고 있다. 기술보호의 차원에서 보면 특허 출원과 공개가 우리나라 기업의 기술 수준과 업체의 연구 개발 동향에 대해 해외기업들이 쉽게 접근하는 창구로 악용되고 있다는 지적도 있다. 따라서 기업 등이 발명에 대해서, 특허권을 취득하기 위하여 특허로 출원할 것인가, 아니면 노하우로 비닉할 것인가 하는 점에 대해 전략 차원에서 그 방안을 적극 검토할 필요가 있다고 본다.[4)]

(2) 부정 경쟁 방지법의 규제

일정한 기술상·영업상의 정보에 대해 해당 정보가 ① 비밀로 관리되고 있다는 점(비밀 관리성), ② 사업 활동에 유용한 정보라는 점(유용성), ③ 공공연히 알려져 있지 않다는 점 (비공지성)의 3가지 사항을 충족하는 경우 당해 정보는 부정 경쟁 방지법상의 영업 비밀로 보호되는 것이 일반적이다. 따라서 영업 비밀로 관리되고 있는 기술 정보를 제 3자에게 라이선스 하는 경우에는 NDA(non-disclosure agreement) 등을 상대방과 체결하는 것이 중요하다.[5)]

각 국가는 부정경쟁방지법의 개정에 의해 영업비밀의 부정 취득 등에 대한 형사처벌을 도입하고 있다. 일본의 경우 2005년 개정을 통해 일본 국내에서 관리되는 영업비밀에 대해 일본 국외에서 사용 또는 공개하는 자도 처벌하도록 하였으며, 재직시 신청이나 청탁을 받고 퇴직 후 영업 비밀을 유출하는 악의적 퇴직자에 대한 벌칙도 도입하였다. 또한 기업체 직원 등이 영업 비밀을 해외에서 부정하게 사용하거나 공개하는 경우에도 형사처벌의 대상이 되도록 개정하였다.[6)]

경우에는 특허 상표청 장관의 허가가 필요) 및 비밀 유지 명령(군사 관련 발명 등에 대해서는 국가의 안전 차원에서 비밀 유지 명령을 발령)은 규제 대상이다(미국 특허법 제184조).

4) 特許庁, '先使用権制度の円滑な活用に向けて－戦略的なノウハウ管理のために－', 2006.6 (http://www.jpo.g o.jp/torikumi/puresu/ press_senshiyouken.htm).

5) 田上博道, 我が国における技術移転規制について, Control of Technology Transfer in Japan, 特許研究 No.42, 2006/9, 57-64.

6) 영업 비밀로 법적 보호를 받기 위해 적절한 관리를 추진하고 있으며, 일본의 경우 '営業秘密管理指針(2003年1月 제정, 2005 年10月 개정)
(http://www.meti.go.jp/policy/ competition/downloadfiles/ip/0510 12guideline.pdf). 대학의 비밀 관리 지침에 대해서는 經濟産業省, 安全保障貿易に係る機微技術管理ガイダンス, 평성 20年 1月 참조.

2. 미국의 산업보안 대응체계

1) 법령

미국의 산업보안 법령 체계는 크게 산업·경제스파이를 처벌하려는 기술유출 관련 법령, 수출통제에 관한 법령, 그리고 외국인 투자제한을 이용한 기술유출 방지관련 법령으로 3가지로 구분해 볼 수 있다. 산업·경제스파이 처벌을 목적으로 하는 법은 경제스파이법(Economic Espionage Act of 1996, 18 U.S.C. 제1831-1839조)과 통일영업비밀보호법(UTSA; Uniform Trade Secret Acr)의 일부 조항, 그리고 법원의 판결에 의하여 다루어지고 있다. 수출통제와 관련된 법령은 미국 상무부의 수출규칙(EAR: Export Administration Regulations)과 국무부의 국제무기거래규정(ITAR: International Traffic in Arms Regulations), 이 있다. 또한 외국인 투자제한을 통한 기술유출 방지를 위해서는 1998년도 미 종합무역법 5021조(이하 Exon-Florio 조항)에 의거하여 미국의 대통령은 미국 안보에 위협이 된다고 판단되는 경우, 외국인의 미국기업 획득, 합병, 인수를 정지시키거나 금지시킬 수 있는 권한을 가진다. 2007년 7월에는 Exon-Florio 조항을 개정한 「외국인투자 및 국가안보에 관한 법률」(Foreign Investment and National Security Act of 2007)(FINSA)을 제정하였다. FINSA는 Exon-Florio 조항보다 그 대상을 확대시켰고 또한 보다 강력한 통제수단을 정부에 부여하고 있다.[7]

이밖에도 미국은 성문법상으로도 연방 상표 및 부정경쟁방지법이라고 할 수 있는 랜함법(Lanham Act) 제43조 (a), (c), (d) 규정과 연방거래위원회법(Federal Trade Commission Act) 제5조 등을 통하여서 산업보안을 규율하고도 있다.[8] 또한 통일영업비밀보호법을 제정하여 46개 주에서 채택하여 적용하고 있다.

통일영업비밀보호법은 영업비밀 침해사례가 성립되면 손해배상을 비롯하여 금지명령, 침해금지 가처분 등을 규정하고 있는 반면, 형사 처벌에 관한 구체적 규정들은 없어 이러한 점을 보완하기 위해 1996년에 경제스파이법을 제정하여 외국의 산업스파이 행위를 미국 경제에 대한 직접적 위협으로 보아, 영업비밀 침해에 대하여서는 연방차원에서 접근하여 형사 처벌하도록 규정하고 있다. 경제스파이법에서 규정하는 영업

---

7) 사법연수원, 「영업비밀보호법」, 사법연수원, 2007.

8) 손영식, 미국의 부정경쟁방지법 개요, 지식재산 21, 특허청, 2007.

비밀은 통일영업비밀보호법의 정의에 기초하고 있지만, 경제스파이법이 통일영업비밀보호법보다 그 개념이 좀 더 확대되어 있다고 볼 수 있다.[9)]

(1) 통일영업비밀보호법

미국의 각 주는 1979년에 형성된 통일영업비밀보호법을 기초로 한 영업비밀보호법을 규정하고 있다. 각주가 채택하고 있는 영업비밀보호법은 조금씩 차이가 있겠지만, 모든 법들은 영업비밀의 침해행위에 대한 구제책으로서 민사상의 금지명령과 손해배상청구를 규정하고 있으며, 판례에 근거하여 영업비밀의 요건을 구체적으로 규정하고 있는 특징을 보이고 있다.[10)] 미국에서의 영업비밀보호법은 특허법과 저작권법과는 달리 개별 주의 제정법 내지 보통법(Common Law)으로 구성되어 있는데, 판례법에서는 "영업 비밀을 하나의 사업에서 사용되는 여하한 공식, 패턴, 장치 또는 정보의 집합으로 그 사업 주체에게, 그것들을 모르거나 사용하지 않는 경쟁자보다 유리한 지위를 부여하는 것들을 의미한다"고 정의하여, 이에 대한 침해 행위를 불법행위 등으로 규제하고 있다.

미국의 영업비밀보호법은 민사적 보호를 주로 규제하고 있고, 1979년 통일영업보호법에서는 형사적 구제수단을 규정하고 있지 않다. 하지만 이후 연방 상원에서 통일영업비밀보호법을 제정하여 각 주에 채택을 권고했고, 상당수의 주가 이를 채택 및 수용하여, 영업비밀 보호에 관한 법제를 통일화 하였다고 볼 수 있다.[11)]

(2) 경제스파이법(EEA: The Economic Espionage Act)

1996년 10월 제정된 경제스파이법은 산업기술 침해행위에 대한 형사적 처벌을 규정하고 있는 연방차원의 법제라고 할 수 있다. 입법 배경으로는 1995년에 조사한 설문대상 325개 기업 가운데 절반가량이 영업비밀절도로 인한 피해를 입었다는 것과 매년 240억달러 상당의 지적재산권피해가 발생한다는 데 기인하였다. 영업비밀 경제스파이법은 그 실제적 적용범위와 목적에 있어서 불명확한 점이 있다는 지적도 있는 것이 사

9) 나종갑, "영업비밀의 국제산업스파이행위에 대한 형사적 구제: 미국 경제스파이처벌법(EEA)과 부정경쟁방지 및 영업비밀보호에 관한 법률을 중심으로", 통상법률 2호, 2006.

10) 김문환, 「개정영업비밀보호법에 대한 고찰, 정보와 법 연구」, 창간호, 국민대학교 정보와 법 연구소, 1999.

11) 이창무 · 이길규 · 현대호 · 최진혁 · 정태황 · 장항배 · 정태진 · 정진근 · 김윤배, 「산업보안학」, 박영사, 2011.

실이나(Schwab, 1996), 미국은 이 법을 통해 산업기술 및 영업기술의 보호를 보다 강화하였다고 평가받고 있다. 본법의 목적은 경쟁기업 등 사적 주체는 물론, 외국 정부에 이익을 주는 개인과 기업, 나아가 외국의 정부기관에 의한 영업비밀 절도에 대하여 주로 형법적 처벌을 부과할 수 있도록 연방법으로서 포괄적인 규율을 하는 것이다.

경제스파이법에 근거하여 정부가 기소할 수 있도록 한 영업비밀절도행위에는 경제스파이행위와 영업비밀절도행위로, 경제스파이 행위는 EEA §§ 1831에 개론으로, 후자는 §§ 1832의 각론으로 구분하여 규정되어 있다(김민배 외, 2008:192~193).

① EEA §§ 1831

누구든지 범죄행위를 통하여 외국의 정부, 정부기관 또는 정부관리를 이롭게 하기 위하여 또는 이롭게 함을 알면서도 고의로 다음의 행위를 하는 경우에는 (vi)항에서 규정하고 있는 경우를 제외하고 $500,000 이하의 벌금 또는 15년 이하의 징역에 처하거나 양자를 병과할 수 있다.

(i) 영업비밀을 절도, 무단이용, 획득, 제거, 은닉이나 사기, 계략 또는 기만행위를 통하여 취득하는 경우
(ii) 영업비밀을 무단으로 복사, 복제, 스케치, 도안, 사진, 다운로드, 업로드, 변경, 파괴, 사진촬영, 모사, 발송, 전달, 전송, 우편발송, 의사교환을 하거나 전하는 경우
(iii) 영업비밀을 무단으로 절도, 이용, 취득, 또는 횡령된 것임을 알면서도 수취, 구매 또는 소유하는 경우
(iv) i, ii, iii 항에서 규정하고 있는 범죄를 하고자 시도하는 경우
(v) i, ii, iii 항에서 규정하고 있는 범죄행위를 하기 위하여 한 명 또는 그 이상의 자와 공모하고, 공모한 자 중 한 명 이상의 자가 실제로 공모의 목적을 실행하기 위한 행위를 하는 경우
(vi) (1) 항에서 규정하고 있는 범죄를 행한 단체는 $10,000,000 이하의 벌금에 처해짐

② EEA §§ 1832

주 또는 국제 간의 상거래를 위하여 생산되었거나 또는 제공되는 상품과 관련된 내지 포함된 영업비밀을 그 소유자 이외의 자의 경제적 이익을 위하여 횡령할 목적으로,

동법의 범죄행위를 통하여 그 영업비밀권자에게 손해를 야기하기 위하여, 또는 손해를 야기함을 알면서도 고의로 다음의 행위를 하는 경우에는 (vi) 항에서 규정하고 있는 경우를 제외하고 본조에 따라 벌금 또는 10년 이하의 벌금에 처하거나 양자를 병과할 수 있다.

(i) 이들 정보를 절도, 무단이용, 획득, 제거, 은닉이나 사기, 계략 또는 기만행위를 통하여 취득하는 경우
(ii) 이들 정보를 무단으로 복사, 복제, 스케치, 도안, 사진, 다운로드, 업로드, 변경, 파괴, 사진촬영, 모사, 발송, 전달, 전송, 우편발송, 의사교환을 하거나 전하는 경우
(iii) 이들 정보를 무단으로 절취, 이용이나 취득 또는 횡령된 것임을 알면서 수취, 구매 또는 소유하는 경우
(iv) i 내지 iii 항에서 규정하고 있는 범죄를 저지르고자 시도하는 경우
(v) i 내지 iii 항에서 규정하고 있는 범죄를 저지르기 위하여 한 명 또는 그 이상의 자와 공모하고 공모한 자 중 한 명 이상의 자가 실제로 공모의 목적을 실행하기 위한 행위를 하는 경우
(vi) (2) 항에서 규정하고 있는 범죄를 저지른 단체는 $5,000,000 이하의 벌금에 처해짐

(3) 미국수출규칙(EAR: Export Administration Regulations)

미국 수출 규칙(Export Administration Regulations)은 EAR로 약칭되며, 미국 상무부 산업보안국이 관할하고 있는 법률로써 Export Administration Act에 따라 제정되었다.[12] 이 법은 미국에서 Dual-Use(군사 및 민간용 양용기술)의 상품(화물 내지 일반 제품, 소프트웨어, 기술)을 해외에 수출 할 때 적용하며, 미국 이외의 국가에서 다른 국가에 다시 수출하는 경우에도 적용된다.

EAR 대상 품목 가운데 미국 상무부에서 수출(재수출) 허가가 필요한가 여부를 판단하는 것은 첫째, 무엇을 수출하는가. 둘째, 어느 나라에 수출하는가. 셋째, 누가 받을 것인가. 넷째, 무엇을 위해 사용되는가 등에 따라 결정된다. 이를 규정한 것이 CCL(Commerce Control List)[13]과 ECCN(Export Control Classification Number)[14] 그리고 EAR99이다. CCL은

12) http://www.bis.doc.gov/eaa.html(2014년 8월 15일 검색)

제한 품목 리스트에 나와 있는 EAR 대상 품목 중에서도 민감한 내용이다. ECCN은 CCL에 열거된 품목을 규제하는 관리번호에 해당한다. EAR99는 CCL에 올라와 있지 않은 경우의 리스트에 해당하며, EAR99이라는 범주로 분류된다. EAR99은 주로 낮은 기술 소비재가 많아 상무부 라이선스 없이 수출 가능한 경우가 많다. 물론 EAR99도 EAR 대상 품목이므로 제재 국가, 테러 지원 국가에 수출(재수출)하는 경우에는 라이선스가 필요하다.

EAR은 미국 정부의 대외 정책의 일환으로 실시된다. 따라서 세계 경제와 정세의 변화에 따라 수시로 변경된다. 목표가 국제 평화와 안전 유지에 있기 때문에 EAR은 이것을 방해하는 다양한 사태에 대응하여 규제를 하고 있다. 주요 규제 대상은 무기 등의 개발, 제조, 혹은 그 확산을 조장하는 수출 등으로 주요규제 대상을 조장할 우려가 있는 일정한 성능 레벨을 초과하는 품목에 한정하여 규제하는 리스트 규제와 품목을 한정하지 않고, 이른바 catch-all, 대량 살상 무기 등의 개발 등을 조장할 우려가 있는 수출 등을 규제하는 KNOW 규제로 구분할 수 있다. 특히 미국 내의 규칙에 관계없이 미국원산제품들의 'EAR의 규제를 받는 품목' 그것이 세계 어디에 있어도 본 규칙을 적용하고 있으며(이것을 EAR의 역외적용이라고 한다), 여기서 순수한 외국산 제품 등은 EAR의 적용을 하지 않기 때문에, 구체적으로 그것이 대상 품목인가 여부를 § 734(EAR의 적용 범위)에서 미국산 제품을 조합한 외국 제품을 EAR의 대상으로 하지 않는 de minimis rule[15]이 채택되어 있다.

§ 736 조항에는 일반적 금지 사항 1－10을 정하고 있으며, 1－3은 일정한 성능 수준을 초과하는 품목의 수출 또는 재수출을 규제하고, 4－10은 특히 품목을 제한하지 않고 규제를 하고 있다. 전자 목록 규제, 후자의 5를 KNOW 규제라고 부를 수 있다. 거의 모든 규제가 본 조항에 따라 실시된다. 또한 § 740 조항에 다양한 허가 예외(15종)가 규정되어 있다. 만일 그 중 하나라도 적용된다면 허가가 필요하더라도 이에 기초하여 허가없이 수출 또는 재수출할 수 있다. 고객용도 및 품목의 성격으로 볼 때 당연히 적용 불가능하다고 생각되는 경우를 제외하고, 대부분의 경우 허가 예외를 적용할 수 있

13) http://www.research.uci.edu/ora/exportcontrol/commerce_control_list.htm(2014년 8월 15일 검색)

14) http://www.bis.doc.gov/licensing/do_i_needaneccn.html(2014년 8월 15일 검색)

15) http://www.mofat.go.kr/mofat/fta/eng/e21.pdf(2014년 8월 15일 검색)

기 때문에 이것을 잘 검토할 필요가 있다. 다만 일반적 금지 사항 4를 적용할 수 없는 것도 있다. 일반적 금지 사항 5에 따라 § 744에, 최종 수요자 및 최종 수요를 규정하고 있다(KNOW 규정). 여기서는 원칙적으로 품목을 한정하지 않고, 즉 catch-all 규제하고, 고객(최종 수요자인) 용도에 따라 규제하고 있다. 따라서 먼저 해당 고객이나 용도가 규제되고 있는가 여부를 확인하여야 한다. 그리고 규제하는 경우에 허가 신청서를 BXA(상무부 재정관리국)에 제출하고, 이 경우 허가 심사 기준이 고객 또는 용도에 따라 분류되어 있다.[16)]

EAR은 공개 정보를 규제 대상으로 하지 않는다. 즉 인쇄물, 공공회의에서 발표, 기초 연구와 Web 사이트에 게재된 문서를 통해서 이미 발표된 정보들은 규제 대상에서 제외된다.[17)]

EAR에서 규제 대상이 되는 기술이전이란 미국에서 다른 나라에 제품이나 데이터 발송·이전뿐만 아니라 미국 내의 외국인에 대한 규제기술 제공에 대해서도 수령자의 모국 또는 시민권 보유국에 대한 수출로 보아 규제 대상이 되고 있다. 규제를 실시하는 이유는 외국인이 모국에 돌아가서 미국 체류 기간 동안 취득한 규제기술 지식을 모국으로 가지고 가는 것을 방지하기 위한 조치인 것이다.

또한 규제기술을 재미 외국 대사관 임직원에 제공하는 것도 규제 대상으로 하고 있다. 실질적으로 외국 국적 보유자와 모든 커뮤니케이션을 규제 대상으로 하며, 여기에는 전화 대화, 전자 우편, 팩스, 컴퓨터 자료 공유, 준비, 연수, 장비의 사찰 등에 의한 기술 이전도 포함된다.

또한, 외국으로부터 제 3국의 외국국적 보유자나 외국시민권 보유자에 대해 데이터를 보내는 경우에도 제 3국에 대한 재수출로 간주될 수 있기 때문에 미국 기업은 미국 내외에서, 규제기술의 관리를 충분히 행하는 것이 필요하다.[18)]

---

16) EAR의 규제를 받는 품목(Items Subject to the EAR)은 734.3(a)에 명기되어 있다. 요약하면 ① 미국 내에 있는 모든 품목, ② 미국원산 모든 품목. 그 소재지를 묻지 않는다, ③ 외국산 품목에 포함된 미국원산 부품, 재료 등. 그러나 그 양이 de minimis 수준 이상의 것에 한함, ④ 외국에서 생산된 미국원산기술 등의 특정 직접 제품, ⑤ 외국의 위 ④ 공장 등에 의해 생산된 특정화물이 그것이다. 그러나 § 734.3(b)에서 규정하는 것을 제외한다.

17) EAR과 ITAR 규제 대상에서 제외되고 있는 공개정보는 공지(Public Domain), 기초 연구의 과정 또는 그 결과에서 얻은 기술(ITAR 정의는 EAR의 정의와 다름), 교육(ITAR와 EAR은 접근이 다름), 특허 출원서에 포함되어 있으며, 외국 출원의 허가를 받은 기술을 말한다.

18) ITAR - 120 17에서는 미국 내외를 불문하고, 기술 자료를 외국인에게 공개(구두·시각에 의한 공개),

① EAR 규제기술의 이전관리 지침(TCP)

TCP(Technology Control Plan)[19]는 EAR 규제기술 이전을 관리하기 위한 관리 체제에 대한 업계 표준 가이드라인이다. 규제 대상이 되는 소프트웨어나 기술이 있는 기업이 법령을 준수하기 위한 지표가 되고 있다. 이 지침은 기업이 규제기술을 구체적으로 어떻게 관리해야 하는가를 명시하고 있으며, 그 목적과 관리 내용은 다음과 같이 요약된다.

TCP의 목적은 미국의 국가안보를 실현하기 위해 기밀성을 가진 듀얼 유스 기술의 확산을 방지와 기술 이전을 관리함으로써 기업의 지적 재산을 보호하는 데 있다. 관리 내용은 첫째, 규제 정보, 기밀 정보, 독점 기업 기밀 정보 보호, 둘째, 외국인에 대한 기술 제안 관리, 셋째, 비미국인의 직원 등에 대한 기술 제공을 관리한다.

② ECCN의 구성과 의미

EAR Part 774의 CCL은 리스트 번호, 규제이유, 허가예외 등으로 표시된다. 그리고 CCL에서 각 품목은 5자리의 단계*로 표시된다. 예를 들어 ECCN이 3A231인 경우 3 : 일렉트로닉스 관련 분야이며, A : 기기, 조립 제품 및 부품이자, 2 : NSG 등 핵관련 규제 대상임을 나타낸다. 이를 ① ② ③ ④ ⑤로 표현하면 아래와 같다.

〈표 3-2〉 ECCN 코드 분류형식

구분	내용
① 카테고리	0 : N S G 트리거 리스트를 포함한 핵관련 기자재 1 : 재료, 화학 물질, 바이러스, 독소 등 2 : 재료 가공 관련 품목 3 : 일렉트로닉스 관련 품목 4 : 컴퓨터 관련 품목 5 : 통신 장비, 암호 관련 장비 6 : 레이저, 센서 관련 품목 7 : 내비게이션 및 항공 전자 기기 장비 관련 품목 8 : 해양 기술 관련 품목 9 : 추진시스템, 우주 장비 관련 품목

또는 이전하는 것. 또한 미국 내외와 관계없이 외국인을 위해, 또는 외국인의 이익을 위해 방위 서비스를 행하는 것을 지칭한다.

19) http://findarticles.com/p/articles/mi_m0IAJ/is_1_23/ai_72467665(2014년 8월 15일 검색)

구분	내용
② 리스트 서브 그룹	A : 기기, 조립 제품 및 부품 B : 시험 장비, 검사 장비 및 제조 장비 C : 재료 D : 소프트웨어 E : 소프트웨어 이외의 기술
③ 규제의 근거	0 : 국가안보 관련(WA 관련, WA와 중복 비확산 등)[20] 1 : MTCR 2 : NSG 등 핵관련 3 : A G 9 : 미국 자체 규제 반테러리즘, 범죄 억제, 지역 안정, 공급 제한 등)
④ 자체 규제 품목에 9를 사용하는 것 이외에는	
⑤와 함께 사용하여 다른 항목과 구분한다.	

* 단, 각 단계별 번호를 부여하지 않는 것(비 목록 제품)에 대해서는 ① 9 카테고리 각각의 끝에 EAR99로서 결합되어 있다.[21]
* EAR의 규제를 받는 품목에 CCL에 명시되지 않은 품목은 EAR99번과 같이 불린다.

(4) 국제무기거래규정(ITAR: International Traffic in Arms Regulations)

미국의 규제에서 국제적으로 가장 두드러진 규제는 미국 상무부 BIS에 의한 EAR 규제 품목리스트(CCL)과 미 국무부에 의한 ITAR[22]의 미국 군사 품목 리스트(USML)이다. EAR은 수출의 촉진을 기본적인 목적으로 하고 있기 때문에 수출 허가 신청이 필요한 것은 전체 수출 품목의 10% 미만이다. 한편 ITAR은 수출 금지가 주요 목적이며, 군용 제품·부품이나 우주 장비에 대한 수출 허가 신청이 필요하며, 허가 신청 수는 EAR의 3배에 이른다.[23]

ITAR은 군사 품목과 서비스에 관련된 기술 자료의 공개를 규제하고 있으며, ITAR로 규제되어 있는 품목·소프트웨어·기술은 미국 군사 품목 목록(USML: US Munitions

---

20) Wassenaar Arrangement에 대해서는 Statement of Understanding on Control of Non-Listed Dual-Use Items (Agreed at the 2003 Plenary) 참조.

21) http://www.bis.doc.gov/forms/webcommentform.html(2014년 8월 15일 검색)

22) http://www.mustor.com/ITAR.htm(2014년 8월 15일 검색)

23) 자료 : 日本機械工業聯合會·財團法人 安全保障貿易情報センタ, 國際的制度調和に向けた安全保障貿易管理制度比較·分析に關する調査研究報告書, 平成 20年 3月 参조.

List)[24]에 나와 있다. 기술 자료에는 군사 품목의 설계, 개발, 생산, 제조, 건설, 운영, 정비, 검사, 보수 또는 개량에 필요한 청사진, 설계도, 사진, 계획, 설명, 문서의 형태(를 포함한) 정보가 포함된다. ITAR은 또 방위 물자·서비스 관련 기밀 정보와 발명 비밀 유지 명령에 의해 보호되는 정보를 기술 자료의 정의에 포함하고 있다. 기술 자료에는 소스 코드와 오픈 시트 코드의 두 소프트웨어를 포함한다.

① ITAR 규제기술 이전 관리 지침(TTCP)

TTCP(Technology Transfer Control Plan)[25]은 ITAR 규제기술을 관리하기 위한 관리 체제 지침이다. 2006년 9월, DTSA은 TTCP 작성을 위한 지침을 발표했다. 방위 관련 산업은 DTSA에 대한 허가 신청에 관련 TTCP를 제출할 때 이 지침에 따라 작성된 TTCP를 이용해야만 한다. ITAR(22 CFR 120-130)는 방위 물자 수출을 통제하고 있지만, TTCP에는 수출 허가와 관련된 최신의 모든 서류가 첨부되어 있으며, TTCP에 근거한 운용을 실행하기 위한 수출허가 대한 자료 누락이나 실수를 방지할 수 있다.

특히 ITAR의 Part124에는 기술원조 협정(TAA: Technical Assistance Agreement)[26] 및 제조특허 양도협정(MLA: Manufacturing License Agreement)[27]에 따른 수출 업체의 기술 제공의 범위가 제시되어 있다. 기술원조 협정 및 제조특허 양도 협정에 따라 하드웨어, 문서, 씰 등의 이전이나 제조 관계자, 외국 정부 및 기업 등과 면담과 연수가 발생할 수 있으며, 허가를 받지 않은 기술과 지식에 대해서도 의도하지 않은 확산이 발생할 수 있다. 이러한 우려를 불식하기 위해 적절한 관리 시스템이 필요하며, 수출 기업은 미국 기술을 보호하기 위해 내부 관리 시스템과 적절한 교육 프로그램을 설계해야 한다. TTCP의 주요 목적은 기업 내의 모든 참가자가 파트너와 외국인에 대하여 공개 가능한 것은 무엇인지, 면담 가능한 것이 무엇인지, 접근을 허용 수 있는 것은 무엇인가와 같은 지식을 얻기 위한 것이다. 기업이 자사의 수출 허가의 범위 안에서 기술을 적절하게 제공하고, 이를 위해 어떤 종류의 관리 체제를 구축하고 유지해나가는 방법을

24) http://www.fas.org/spp/starwars/offdocs/itar/p121.htm(2014년 8월 15일 검색)

25) http://www.defenselink.mil/policy/sections/policy_offices/dtsa/pages/organization/files/TTCP.pdf (2014년 8월 15일 검색)

26) http://www.exportrules.com/itar/technical-assistance-agreement.html(2014년 8월 15일 검색)

27) http://www.fas.org/spp/starwars/offdocs/itar/p124.htm(2014년 8월 15일 검색)

알 수 있다. 기업은 정부의 승인을 얻기 위하여 TTCP를 준비해야만 한다.

(5) 미국 종합무역법 5021조 Exon-Florio 조항

Exon-Florio 조항이란 1950년 제정된 국방전략물품법(Defense Production Act)을 개정하여 미국 내 외국인 투자를 정부가 점검할 수 있는 권한을 부여하기 위하여 제정되었다. Exon-Florio 조항의 가장 중심적 내용은 대통령 또는 대통령이 지명하는 자에게 일정한 합병, 인수 및 취득을 조사하고 국가안보에 미치는 영향력을 결정할 수 있는 권한을 부여한 것이며, 대통령에게 외국기업이 취득하려고 하는 대상이 국가비밀인지의 여부를 판단함에 있어서 국가방위생산물 필요 프로젝트, 국가방위에 필요한 국내기업의 능력과 규모로, 개인·생산품, 기술, 필요자료·공급 및 서비스, 국가방위에 필요한 미국의 능력과 규모에 입각하여 외국인에 의한 국내기업의 조절효과, 테러를 지원하거나 미사일 기술, 대량파괴무기 등을 확대시키는 국가에 군수물자, 장비 혹은 기술의 판매에 따른 잠정적 효과, 국가안보에 영향을 주는 지역에서 미국의 기술적 리더쉽에 미칠 잠정적 영향 등을 고려한다(김민배 외, 2008:194).

Exon-Florio 조항의 집행은 대통령의 위임을 받은 외국인투자위원회(CFIUS: Committee on Foreign Investment in the United States)에 의해 이루어지는데, 외국정부나 회사가 미국 내에서 가지고 있는 소유권을 박탈하거나 외국정부나 회사가 미국 회사를 획득하려는 것을 막는 역할을 한다. 외국인투자위원회의 의장은 미국 재무부의 대표자가 되며 외국인투자위원회는 의장 이외에 10명의 구성원으로 이루어져 있다.[28)]

(6) 외국인투자 및 국가안보에 관한 법률(FINSA)

2005년 중국의 국영 석유회사인 CNOOC(China National Offshore Petroleum Company)의 미국 석유회사 UNOCAL의 인수건과 아랍에미리트 두바이 정부 소유의 DPW(Dubai Ports World)의 미국 항만 운영권의 인수 건은 기간산업에 대한 외국인투자를 국가안보 차원에서 더욱 엄격히 규제해야 한다는 주장을 강화하는 계기가 되었던 바 있다. 이에 따라 외국자본의 국가안보에 영향을 미칠 수 있는 사회·경제 기반 산업을 대상으로 한 인수를 통제하기 위해 2007년 7월에 Exon-Florio 조항을 개정한 「외국인투자 및 국가안보에 관한 법률」(Foreign Investment and National Security Act of 2007)(FINSA)이 신

28) 김재봉, "미국의 경제스파이법", 법학연구 제12권 1호, 충남대학교 법학연구소, 2001.

설되었다. FINSA는 Exon-Florio 조항에서보다 그 대상을 확대시켰고 또한 보다 강력한 통제수단을 정부에 부여하고 있다. Exon-Florio 조항상의 외국인투자위원회(CFIUS)의 심사범위에 사회경제기반시설과 국가핵심기술 등을 포함하였고 해외투자 주체에 대한 심사범위를 확대하였다.[29)]

본 조항은 Exon-Florio 조항과 비교하여 크게 세 가지 범주에서 차별성을 지니고 있는데, 첫째, Exon-Florio 조항에서 행정명령이나 시행규칙, 그리고 관행 등에 따라 이루어지던 절차에 대해 법률적 근거를 마련하였고, 둘째, 국가안보 차원에서의 심사를 확대·강화하는 내용들이 추가되었으며, 셋째, 행정부의 의회에 대한 보고요건이 강화되었다. 국가안보 차원에서 심사가 이루어진 모든 사안이 의회에 통지·보고되어야 하며, 의회의 요청 시 브리핑을 제공해야 하는 의무를 부과함으로써 의회의 감시 기능을 크게 강화하였다고 평가된다(김광호, 2009).

2) 산업보안 관련조직

(1) NCIX(국가방첩위원회)

2001년 1월 당시의 클린턴 대통령은 미국의 방첩기관들이 당면한 외국의 위협에 효율적으로 대처하기 위한 방안으로 마련된 「21세기 방첩활동전략(CI-21,대통령 훈련 75호)」에 서명하고 발표하였던 바 있다. 이에 대한 후속조치로 2001년 5월에는 종전부터 존치되어 온 국가방첩센터(NACIC)를 강화하여 개편한 국가방첩위원회(NCIX)를 발족시켰다. 국가방첩위원회는 CIA·FBI·NSA·DIA·국방부·법무부 등에서 파견된 방첩 및 보안 전문가들로 구성하였다. 이때 개편된 국가방첩위원회(NCIX)의 주요 임무는 미국의 첨단기술과 핵심 기술 인력에 대한 외국정부 및 기업의 탐지실태에 관한 자료를 수집하여 관계기관과 업계에 지원하는 것이었다. 또한 해외 및 국내, 통신·군사 등 다양한 기관별로 분산되어 있는 국가방첩업무를 통한 조정 역할도 하고 있다.[30)]

---

29) 손승우, "산업기술 유출형 M&A에 대한 규제방안", 법학연구, 충남대학교 법학연구소, 2009.

30) 국가정보원, 『첨단산업기술 보호동향 9호』, 국가정보원, 2009.

(2) 미국 재무부(OFAC)

미국 재무부 OFAC는 미국 외교정책과 국가안보를 추진하기 위해 대상국・단체・개인에 대한 미국의 경제 제재와 금수 조치를 관할하고 있다[31]. 일반적으로 포괄적인 금수 조치(예: 쿠바, 수단, 이란)의 대상 국가에 대한 OFAC 규제는 수출 금지의 틀을 넘은 수입, 금융 및 기타 거래나 거래 지원, 경우에 따라서는 사람의 이동도 규제하는 등, 금융 거래나 서비스 제공 등의 사업 활동・상행위에도 범위를 확대하고 있으며(완전하게 정의되어 있지 않다), 열거되는 기술이나 제품에 국한하지 않는다.

OFAC는 미국 거주자 또는 미국인(소재지를 불문하고)로 지정된 나라, 단체, 개인에게 모든 제품・서비스(기술 서비스 포함)의 수출을 관리한다. 서비스와 기술 서비스는 규제에서는 정의되어 있지 않다. OFAC는 대상범위에 관하여 아주 넓은 입장을 갖고 있다. 미국인은 미국인에 의해 실행된 경우에 금지되는 거래에 간접적으로 참여하는 것, 또는 이와 유사한 거래를 촉진하는 것을 금지하고 있으며, 미국 내외에 있는 OFAC가 규제하는 개인・단체에 대해 미국인들이 서비스를 제공하거나 거래를 행하는 것에 대해 규제하고 있다. 특히 OFAC가 공표하는 SDN 리스트(특별 지정 국민; Specially Designated Nationals)[32]에는 미국인들이 어떤 형태로도 거래를 해서는 안되는 사람과 단체가 포함되어 있다. 이에 의해 미국인이 소지 또는 관리하는 SDN의 자산이나 부동산은 봉쇄・동결되고 있다). SDN리스트에는 테러, 마약 밀매, 대량 살상 무기 확산 및 제재 국가 정부와 관련된 개인・법인 및 기타 대상 단체가 모두 6,000개 이상 수록되어 있다. 그러나 반드시 개개인명을 망라한 리스트가 아니라 예를 들면, 모든 쿠바 국적 소유자는 SDN(합법적 미국 거주자 또는 다른 이유로 폐쇄가 되지 않은 경우는 제외)으로 되어 있지만, 쿠바 국민 전체의 이름이 목록에 나와 있는 것은 아니다.

미국인들은 실질적으로 SDN과 모든 거래 행위를 금지하고 있으며, 따라서, 미국 기업은 미국 내외에서 SDN 리스트 게재자에게 기술을 제공할 수 없다. 이 때문에 미국 기업은 OFAC 규제에 의해 임직원, 고객, 공급 업체, 하청 업체가 SDN 리스트에 게재되어 있지 않다는 것을 확인해야 한다. 그러나 최근 간주수출 규제에 대하여 재검토를 거듭하고 있다.[33]

---

31) http://www.treas.gov/offices/enforcement/ofac/(2014년 8월 15일 검색)

32) http://www.treas.gov/offices/enforcement/ofac/sdn/(2014년 8월 15일 검색)

미국에 자회사를 가진 외국 모회사, 특히 미국의 컴퓨터가 호스트가 되어 수주 작업을 벌이고 있는 IT 서비스에 대해서는 OFAC 규제를 준수하는 체제 구축이 과제다.

(3) 연방수사국(FBI: Federal Bureau of Investigation)

연방수사국(FBI) 소속의 국가안보실 산하에는 대테러, 방첩, 정보, 담당 차장보가 각 1명씩 있고, 이중 방첩담당 차장보가 FBI의 방첩업무를 총괄하고 있다. FBI는 산업스파이로 인한 미국 기업들의 손실이 연간 2,500억불 이상이라고 추정하고 있으며, 산업스파이가 국익에 심각한 위협이 되고 있다고 보고 있어, 산업보안활동의 효율적 수행을 위해 '국가보안활동 및 대응 프로그램(ANSIR: Awareness of National Security Issues and Response'을 운영하고 있다.[34)]

(4) 산업보안협회(ASIS: American Society for Industrial Security)

1955년에 설립된 세계 최대의 민간보안단체인 산업보안협회는 미국 버지니아 주 알렉산드리아에 본부를 두고 있으며, 22개 국가에 208개 지부를 두고 기업 보안 분야 책임자・임원, 컨설턴트, 변호사 및 개인 회원 33,000여명이 활동하고 있는 거대한 보안협회이다.[35)]

협회의 주요 활동내용을 보자면 보안 관련 워크숍, 보안전문자격증 발급, 연례 세미나 및 전시회 등 교육프로그램을 실시하고 있으며, 각종 보안이슈에 대한 해결책 제시, 교육프로그램 개발 후 보안 분야 종사자에게 제공하고 있으며, 일반인들의 보안의식을 제고하고자 Security Management 등 보안관련 잡지(3종)를 정기 발행하고 있으며, 인터넷 정보자료센터를 운용하여 회원들에게 보안관련 정보를 제공하고 있다. 또한 FBI 등 자국 정보기관의 각종 보안업무 수행관련 활동을 지원하면서, 대정부 보안정책을 발굴 및 건의하기도 한다.[36)]

---

33) The Deemed Export Advisory Committee는 2007년 12월 20일 최종 보고서를 제출하였다. The Deemed Export Advisory Committee, The Deemed Export Rule in the Era of Globalization가 그것이다. http://fas.org/sgp/library/deemedexports.pdf(2014년 8월 15일 검색)

34) 국가정보원, 『첨단산업기술 보호동향 9호』, 국가정보원, 2009.

35) 최진혁, "산업스파이 예방을 위해 CPTED기법이 기업 보안활동에 미치는 영향", 용인대학교 대학원, 2009.

36) 국가정보원, 『첨단산업기술 보호동향 9호』, 국가정보원, 2009.

3) 교육 및 인력양성

미국은 조지메이슨대학 산업보안 과정, 펜실베니아대학 산업보안 전문가 과정 등 다양한 교육과정을 통해 산업보안 전문가 배출에 힘쓰고 있다. 따라서 우리나라도 산업보안의 전반적인 제도, 정책을 포함한 포괄적인 면에서 연구가 되어져야 한다.

미국의 산업보안인력 수급 및 교육은 크게 ASIS(American Society for Industrial Security)와 대학에서 이루지고 있다. 먼저 ASIS의 산업보안인력 양성정책를 살펴보면, ASIS는 1950년대 초 Robert Applegate 등 5명의 기업가들이 정부시책・산업보안에 대한 이슈를 논의하기 위해 모인 것을 시초로 1955년 비영리단체로 설립되었다.[37] 설립이 후 ASIS는 연례 세미나 등을 통해 광범위한 보안관련 문제에 대해 다루는 교육프로그램을 개발하여 보안전문가를 양성하고 있으며, 기업의 보안관리 효율성을 높이는데 공헌하면서 지속적으로 발전해 나가고 있는 기관으로 자리 잡았다.

ASIS의 산업보안인력 양성은 주로 교육프로그램으로 이루어져 있고, 이러한 교육프로그램은 크게 워크숍, 연수 프로그램, 온라인 교육, 연례 세미나 및 전시회로 나누어진다. 워크숍은 산업보안에 대한 일반적인 관심사항을 주제로 하여 2~5일간 집중 토론식으로 진행하거나 통신・금융시설 등 특정분야에 대해 전문지식을 필요로 하는 자를 모아서 개최하고, 연수 프로그램은 경제 환경 변화에 따른 경영상 문제점에 대한 대처능력 향상을 위해 강좌 또는 CPP 등 시험에 대비하여 운영되고 있으며, 온라인 교육은 2008년부터 ASIS 유럽을 중심으로 CPP 등 자격증 이수를 위한 온라인 교육 등 약 40개 과정을 운영 중으로 아시아권은 홍콩을 기점으로 실시되고 있다. 연례 세미나와 전시회는 산업보안분야 일반사항과 특수 분야에 대한 전문지식 제고를 위해 개최하며 각국 관계자가 참석, 최신 보안기술・장비・용역 관련 정보자료를 교환하거나 공유한다. 그밖에도 ASIS는 전문잡지인 「Security Management」를 발행하여 정부・기업・학교 등 관련단체 보안 분야에 대한 서비스 업무를 수행하고 있으며, ASIS 회원들에게 보안 또는 관련분야의 정보자료를 제공하기 위해 「정보자료센터」를 운영하고 고객들의 정보욕구 충족을 위해 전문가 접촉・온라인 전산망 정보탐색・도서관 논문열람을 위한 「인터넷 D/B」도 운영하고 있다.[38]

---

37) 장수동, 산업보안인력의 양성실태와 발전방안에 관한 연구, 동국대학교 행정대학원 석사학위논문, 2010.

ASIS는 또한 보안전문가 시험을 주관하고 시행하여 자격증을 발급하고 있다. ASIS는 CPP・PSP・PCI 등 3종류의 산업보안관련 자격증 제도를 운영하고 있는데, 동 자격증들을 발급하게 된 것은 1957년 티모시 월시를 중심으로 15년간 산업보안인력 양성을 위한 프로그램 개발을 준비해 오던 중 1972년 이사회에서는 특별 T/F를 결성, 1년간의 연구를 통해 협회 명의의 자격증 발급이 필요하다는 결론을 도출하였으며, 1974년 이사 회원 9명으로 전문자격위원회(Professional Certification Board)를 구성하였고, 3년간 자격증 제도를 준비한 끝에 1977년 뉴욕의 비영리기관인 Professional Examination Service와 계약하여 첫 자격시험을 실시하기에 이르렀다. 이를 위해 당시 24만 달러의 예산을 투입하였고 문제 D/B 구성에만 10만 달러가 소요된 것으로 알려져 있다.[39)]

미국 대학 및 대학원에서도 산업보안인력을 양성하고 있는데, 복수의 대학이 주로 Security Management에 대한 석사학위과정을 통해 산업보안인력을 양성하고 있는 것으로 알려져 있다. 먼저 University of Denver는 Security Management를 석사학위 과정에 운영하고 있는데, 동 대학은 바쁜 직장인들의 수요를 충족시키기 위해 온라인과 저녁 강의로 구성되어 있으며, 최근 보안의 중요성과 지위가 급격히 상승하였으며 기업들의 자신들의 고용원과 고객, 물리적 자산, 지적재산과 정보를 보호하고 그들의 지속 가능성을 유지하려는 요구를 충족시키기 위해 개설되었다.[40)]

Webster University의 경우에도 Security management를 석사학위과정으로 운영하고 있으며, 동 대학은 현대사회의 복잡성이 기업조직과 정보네트워크, 정부 및 개인들에 이르기까지 다양한 위협들과 결합되고 있으며, 이에 대응하기 위해 사회과학에 기반을 두어 동 프로그램의 커리큘럼을 만들었다고 주장한다. 동 대학의 프로그램은 ASIS의 CPP 시험을 준비를 하는 학생들을 충실히 지원하기 위해 구성되었으며, University of Denver의 교육과정들과 큰 차이는 없으며, 미국에서 일반적으로 산업보안이라고 다루는 것들을 가르치고 있다.[41)]

38) 최진혁, "산업스파이 예방을 위해 CPTED기법이 기업 보안활동에 미치는 영향", 용인대학교 대학원, 2009.

39) 미국산업보안협회 https://www.asisonline.org/Pages/default.aspx(2014년 8월 15일 검색)

40) 한국산업기술보호협회 http://www.kaits.or.kr(2014년 8월 15일 검색)

41) 장수동, 산업보안인력의 양성실태와 발전방안에 관한 연구, 동국대학교 행정대학원 석사학위논문, 2010.

2. 일본의 산업보안 대응체계

1) 법령

일본 경제산업성은 2003년 각 기업들의 지적재산권을 보호하고자 '기술유출방지지침', '지적재산 취득관리 지침', '영업비밀 관리지침' 등을 제정하여 시행하고 있으며, 아울러 내각정보조사실(CIRO)의 주도로 기업 및 경제단체와 유기적인 협조를 통해 산업기밀 보호활동을 수행하고 있다. 2005년에는 「부정경쟁방지법」을 개정하여 영업비밀의 국외사용과 공개 행위 및 퇴직자에 의한 영업비밀의 사용, 공개행위를 처벌하는 법률을 대폭 강화시킨 바 있다.[42]

(1) 부정경쟁방지법

일본은 부정경쟁방지법을 통하여 영업 비밀을 보호하고 있으며, 영업비밀의 보호요건, 침해 형태, 민사적 구제수단 등에 대한 내용은 우리나라의 법과 유사함을 알 수 있다.[43] 일본은 미국과 같이 영업비밀의 침해 자체를 처벌하는 형벌규정은 존재하지 않기 때문에, 일본에서의 영업비밀 보호는 부정경쟁방지법을 중심으로 민사적 보호와 입법목적을 달리하는 형벌규정에 의한 보호로 나누어 보아야 할 것이다.[44]

일본에서의 영업비밀 보호에 관한 규정이 우리 법과 유사한 이유는 일본이 자국의 첨단기술 유출에 대한 심각성을 인지하고 대책을 강구하게 된 계기가 근래 한국, 미국 등 외국의 영업비밀보호 강화 추세에 따른 것이었기 때문이라고 보아야 할 것이다. 따라서 일본은 2003년에 이르러서야 비로소 부정경쟁방지법을 개정하여 영업기밀을 부정취득한데 대한 형사처벌 제도를 도입하였고, 이어서 2005년 6월에도 산업스파이에 대한 형사처벌을 대폭 강화하는 것을 주된 내용으로 부정경쟁방지법을 개정하여 2005년 11월부터 시행하였다(이민섭, 2010).

---

42) 이민섭, 우리나라 산업기술정보보호의 정책적 대응 방안-미국・일본・한국의 비교 분석을 통하여, 중부대학교 대학원 석사학위논문, 2010.

43) 국가정보원, 『첨단산업기술 보호동향 9호』, 국가정보원, 2009.

44) 김태홍, "산업기술보호제도와 운영에 관한 고찰", 동국대학교 석사학위논문, 2009.

(2) 영업비밀관리지침

일본 경제산업성은 2003년 1월 각 기업이 실무적으로 활용할 수 있도록「영업비밀관리지침」을 제정하였고, 2005년 6월 부정경쟁방지법 개정에 따라서 동년 10월에 동 지침을 개정하였다.「영업비밀관리지침」은 기업이 자사의 영업 비밀을 보호하고 타사의 영업 비밀을 침해하지 않기 위한 실질적인 관리방침을 제시하고, 기업의 영업비밀이 법률상의 보호를 받기 위해 필요한 관리수준과 영업비밀 취급 시의 유의사항 등도 설명하고 있다. 본 지침에서는 영업비밀의 바람직한 관리기준으로 물리적·기술적 관리대책, 인적 관리대책, 법적 관리대책 등으로 나누어 설명하고 있다.[45]

(3) 기술유출방지지침

일본 경제산업성은 2003년 3월 해위에서 활동하는 기업들의 의도치 않은 기술유출을 방지하고자 기업이 실무적으로 활용할 수 있는「기술유출방지지침」을 제정하였다. 본 지침은 기업에서 내부 승인 등 정상적인 절차를 거치지 않은 기술 유출이 발생하는 주요 유형을 기술하고, 선진국의 기업들의 대응사례들을 제시하여 기업들이 참고할 수 있는 기술유출방지대책을 제시하고 있다. 아울러 해외 진출 시 기술이전 전략, 사내 조직체제, 사업 활동, 사내 교육, 사후관리 등 경영 전반의 내용들을 다루고 있다.[46]

(4) 외환관리법

일본 외환관리법은 제25조[47] 및 제48조[48]에 의하면 국제 사회의 평화와 안전의 유지를 위해 핵무기 등 대량 살상 무기에 이용될 우려가 있는 기술 등에 대해서는 기술이전의 규제대상이 되며, 규제의 대상을 정한 캐치올 규제를 도입하고 있다.[49] 또한 '화물 수출'과 '비거주자에 대한 기술 제공(업무거래)'를 하는 경우 경제산업성 장관의

45) 이창주, "각국 산업기술보호 체계의 비교", 성균관대학교 국가전략대학원 석사학위논문, 2008.

46) 이창주, "각국 산업기술보호 체계의 비교", 성균관대학교 국가전략대학원 석사학위논문, 2008.

47) 第25조(업무거래 등) 거주자는, 비거주자와의 사이에 다음에 제시한 거래를 하고자 하는 때에는 시행령이 정하는 바에 따라 해당 거래에 대해 경제산업성 장관의 허가를 받아야 한다. 즉, '국제 평화와 안전의 유지를 방해한다고 인정되는 것으로서, 시행령에서 정한 특정 유형의 화물의 설계, 제조 또는 사용에 관련된 기술을 특정 지역에서 제공하는 것을 목적으로 하는 거래'를 말한다.

48) 第48조(수출 허가 등) 국제 평화와 안전의 유지를 방해하게 된다고 인정되는 것으로서 시행령(정령)으로 정한 특정 지역을 목적지로 하는 특정 종류의 화물의 수출을 하고자 하는 자는 시행령에 정하는 바에 따라 경제산업성 장관(대신)의 허가를 받아야 한다.

49) 포괄 규제와 안전 보장 무역 관리에 대해서는 http://www.meti.go.jp/policy/anpo/index.html을 참조.

허가를 받도록 하고 있으며, 규제되는 기술(프로그램 포함)은 시행령 등에서 구체적인 기술의 종류와 제원 등이 목록으로 작성되어 있다. 예를 들면 '화물'이란 물품 전반을 의미하고, 연구 장비 및 시료 등 연구에 사용된 물건에 대해서도 적용된다. '수출'이란 화물을 일본에서 외국을 향해 보내는 것이고, 수출이 행해졌다고 판단되는 시점은 해당화물의 발송을 위해 선박이나 항공기에 적재된 순간을 의미한다고 한다. 물론 수하물에 의한 반입에도 적용된다. '화물 수출'이란 공동 연구시에 해외에로 연구 장비와 시료를 반출하는 행위도 해당한다. '기술 제공'에는 자료 발표, 전자우편 송부, 구두로의 전송을 포함한다.

그러나 유・무형을 불문하고, 첨단 안전보장상의 예민 기술에 대한 국제적인 기술 이전을 모두 규제의 대상으로 하는 것은, 무역자유[50]나 연구 활동의 자유 등을 저해할 우려가 있기 때문에, 경제산업성 장관에 의한 허가를 요하지 않는 업무거래에 대해서는 일정한 경우, 업무거래 허가 대상에서 제외하고 있다.[51] 즉 공지(퍼블릭 도메인)가 된 기술 정보(예를 들어, 학회지 및 특허 공보 등에 게재되어 있는 기술 정보 및 불특정 다수를 대상으로 한 공개 심포지엄에서의 발표 등)나 공지로 하는 것을 목적으로 한 기술 제공(학회지 및 특허 공보 등에 게재하기 위해 행한 기술 자료의 송부 등)에 대해서는 업무 거래 허가를 얻을 필요는 없다. 또한 기초과학 분야의 연 활동 등[52]에 대해서도 허가를 요하지 않는 업무 거래로 규정되어 있다.

최근에는 첨단 기술과 독창적인 기술이 갖고 있는 업체에서 특허와 노하우 등의 실시 허락 등을 받는 것이 아니라 그러한 기술을 보유한 기업 등을 인수하여, 기술을 취득하는 사례도 발생하고 있다.[53] 일본 외환관리법 제27조는 외국 법령에 따라 설립된

50) 수출자유에 대한 수출신청 거부 처분 취소 등 청구사건(東京地判昭和44・7・8)에서 헌법상 기본적 인권으로 국민에게 보장된 영업의 자유의 내용에서 수출 자유는 국민의 권리로 보장된다고 판시하였다.

51) 貿易関係貿易外取引等に関する省令(平成10年 通商産業省令 第8号). 일본 貿易外省令 제9조는 허가를 요하지 않는 업무 처리 등으로, 공지 기술을 제공하는 협력 또는 기술을 공지하기 위해 해당 기술을 제공하는 거래와 공업재산권의 출원 또는 등록을 하기 위해 출원 또는 등록에 필요한 최소한의 기술을 제공하는 거래 등이 규정되어 있다.

52) 기초 과학 분야의 연구 활동은 자연 과학 분야의 현상에 대한 원리 규명을 주목적으로 한 연구 활동이고, 이론적인 또는 실험적인 방법으로 수행한 것을 말하며, 특정 제품의 설계 또는 제조를 목적으로 하지 않는 것을 의미한다.

53) 2002년 3월 미국 투자 회사 One Equity Partners(OEP)가 잠수함 등을 제조하고 있는 독일 조선회사 HDW사의 주식 7.5%를 취득하자 HDW이 갖고 있는 기술 유출이 우려되었다. 이것을 계기로 독일은 대외무역결제법 등을 개정해 외국기업이 전쟁무기관리법 별첨의 전쟁무기에 해당하는 것을 제조

법인 등 외국 투자가가 일본의 안전을 위협하거나 공공의 질서 유지 방해 등에 연계 우려가 있는 대내 직접 투자 등에 대해서는 사전 신고의 대상으로 하고 있다. 구체적으로 외국 투자자가 일본의 방위 관련 산업[54]에 속하는 기업의 주식 10 % 이상을 보유하고자 하는 경우에는 거래 3 개월 이전에 행정청에 신고하도록 규정되어 있다. 행정청은 필요에 따라 외환 등 위원회를 개최하고 이 위원회에서 국가의 안전에 문제가 있다고 판단되는 경우에는 거래 중단이나 변경 등의 조치를 명할 수 있게 되어있다.

또한 이 법의 특징은 거주자·비거주자에 대해 정의하고 있는데,[55] 구체적인 거주자·비거주자의 판단에 관하여는 해석 지침을 기반으로 이뤄지고 있다. 거주자의 예로 일본 국내에 거주하고 있는 일본 사람이나 일본 국내에 있는 일본 기업 이외에, 일본 내에 있는 사무실에 근무하는 외국인이나 일본에 입국후 6개월 이상 경과한 외국인이 해당한다. 한편 외국에 거주하는 외국인이나 외국에 있는 외국법인 이외에 외국에 있는 사무소에 2년 이상 근무할 목적으로 출국하여, 다른 국가에 체재하는 일본인은 비거주자로 본다. 즉, 거주자란 일반적으로 일본에 거주하는 일본인 등이고, '비거주자'는 해외에 거주하는 외국인 등, 외국 국적의 사람으로 입국 후 6개월 미만의 자, 일본 국적의 사람이라도 외국법인에 근무하는 자나 2년 이상 외국에 체류 목적으로 출국하여 외국에 체류하는 사람을 말한다.[56] 기술 제공은 거주자가 비거주자에 기술 데이터 등을 제공하는 시점에서 거래가 이루어진 것으로 판단되며, 일본 국내에서도 행하여 질 수 있다. 따라서 일본에서 해외 연수생 등에 기술 제공을 하는 행위도 해당할 가능성이 있다. 이러한 활동은 무료이거나 유상이거나 관계없이 일본 외환관리법의 규제 대상 기술이면 그 제공에 앞서 경제산업성의 허가를 취득해야 한다.

또는 개발하고 있는 독일 기업을 인수 또는 의결권의 25% 이상을 취득하는 경우, 해당 외국기업에 대해 연방경제노동부에 허가 신청을 의무화 시켰다.

54) 항공기, 무기, 원자력, 우주 개발, 정보 통신, 화약 장치 제조 등 15개 업종을 말한다.

55) 일본외환관리법 제6조 제5호 및 제6호 참조.

56) 일본의 거주성 판단에 대해서는 外国為替法令の解釈及び運用について(蔵国第4672号 昭和55年11月29日)

① 리스트 규제

국제 평화와 안전의 유지, 테러 활동의 예방 차원에서 대량 살상 무기 등이나 재래식 무기의 개발 등에 관련된 화물의 수출과 기술 제공을 국제적인 합의에 근거하여 규제하고 있다. 규제 방식의 하나가 '리스트 규제'라고 하는 것으로, 일본 외환관리법 시행령의 별표 등(이른바 리스트)에 구체적으로 명시되는 화물을 수출하거나 비거주자에 기술을 제공하는 경우 미리 경제산업성의 허가 취득을 요구하고 있다. 리스트에는 무기 자체에 대한 기술 이외에 다른 군사 기술로 전용될 수 있는 상용 제품도 게재되어 있으므로, 연구 주제가 군사 기술과 밀접하게 관련되지 않더라도 규제 대상이 될 수 있는 가능성이 있다.[57]

허가는 크게 분류하면 안건별로 매번 취득해야 하는 '개별 허가'와 자주 관리에 대해 일정한 조건을 만족하는 사람이 일정한 범위에서 미리 포괄적으로 허가를 취득하여, 수출 등을 할 수 있는 '포괄 허가'의 두 종류가 있다. 법령에 의해 일본 외환관리법 규제와 관계가 깊은 기술 분야는 다음과 같다.

〈표 3-3〉 일본 외환관리법상 규제 리스트

해당 기술	규제 리스트
원자력기술(원자핵 반응, 중성자 공학 등)	2항, 15항
에너지 · 환경기술	2항, 15항
정밀기계기술, 정밀가공기술, 정밀측정기술	2항, 6항
자동제어기술, 로봇 기술	2항, 6항
화학 · 생화학(특히 인체에 유해한 화학 물질, 해독 물질)	3항
바이오 테크놀러지 · 의학(특히 감염 · 백신)을 포함한 생물학	3의 2항
고성능 · 고기능 재료기술(내열재료, 내부식성재료 등)	4항, 5항, 15항
항공우주기술, 고성능 엔진기술	4항, 13항, 15항
항법 기술	4항, 11항, 15항
○해양 기술	12항, 15항
○ 정보통신기술, ICT 기술, 전자기술, 광학기술	7, 8항, 9항, 10항, 15항
상기의 설계, 개발, 사용에 관련된 프로그램 개발기술	(위의 각 항의 기술)
○ 시뮬레이션 프로그램 기술	7, 8항, 9항 기술

* 규제 리스트에 있는 시행령(정령) 별표에 해당하는 번호를 나타낸다.
○ 표시가 있는 기술 분야를 제외한 다른 모든 기술은 대량 살상 무기 등과 관련이 깊은 기술이므로 특히 주의가 필요하다.

---

57) 일본 외환관리법 제25조, 제48조.

② 캐치 올(포괄) 규제

평성 14년 4월에 도입된 새로운 규제 방식으로 리스트 규제에 해당되지 않는 경우에도, 제공 목적, 거래처의 정보 등을 판단하여, 제공하려는 화물 및 기술이 대량 살상무기 등의 개발 등에 사용될 우려가 있는 경우에는 상대방에게 제공하기 전에 경제산업성의 허가를 취득하도록 요구하는 규제이다. 규제가 되는 화물이나 기술은 식료품과 목재를 제외한 거의 모든 화물, 그와 관련된 기술이 이에 해당한다.

화물을 수출하거나 기술을 비거주자에게 제공하는 경우에는 미리 일본 외환관리법의 규제를 받고 허가를 받아야 하는지 여부 판단을 행하기 위해, 경제산업성 등에 허가 신청을 해야 한다.[58]

2) 산업보안 관련조직

일본 경제산업성은 2004년 3월 전자재료분야의 기술유출을 방지하기 위하여 민·관 합동 위원회를 설치하여 기술유출범죄에 대응하고 있으며, 일본정부는 2005년 4월 「특허법」을 개정하여 직무상 발명의 경우 직무 발명자와 협의하여 합리적인 기준을 만들어 보상하는 체계를 의무화하였는데, 이는 직무상 발명을 둘러싼 법정 소송을 대비하고, 보상에 대한 불만으로 연구자들의 해외 경쟁사로의 이탈하게 되는 일을 방지하려는 정책으로 평가되고 있다.[59]

또한 핵심기술 보호 강화를 위한 "비밀특허제" 도입을 추진한 바 있다. 즉 일본 경제산업성은 주요 기술의 유출을 방지하기 위해 외국의 정부·기업과 테러리스트의 열람을 막고, 국가 안전과 산업 경쟁력 손실을 사전에 차단하기 위해, 특허정보를 비공개로 하는 "비밀 특허제도" 도입을 추진하였다. 경제산업성은 학자, 대기업, 전문가로 구성된 "기술정보 관리에 관한 연구회"를 부처 내 설치해 행정, 기업, 대학 등이 보유하고 있는 정보 관리체계를 강화하기 위해 논의하였고, 2008년도 정기국회에 제출을 하였었으며, 공개의무가 면제되는 기술선정은 특허청이 방위성 등과 협의하도록 하고 있다. 일본은 이밖에도 신품종 육성자의 권익보호를 강화하기 위해, 구제소송절차를

58) 日本機械工業聯合會·財團法人 安全保障貿易情報センタ, 國際的制度調和に向けた安全保障貿易管理制度比較·分析に關する調査研究報告書, 平成 20年 3月 참조.

59) 김진우, 해외산업보안 사례: 첨단기술을 지켜라! 세계는 전쟁 중, 중소기업진흥공단 테크타임즈 제211호, 2005.

원활하게 하고, 벌칙을 강화하였으며, 허위 표시를 금지하는 법안 등을 마련한 바 있다. 그리고 산업스파이 방지법 제정을 추진하여 기업의 비밀정보를 부정하게 입수하는 것만으로도 처벌할 수 있는 「기술정보 적정 관리법」을 제정하였다. 특히 새 법안에는 "정보절도죄"를 신설하여 기업이 사내에서 비밀로 취급하고 있는 경영상의 중요 기술정보 등을 의도적으로 입수하거나 누설한 행위만으로도 처벌할 수 있도록 하였고, 정보유출이 적발될 경우에는 10년 이하의 징역이나, 1천만 엔 이하의 벌금(법인은 3억 엔 이하)을 부과할 수 있도록 하여 강력한 규제를 추진하고 있다.[60)]

3) 제도 및 정책

일본에서는 외국기업들의 고급인력 스카우트와 적대적 인수·합병으로 인하여 핵심기술과 기업의 중요 정보가 해외로 유출되어 기업경쟁력이 약화되고 있다는 인식하에, 이에 대응하기 위해 정부 차원에서 외국인이 자국기업을 인수할 경우 정부에 신고서를 제출하도록 하는 업종을 확대하였고, 외국인이 「외환거래법」 등을 위반하여 취득한 의결권을 무효화하는 방안 등을 검토하고 있다. 또한 대량살상 무기나 국제테러 활동에 이용될 수 있는 국가기술과 첨단기술의 유출을 방지하고, 중국기업들의 일본기업 매수공세를 차단하기 위해서, 「외환법」을 기초로 하여 현재 외국기업이 자국기업을 인수할 때 정부에 신고해야 하는 업종의 범위를 확대하여, 항공기, 무기, 원자력, 우주개발에 관련된 업종에서 무기의 첨단화에 따른 공작기계 등 하이테크 소재까지 포함하였다.[61)]

3. 독일의 산업보안 대응체계

1) 법령

EU 국가 중 독일의 경우에는 기본적으로 외국인 투자와 국내투자를 차별하지는 않지만, '대외경제법'을 통하여 외구인의 취업과 외국법인 설립을 통제하고 있고, 외국인

---

60) 국가정보원, 『첨단산업기술 보호동향 9호』, 국가정보원, 2009.

61) 한국법제연구원, 영업비밀에 관한 법제연구, 2008.

의 취업은 노동부의 허가를 받도록 하여, 외국법인 설립 시 연간 2만 DM 이상의 거래를 수반하는 경우 주 중앙은행에 신고할 것을 의무화 시키고 있다. 또한 기업에 고용된 후 업무상 자신에게 위임이 되거나 접근이 가능한 영업상의 비밀을 자신의 이익이나 제3자의 이익을 위하여 누설했을 경우에는 불공정거래법에 근거하여 3년 이내의 자유형이나 벌금형에 처할 수 있도록 규정하고 있다.[62] 독일은 영업비밀보호법을 통해서 영업비밀침해죄를 신분범・비신분범으로 구분하여 규정하고 있으며, 외국으로의 영업비밀 유출행위에 대해서는 가중처벌할 수 있도록 하고 있다. 원칙적으로 본 죄는 친고죄이지만, 외국인이 간여된 경우 검찰이 특별 공익상의 필요가 있다고 인정할 때는 고소 없이 형사소추가 가능하며, 미수・교사・승낙 행위의 처벌조항도 명시하고 있다.[63]

독일의 영업비밀보호법상의 영업 비밀에 대한 보호규정은 영업비밀의 부정사용에 대한 형법규정과 손해배상을 규정하고 있다(최병규, 1999; 이성용, 2013). 친고죄를 원칙으로 하되, 공공의 이익을 위해 필요하다고 인정되는 경우에는 피해자의 고소 없이 기소할 수 있도록 하고 있다. 독일의 영업비밀보호법에는 영업비밀의 개념정의가 입법적으로 규정되어 있지 않기 때문에, 따라서 영업비밀의 개념은 판례법으로 발전되었다. 독일 판례법에 따르면, 영업비밀이 되기 위해서는 1) 일반적으로 영업 비밀에 관한 것일 것, 2) 엄격히 한정된 범위 내의 자에게만 알려지고 이외의 자에게는 알려지지 않을 것, 3) 영업자의 명확한 의사에 의하여 비밀로 되어 있을 것, 4) 영업자의 비밀유지에 의해 이익을 가질 것 등이다(Fritz, 1993).

영업비밀의 누설에 대해서는 제17조에서 정의하고 있는데 제1항에는 '기업의 종업원, 근로자, 또는 견습공으로서 근로관계에 의해 위탁받거나 접근 가능한 영업 비밀을 고용기간 동안에 경업 목적, 자신의 이익, 제3자의 이익을 위하여 또는 사업체의 보유자에게 손해를 가할 목적으로, 권한 없이 누군가에게 전달한 자는 3년 이하의 징역 또는 벌금에 처한다'고 규정되어 있다. 또한 제2항에서는 경업의 목적 또는 자신의 이익을 위해, 제3자의 이익을 위하여 또는 사업체의 보유자에게 손해를 가할 목적으로 영

62) 이성용, "산업보안의 국가정책-독일의 시사점을 중심으로", 제30회 한국경호경비학 상반기 정기세미나, 2013.

63) 현대호, "산업스파이에 대한 법적 대응 방안", 한국법제연구원, 2008.

업상 또는 경영상의 비밀을 기술적 수단의 사용 또는 기밀의 복제 또는 기밀이 복제된 물건의 탈취에 의해 권한 없이 취득 또는 확보하거나 제1항에 정해진 통지 또는 제1호에 의한 자기 또는 타인의 행위에 의해 취득한 영업상 또는 경영상의 비밀, 혹은 기타의 권한 없이 입수하거나 확보한 영업상 또는 경영상의 비밀을 권한 없이 이용하거나 또는 어떤 자에게 통지한 자에게도 3년 이하의 징역 또는 벌금에 처한다. 제17조 제1항과 제2항에 대한 미수범도 처벌(제3항)하고 특히, 비밀이 외국에서 이용되는 것임을 알고 있는 경우나 행위자 스스로 외국에서 이용하는 경우에는 5년 이하의 자유형 또는 벌금으로 가중처벌하도록 하고 있다.

2) 산업보안 관련조직

독일은 산업기술보호 교육 등을 전문적으로 지원하기 위하여 민간 산업보안협회를 설립하고 운용하여, 산업기술보호를 위한 기반을 마련하였으며, 각 주별로 산업보안협회가 발족되었고, 기업과 정부 기관이 긴밀한 협조 하에 움직이고 있다. 관련부처에서는 보안 부서를 설립하여 기업체 등에 대한 지도감독 및 실태조사 수행을 통하여 산업기술 보호활동을 전개하고 있으며, 산업기술 유출방지 시스템을 구축하여 경쟁국가들의 기업정보 유출방지 및 기업의 내부 직원에 의한 산업정보유출 예방활동을 펼치고 있다.[64]

독일은 산업기술 유출방지 및 보호를 위해 헌법보호청과 연방단위의 상공회의소의 협력을 통해 이루어진다. 즉 산업기술보호를 위한 민관협력의 중요성을 강조하고 있고, 민간의 영역에서 산업보호를 위한 노력이 이루어지고 있다. 단지 헌법보호청은 산업기밀유출을 방지하기 위한 사전 예방활동에 치중하고 있다. 첨단 정보통신 기술 유출 방지활동을 탐지 및 분석하고 이러한 피해로부터 적합한 방어대책을 실현할 수 있도록 지원한다. 또한 독일은 IT보안을 관리하기 위해 연방정보기술보안청을 1991년에 설립하였다. 연방정보기술보안청은 '연방정보기술보안청 설립에 관한 법률'에 근거하여 정보기술 적용과 관련된 보안위험 조사, IT 시스템 보안 심사와 평가에 대한 기준과 프로세스, IT보안시스템 구성요소 허가 및 이를 관리하는 기관 지원, IT 보안기술 제조업자 및 운영자, 적용자에 대한 자문을 제공한다.[65]

---

64) 국가정보원, 『첨단산업기술 보호동향 9호』, 국가정보원, 2009.

65) 이성용, "산업보안의 국가정책-독일의 시사점을 중심으로", 제30회 한국경호경비학 상반기 정기세미나,

3) 교육 및 인력정책

독일의 산업보안인력 수급 및 교육을 살펴보면, 독일 연방산업보안협회(ASW)와 상공회의소를 중심으로 이루어지고 있음을 알 수 있다. 독일 연방산업보안협회는 1968년 시설경비업체 간 협의체의 성격을 띤 바덴-뷔르템부르크 주 산업보안협회가 창립된 이래 각 주 또는 두세 개 주 단위로 지역 산업보안협회가 결성되었으며, 독일 적군파의 기업인 납치 등 테러가 지속되자 이에 대응하기 위해 기업과 정부 간 협조관계가 점차 강화되었는데 이와 관련 경제계 입장을 대변하기 위해 1993년 연방 차원의 기구로서 설립되었다. 동 협회는 연방정부와 회원사 간 협력 및 조정을 담당하고, 산업보안 관련 교육자료 작성 및 간행물 발간 등을 통해 산업보안인력들의 전문성 향상을 위해 노력하고 있으며, "기업보안-보안교육과 실무에 대한 입문서"(Unternehmenssicherheit-Leifaden für Werkschutzausbuildung und praxis)를 발간, 배포하고 격월간으로 "경제안전에 관한 잡지"(WIK-Zeitschriftfürdie Skcherheitder Wirtschaft)를 발간하고 있다.[66]

교육은 주 산업보안협회를 중심으로 이루어지는데 바덴-뷔르켐부르크 산업보안협회(VSW-BW)의 경우에는 연간 수십 차례의 교육을 실시하고 있다. 또한 동 협회는 총 33회의 산업보안세미나를 개최하였으며 월 3~4회 정도 산업보안 컨설팅도 실시하고, 산업보안인력 양성에도 일조하고 있다. 한편 산업보안전문가는 "상의 인증 보안전문가"(Geprüfte Werkschutz-fachkraft IHK) 제도에 의해 육성되는데 기업에서 보안업무에 종사하는 인력 등이 주 산업보안협회가 주관하는 교육을 받고 주 상의가 주관하는 시험에 합격함으로써 자격을 취득하게 되며 주 산업보안협회의 교육은 총 200시간으로 법률 및 상황대처(80시간), 보호기법·보안기술(60시간), 보안과 서비스(60시간)로 구성되어 있고 주 상의가 주관하는 시험은 직업교육과정 수료 후 기업의 보안관련부서 2년 이상 근무자, 6년간 기업에 근무한 경험이 있고 보안부서 2년 이상 근무자, 기타 특별한 경우 보안관련 능력이나 경험을 제시할 수 있는 자만 응시가 가능하다.[67]

2013.

66) 이성용, "산업보안의 국가정책-독일의 시사점을 중심으로", 제30회 한국경호경비학 상반기 정기세미나, 2013.

67) 장수동, 산업보안인력의 양성실태와 발전방안에 관한 연구, 동국대학교 행정대학원 석사학위논문, 2010.

참고문헌

국가정보원, 『첨단산업기술 보호동향 9호』, 국가정보원, 2009.

김문환, 「개정영업비밀보호법에 대한 고찰, 정보와 법 연구」, 창간호, 국민대학교 정보와 법 연구소, 1999.

김민배 외, 2산업기술의 유출방지 및 보호에 관한 법률의 제도적 정착을 위한 연구에 관한 보고서, 산업자원부, 008, p.3.

김재봉, "미국의 경제스파이법", 법학연구 제12권 1호, 충남대학교 법학연구소, 2001.

김진우, 해외산업보안 사례: 첨단기술을 지켜라! 세계는 전쟁 중, 중소기업진흥공단 테크타임즈 제211호, 2005.

김태홍, "산업기술보호제도와 운영에 관한 고찰", 동국대학교 석사학위논문, 2009.

나종갑, "영업비밀의 국제산업스파이행위에 대한 형사적 구제: 미국 경제스파이처벌법(EEA)과 부정경쟁방지 및 영업비밀보호에 관한 법률을 중심으로", 통상법률 2호, 2006.

사법연수원, 「영업비밀보호법」, 사법연수원, 2007.

손승우, "산업기술 유출형 M&A에 대한 규제방안", 법학연구, 충남대학교 법학연구소, 2009.

손영식, 미국의 부정경쟁방지법 개요, 지식재산 21, 특허청, 2007.

이민섭, 우리나라 산업기술정보보호의 정책적 대응 방안-미국 · 일본 · 한국의 비교 분석을 통하여, 중부대학교 대학원 석사학위논문, 2010.

이성용, "산업보안의 국가정책-독일의 시사점을 중심으로", 제30회 한국경호경비학 상반기 정기세미나, 2013.

이창무 · 이길규 · 현대호 · 최진혁 · 정태황 · 장항배 · 정태진 · 정진근 · 김윤배, 「산업보안학」, 박영사, 2011.

이창주, "각국 산업기술보호 체계의 비교", 성균관대학교 국가전략대학원 석사학위논문, 2008.

장수동, 산업보안인력의 양성실태와 발전방안에 관한 연구, 동국대학교 행정대학원 석사학위논문, 2010.

최진혁, "산업스파이 예방을 위해 CPTED기법이 기업 보안활동에 미치는 영향", 용인 대학교 대학원, 2009.

한국법제연구원, 영업비밀에 관한 법제연구, 2008.

현대호, "산업스파이에 대한 법적 대응 방안", 한국법제연구원, 2008.

會・財團法人 安全保障貿易情報センタ, 國際的制度調和に向けた安全保障貿易管理制度比較・分析に關する調査硏究報告書, 平成 20年 3月 참조.

東京地判昭和 44・7・8

外国為替法令の解釈及び運用について(蔵国第4672号 昭和55年11月29日)

'貿易関係貿易外取引等に関する省令(平成10年 通商産業省令 第8号).

特許庁, '先使用権制度の円滑な活用に向けて－戦略的なノウハウ管理のために－', 2006.6. (http://www.jpo.g o.jp/torikumi/puresu/ press_senshiyouken.htm)

田上博道, 我が国における技術移転規制について, Control of Technology Transfer in Japan, 特許研究 No.42, 2006/9, 57-64.

営業秘密管理指針(2003年1月 제정, 2005 年10月 개정)

經濟産業省, 安全保障貿易に係る機微技術管理ガイダンス, 평성 20年 1月

日本機械工業聯合會・財團法人 安全保障貿易情報センタ, 國際的制度調和に向けた安全保障貿易管理制度比較・分析に關する調査硏究報告書, 平成 20年 3月

Statement of Understanding on Control of Non-Listed Dual-Use Items(Agreed at the 2003 Plenary)

미국 특허법 제184조.

일본 외환관리법 제25조, 제48조.

일본외환관리법 제6조 제5호 및 제6호 참조.

https://www.asisonline.org/Pages/default.aspx(2014년 8월 15일 검색)

한국산업기술보호협회 http://www.kaits.or.kr(2014년 8월 15일 검색)

http://www.bis.doc.gov/eaa.html(2014년 8월 15일 검색)

http://www.research.uci.edu/ora/exportcontrol/commerce_control_list.htm(2014년 8월 15일 검색)

http://www.bis.doc.gov/licensing/do_i_needaneccn.html(2014년 8월 15일 검색)

http://www.mofat.go.kr/mofat/fta/eng/e21.pdf(2014년 8월 15일 검색)

http://findarticles.com/p/articles/mi_m0IAJ/is_1_23/ai_72467665(2014년 8월 15일 검색)

http://www.bis.doc.gov/forms/webcommentform.html(2014년 8월 15일 검색)

http://www.mustor.com/ITAR.htm(2014년 8월 15일 검색)

http://www.fas.org/spp/starwars/offdocs/itar/p121.htm(2014년 8월 15일 검색)

http://www.defenselink.mil/policy/sections/policy_offices/dtsa/pages/organization/files/TTCP.pdf (2014년 8월 15일 검색)

http://www.exportrules.com/itar/technical-assistance-agreement.html(2014년 8월 15일 검색)

http://www.treas.gov/offices/enforcement/ofac/(2014년 8월 15일 검색)

http://www.treas.gov/offices/enforcement/ofac/sdn/(2014년 8월 15일 검색)

http://fas.org/sgp/library/deemedexports.pdf(2014년 8월 15일 검색)

http://www.fas.org/spp/starwars/offdocs/itar/p124.htm(2014년 8월 15일 검색)

http://www.meti.go.jp/policy/anpo/index.html)(2014년 8월 15일 검색)

제4장

국가위기관리 정책에 대한 국가정보기관의 역할과 과제

제4장 국가위기관리 정책에 대한 국가정보기관의 역할과 과제

1. 서론

지난 9.11테러 이후, 김선일 사건, 샘물교회 사건, 대우건설, 소말리아 해상테러 등 여러 테러 현상이 발견되고 있다. 국내적으로는 숭례문화재, 서해안 유조선 기름유출, 박근혜사건 등 위기관리 대응시스템 대책에 대한 문제점을 야기시키고 있다.21세기 지식 정보화·세계화시대의 흐름에서 테러, 사이버테러, 국내외적 범죄와 자연적, 인위적, 환경적 재난 재해 등으로 국가안보와 국민을 위협하는 새로운 위험들이 증가되고 있는 것이 현실이다.

미국의 국가조사위원회는 9.11 당시의 조직의 단일 지휘체제의 부재, 정보공유의 실패, 취약성이 노출된 정보기관 개혁 권고안을 반영하려 2004년 12월 정보개혁 및 테러예방법을 통과시켰다. 국가정보국장 DNI신설, 중앙정보국(CIA), 연방 수사국(FBI), 국가안보국(NSA)과 각종 정보기관 총괄, 정보관련사항 대통령에게 직접보고, 400억 달러 추정되는 정보예산(수집, 집행) 감독, 국가정보센터 설립, 종합적인 정보분석을 실행하도록 하고 있다. 또한 국가 테러대응센터 NCTC를 설립하고 예산과 정보문제에 관하여 국가 정보국장에게 보고하도록 되어 있으며 전략적 운영계획 수립과 관계부처의 협력을 강화하도록 조직구성 되어있다. 탈냉전기 국가안보 목표의 정보수집 대상의 다변화도 국가정보 목표 우선순위 (Priorities of National Intelligence Objective. PNIO)재조명과 대북방첩 수집활동뿐만 아니라 경제, 환경, 사회문화, 과학기술 등 다양한 분야지지 확대로 국제조직 범죄, 마약, 테러리즘, 산업보안, 사이버테러 등 분야로 확대되었다.

그에 따른 테러대응에서도 1981년 서울올림픽 개최가 결정되면서, 비로소 1982년 1월 21일에 대통령훈령 제47호로서 국가 대테러활동지침이 시행되었고, 1997년 1월 1일에 개정된 대통령훈령 제47호가 개정되어 지금까지 한국의 대테러업무 수행의 근간이 되고 있는 실정이다. 그런, 이 국가 대테러활동지침은 정부기관 각 처부 및 유관기관의 임무수행 간 협조하고 확인하고 지원해야할 역할분담을 명시한 행정지침에 불가한 것으로 법적인 구속력이나, 테러리스트에 대한 직접적인 구속력이나, 테러리즘에 대한 명확한 범위와 규제에 대한 강제조항이 없어 테러리즘이 가져올 수 있는 엄청난 결과에 비하여 너무나 소극적인 대응을 하고 있는 것이다.[1] 이러한 기준법의 부재는 각종 테러정보의 분석이나 공유, 관리 등의 중요한 기능을 소홀하게 만들고, 관련기관과의 명확한 역할분담이나 책임소재의 규명이 모호하여 테러업무에 대해 미온적이고 수동적인 자세를 보일 수 있으며, 테러리즘에 대한 전문인력 양성이나 기관과의 협력에도 지장을 주고, 도시화된 환경 속에서 각종 테러리즘에 적합한 환경이 무분별하게 만들어지고, 총기류의 무단유통이나 기타 테러형 범죄에 대한 처벌규정을 기존 법률에서 찾지 못할 수 있다. 더구나, 국내에서도 일정한 법률을 만들지 못하면서 국제테러리즘을 대응할 수 있는 국제협약에 가입하고 국제테러리즘에 대하여 공동조사나 공동대응을 한다는 것은 상당히 혼란스러울 수 있다.

이것보다도 가장 중요한 것은 테러예방, 대비가 대응, 사후처리보다 중요하다는 것이다.. 그런데 대통령훈령이 상위법보다 법적조직체계가 아니므로, 테러 방지법은 꼭 필요하다고 사료된다. 총괄조정 할 부서가 사전예방 정보로써 세부사항을 협조, 지원 체제가 아닌 합동기구로서 기능, 제도가 필요하다고 할 수 있다. 훈령에서의 각 정부 기능은 각각 힘의 분산, 조정임무기능 충돌, 여러분야로 나뉘어 있어 획일성과 통합기능이 부족하다. 또한 민간분야영역(기업, 시설)에 대한 내용이 없다는 것을 알 수 있다. 특히 다중이용시설, 민간관련분야는 국민 재산과 안전에 꼭 필요한 부분이라 할 수 있다. 21세기 안보환경과 정보활동의 방향에서의 국가정보는 국가안보의 목표달성을 하기 위한 하나의 수단이다. 목표를 충실히 달성하기 위해 국가정보체계는 안보위협과 환경의 변화를 신축성 있게 대응해야 할 것이다.

---

1) 김유석, “우리나라의 테러대응정책에 관한 연구”, 단국대학교, 2001, p.48.

세계의 안보적차원에서 군사적, 비군사적 등 수집목표, 활동이 확대되고 다양한 분야의 정보, 첩보들이 복잡하게 연계되기 때문에 체계적으로 파악하기 위해서는 종합적 정보체계의 확립이 요구된다. 또한 인터넷의 발달로 정보기관은 보다 전문성과 사리성 있는 정보생산을 위해 노력해야 할 것이다. 훈령보다 법령으로 제정되어서 권력남용이 아니라 법률적 조치, 처벌을 만들어 테러대응, 대비, 예방 차원에서 고려할 필요가 있겠다. 또한 생물, 생화학, 대량살상무기의 대응체계에 대해서도 단계적(단기, 중기, 장기) 계획에 의한 종합 국가 행정기구에서 점검의 상태가 아닌 의무화시켜서 국민의 재산과 안녕을 보장해주면서 국가의 이익을 모색할 필요가 있겠다고 사료된다. 국가의 주무부서는 각국 국내외 테러 대응 기관에서 여러기관 중 분야 정보기능이 가장 중요하므로 국가정보원, 테러정보 통합센터를 우선적으로 국가 위기 안전 통합센터를 총괄조정 기능을 맡고 국방, 검찰, 경찰, 외교, 사회, 인권단체 등의 협조하에 조정, 통합하면서 각 정부기능을 현 상황에서 주무부서를 명확히 하여 국가위기에 대처할 수 있는 전문책임 부서가 필요하다고 확고히 정립시킬 필요가 있겠다.

위에서 살펴본 바와 같이 9.11테러 이후 세계 각국에서 테러예방을 위한 각종 활동, 국가기관의 대응과 역할증진을 통한 국익과 더 나아가 국민의 안전을 위한 우리나라의 현 체제와 앞으로의 테러대응 전략에서의 국가기관의 역할과 효율적 방향을 모색하여 국가기관과 민간분야 상호협력을 통한 테러법안의 국민의 이해와 국가기관, 기능확대 및 역할을 효율적으로 접근하고자 바람직한 발전방향에 대해서 연구를 하였다.

연구의 방법은 선진국의 사례를 조사하고, 우리나라 현실과 맞게 선행연구 자료와 논문, 학술지 및 관련 국가기관 전문가, 학자들을 직접방문하여 인터뷰를 통한 발전방향을 모색하였다.

2. 테러위협 현황 및 영향

1) 테러위협 및 현황

국제테러정세의 주요 특징을 살펴보면 첫째, 알 카에다 연계세력들이 2011년 발생한 '아랍의 봄'과 '시리아 내전' 이후 계속된 중동 및 북아프리카 지역의 혼란과 권력공백기를 틈타 세력을 지속 확장하고 있어 시리아 정세를 더욱 불안정하게 하고 있다. 둘째, 미국·유럽 등 서방세계에서 자생테러 위협이 증가하고 있다. 특히 사회에 적응하지 못한 이민2세의 자생테러는 그 형태가 잔인하고 큰 영향을 준다는 특징을 보여주고 있다. 마지막으로 對서방 직접 테러수행에 어려움을 겪고 있는 이슬람 테러단체들이 인터넷을 통한 극단주의 사상 전파 및 자생테러 선동을 강화하고 있다.

2013년 우리나라에서는 국제테러단체나 북한에 의한 테러사건은 발생하지 않았으나 해외에 진출한 우리국민과 기업이 직·간접적인 테러피해를 본 사건은 8개국에서 9건이 발생, 2012년(7개국 21건) 대비 다소 감소하였다. 또한 국내에서 북한에 의한 탈북자 살해협박, 주요시설 파괴와 같은 도발위협이 지속된 가운데 수도권 공단지역 등 외국인 집단거주지를 중심으로 이슬람 과격사상 전파 징후가 지속 포착되기도 하였다.

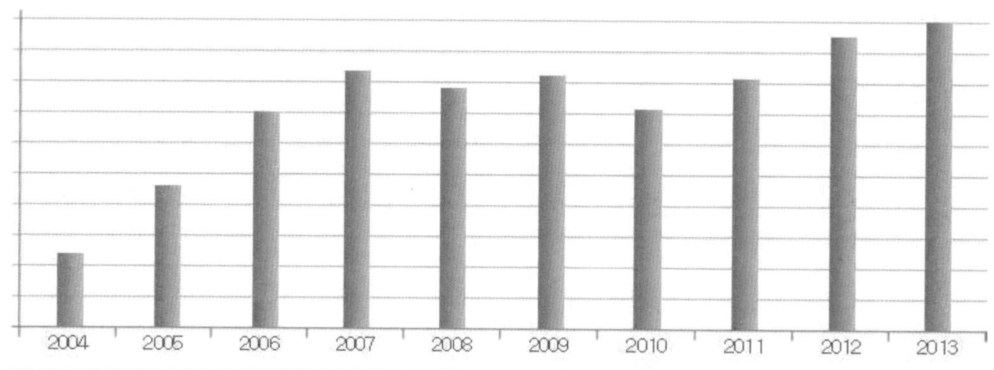

2004년	2005년	2006년	2007년	2008년	2009년	2010년	2011년	2012년	2013년	합계
988	1,896	2,886	3,427	3,215	3,370	2,946	3,347	3,905	4,096	30,076

출처 : 테러정보통합센터 홈페이지(2015년 1월 2일 검색)
(http://www.tiic.go.kr/service/info/statistics.do?method=actinfo&manage_cd=001003000)

〈그림 4-1〉 연도별 테러위협 현황

〈표 4-1〉 테러발생지역

지역 / 연도	계	아 · 태	유 럽	중 동	미 주	아프리카
2013년	4,096	1,521	43	2,249	49	234
2012년	3,928	1,398	83	2,155	61	231
증 감	+168	+123	−40	+94	−12	+3

〈표 4-2〉 테러유형

유형 / 연도	폭 파	무장공격	암 살	인질납치	방 화	기 타
2013년	2,105	1,797	39	97	19	39
비 율(%)	51.4	43.9	0.9	2.4	0.5	0.9

〈표 4-3〉 테러공격목표

대상 / 연도	중요인물	군 · 경 (관련시설)	공무원 및 정부시설	외국인, 시설	다중 이용시설	민간인, 시설	교통시설	기타
2013년	188	1,834	275	194	122	1,379	35	69
비 율(%)	4.6	45	7	4.7	3	34	0.9	1.7

〈표 4-4〉 테러 성향 및 조직표

단체	이슬람 극단주의	민족 분리주의	극좌	극우	종파분쟁
2013년	2,627	251	125	367	726
비 율(%)	64	6	3	9	18

2) 테러위협 영향

테러리즘이 테러대상국에 미치는 영향을 정치, 안보, 외교적 영향, 경제적 영향, 사회, 문화, 심리적 영향으로 구분하여 정리하면 다음과 같다.

(1) 정치, 안보, 외교, 경제적 영향

테러리즘과 관련하여 정치적 영향을 배제할 수 없다. 이는 뉴테러리즘이 보다 조직적이도 어떠한 정치적 목적을 당상하고자 하는 것과 맥락을 같이 한다고 할 수 있다. 9.11테러처럼 전세계를 대상으로 막대한 피해를 입힌 테러리즘이라면 더욱 그렇다. 그동안 미국의 독주를 불편해 하던 세계의 주요 강대국들이 일단 미국과의 갈등요인을 제쳐 놓고 우선 테러와의 전쟁에 적극 협조하고 나선 것을 보면 알 수 있다. 유럽 각국은 9.11테러를 서구문명 전체에 대한 도전과 위협으로 느꼈기 때문이다. 따라서 국내에서의 테러발생은 그 유형에 따라 다소 상이한 영향을 미칠 수 있겠지만 가장 중요한 점은 우리의 헌정질서를 파괴할 수 있다는 데에 있으며, 다음으로 테러의 발생으로 인해 시민들이 국가 정당성에 회의를 품게 된다든지 혹은 국가와 시민 간에 형성되는 공적 신뢰감이 상실된다면 이러한 시민사회는 근본적으로 불안정할 수밖에 없을 것이다.[2)]

냉전기 안보의 주된 목적이 국가안보(National Security)였다면 21세기 안보의 주된 목표는 안보대상이 종래의 국가가 아니라 시민사회가 된다. 만일 특정 테러집단이 수도 서울의 시설물을 목표로 한다면 너무도 취약한 구조적 한계를 가지고 있기에 테러발생으로 야기될 수 있는 시민사회의 불안정성을 예방하는데 국가의 적극적인 역할이 필요하다. 테러가 국가안보에 미치는 영향은 첫째, 전통적인 군사력 억제효과의 손실로 만일 비대칭적 안보위협인 테러의 발생이 빈번하여 시민적 안보가 손쉽게 붕괴된다면 국가안보의 파괴는 자명한 이치라고 하겠다. 둘째, 국내에서 발생할 테러를 사전에 예방하지 못하거나 혹은 발생한 테러에 대해서 신속하고 효율적으로 대처하지 못한다면 이것은 대내적으로 치안개념이 부재하는 커다란 사회적 혼란을 초래하여 극도의 사회불안이 예상된다. 셋째, 우리나라는 주한미군 재조정, 일본 보통국가화, 북핵문제 해결, 중국의 강대국화 등 외교적 역량을 총 집결해야 할 핵심적인 외교적 과제가

---

2) 세종연구소, “테러와 한국의 국가안보,” 세종정책 토론회 보고서, 2004, p.60.

산적해 있는 시점에서 만에 하나 국내요인들과 주한 미군 및 외교시설물, 국내에서 개최되는 중요한 국제행사 시 테러가 발생한다면 우리의 국익에 대한 심각한 파괴행위로 궁극적으로 외교적 선택을 침해하는 형태로 표출될 것으로 보인다. 따라서 국가행사는 테러로부터의 모든 가능성을 사전에 차단하는 총체적인 시스템이 구축되어야 할 것이다.[3]

9.11테러에 의한 직·간접적 경제적 손실비용은 〈표 4-5〉 및 〈표 4-6〉과 같다.

〈표 4-5〉 9.11테러에 의한 직접적 경제적 손실비용[4]

구분	총액	초기 대응비용	손실보상 비용	하구구조 재건 및 개선비용	경제 활성화 비용	미집행 비용
손실액($)	196.3억	25.5억	48.1억	55.7억	55.4억	11.6억

〈표 4-6〉 9.11테러에 의한 간접적 경제적 피해 및 손실비용[5]

구분	총액	실직자	세계 항공산업 손실비용	뉴욕시 손실비용	세계 보험산업 손실비용
피해수치	684.5억불	20만명	150억불	34.5억불	50억불

(2) 사회, 문화, 심리적 영향

세계화가 빠르게 진행되면서 '지역적 사건은 곧 세계적 사건화'되고 있다. 특정한 장소에서 발생한 테러사건으로 국내외 여행이 제한된다면 경제적 손실비용 이외에 인간의 심리적 측면인 사회적 불안감을 확산시키게 된다.

9.11테러와 연이은 우편물 탄저균 테러사건으로 미국인들은 심리적 충격과 불안의식의 팽배로 방독면 구입과 탄저균 치료제인 시프로 구입소동이 벌어지고 테러 직후 미사와 예배에 참석하는 신자의 수와 유언장의 작성이 20% 이상 급증하고 심리적 공허감으로 공포감이 확산되는 양상을 보이기도 하였다.

3) 조선일보, "총체적 테러대비태세 구축 필요", 2004. 7. 5.

4) 세종연구소, "테러와 한국의 국가안보," 세종 정책토론 보고서, 2004, p.30.

5) 세종연구소, "테러와 한국의 국가안보," 세종 정책토론 보고서, 2004, p.94.

9.11테러 4주년을 맞으면서 뉴욕을 포함한 주체별 부분별로 지난 4년간의 손익계산서는 〈표 4-7〉과 같다.

〈표 4-7〉 9.11테러 이후 주체별 손익계산서[6]

손실	주체	이익
• 피해액 15억 달러 • 인프라 복구 37억 달러 • 테러 직후 경기 악화(서서히 회복 중)	뉴욕	• 테러 이후 뉴요커 85만 명 증가 • 보안강화로 치안 확보
• 이라크전쟁의 명분인 대량살상무기(WMD) 발견 못해 신뢰도 하락 • 미군전사자 증가, 반전 여론 확산	부시 대통령	• 테러와의 전쟁을 치른 인물임을 강조해 대통령 재선 • 보수층 증가, 공화당 지지기반 확대
• 영국 런던 등 전세계 20여 개국 테러 발생	지구촌	• 9.11테러 이후 미국 본토에서는 테러가 발생하지 않음
• 오사마 빈라덴 세력 약화 • 전세계 여론의 비난 대상이 됨 • 알카에다 지원 탈레반 정권 붕괴	이슬람 테러집단	• 테러조직 세력 확산 • 자신들의 존재를 세계에 알림
• 저항세력의 테러로 치안 불안 • 경제상황 악화	이라크	• 사담 후세인 독재정권 붕괴 • 총선 등 민주주의 경험

테러문제는 안보정책 차원에서 위기관리 방책의 일환으로 장기적이고도 근본적인 예방책과 직접적이고 적극적인 예방책을 동시 추진해야 할 것이며,[7] 테러의 세계화에 대한 대비책이 철저히 강구되어야 한다. 한국에서의 발생 가능한 테러위협 중 공중테러 등 대비태세가 어느 정도 체계화되어 있는 분야를 제외하고 장차 발생 가능성이 높거나 테러 발생 시 대규모 피해 및 국가적 혼란을 야기할 사이버 및 화생방 테러대비 문제점과 발전방향을 중점 고찰해 보고, 주요 시설에 대한 방호력 강화와 국민의식 분야에 대한 개선방안을 제시하여야 할 것이다.

6) 동아일보, "테러 후유증과 대변화", 2005. 9. 10.

7) 김종두, "미국 테러참사 교훈과 우리 군의 대응," 국방저널 제335호(2001), p.19.

3. 테러대응을 위한 국가정보기관의 역할

1) 에어프랑스 엔테베 공항 사건

(1) 사건개요

1976년 6월 27일, 승객과 승무원 269명을 태운 파리발 텔아비브행 에어프랑스 민간 여객기가 공중납치되었다. 중간 기착지인 그리스 아테네를 이륙한 직후였다. 팔레스타인 해방인민전선(PFLP) 소속의 중무장한 청년 테러리스트 7명의 소행이었다. 납치된 항공기는 우여곡절 끝에 우간다 엔테베 공항에 착륙했다. 이들은 인질 석방을 담보로 투옥 중인 53명의 동료 테러리스트 석방을 요구했지만, 협상은 결렬되었고 마침내 유태인 인질들을 무조건 사살하라는 PFLP 상부의 명령이 이들에게 내려진다. 이를 도청한 이스라엘은 즉각 인질구출작전을 폈다. 작전명은 썬더볼트(Thunderbolt). 다행히 우간다 엔테베 공항은 이스라엘 회사가 건설했기 때문에 공항구조에 대한 상세한 정보는 이미 입수된 상태. 7월3일 오후, 석방할 테러리스트의 수송기라고 속이고 헬기 4대를 엔테베에 착륙시킨 특공대원들은 이디 아민 대통령의 개인 리무진으로 위장한 벤츠 승용차로 이들에게 접근, 1분 45초만에 테러리스트를 모두 살해한다. 이어 우간다 군과의 교전이 있었으나 이를 완전히 따돌리고 최초 계획대로 불과 53분만에 작전은 완료된다. 인질과 특공대는 텔아비브 공항에 무사히 도착, 지구촌을 열광시켰다. 그 유명한 '엔테베 구출작전'이다. 엔테베 작전은 최초의 원거리 인질구출작전으로 역사에 기록되고 있다. 작전 성공의 결정적인 요소는 바로 엔테베 공항의 구조와 인질억류 상황을 정확하게 파악한 이스라엘 정보국의 정보수집 능력이었다.[8]

2) 아프가니스탄 한국인 피랍사건

(1) 사건개요

한국의 분당 샘물교회 신도들로 이루어진 봉사단 23명이 아프가니스탄에서 탈레반 무장세력에게 납치된 사건이다. 샘물교회 봉사단 23명은 2007년 7월 13일 출국하여 다음날 아프가니스탄의 수도 카불에 도착하였다. 이들은 현지 어린이와 청소년을 대상

8) 연합뉴스. "엔테베 공항사건," 2007. 7. 31.

으로 교육 및 의료 봉사활동을 한 뒤 7월 19일 카불에서 칸다하르로 이동하던 중 카불에서 남쪽으로 175km 가량 떨어진 카라바흐 지역에서 탈레반 무장세력에게 납치당하였다. 탈레반은 7월 20일 아프가니스탄에 주둔한 한국군의 철수를 요구하며 불응하면 인질을 살해하겠다고 협박하였다. 다음날 탈레반은 요구조건을 바꾸어 탈레반 죄수 23명을 석방하지 않으면 인질을 살해하겠다고 시한을 정하여 협박하였다. 탈레반은 아프가니스탄 정부와 협상에 실패하자 한국정부와 직접 대화를 요구하였고, 24일에는 탈레반 포로 8명과 한국인 인질 8명을 맞교환하자고 요구하였다. 7월 25일 탈레반은 인질석방 협상이 실패하였다고 선언하고 인질 가운데 배형규 목사를 살해하였다. 탈레반은 수차례 협상 마감시한을 연장하였다가 7월 31일 인질 1명을 또 살해하였다. 미국과 아프가니스탄 정부가 테러세력에 양보할 수 없다는 입장을 천명하는 가운데, 8월 10일 한국 측은 가즈니에서 탈레반 대표와 처음 대면하여 협상을 시작하였다. 8월 12일 몸이 아픈 여성 인질 2명이 석방되었고, 8월 27일 한국의 군(軍) 당국은 아프가니스탄에 파병된 다산부대를 연내 철수하겠다는 계획을 발표하였다. 8월 22일 한국측과 탈레반 대표가 가즈니의 적신월사 건물에서 대면 협상을 재개하여 남은 인질 19명을 전원 석방하기로 합의하였다. 8월 29일 인질 12명이 3차례에 걸쳐 석방되었고, 다음날 나머지 7명이 풀려남으로써 인질사건이 종료되었다.

이 사건을 계기로 한국 정부는 아프가니스탄을 여행금지국으로 지정하였다. 한국에서는 종교단체의 공격적이고 맹목적인 선교활동에 대한 자성의 목소리가 높았으며, 한국정부가 국제테러단체와는 협상하지 않는다는 국제적 원칙을 저버린 데 대한 논란이 일기도 하였다.[9]

(2) 종합평가

① 국민의 안전 불감증에 대한 경각심 제고

금번 사건의 직접적인 원인은 정보의 여행자제 권고에도 불구하고 선교활동을 위해 아프가니스탄을 방문한 샘물교회 교인들의 안전 불감증에서부터 비롯되었다고 볼 수 있다. 국내 치안 및 테러정세가 악화된 아프간의 방문은 스스로 자제하여야 함에도 불구하고 어제의 안전이 오늘의 안전을 확보할 수도 있다는 국민들의 안전의식은 과감

9) Naver 백과사전, http://100.naver.com/100.nhn?docid=839141(2014년 1월 8일 검색)

히 떨쳐버려야 한다고 생각된다. 해외 현지에서의 활동도 현지문화의 존중과 위험지역 출입의 자제 등 자신의 안전을 지킬 줄 아는 성숙된 국민이 되어야 한다. 이러한 점에서 아프가니스탄에 입국하여 가즈니 주까지 이동하던 과정에서 레오나이시장 방문 등 샘물교회 교인들의 처신과 행동은 매우 바람직하지 못한 행위였다고 보인다.

② 공권력 무시풍조에 대한 대책 강구

사건이 종료된 후에도 일부 종교단체에서는 선교활동의 재개를 위한 기도를 시도한다고 한다. 이는 우리정부의 공권력을 무시하는 풍조에서부터 시작된다고 보인다. 정부의 정책은 신뢰가 전제되어야 하며, 이는 전적으로 국민들의 신뢰가 선결되어야 한다. 공권력이 무시당하지 않기 위해서는 정부가 하는 일은 국민들이 신뢰해야 하며, 국민들이 신뢰할 수 있도록 정부가 솔선수범하여야 한다.

③ 국민보호를 위한 정부의 역할 강화

앞으로 국제테러위협으로부터 우리국민들의 보호를 위해서는 해외 테러위험지역에 진출한 교민·기업·여행객 보호를 위해 현지유력인사들이나 테러단체에 영향력을 행사할 수 있는 국가 대테러 종합시스템이 중요하다고 생각된다.

④ 관계기관 공조체제 강화를 위한 법적·제도적 장치마련 시급

테러방지법의 제정이나 경보시스템 보완 등 법적·제도적 정비가 필요하다.

3) 미국 9.11테러 사건

(1) 사건개요

2001년 9월 11일 오전 미국 워싱턴의 국방부 청사(펜타곤), 의사당을 비롯한 주요 관청 건물과 뉴욕의 세계무역센터(WTC)빌딩 등이 항공기와 폭탄을 동원한 테러공격을 동시다발적으로 받은 사건이다.

승객 92명을 태운 아메리칸 항공 제11편은 이날 오전 7시 59분 보스턴 로건 국제공항을 출발, 로스엔젤레스로 향하던 중 공중납치되었고 이 비행기는 오전 8시 45분 뉴욕의 110층짜리 세계무역센터(WTC) 쌍둥이 빌딩의 북쪽 건물 상층부에 충돌하였다. 이어 9시 3분쯤 남쪽 빌딩에 유나이티드 항공 제175편이 충돌, 폭발하면서 화염을 내뿜었다. 이 여객기도 승객 65명을 태우고 8시 14분 보스턴을 출발, 로스앤젤레스를 향

하던 중 납치되었다. 워싱턴에서는 9시 40분쯤 승객 64명을 태운 워싱턴발 로스앤젤레스행 아메리칸 항공 제77편이 국방부 건물에 충돌했다.

사태가 워싱턴으로 확대되자 국회의사당과 백악관은 즉각 소개 명령을 내렸으며 월스트리트 증권거래소도 휴장을 결정했다. 이어 미 연방항공국(FAA)은 9시 49분 미 전역에 항공기 이륙금지 명령을 내렸으며 비행중인 국제 항공편에 캐나다 착륙을 지시했다.

9시 45분쯤 세계무역센터(WTC)에서 또다시 폭발음이 들렸으며 5분 뒤 무역센터 제2호 건물인 남쪽 빌딩이 붕괴되었다. 이런 와중에 공중납치된 네 번째 항공기인 유나이티드 항공 제93편이 10시 정각 펜실베니아 주 피츠버그 동남쪽 130㎞ 지점에 추락했다. 이 비행기는 승객 45명을 태우고 8시 1분 뉴저지 주 뉴워크 국제공항을 출발, 샌프란시스코로 향하고 있었다. 세계무역센터(WTC) 북쪽 빌딩도 10시 29분경 무너져 내렸다. 이 과정에서 인근 건물이 불길에 휩싸였고 주변은 건물 붕괴 위험 때문에 구조요원까지 출입이 금지되는 통제구역으로 선포되었다. 쌍둥이 빌딩 붕괴 7시간 뒤인 오후 5시 25분 세계무역센터(WTC)의 47층짜리 부속건물도 붕괴되었다. 워싱턴의 국무부 건물 앞에서도 두 차례의 차량 폭탄테러가 발생했으며, 국회의사당과 링컨기념관에 이르는 국립광장에도 폭발로 보이는 불이 나면서 전국 정부 건물에 대피령이 내려졌다. 이 밖에 유엔본부와 뉴욕 증권거래소, 미국 최대빌딩인 시카고 시어스타워 등 주요 건물이 폐쇄되었으며 오후 1시 27분 워싱턴에 비상사태가 선포되었다. 미 전역의 공항도 잠정 폐쇄되었으며 비행 중인 모든 항공기들은 캐나다로 향했다. 오후 4시경 CNN방송은 '오사마 빈 라덴'이 배후세력으로 지목되고 있다고 보도했으며, 미국은 오사마 빈 라덴과 그가 이끄는 테러조직 '알 카에다'를 테러의 주범으로 발표했다. 이후 9.11테러에 대한 미국의 아프간 보복 공격으로 오사마 빈 라덴을 비호하고 있던 탈레반 정권과 알 카에다 조직이 거의 붕괴되었으며, 빈 라덴의 행방은 아직 밝혀지지 않았다.

그리고 테러 직후 '테러와의 전쟁'을 선포한 미국을 세계를 문명세력과 테러세력으로 분리하며 새로운 국제질서를 구축하기 시작했다.[10]

---

10) Naver, 백과사전, http://terms.naver.com/item.nhn?dirId=703&docid=2614(2014년 1월 8일 검색)

(2) 종합평가

1998년부터 1999년 사이에 '빈 라덴' 제거공작에 착수할 수 있는 세 번의 기회가 있었으나 '터넷' CIA국장, '버거' 안보보좌관이 민간인 희생 또는 작전실패 경우에 따른 부담감 때문에 이를 취소, 화근을 사전 제거하는 데 기회를 놓치고 말았다. 2000년대 초 CIA가 알 카에다의 테러위협에 대한 유일한 해결책은 알 카에다가 아프카니스탄을 근거지로 사용하지 못하도록 하는 것 뿐이라고 건의했지만 이를 받아들이지 않았다. 9.11 이전 '클린턴' 행정부나 '부시' 행정부 공히 아프카니스탄 전면공격은 외교문제, 전쟁비용, 전쟁기간 등의 이유로 유관부처가 공식적인 안건으로 협의한바 없었으며, 9.11 이전 국가안보 우선순위는 대외적으로 세르비아 문제, 이라크 공습 등이, 대내적으로는 마약, 방첩 등이 현안으로 부각되었고 테러문제는 우선순위에 올라있지 않았다. 미국은 냉전시대 정부조직과 기능으로 새롭게 등장한 뉴테러리즘에 대응하는 구태의연한 모습을 보였는데 CIA는 기본적으로 냉전을 수행하기 위해 창설된 조직으로 장기전략 및 연구에 익숙한 대학연구실 문화가 지배하고 있어 냉전 이후 실체가 분명하지 않은 새로운 적을 상대하는 데 미흡했고, 1996~2000년까지 해외정보활동 예산 감축으로 공작관과 분석관 인원 감축, 지휘부는 '이란 콘트라 스켄들'[11] 등 과거 백악관이 지시했던 비밀공작으로 곤경에 처한 경험이 있어 '빈 라덴' 체포 등 준군사 공작활동이 소극적이었다. FBI는 범인검거, 기소 등 실적 거양에만 관심이 있었을 뿐 장기간의 정보수사활동을 요하고 결과를 예측할 수 없는 대테러 분야는 등한시하였고[12] 분서업무 기피 풍조,대테러 교육 소홀(신입직원 교육 16주 중 3일만 할당), 아랍어 등 특수어 구사자 절대부족, 정보시스템 낙후 국내 대테러업무 주무 기관임에도 불구하고 조종실 출입문보강, 요주의 인물검색강화 등 항공기 테러 대비태세 강화를 위한 현장 확인검검을 실시하지 않은 것으로 확인되었다. 국방부는 냉전체제 붕괴이후 미그기가

---

11) 이란-콘트라 스캔들은 1987년 미국의 레이건 정부가 스스로 적성 국가라 부르던 이란에 대해 무기를 불법적으로 판매하고 그 이익으로 니카라과의 산디니스타 정부에 대한 반군인 콘트라 반군을 지원한 정치 스캔들이다. 스캔들에 관련된 많은 문서가 레이건 정부에 의해 폐기되었거나 비밀에 붙여졌다. 많은 사건이 아직 비밀에 싸여 있다. 무기 판매는 1986년 11월에 이루어졌다고 알려져 있으며, 당시 로널드 레이건 대통령은 국영 텔레비전과의 인터뷰에서 이를 부인하였다. 일주일 후인 11월 13일, 로널드 레이건은 방송에서 무기가 이란으로 수송되었음을 인정했지만 여전히 인질 교환의 댓가라는 점은 부인하였다.

12) FBI국장은 미니애폴리스 지부가 2001년 8월 비행훈련을 받던 이슬람 과격분자를 체포하였다는 사실조차도 알리지 못하였다.

아닌 민간항공기 자살테러를 상상조차 못해 미국 영공방위를 책임지고 있는 북미방공사령부의 조기경보기지 26개를 7개로 감축시켰으며, 이란 미국대사관 인질사건 실패(1980년 3월), 소말리아 모가디슈 작전시 블랙호크기 추락(1993년) 등 작전실패의 악몽으로 테러조직에 대한 과감한 공격에 주저하였으며, 일부 군 수뇌부는 아프칸 소재 알타에다 훈련시설을 어린이 놀이기구정도로 평가절하하는 모습을 보였다. 정보 및 조직운영관리상의 문제로 미 정부는 정보통합관리 실패로 9.11테러를 무산시킬 수 있었던 10번의 기회를 놓쳤다. 즉, 국가안전국(NSA)은 2000년 1월 사전항로 답사차 쿠알라룸푸르를 방문한 테러분자 3명의 통화를 감청, 이들이 불순인물이라는 사실을 인지하고도 유관기관에 전파하지 않았으며, CIA는 2001년 3월 태국 당국으로부터 테러범 중 1명이 LA행 UA편에 탑승했다는 정보를 입수하고도 이를 FBI와 공유하지 않음으로써 미국 내에서 미행감시 기회를 상실하였고 FBI본부는 미니애폴리스에서 체포한 이슬람인 비행훈련생을 CIA의 알 카에다 관련 정보와 연계시키지 않았다. 또한 국가 정책상 우선 순위도가 높은 업무에 대해서는 유관기관이 합심, 모든 역량을 집중해야 했음에도 불구하고 중앙정보장(DCI)이 '콜'호 폭탄테러사건 발생 직후인 1998년 12월 '우리는 지금 전쟁중이며 모든 인적 · 물적 자원을 투입해야 한다'고 강조했지만 CIA를 제외한 여타 부문정보기관들은 소극적으로 대응하였다.[13] CIA국장이 중앙정보장(DCI)직을 맡고 있으나 부문정보기관에 대한 예산 · 인사권이 없어 조정기능이 유명무실했고, 국가정보 통합 관리에 실패하였다.

4. 효율적 테러대응을 위한 국가정보기관의 과제와 전망

과거 한국의 대테러 정책을 살펴보면 처음 테러에 대비하기 위한 정부차원의 노력은 1982년으로 거슬러 올라간다. 1968년 청와대 습격사건과 울진 · 삼척 무장공비사건, 1969년 대한항공 납북사건 등 북한에 의한 테러가 계속 자행되다 보니 주로 군사적 테러리즘에 중점을 두고 대처를 해오다 88서울올림픽 개최가 확정되던 1981년을 계기로 올림픽 기간 중 발생할지 모르는 테러에 대비하기위해 1982년 1월 21일 대통령 훈령

13) 당시 국가안전국(NSA) 국장은 이 지시가 CIA에만 국한되는 것으로 생각하였다.

제47호를 통하여 대테러 활동지침이 정립되었으나, 테러를 사전에 방지하기보다는 테러가 발생하였을 때 피해를 최소화하는데 목적을 둔 지침으로 〈그림 4-2〉와 같이 9.11 테러 이전까지 운용되어 왔다.[14]

〈그림 4-2〉 9.11테러 이전의 대테러 조직

이 지침은 대테러 대책기구 설치운영, 테러 대응조직 구성, 테러예방 및 대응활동, 관계기관 임무규정 등 크게 4개 부문으로 기본골격은 잘 마련되어 있으나, 각종 기구들이 위원회 형식을 띠어 사태 발생 시에만 편성 운용되고, 법적·제도적 기반이 미구축되어 구속력을 발휘할 수가 없을 뿐만 아니라, 테러행위의 예방·저지와 신속한 대응 등 실질적으로 대테러 업무를 수행하는데 문제가 있고, 생물·화학·방사능·사이버 등의 뉴테러리즘에 대한 대비태세가 부족한 것이 사실이었다.[15] 이에 따라 9.11테러 이후 테러행위를 전쟁행위와 같은 수준의 국가안보 차원에서 다루어야 한다는 인식하에 2001년 테러방지 법안을 국회에 제출했으나 의결을 얻지 못하고 폐기되었으며, 이후 참여정부 출범 후 2003년 NSC산하에 위기관리센터를 설치하여 이라크 파병관련

14) 국가정보원, 「대통령훈령 제47호, 국가 대테러 활동지침」(서울: 국가정보원, 2005), p.8.

15) 윤우주, 「테러리즘과 문명공존」(서울: 한국국방연구원, 2003), pp.89-125.

대테러 대책위원회를 상시적으로 열고 부처별로 대책을 마련하는 등의 많은 보완이 있었으나, 테러뿐만 아니라 자연·인위적 재난을 통합한 국가위기관리 체제의 재정립이 절실히 요구되고 있다. 따라서, 종합적인 국가위기관리를 위한 테러위협에 대한 대비태세와 발전방향을 제시해 보고자 한다.

1) 테러정의의 명확성과 구체화

각국의 테러에 대한 정의는 다음과 같다.[16]

□ 미국 : PATRIOT Act of 2001 및 개정법률

- "테러"(제802조(18 U.S.C 2331)): 일반시민을 협박 또는 강요하거나 정부정책에 영향을 끼칠 목적으로 자행하는 연방 또는 주 형법에 규정된 범죄행위로서 사람의 생명에 위험을 초래할 수 있는 폭력행위로 정의
- "연방테러범죄"(제808조 및 개정법률 제 112조 (18 U.S.C. 2332b)): 협박 또는 강요로서 정부의 조치에 영향 끼치기 위해 계획적으로 항공기, 공항·군사·정부시설, 주요인사 등 대상 공격 및 테러범 지원·은닉 등 열거된 범죄행위와 국제테러조직으로부터 훈련을 받은 경우와 테러지원목적 마약밀매행위를 테러범죄로 규정

□ 영국 : Terrorism Act 2000

- "테러"란 (제 1조) 정치·종교 또는 이념적 목적달성을 위하여, 정부정책 영향 또는 일반대중을 협박할 목적으로 사람의 생명·신체에 중대한 위험을 가하거나 재산상 피해를 유발한 경우 테러로 정의. 단, 총기류·폭발물을 사용한 경우 정치 등 주관적 요건 없이도 테러로 간주

□ 캐나다 : Anti-Terrorism Act 2001

- "테러행위(terrorist activity)"란 (제4조(Criminal Code 제83.01조)) 10개 국제협약(테러관련 9개 협약 외 테러자금억제협약 포함)에서 범죄로 규정한 행위와

16) 국가정보원, 「테러방지에 관한 외국의 법률 및 국제협약」, 2006. 11.

> 정치·종교·이념적 목적 달성을 위해 계획적으로 개인 또는 정부에 작위·부작위를 강요하기 위해 생명·신체상 위해 또는 재산상 손해를 가하는 행위

지난 2006년 5월 31일 당시 지방선거를 앞두고 벌어진 박근혜 한나라당대표 피습사건에 대해 정치권은 정치적 테러라고 규정하고 대부분의 언론 또한 충분한 검토없이 정치권의 주장을 그대로 반영하며 정치적 테러로 보도했었다(조선일보, 2006, "서울복판에서 벌어진 박근혜 한나라당대표 테러,"[17] 검경수사본부는 박대표 피습법 지00에 대한 최종수사결과 발표에서 "사건은 지씨가 사회에 불만을 품고 자신의 억울한 처지를 알리기 위해 저지른 계획적 단독범행으로 확인되었다."[18]하면서 "테러"라는 용어를 사용하지 않았으나 정치권이나 언론은 지00씨에 대해 테러범이라 지칭하고 있다는 점에 있다. 이러한 언론보도를 접하면서 우리국민들의 테러에 대한 인식이 정치인에 대한 공격행위는 원인이나 목적을 불문하고 "테러"로 인식하도록 만들지 않을까 하는 의문이 든다. 그리고 정치인에 대한 공격행위 외 항공기에서의 승객 간의 다툼 또는 승객의 난동으로 항공기가 비상착륙하는 사건이 발생한 경우, 대부분의 언론들은 그냥 단순한 하나의 폭행사건으로 보도해 버리는 경향이 있다.[19] 하지만 이러한 행위들은 국제협약 또는 각국의 법률에 의할 경우 "테러"로 간주될 수도 있는 아주 위험한 범죄행위들이다.

2) 다중이용시설, 생물, 생화학 분야

대구지하철 테러사고 이후 국민들 다수가 사용하는 대중이용시설(백화점, 호텔, 지하철, 통신·방송시설, 경기장)에 자체적으로 기업, 다중이용시설 CEO들은 기본적으로 다중이용시설 안전 법을 제도화 할 필요가 있다. 현재 대통령 훈령으로는 다중이용시설에 관한 권고사항은 존재하지만 법적 제도화 조치는 찾아볼 수 없는 실정이다. 따라서 일반인들의 공포(테러)에 대한 예방책으로 전반적인 안전시스템 변화에 따른 법제

17) 조선일보, "서울복판에서 벌어진 박근혜 한나라당대표 테러", 2006.
18) 한국일보, "박근혜 테러는 지충호 단독범행, 검경수사본부 최종발표", 2006.
19) 매일경제, "대기업 부장 기내난동... 영 경찰에 연행", 2005.

화가 절실히 필요하다고 사료된다.

국가 대테러 활동지침 훈련 제47조에서 사용하는 테러의 정의는 다음과 같다.

가. 국가 또는 국제기구를 대표하는 자 등의 살해·납치 등「외교관 등 국제적 보호인물에 대한 범죄의 방지 및 처벌에 관한 협약」제2조에 규정된 행위
나. 국가 또는 국제기구 등에 대하여 작위·부작위를 강요할 목적의 인질억류·감금 등「인질억류 방지에 관한 국제협약」제1조에 규정된 행위다.
다. 국가중요시설 또는 다중이 이용하는 시설·장비의 폭파 등「폭탄테러행위의 억제를 위한 국제협약」제2조에 규정된 행위
라. 운항중인 항공기의 납치·점거 등「항공기의 불법납치 억제를 위한 협약」제1조에 규정된 행위
마. 운항중인 항공기의 파괴, 운항중인 항공기의 안전에 위해를 줄 수 있는 항공시설의 파괴 등「민간항공의 안전에 대한 불법적 행위의 억제를 위한 협약」제1조에 규정된 행위
바. 국제민간항공에 사용되는 공항 내에서의 인명살상 또는 시설의 파괴 등「1971년 9월 23일 몬트리올에서 채택된 민간항공의 안전에 대한 불법적 행위의 억제를 위한 협약을 보충하는 국제민간항공에 사용되는 공항에서의 불법적 폭력행위의 억제를 위한 의정서」제2조에 규정된 행위
사. 선박억류, 선박의 안전운항에 위해를 줄 수 있는 선박 또는 항해시설의 파괴 등「항해의 안전에 대한 불법적 행위의 억제를 위한 의정서」제2조에 규정된 행위
아. 해저에 고정된 플랫폼의 파괴 등「대륙붕상에 소재한 고정플랫폼의 안전에 대한 불법적 행위의 억제를 이한 의정서」제2조에 규정된 행위
자. 핵물질을 이용한 인명살상 또는「핵물질의 절도 강탈 등 핵물질의 방호에 관한 협약」제7조에 규정된 행위

2. "테러자금"이라 함은 테러를 위하여 또는 테러에 이용된다는 점을 알면서 제공·모금된 것으로서「테러자금 조달의 억제를 위한 국제협약」제1조 제

1호의 자금을 말한다.

3. “대테러활동”이라 함은 테러 관련 정보의 수집, 테러혐의자의 관리, 테러에 이용될 수 있는 위험물질 등 테러수단의 안전관리, 시설 장비의 보호, 국제행사의 안전확보, 테러위협에의 대응 및 무력 진압 등 테러예방·대비와 대응에 관한 제반활동을 말한다.[20]

테러집단이 사전 경계태세가 확립된 목표에 대해 공격을 하지 않으리라는 점도 인식하여야 한다. 그들의 공격은 연성목표(Soft Target)일 가능성이 크다. 상대적으로 보안대책이 전무한 민간 다중이용시설, 유류 혹은 가스저장소, 댐과 같은 국가 주요시설, 식수원 등이 오히려 테러범들이 선호하는 공격목표이며, 이들 시설이 테러에 취약한 것도 사실이다.

또한 변화하는 뉴테러리즘에 대해 국민적 인식과 대비태세가 부족하다. 과거 한국에 가해진 테러의 91.6%가 북한에 의한 대남테러로 대테러 대비태세가 특정 기관이나, 특정 인물에 국한되어 일반 국민들에게는 관심 밖의 일이었다고 할 수 있다. 2005년 4월 1일 국가정보원에 대테러 종합상황실이 설립되었지만 현장상황을 대통령훈령으로 조치하는 역할은 제도적으로 기대하기 어렵다. 즉, 법률에 기초를 둔 화생방 종합대책기구를 설립하건, 기존의 조직을 활용 일원화된 지휘통제체계하에 전반적으로 정부부처의 업무를 조정 통제하여야 한다. 9.11 및 7.7 테러에서와 같은 대규모 동시 다발적인 테러와 탄저균테러 등 테러의 수단과 대상이 광범위해지고, 생물·방사능·사이버 테러 등 테러발생 유형과 방법도 다양해지는 상황이지만 적절한 대비태세를 갖추지 못한 실정이다. 또한 테러에 대한 국민의 위기의식 부족도 가장 큰 문제점이다. 한국 국민들은 테러에 대한 의식 부족으로 관련 입법 개정 등 대테러와 관련된 대비를 소홀히 하고 있다. 이제라도 국제테러의 발생 유형을 철저히 분석하여 이에 따른 대응전략과 프로그램을 개발하는 것이 시급한 과제인 것이다.

---

20) 국가정보원,「국가 대테러 활동지침」대통령 지침 훈령 47조, 2013.5.21 일부개정

법제 및 기구, 조직을 잘 정비하고 최첨단 장비를 갖추어 대비태세가 잘 유지되고 있다고 하더라도, 전국민이 하나가 되어 테러를 예방하고 이에 대처하지 못한다면 효과적인 대응책이 될 수 없으리라 판단된다. 현재 우리 국민은 과거와는 달리 테러리즘에 대한 인식이 많이 바뀌었다고 하지만, 과연 이를 예방하고 사건발생 시 어떻게 행동해야 할지를 묻는다면 제대로 대답할 사람이 몇 명이나 될지 의문이다. 2004년 12월 국가정보원이 테러범 식별요령과 테러시 행동 요령에 대해 교육용자료를 작성하여 배포하였는데 부단한 교육과 홍보가 있어야만 할 것이다. 매스컴도 마찬가지다. 각종 언론은 흥미위주의 내용을 주로 다루고 있으나, 전국민이 시청하는 TV에서라도 지속적으로 테러와 관련한 행동요령 등을 반영하는 것이 타당하리라 판단된다. 그리고 대중이 많이 모이는 공공시설에서는 최소한의 전문요원을 배치하고 주기적인 방송 등을 통하여 경각심을 주고 행동요령에 대해 교육을 한다면 국민의식 향상은 물론 테러범에 대한 간접적인 경계 효과가 있을 것이다.

3) 민간분야 상호협력 모색

미국이나 일본의 경우 민간안전 분야에 대한 연구지원으로 LEAA(Law Enforcement Assistance Administration)가 「환경 설계에 의한 범죄예방대책(CPTED: Crime Prevention Through Environmental Design)」을 국가차원에서 연구 및 지원을 하고 있어 학문적 발전뿐만 아니라 범죄예방의 실질적인 분야에 이르기까지 민간안전 분야의 역할을 수행하고 있는 한 예라고 볼 수 있다. 우리나라도 국가중요시설에서는 특수경비원 제도를 두어서 민영화에 대한 역할을 수행하고 있지만 위에서 살펴본 바와 같이 다양화, 복잡화, 과학화되고 있는 테러의 기법에서 대상, 범위, 수단, 주체 등의 여러 복합적인 요소에 대응하기에는 여러모로 볼 때 개선·보완해야 할 것이다. 국가안전에 미치는 시설규모에 따라서 가, 나, 다급으로 분류하여 경호경비는 군, 경찰, 청원경찰, 특수경비원이 분담하고 있다. 그러나 인적, 물적, 환경적 요인에 대해서는 위에서 설명한 바와 같이 테러에 대응하기는 어렵다고 생각한다. 구체적 대테러 대응방안의 내용은 다음과 같다.

첫째, 테러학의 학문적 영역이 구축되어야 한다. 테러학의 내용영역에서는 이론, 실습, 기타 관련 학문영역으로 구분되어야 하고 전공영역에서는 인문사회, 사회과학, 자연과학으로 나누어져야 하며 세부 전공영역으로는 테러역사, 철학, 교육학, 행정학, 법학, 사회학, 심리학, 경영학, 역학, 측정, 자료 분석, 생리 의학 등으로 세분화하며 학문적 이론영역을 구축할 필요가 있겠다고 사료된다.

둘째, 대테러 전문가 양성이 필요하다. 전문가 양성을 위해서는 대테러 전문 관련 전공자를 양성하는 것이 중요하다고 사료된다. 그에 따른 해결방법으로서는 테러관련 전공분야와 경찰·경호·경비관련자를 중심으로 인력을 양성해야 할 것이다. 대테러 관련분야 및 경찰경호·경비의 업무가 곧 테러 대응전략에도 밀접한 관련이 있을 것이다. 전문가를 양성하기 위하여 다음과 같은 전문영역을 중심으로 전문가를 교육해야 할 것이다. 테러 전공자들의 주요 과목으로는 테러의 기원, 테러학개론, 국제테러조직론, 테러위해 분석론, 대테러 전략전술론, 테러정보 분석론, 사이버 테러론, 대테러 장비 운용론, 대테러 경호경비론, 대테러 현장실무, 대테러 정책론, 대테러 안전관리 이론 및 실제, 대테러법, 생물·생화학테러, 대테러 경영론, 대테러 실무사례 세미나 등이 있다. 위와 같이 이런 교과목을 개설해 대테러 전공자를 대학 또는 대학원에서 체계적으로 양성해야 될 것이다. 따라서 테러학 전공과정을 대학에서나 경찰·경호관련 학과에서 세분화된 테러학의 접근이 필요할 것이다. 그에 따른 대테러 전문과정과 전문대학원 과정을 신설하여 경찰·경호·경비산업을 보다 효율적으로 상호 협력하여 체계적으로 대테러 전문가를 육성해야 될 것이다.

셋째, 대테러 전문가 자격증 제도를 도입해야 한다. 우리나라의 자격증의 법적 근거는 자격기본법(법률 제 5733호 1995년 1월 29일 일부 개정)과 자격기본법 시행령(대통령령 제1711호)에 있다. 또한 자격제도는 세가지로 분류된다. 국가가 관리하는 국가외 검정불가한 자격인 국가자격증과, 민간자격을 국가가 공인해 국가자격과 같은 혜택을 받을 수 있도록 한 국가공인자격증, 법인체나 사회 단체가 교육훈련을 시켜 그 자격을 인정하여 자격증을 부여하는 민간자격증으로 분류된다.

테러의 종류로는 육상 테러, 해상 테러, 공중 테러로 크게 나누지만 세분화하면 수단, 주체, 대상에 따라서 다양하게 테러가 일어나고 있다. 그에 따른 대테러의 전문 자격증 제도로는 등급별 차등을 두어 선진국의 민간안전 산업에서 전문 자격증이 있는 것과 같이 테러전문 자격증도 함께 통합적으로 운영될 필요가 있을 것 같다.

4) 테러예방에 대한 정보수립, 활동, 분석, 판단 중요성 인식

테러예방을 위한 대테러업무의 핵심은 정보이다. 국가의 정보수집역량을 강화시켜야 한다. 이를 위해서 테러정보의 통합관리 시스템이 구축되어야 한다. 각급 부분정보기관이나 행정집행기관이 지득한 정보사항 중 테러관련 정보가 한곳으로 집합되어 정확하게 분석될 수 있도록 시스템을 구축해야 한다. 이를 위해서 대테러센터와 같은 실무를 총괄할 수 있는 조직을 구축하여 국내외에서 국가의 안전이나 국민의 생명과 재산을 침해할 수 있는 테러의 위협 또는 그 징후 등을 통합 관리할 수 있는 체계를 유지하여야 한다.

또한, 테러위험인물에 대한 정보차원의 확인활동 기능을 부여해야 할 것이다. 수사기관은 물론 정보기관의 직원도 테러단체의 구성원으로 의심할 만한 상당한 이유가 있는 자에 대하여 출입국·금융거래 및 통신이용 등 관련 정보를 수집·조사할 수 있도록 해야 한다. 다만 권한의 남용으로 인한 인권침해 소지를 최소화하기 위해 출입국·금융거래 및 통신이용 관련 정보의 수집·조사에 있어서는 「출입국관리법」, 「특정금융거래정보의 보고 및 이용 등에 관한 법률」, 「통신비밀보호법」의 규정에 따르도록 해야 할 것으로 생각된다. 통신비밀보호법을 개정하여 테러혐의자에 대한 통신제한조치도 가능하도록 해야 한다.

특히 국가중요시설과 많은 사람이 이용하는 시설 및 장비에 대한 테러예방대책과 테러의 수단으로 이용될 수 있는 폭발물·총기류·화생방물질 등에 대한 안전관리대책은 너무나 그 범위가 막연하고 다양하기 때문에 각급 기관별 임무와 기능을 명확하게 정립하여 사각지대가 발생하지 않도록 해야 한다. 또한, 국가중요행사의 대테러·안전대책에 대해서도 각별한 주의가 필요하다. 따라서 관계기관별로 국내에서 개최되는 국가중요행사에 대하여 당해 행사의 특성에 따라 분야별로 테러대책을 수립·시행토록 하여야 하고 이의 종합적인 수행을 위하여 대테러센터와 같은 실무총괄 기관이 주관이 각종 테러대책을 협의·조정할 수 있도록 관계기관이 참여하는 합동 대책기구를 설치·운영할 수 있어야 할 것이다. 초동조치를 위하여 관계기관의 장은 테러가 발생하거나 그 징후를 발견한 때에는 현장을 통제·보존하고 추가로 발생하는 사태 등 피해의 확산을 방지하기 위하여 필요한 조치를 신속하게 취하도록 의무화하여야 한다. 오늘날 테러의 특성으로 보아 군병력을 테러업무에 활용할 수 있도록 하는 법적 근거도 마련하는 방향으로 추진해야 할 것이다.

우리에게 발생할 수 있는 유형을 예측해볼 뿐이다. 각종제도나 조직의 편성, 그리고 대테러 능력을 보유한 특수부대의 보유까지는 가능할지 모르지만 중요한 것은 이러한 조직과 부대들을 실제상황에서 운용할수 있는 능력이다. 아무리 훌륭한 정책이 수립되고 우리나라는 아직 테러에 대한 많은 정보가 축적되어 있지 않고 경험이 부족하여 단지 외국의 사례에서막강한 대테러 특수부대가 준비되어 있어도 테러라는 것은 예상치 못한 상황에서 예상치 못한 방법으로 복잡 다양하게 전개되기 때문에 작전수행 능력이 없으면 아무 소용이 없다.

다양하고 기상천외한 테러의 새로운 양상에 대응하기 위해서는 형식적이고 행정적인 계획보다는 실제 대태러 능력을 즉각 투사할 수 있는 실질적인 계획과 이에 대한 지속적인 관심과 투자, 그리고 부단한 노력이 필요할 것이다. 이를 위해 다음과 같은 대응방안을 제시하고자 한다.

첫째, 국가위기관리를 위한 국가정보체계의 발전이 이루어져야 한다.[21] 정보획득 및 경보활동을 통한 테러 억제를 위해 정보기구의 분석 능력을 증진시키고 안보와 관련된 참모진을 강화하며, 공항보안의 첨단화 및 출입국 및 운송에 대한 통제를 강화하기 위하여 안보활동 관련부서를 단일한 국가정보기관에 이전하여 통합운영되도록 하여야 하며, 국방부와 경찰청 등 육, 해, 공 전역에 대한 삼차원적인 국경의 개념을 발전시켜야 한다. 또한, 각 정부조직 간에 범죄예방 활동과 관련된 협력의 강화 및 범죄자 관련 자료를 확충시키고 국가 사회기반시설 보호계획을 발전시키는 한편, 민간영역과의 연계를 강화하고 최첨단 기술이 총동원되는 감시시스템 도입으로 현존하는 위협으로부터 사회 전체를 촘촘한 감시망으로 엮어 놓아야 한다. 아울러, 현식적으로 테러리즘에 대응하기 위해서는 우리의 혼자 노력으로는 많은 제한이 따르고, 그 능력에 한계가 있으므로 국제적 협조체제를 구축하는 것이 필요하다. 대량살상무기 관련 수출통제 및 군비통제의 협력, 테러리즘의 근본요인 제거를 위한 국제적인 공헌, 국제 테러관련 협약의 가입 및 지역 대테러 협력체제 구축, 미국과의 대테러전 협력체제 확립 등을 제시할 수 있다.

---

21) 고준수, "9.11테러 이후 국가정보체계의 발전방안," 고려대학교 석사학위 논문, 2004.

둘째, 대테러 작전수행 능력을 갖추기 위해서는 대테러 관련교리가 정립되어야 한다. 실제로 육군의 최상위 야전교범인 야교 100-1 「지상작전」에도 테러는 '비군사적 위협대비작전'의 하나로 규정되어 있다. '새로운 전쟁', '얼구 없는 전쟁', '선전포고 없는 전쟁' 등으로 묘사되는 뉴테러리즘을 이제 전쟁의 한 형태로 간주하고 이에 대한 교리가 정립되어야 한다. 외국의 테러관련 지식은 우리와 상황이 많이 다르기 때문에 그대로 적용하기가 매우 어렵다. 우리의 특수성을 고려하여 발생 가능한 테러의 유형을 잘 분석하고 이에 상응하는 대응 교리를 발전시켜야 한다. 앞에서 강조한 대로 이제는 전면전 같은 고강도의 충돌보다는 국지도발이나 테러리즘 같은 저강도 분쟁이 발생할 확률이 더 높기 때문이다.

셋째, 현재 대테러부대들이 보유하고 있는 장비를 보면 최근 전용헬기나 첨단 생화학 정찰차량 등이 일부 보강되기는 하였으나 아직 부족한 것이 현실이다. 세계에서 미국의 대테러팀을 가장 우수하다고 평가하는 것도 사실은 최첨단 장비의 보유 때문일 것이다. 대테러 장비의 최신화와 더불어 장비구입 절차도 군계통의 정상적인 무기획득 절차로는 그 변화속도를 따라잡을 수 없으므로 선진국의 예처럼 자체 구매방법이 효과적일 것이라고 생각한다.

넷째, 교리가 정립되고 장비가 최신화되어도 훈련을 통해 숙달하지 않으면 무용지물이다. 따라서 평시 전면전에 대비하여 실시하는 훈련 이상으로 대테러 훈련도 체계적으로 이루어져야 한다. 대테러 특수부대들이 능력향상을 위해 자체적으로 실시하는 훈련 외에 이들의 능력을 즉각 발휘할 수 있는 국가적인 차원에서의 총체적인 훈련이 필요하다는 것이다. 상황발생 시 의사결정과 즉각 투입을 위한 지시, 투입을 위한 협조관계 등을 평소에 훈련해 두지 않으면 실제 상황에서 막강한 능력을 발휘할 수가 없는 것이다. 새로운 훈련체계를 만드는데 무리가 따른다면 현재 실시중인 을지연습, 압록강연습, 독수리연습, 화랑훈련 등에 대테러분야를 확대하여 훈련하는 방법도 있을 것이다. UFL연습체계를 보더라도 연합사와 비기위 사태목록이 별도로 작성되어 훈련이 시행되다 보니 정부 및 지자체의 방위지원본부 운용이 형식적인 시간때우기 식으로 운용되고 있으며, 금년의 경우에도 비기위에서는 〈표 4-8〉처럼 총 529건의 연습사태를 계획하고 있으나, 상황의 추적관리, 피해평가 등 실질적인 연습을 위한 상황묘사가 부족하고, 행정관서, 경찰, 군부대 등 유관기관 간 상황조치의 연계성이 미흡하며,

1차적인 단편적 조치와 보고위주 과거 훈련방법 및 관행을 답습함으로써 실질적인 조치가 미흡한 실정이다.

〈표 4-8〉 비기위 05UFL 사건총괄

계	정부기능 유지	군사작전지원	국민생활안정
592건	260건	126건	206건

따라서, 위기관리 매뉴얼에 제시된 위기유형 중 유관기관 간 실질적 통합작전이 요구되는 분야의 사태를 발췌하여 관계기관의 통합된 대응 및 조치가 이루어질 수 있도록 사태목록이 작성되어야 하며, 최소한 유형별로 관련된 전체 작전요소가 참여하는 실질적인 FTX를 시, 군, 구급 이상의 행정기관이 실시토록 발전시켜야 한다. 도한, 재난대비 위주의 민방위훈련체계를 개선하여 국가 위기관리분야의 국가급 연습이 되도록 추진하고, 부서, 기관별 위기관리 대응훈련을 주기적으로 실시토록 제도화하고 실질적인 점검을 통해 대비능력을 평가하여 부서 성과평가 시 반영하여 책임있는 준비, 시행이 되도록 해야 한다. 2005년 미 국토안보부에서는 반테러정책과 국가재난에 효율적이고 체계적으로 대처하기 위해 전국계획인 15대 재앙 시나리오를 도출하였다. 여기에는 각종 테러와 대형 허리케인 등의 재앙이 포함되어 있었음에도 허리케인 “카트리나”로 인해 수많은 인명의 사상자를 내고 수십만 명의 이재민이 발생하였으며, 복구에 수년의 시간과 3000억 달러 이상이 소요될 것으로 예상되는 등 9.11테러 이후 반테러정책을 강력하게 추진하여 철옹성을 쌓았지만 “카트리나” 한 방에 빛이 바래게 되었던 이유는 치밀한 계획을 도출하여 수립하는 것도 중요하지만 실질적인 대비를 하지 않은 결과임을 우리는 분명하게 인식해야 한다.

다섯째, 아직 우리는 대테러 전문인력 양성까지는 관심을 기울이지 못했다. 평소에 전문 인력관리르 해놓지 않으면 상황이 발생하여 소집하는 데에 엄청난 시간이 소요될 것이다. 예산문제로 확보가 곤란하다면 전문가를 즉각 투입할 수 있는 동원체계라도 갖추어야 한다. 저강도 분쟁인 대테러 전략을 체계적으로 연구 및 개발하기 위해서는 충실한 두뇌가 필요하다. 먼저 학문적 기반을 갖춘 전문인력 외에 외교, 정보, 사법 및 군사분야 관련 전문인력이 필요하다. 아울러 대테러 전문협상팀을 양성해야 한다. 테러사고 발생 시 협상팀의 역할은 매우 중요하다. 현재 우리나라는 경찰청 예하에 각 시도단위로 협상조정관이 보직되어 있으나 실제상황에서 어느 정도 능력을 발휘할지는 미지수이다. 따라서 전문협상팀을 평소부터 운용하여 테러리스트의 심리연구, 자료수집과 분석능력을 강화하고 외국어 및 협상기술 교육을 강화하여 대응능력을 배양해야 한다.

마지막으로 국가차원 도는 지자체별 도시기반시설, 교통시설, 고층건물밀집지역, 호텔, 관광지역, 관공서 밀집지역, 인구밀집지역 등 주요표적이 되거나 대량 피해가 예상되는 지역에 대해 민, 관, 군 통합 대응시스템 구축 및 피해발생 시 제요소가 통합된 조치가 이루어지도록 구체적인 계획의 발전과 주기적인 훈련 및 점검이 이루어져야 한다.

5) 대테러 정보조직체계 정립화

과거에는 전통적 안보분야 위기만이 국가의 주권을 지키는 차원에서 위기로 간주되어 왔고, 비상대비 개념도 전쟁에 대비하기 위한 인적·물적자원의 동원이 그 핵심이었으나, 현대사회는 대형화되고 다양한 신종위협이 폭발적으로 증가하고 있고 위기발생 시는 피해가 막대하여 정상적인 국정운영 여건이 마비될 정도의 영향을 받기 때문에, 세계 주요 국가들은 전·평시와 전통적 안보 및 재난 등에 동시에 대비할 수 있는 국가 위기관리체제로 정비하고 있다. 정부도 국가안전보장회의(NSC)를 확대 개편하고, NSC산하에 위기관리센터를 설치하였으며, 재난법을 정비하여 국민안전처[22]을 신설하고 국가 위기발생 시 효율적인 관리를 위해 대통령훈령 제124호인 「국가 위기관리 기본지침」을 제정했다.[23] NSC 위기관리센터는 이 지침에 의하여 국가 위기관리 대상을 〈표 4-9〉와 같이 테러를 포함한 전통적 안보분야 12개, 재난관리분야 11개, 국가기반체계 보호분야 9개 등 3개 분야 32개 유형의 위기관리 표준메뉴얼을 선정하고 국가 사이버 안전체계를 구축하기도 하였다.

---

22) 자연재난과 인원재난에 공통적으로 대체할 수 있는 「재난 및 안전관리 기본법」(법률 제7188호)과 「재난 및 안전관리기본법 시행령」(대통령령 제8407호)의 제정이 그것이다.

23) 국가안전보장회의, 「대통령훈령 124호, 국가위기관리 기본지침」(국가안전보장회의, 2004), p.10.

〈표 4-9〉 국가 위기관리 대상

구 분	내용
전통적 안 보	• 북한으로부터의 위기: 군사력 사용위협, 국지도발, 북한대규모 급변 사태, 대량살상무기의 개발 및 확산 • 외부로부터의 위기: 주변국과의 갈등, 충돌, 테러
재 난	• 자연재해: 자연현상에 의해 발생되는 대규모 피해 • 인위재난: 안전/인위적 요인에 의해 발생되는 피해
국 가 핵심기반	• 테러, 대규모 시위·파업, 폭동, 재난 등의 원인에 의해 국민의 안위, 국가경제/정부 핵심기능에 중대한 영향을 미칠 수 있는 인적·물적 기능체계가 마비되는 상황

〈표 4-10〉에서 보듯이 국가위기관리가 전·평시와 군사·비군사적 전 분야를 망라하고 있으나, 총체적으로 위기를 총괄할 기구가 부재하여 분야별 수행기구를 별도 조직하여 운용하다 보니, 제요소가 통합된 적시적절한 효과적인 대응이 제한되고 역할이 애매해진 조직의 운영으로 효율성이 저하될 뿐만 아니라 위기관리 법체계도 성격이 달라 실질적인 시행에 많은 문제점이 내재되어 있다. 〈그림 4-3〉과 〈그림 4-4〉에 제시하였듯이 기능별 상황실을 운용하다 보니 조기경보 및 종합적인 판단능력이 미흡하고, 부분적 상황판단에 따른 기능별 대응으로 초동대응 및 조직적인 응급구조 활동이 제한되어 대응인력 및 장비·물자지원에 차질이 발생하고 기관별, 지자체별, 기타 단체와 유기적인 협조가 잘 이루어지지 않고 있는 실정이다.

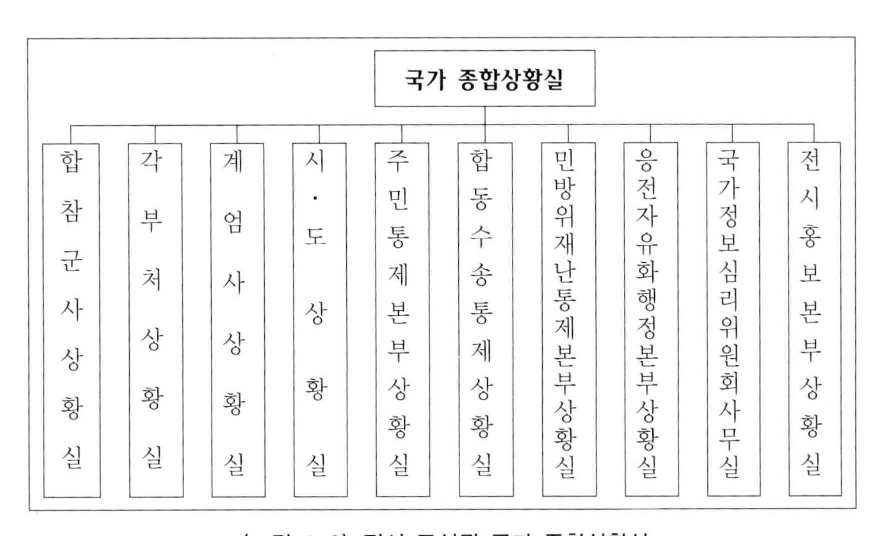

〈그림 4-3〉 평시 구성된 국가 종합상황실

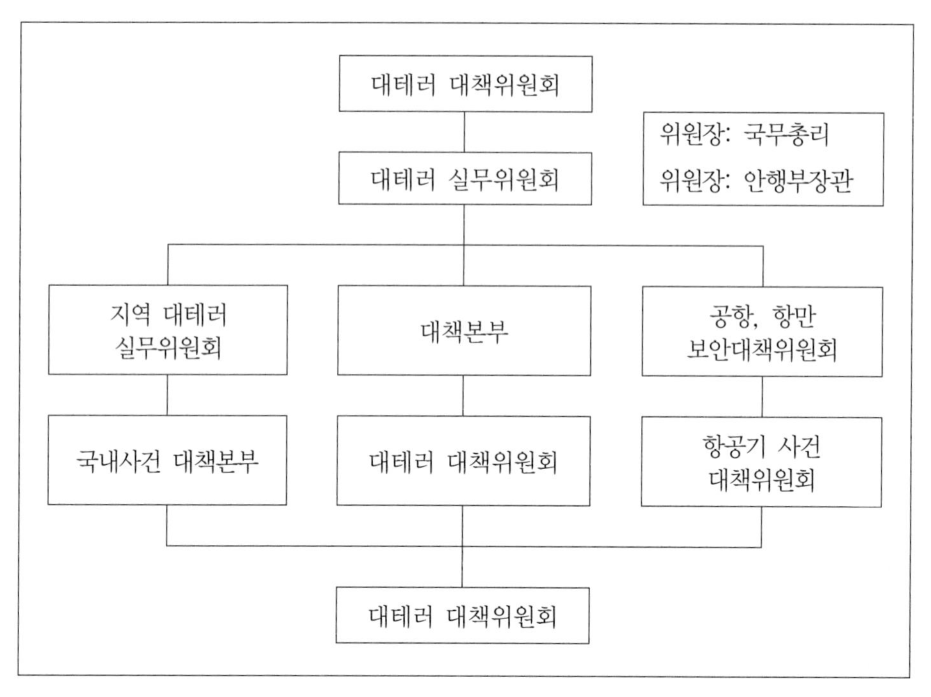

〈그림 4-4〉 전시 구성될 국가 종합상황실

90년대 후반부터 위기관리기구 편성을 위한 연구가 있어 왔고 여러 안을 고려해 볼 수 있겠으나 안보환경의 변화와 테러를 포함한 새로 제정된 국가위기관리 지침의 구현, 전·평시 비상대비 업무의 연계성 유지, 안전관리에 대한 체계적인 조정통제시스템 구축, 군사·비군사적 분야의 통합성 유지, 인적·물적 자원의 효율적 활용, 상·하 수직적 통합이 가능한 기본의 행정조직 활용, 테러의 대형화에 대비한 체계구축의 필요성 등을 고려시 장기적으로는 김열수 교수가 제시한 방안 중[24] 비상기획위원회, 행자부, 병무청, 국민안전처를 통합한 국가 위기관리 조직을 구축해야 할 것이다.

6) 대테러법 제정

현재 국가위기와 관련된 관계법령은 〈표 4-10〉과 같다.

---

24) 김열수, 「21세기 국가위기관리 체제론」(서울: 오름, 2005), pp.363-377.

〈표 4-10〉 사태별 관계법령

사태구분	주무기관	관계법령	비고
전면전쟁	비상기획 위원회	• 비상대비자원 관리법 • 전시 자원동원법	국무총리 보좌
국지도발 및 사회혼란	국방부 행자부(국민안전처)	• 향토예비군법 • 민방위법	지역 및 직장예비군, 민방위대
적 침투도발	국방부/합참	• 통합방위법 (대통령 훈령 제 28호)	중앙 · 지역 · 직장 통합방위협의회
재난	국민안전처	• 재난 및 안전관리 기본법(04.6.1)	중앙 안전관리위원회에서 정책 심의, 행정기관 협의 및 종합
테러	국가정보원	• 대테러지침 (대통령훈령 제47호)	테러방지법 추진 중
국가핵심 기반태세 위협	주무부처별	• 개별법령 • 국가위기관리 기본지침	국정현안 정책조정회의 행자부에서 통합

국가위기관리를 위한 법률체계가 다원화되어 있고 체계적으로 조직되어 있지 않아 상호연계성 없이 개별 법률에 의한 대응기구 편성 및 계획을 수립하여 시행하다 보니, 개별법에 따른 사태대처로 예방 및 후속조치가 비효율적으로 이루어지고 동일 계층 간의 조정 · 통제가 사실상 곤란하며, 유사계획의 중복 및 이원화로 국가 위기상황에 대한 통합적 대응이 어려운 실정이다. 따라서, 제1절에 제시한 국가 위기관리기구 개편이 추진되도록 법적 · 제도적 정비가 이루어져야 하나 고려되어야 할 요소가 많아 시간이 다소 걸릴 수가 있다. 따라서, 통합법령 제정 전까지 관련법령을 보완하여 적시적절한 대응체계가 구비되도록 해야 한다. 테러관련 분야만 보더라도 대테러활동 지침이 2회의 일부개정과 1회의 전면개정을 통해 현재에 이르고 있으나, 전쟁수준의 양상을 보이고 있는 테러에 대응하기 위해서는 기본의 대응체제로는 대처하기에 한계가 있다. 9.11테러 이후 세계는 유엔의 대테러 관련 요구에 부응하고 국제공조에 동참하고자 국내법을 강화[25]하고 있는 실정이다. 그러나, 대통령 훈령은 직무상 내리는 명

25) 김태진, “국제 테러조직 동향과 대응책,” 대테러정책 연구논총 제1호(2004), p.125.

령으로 상위법을 위반할 수 없으며, 강제할 수 없다는 문제점을 가지고 있기 때문에 대테러 업무를 효율적으로 수행할 수가 없다. 따라서, 인권단체에서 주장하는 개인의 인권도 매우 중요하지만 대다수의 인명과 재산을 보호하기 위해서는 대승적으로 국가안보적 차원에서 다루어야 하고, 테러법에 의해 발생하는 제한사항을 감수할 수 있는 국민의식의 전환이 필요하다. 테러는 사건이 발하면 복합적인 요소가 작용하고 피해가 광범위한 재난 수준으로서 현재 18여개 부처에 분산되어 있는 테러 업무체계로는 효율적인 정책수행 및 예방이 제한되고, 민방위대 운영권한이 국민안전처에 이관되어 평시 위주로 운영됨으로써 전시대비 계획과 연계되어 있지 않아 행정기관의 장에 의해 계획·시행되는 충무계획의 전면적 보완이 요구되는 등 다수의 문제점이 현실적으로 대두되었는 바, 새롭게 제정될 대테러법은 국민의 인권과 자유의 침해를 최소화한 가운데 테러의 예방과 대응에 필요한 모든 조치들을 포함하고, 신설될 대테러 전담기구의 정치적 중립을 우선적으로 명시하는 방향으로 법적·제도적 정비가 시급히 이루어져야 한다.

5. 결론

미국에 의해 '악의 축'으로 불리고 테러지원국의 하나로 분류되어 있는 북한에 의한 테러리즘의 위협이 사라지지 않고 있고, 국제 테러조직의 활동무대가 전세계로 확산됨은 물론, 이슬람 테러 조직의 테러리즘 목표로 지목된 우리나라의 현실을 고려해 볼 때, 최근의 9.11테러가 발생하기 전까지는 우리는 테러리즘으로부터 안전하다는 인식 속에서 테러리즘에 별다른 관심이 그리 크지 않았던 것이 사실이다. 사실 우리나라는 테러의 발생원인 중에서 종교적인 갈등과 민족간 갈등도 없으며, 정치적인 목적으로 자행되는 테러의 대상도 아니었다. 단지 북한에 의해 크고작은 테러가 있었을 뿐이었다. 그것도 항공기 폭파사건을 제외하고는 일부 요인에 대한 암살이나 납치로서 국민들이 테러에 느끼는 감은 매우 미약하였다고 할 수 있다. 이러한 이유 때문에 테러분야는 거의 무관심 속에 미약한 조직과 지원으로 명맥을 유지해 오고 있었다. 이제는 분명히 다르다. 테러가 발생할만한 국내의 갈등요인이 거의 없고, 북한에 의한 테러위협도 다소 약해졌다는 것으로 안주할 수 없는 상황이 되었다. 일단 테러의 대상이 무차별적이 되었고, 국제 테러조직의 활동무대가 전세계로 확대되면서 테러발생 장소도 일정치 않다는 것이다. 그리고 한국도 국력신장은 물론, 최근 국제정세와 이라크 파병 등으로 인해 국제 테러리즘의 표적으로 부상하고 있는 것은 다 알고 있는 사실이다. 더군다나 과학기술의 발달로 인해 지구촌이 하나로 묶여지면서 항공기에 의한 왕래가 급증한 상황에서 우리국민들이 안전하다고 장담할 수는 없는 것이다. 국제연합 및 지역내 인접국가들과 테러관련 정보를 교환하고 협조된 대테러 대책을 수립하지 않는다면, 언제 서울의 국제회의장이 테러리스트에 의해 점거되고, 외국에 나가있는 우리 기업과 교민, 여행객이 언제 피해를 입을 줄 모르며, 서울발 뉴욕행 항공기가 공중폭파될지 모른다는 것이다. 그리고 이러한 테러의 여파가 정치, 경제, 사회 모든 분야를 순식간에 침체국면으로 몰아넣을 수 있는 것이다. 9.11테러 이후 우리의 대테러 대비태세도 많이 발전했지만 실제 경험을 못해본 탓에 아직은 부족한 것이 너무 많다. 우선 제도적으로 단일화된 대응체제가 요구된다. 미국도 대통령 직속으로 국토안보국을 두어 대테러 관련업무를 통합함으로써 신속한 대응을 보장하고 있는 것처럼, 우리도 대테러 능력이나 조직의 보유보다는 평시 활동을 통한 테러예방과 유사시 신속한 투입을 위한 지휘체계의 단일화가 요구된다. 그리고 장기적으로 테러 대응시스템을 구축해야 한다. 테러 방지법을 근거로 테러 대응조직을 정비하며, 20여 개 부처에 분산되어 있는 업무를 효과적으로 조정할 수 있는 통합관리시스템을 구축해야 한다.

다음으로, 대테러 임무수행 능력의 보유이다. 우리는 테러리즘의 경험부족으로 대테러에 대한 교리부터가 부재한 형편이다. 다른 나라의 교리를 빌어서 그것도 우리와는 많이 다른 조건에서의 대테러 교리를 전부인 것처럼 가지고 있다. 우리 환경에 맞는 교리의 발전이 필요하다는 것이다. 우리에게 일어난다면 어떤 원인에 의해 어떤 유형의 테러리즘이 발생할 것인가가 세밀하게 연구되어져야 한다. 이렇게 교리가 정립되어져야 대응할 수 있는 대테러 특수부대의 모습이 그려질 것이고, 필요한 장비와 기술이 결정된다. 그리고 전문협상가나 테러범의 심리, 전술에 대한 전문인력도 확보될 수 있는 것이다. 이렇게 갖추어진 능력을 즉각 투입할 수 있도록 평시 체계적인 훈련도 물론 필요하다.

마지막으로, 부단한 예방활동이다. 앞에 제시했듯이 테러는 발생하고 나면 그 피해가 엄청난데다 국가 경제, 사회, 심리, 정치 등 모든 분야에 미치는 영향이 크기 때문에 예방이 최선의 방책이다. 이러한 예방을 위해서는 국제·국내적 노력을 병행하여 강구하여야 한다. 우선 부단한 연구와 정보수집 활동을 통해 어떠한 원인에서 테러가 발생할 가능성이 있는지를 알아내야 한다. 그리고 그 근원적인 원인을 다른 방향으로 해결하려는 노력이 필요하다. 아울러 주요 요인이나 주요 시설물 등에 대한 평시 철저한 경계조치도 예방에 큰 몫을 차지한다. 이러한 예방활동을 위한 정보수집은 국제연합이나 지역내 인접국가들과의 정보공유를 통해 가능해진다. 그밖에 법률적인 조치도 필요하다. 테러예방을 위해 사전에 체포하거나 수색, 구금할 수 있는 법적 근거를 마련해야 하고, 테러범에 대한 엄중한 처벌 기준을 설정, 공표함과 동시에 테러범과는 절대 타협하지 않고 오직 처벌만이 있다는 확고한 정부의 의지를 천명함으로써 그들의 의지를 약화시킬 수 있을 것이다. 이제 테러리즘은 특정지역의 문제가 아니라 세계 모든 국가가 대처해 나가야 할 인류 공동의 적이다. 테러리즘의 유형도 단순한 암살, 납치, 폭파가 아니라 국가의 존망과도 직결될 수 있는 엄청난 규모로 변모하고 있다. 국가간 전면전 발생의 가능성이 줄어들면서 전쟁의 한 형태로 대형 뉴테러리즘이 사용될 가능성이 증대되고 있다. 그래서 '21세기 새로운 전쟁'으로 테러리즘을 명명하고 있는지도 모른다. 과거의 전쟁은 전선을 사이에 두고 무장된 군대가 대치하는 고강도 분쟁이라면, 21세기의 전쟁은 테러와 같이 보이지 않는 적과 싸우는 새로운 형태의 전쟁이 될 것이다.

9.11테러 이후 각국 국가기관에 테러 대응 법적 체제가 구축되어 있다. 따라서 우리나라도 이러한 대테러법 제정이 절실히 필요한 실정이다. 또한 주무부서에서 정보분야를 강화하고 있다는 것을 알 수 있다. 우리나라 국가기관, 정보기관 총괄기구는 재편 및 확대강화가 필요하다고 사료된다. 그에 따른 국가정보기관의 남용이 아니라, 정치적으로 중립을 지키면서 인권, 시민단체와 국가 각 부처 간의 상호협력 방안을 구체적으로, 공청회와 세미나, 실무자 간담회를 통하여 문화적 · 사회적 · 시대적 개념의 차이와 견해를 좁혀나가는 방향으로 모색하여야 할 것이다.

본 연구자는 국가정보기관의 국민의 홍보, 교육참여, 신고, 포상, UCC 제작, 대테러 정보센타의 적극적 개방을 통해서 국민의 대응조치 예방 사전지식을 계몽, 국가정보기관의 이미지 개선이 꼭 필요한 시점이라 사료된다. 즉, 과거 국가정보기관의 이미지 탈바꿈과 국익, 공공의 안정이 필요하지만 국민 개개인의 안전보장을 영위하며 함께 발전할 수 있는 계기가 필요하다는 것이다.

참고문헌

2013년 테러정세, 테러정보통합센터

김열수, 「21세기 국가위기관리 체제론」(서울: 오름, 2005), pp.363-377.

김유석, "우리나라의 테러대응정책에 관한 연구", 단국대학교, 2001, p.48.

김종두, "미국 테러참사 교훈과 우리 군의 대응," 국방저널 제335호(2001), p.19.

김태진, "국제 테러조직 동향과 대응책," 대테러정책 연구논총 제1호(2004), p.125.

국가정보원, 「테러방지에 관한 외국의 법률 및 국제협약」, 2006.11.

국가정보원, 「국가 대테러 활동지침」, 대통령 지침 훈령 제47조, 2008.8. pp.7-9.

국가정보원, 「대통령훈령 제47호, 국가 대테러 활동지침」(서울: 국가정보원, 2005), p.8.

세종연구소, "테러와 한국의 국가안보," 세종정책 토론회 보고서, 2004, p.60.

윤우주, 「테러리즘과 문명공존」(서울: 한국국방연구원, 2003), pp.89-125.

매일경제, "대기업 부장 기내난동… 영 경찰에 연행", 2005.

연합뉴스, "엔테베 공항사건," 2007.7.31.

한국일보, "박근혜 테러는 지충호 단독범행, 검경수사본부 최종발표", 2006.

조선일보, "서울복판에서 벌어진 박근혜 한나라당대표 테러", 2006.

조선일보, "총체적 테러대비태세 구축 필요", 2004.7.5.

동아일보, "테러 후유증과 대변화", 2005.9.10.

Naver 백과사전, http://100.naver.com/100.nhn?docid=839141(2014년 1월 8일 검색)

Naver 백과사전, http://terms.naver.com/item.nhn?dirId=703&docid=2614(2014년 1월 8일 검색)

테러정보통합센터 홈페이지, http://www.tiic.go.kr/service/info/statistics.do?method=actinfo&manage_cd=001003000(2015년 1월 2일 검색)

제5장

국가통합위기관리체제의 필요성과 구축방안

국

제5장 국가통합위기관리체제의 필요성과 구축방안

1. 서론[1)]

국가안전 보장의 궁극적 목표는 전쟁의 위협으로부터 국민과 영토, 주권을 방위하는 것이므로 평시에 국가가 수행할 핵심적 책무는 제반 유형의 위기에 능동적이고 효율적으로 대처하는 통합적 위기관리이다. 국가 통합위기관리체제는 군사적 위협에 대한 위기뿐 아니라 재난 및 테러 등 다차원적 위협에서 비롯되는 국민보호 및 국가보전 분야의 중요 위기를 모두 망라하여 국가가 관장하는 위기관리 방식의 하나이다. 탈냉전시대가 도래한 후 국가안보를 위협하는 요인이 다변화됨에 따라 국제사회는 군사적 위협에 국한된 위기관리 개념을 넘어 포괄적 통합위기관리 개념을 기조로 삼는 패러다임 혁신을 추진해왔다. 우리나라 또한 예외일 수가 없으며 국가 위기관리의 성공을 보장하는 고효율의 통합 위기관리체제를 구축하는 일이 시급하고 중차대한 과제라는 문제의식이 본 장의 출발점이다.

9.11테러를 계기로 세계의 여러 나라들은 국가 위기관리체제의 혁신을 꾀하기 시작했으며 종전의 대응태도에 대한 반성과 함께 다차원적인 진단을 통해서 각국의 특성과 여건에 맞는 방식으로 대대적인 개선과 보완을 해왔다. 그 동안 많은 국가들이 통합형 위기관리 모형을 대안적 패러다임으로 채택하여 국가 통합위기관리체제로 정착시키는데 성공하고 있으며 발전속도가 빠른 나라들은 이미 안정적 수준에 이르고 있다.

1) 본 장은 이홍기(2013), 「국가통합위기관리체제 구축 방안」, 박사학위논문, 대진대학교 대학원을 기초로 재구성하였음.

우리는 21세기 진입 후 초기부터 포괄적 안보개념을 도입하면서 국가안보의 영역을 확장하고 국가방위분야뿐 아니라 국가의 기반체계 보전, 국민의 생명·재산 보호 분야까지 망라하는 국가 위기관리 기본지침을 제정하여(국가안전보장회의 사무처, 2004.7) 포괄적 위기관리체제를 표방하면서 가동을 시작하였으며 원숙한 통합위기관리체제 구축을 위한 개념적 연구가 계속 진행되어 왔다. 따라서 본 연구는 국가 통합위기관리체제 구축방안을 모색하기 위한 설계안을 제시하는데 주안점이 있으며 구체적인 연구목적은 다음과 같다.

첫째, 지금까지 체제 개선 노력의 성과가 기대에 미치지 못하는 원인을 도출하고 혁신을 촉진하기 위한 기본방향을 설정하는 것이다. 우리는 2000년대 초기에 국가 통합위기관리의 본질에 대한 이해가 부족한 상태에서 국가위기관리기본지침을 공표하고 매뉴얼을 제정하는 등 행정적 개선 위주의 체제발전 노력을 지속적으로 경주해왔다. 그러나 국가 위기관리의 패러다임을 변환시킬 수 있는 혁신적 조치가 수반되지 않은 채 종전의 분산형 위기관리체제하에서의 행정시스템 개선에만 치중하였기 때문에 복합형 위기가 발생할 때마다 대처가 미흡하다는 평가를 받아온 것이 사실이다. 따라서 국가 위기관리의 패러다임 변혁을 체제 개선의 기본 방향으로 선정한 것이다.

둘째, 위와 같이 효율성이 저조한 분산형 위기관리체제의 패러다임을 변혁시키기 위한 대안을 모색하는 것이다. 외국의 사례와 국내학자들의 다양한 견해를 종합해 분석한 결과, 통합적 위기관리 방식에는 포괄형 모형과 통합형 모형 등이 새로이 창안되어 적용되고 있으며, 다각적 측면에서 비교 분석한 결과 통합형 위기관리 모형을 우리의 안보환경에 부합되도록 재구조화하여 활용할 필요가 있다는 판단에 이르렀다.

셋째, 국가 통합위기관리체제를 대안적 패러다임으로 선택할 경우 우리나라의 안보환경과 여건에 부합되는 체제구조를 설계하는 것이다. 체제구조의 최상위 정점에는 국가 통수기구가 위치하게 되며 종전에 위기 유형별로 분산되어 있던 컨트롤타워(각종 위원회)기능을 가칭 국가위기관리원(이하 국가위기관리원)으로 통합하여 국가 통수기구 직속기관으로 설치함으로써 주요 정책 결정 시 국가 통수기구 보좌, 중앙 행정기관의 정책 집행에 대한 조정 및 통제 등 명실상부한 국가 위기관리 컨트롤타워 기능을 수행토록 한다. 국가방위, 국가보전, 국민보호 등 3대 영역별 위기관리를 관장하게 될 각각의 주무부처와 기능적·기술적 지원을 제공하는 부처들은 그룹별로 통합하여 체제구조의 중간 계층에 위치시킨다. 한편, 광역 및 기초 자치단체를 통합한 지방정부 그룹을 체제의 기저부에 배치하고 국군, 경찰, 소방, 민방위 조직 등은 원 소속 기관의 지휘 감독 아래 기본임무를 수행토록 하되 국가 차원에서 가용자원의 통합 및 집중이 요구되는 위기사태 시는 국가위기관리원의 조정 통제 아래 특정지역에서 운용될 수 있도록 자원의 집중운용을 보장한다.

넷째, 국가 통합위기관리체제 구축의 실천적 방안을 모색하기 위한 과업으로, 이 체제의 구성요소를 탐색하여 하위체계로 구성하고 각 체계들의 구조와 기능을 개념적 수준으로 설계하는 것이다. 필수적으로 요구되는 하위체계는 이론체계, 법령체계, 조직체계, 운영체계, 정보화체계, 자원관리체계 그리고 학습체계 등 7개 체계를 포괄한다.

따라서 본 논문은 상기의 연구목적을 달성하기 위해서 국가통합위기관리체제의 기초가 되는 주요 개념들을 정의하고 이 분야의 기존 연구 현황과 경향을 개괄한다. 이어 우리나라에 있어서 위기관리시스템이 발전해왔던 과정을 각 시기별로 살펴보면서 그 특징과 의의를 고찰한다. 다음으로 국가위기관리체제의 가장 앞선 패러다임으로 평가되는 미국과 일본의 제도를 상론하고 나아가 한국과 비교 분석함으로써 앞으로 우리나라가 추구해야할 새로운 패러다임 전환을 위한 시사점을 찾는다. 마지막으로 결론에서 실질적 대응방안을 제시한다.

2. 한국 위기관리체제의 발전 과정

우리나라의 위기관리체제 발전 과정은 60년 이상의 역사를 가지고 있으며, 국내외의 안보환경 또는 체제에 중대한 변화가 도래한 4개의 분기점을 기준으로 각각의 단계를 거치면서 발전되어 왔다(박광석, 2002:25-26). 즉 6·25 전쟁의 정전협정을 앞두고 기본체제가 태동되었고 정전 이후에도 북한 정권과 군대에 의한 군사적 도발이 지속되었기 때문에, 안전보장은 곧 군사적 위기관리와 전쟁대비라는 인식하에 국가방위 영역의 위기에 대한 관제와 대응을 중심으로 국가위기관리 시스템이 정착되었다. 따라서 국가방위관련 위기관리는 통수기구와 관련부처에서 관장하였고 그 외의 각종 재난관련 위기관리는 책임부처 중심의 행정적 대응에 치중하였다.

곧이어 양극 중심의 냉전체제가 해체되면서 국제사회의 환경변화에 따른 세계화의 추세를 반영한 포괄적 안보 개념을 도입하면서 우리나라도 안보의 개념을 재해석하고 위기관리의 영역확장에 대한 논의가 활성화되면서 국가위기관리시스템의 전환기를 맞이하게 된다. 더욱이 2004년에 들어 국가위기관리 기본지침을 제정 및 공표함으로써 체제변환의 전향적 시도를 꾀하였으나, 법령체제가 불명확한 대통령령의 형식을 취하고 복합적 하위체계 구축을 후속시키는 등 보다 근원적인 혁신조치가 뒤따르지 않았기 때문에, 외관상 포괄적 시스템을 표방하였지만 내용면에서는 기존의 시스템을 벗어나지 못한 채 현재까지도 정체현상이 계속되고 있다.

따라서 우리나라의 국가위기관리체제의 발전과정을 기존 학자들의 견해에 따라 4단계로 나누어 고찰한다. 첫째, 1953년부터 1987년까지의 기간을 국가통수기구 및 중앙정부 차원에서 기초적 법령과 조직을 세워 초보적인 위기관리체제를 정착시켰던 위기관리체제 태동기, 둘째, 1988년부터 1997년까지는 국가안전보장회의 산하 비상기획위원회를 중심으로 비상대비체제의 골격을 형성하였던 전통적 위기관리체제 발전기, 셋째, 1998년부터 2003년까지는 안보개념의 변화에 부응하기 위한 복합적 전환기, 넷째, 2004년부터 현재까지는 포괄적 위기관리체제 발전기로 나누어 고찰해 보고자 한다.

1) 위기관리체제의 태동기: 1953-1987년

1953년 6월에 우리 정부는 대통령이 주재하는 최초의 국가안보정책 심의기구인 국방위원회를 설치하여 정전협정 조인을 앞둔 복잡한 상황 속에서 주요 안보현안에 대한 대통령의 결정을 보좌하였다(국가비상위원회, 1990:13-28). 그러나 실제로 1953년 7월 27일 휴전협정이 조인됨에 따라 대북경계 못지않게 전후 복구와 새로운 안보체제를 구축해가는 과정에서 유명무실화되고 말았으나, 국가위기관리를 위한 최초의 비상대비체제의 존재로서 그 의미를 찾을 수 있다.

이어서 우리 정부는 안보정책에 대한 기획과 효과적인 정책집행의 중요성을 재인식하여 1962년 7월에 제정된 헌법 제87조에 따라 1963년 12월에 국가안전보장회의를 설치하였으며 산하 사무국을 두고 정책기획실 및 조사연구실을 편성하였다. 이 조직은 1969년 9월에 폐지될 때까지 국가안전보장회의 상정 안건에 관한 사전조정을 위한 정부부처간 실무협조기구로서 존속하면서 국가안보정책의 판단, 연구, 계획 수립을 주도하고 국가동원 제도를 연구·발전시키는 등 태동단계의 제한된 위기관리제도의 정착에 기여한 최초의 연구기관으로서의 의미를 갖는다.

이후 1971년 8월에 국가안전보장회의 산하에 비상기획위원회가 설치되었으며, 국가위기에 대한 종합상황을 파악하고 국가자원에 대한 정보의 가용성을 분석하여 비상시국에 대비한 국가자원 운용에 대한 기획, 통제 및 동원업무를 주로 수행하였다. 이러한 과정을 거치면서 국가위기관리체제를 출범시켰던 태동기의 국가안전보장 시스템은 국가통수기구-국가안전보장회의-비상기획위원회 등 세 가지 축을 중심으로 하여 기본적 골격을 갖추었다고 할 수 있다.

2) 전통적 위기관리체제의 발전기: 1988-1997년

1984년 2월 15일에 비상기획위원회는 국가안전보장회의로부터 분리되어 국무총리 보좌기구로 전환되었다(김진항, 2010:12). 이를 계기로 비상기획위원회는 본격적인 국가위기관리 체제발전에 관한 기획과 제도발전을 위한 역량 강화에 매진할 수 있는 계기를 마련하였다. 이 시기의 특징을 요약하면 다음과 같다. 첫째, 비상기획실을 중심으로 국가비상사태의 단계별로 군사적 준비태세 격상과 연계하여 모든 정부부처가 실행에 옮길 과업들을 일목요연하게 정리하여 비상대비계획을 체계적으로 발전시켰다. 둘째, 동원기획실을 중심으로 국가 비상대비계획과 연계하여 단계별 인원, 장비, 물자 등에 대한 국가동원체제를 발전시키고 법제, 계획, 훈련, 검증 등 전반적인 과정을 정립시켰다. 셋째, 연습기획실은 UFL(Ulchi Focus Lens, 현재 : UFG)연습 체제 속에서 정부의 전시체제 전환, 각종 전시계획의 실효성 검증, 전 공무원의 전쟁지도 및 지원절차 숙달 등을 목적으로 하는 을지연습을 비롯하여 각종 전쟁수행 연습의 계획, 평가, 사후처리 등의 기능을 수행하면서 비상대비체제 보완소요를 창출하고 능력을 확충시키는 역할 등을 수행하여 지속적인 진화와 발전을 촉구하였다. 넷째, 국가안전보장회의 사무처와 비상기획위원회의 통합적 협력체계를 유지하기 위해 국가안보회의 상근위원 중에서 비상기획위원장을 임명함으로써 양대 기관의 통합 및 협력적 구조를 지속적으로 유지하였고 이러한 조직구조는 실제적 기능을 지속적으로 발휘하였다. 다섯째, 위기관리체제 연구발전의 가장 큰 특징은 국가기관과 학계·민간업무기관이 함께 참여하기 시작했다는 점이다. 아울러 국가위기관리의 주도 기관인 국가안전보장회의와 비상기획위원회는 국가방위에 위협이 되는 위기상황 즉 국가 비상사태 대비 중심의 체제 발전에 국한되어 오늘날 포괄적 위기관리체제와는 상당한 거리가 있는 초보단계 연구에 머물렀으나 이론 - 법령체계 - 조직체계 - 연습체계를 구비하는 등 체제발전을 모색하는 일에는 진전된 모습을 보여주었고 국가 위기관리체제 구축의 초석을 놓는 역할을 하였다.

3) 복합적 전환기: 1998-2003년

1990년대 후반기에 이르러 우리나라는 정치적 지각을 변동시키는 체제변화를 맞이하면서 국가위기관리시스템의 흐름 또한 이념, 가치, 개념, 체제, 법제 등 복합적인 전환기를 맞이하게 된다. 이 시대는 노태우, 김영삼, 김대중 정부가 제6공화국 헌법에 따라 북방외교, 세계화, 지방화 정책을 구현하였으며 지방자치체제의 부활이 본격화되었던 시기이다.[2)]

국가통수기구로부터 분리된 비상기획위원회가 비상사태에 대비하기 위한 제도연구 및 발전의 중심기구로 정착하면서 지방자치체제가 활성화되고 IMF 외환위기가 심화되었으며 미국의 9.11테러가 발생한 결과, 군사적 위협에 못지않은 비군사적 위기에 대한 심각성이 증폭됨으로 국가위기관리에 대한 인식이 다변화되는 계기를 마련하였다. 따라서 중앙정부 및 지방정부는 전시체제에 따른 군 중심의 관리체제를 민·관·군 통합 위기관리체제로 전환하면서 재난관리법 등으로 진화된 법령을 제정하였다.[3)] 따라서 새로이 제정된 법률에 따라 중앙 및 지방정부는 조정 및 통제와 상호협조를 촉진하는 유형별 중앙위원회를 설치하고, 행정자치부를 중심으로 관련부처별로 재난위기관리시스템을 구비하면서 재난종합상황실 등 다양한 조직체계를 갖추었다.

따라서 복합적 전환기의 의의는 위기에 대한 인식이 포괄적 영역으로 확대되고 국가방위 또는 재난위기 유형별 책임부처가 지정되어 위기사태 유형별 관리체제로 전환

---

2) 1948. 7. 17에 제헌헌법 공표와 함께 시작되었던 지방자치체제는 국가발전 과정의 정치·사회·경제·문화적 상황변화와 연계되어 침체와 발전을 반복했으나 1971~1995년간 법제의 변혁과 함께 지방 의회 및 단체장 선거가 실행됨에 따라 균형된 자치체제로 안정되기 시작하였다(이원기, 2007, 29-37).

3) 재난관리시스템의 분야에서 1961년 제정된 수난구호법, 1967년의 풍수해대책법 등 초보단계의 법령정비에 이어 1995년의 자연재해대책법, 재난관리법과 2004년의 재난안전관리기본법(법률 제11495호: 2013, 최초 제7188호)를 제정하였다.

했으며, 특히 법령체계도 지도자와 보좌기구의 판단과 결심 위주의 체제에서 법과 규정에 의해 위기를 관리하는 법치 관리체제로 전환되었다는 점에서 그 특징을 찾을 수 있다.

4) 포괄적 위기관리체제의 발전기: 2004년-현재

2004년부터 우리나라의 국가위기관리시스템의 인식 전환은 정치적, 군사적 위협으로부터의 안전보장을 위한 협의의 개념을 벗어나, 보다 적극적으로 경제, 문화, 자연환경 등 포괄적 개념으로 급격히 변모하고 있다(정찬권, 2010:21). 특히 2001년 미국에서 발생한 9/11 테러 이후 세계 각국이 국가안보에 대한 개념을 수정하고 전쟁에 대비한 전략과 정책발전 이상의 노력을 국가위기관리체제 정비에 집중함으로써 포괄적 위기관리시스템의 구축 노력은 전세계적 관심의 중심축이 되고 있다. 우리나라 역시 이러한 인식의 전환에 부응하여 국가통수기구의 주도 하에 국가위기관리지침을 제정하고 적용함으로써 포괄적 안보개념에 기반을 둔 국가위기관리시스템을 가동시켰다.[4)]

이 시기의 특징을 요약하면 다음과 같다. 첫째, 국가위기관리 기본지침을 기반으로 군사·비군사적 위기 32개의 유형을 기초로 330여개의 매뉴얼을 제작하고 국가통수기구 명의로 발행하였는바, 이는 국가차원에서 각종 유형의 위기사태를 관리 및 대응하며 국가위기관리체제의 틀 안에서 관장하기 시작하였다는데 의의가 있다.[5)] 둘째, 재난에 의한 위기관리체제를 통합적으로 재정비하였다. 즉 지금까지 복잡하게 사안별로 구성되어있던 재난 및 안전관리 조직을 일관성 있게 정비하였는데, 재해대책위원회와 중앙안전대책위원회를 통합하여 중앙안전관리위원회를 설치함으로써 컨트롤타워 기

---

4) 포괄적 위기관리체제의 구축을 위한 시도로서 국가위기관리기본지침은 국가가 관리해야 할 위기의 범주를 국가방위에 대한 위협, 재난에 의한 국민생명과 재산 파괴 위협, 자연적·인위적 재난에 의한 국가기반시설 위협까지를 망라하고 있다. (국가안전보장회의 사무처, 2014. 국가위기관리지침(대통령령 제312호, 최초 제124호))

5) 2004년 이전까지 우리나라에서 위기관리체계를 운영했던 조직은 군(국방부, 합참, 한미연합사)과 리스크 관리팀을 가지고 있던 일부 기업에 불과했다. 정부는 전시 또는 준전시 등의 비상사태에 대비하는 비상대비체제와 재난에 대비하는 재난대응체제, 그리고 중대한 안전사고에 대비하는 안전관리체제 등을 별도로 각 부처 책임 하에 운영되도록 하고 있었다고 보는 것이 일반적인 견해이다. 즉 국가방위와 국가주권 유지, 자연재난 또는 인위적 재해로부터 국민의 생명과 재산을 보호하기 위한 법제와 조직이 운영되었기에 오래전부터 위기관리 기능이 수행되어 왔다고 볼 수는 있으나, 오늘날의 본격적 위기관리체계로 실행된 것은 아니다.

능을 부여하고, 중앙재해대책본부와 사고대책본부를 통합하여 중앙안전대책본부를 설치함으로써 협조된 지휘통제의 기능을 부여하였으며, 국민안전처와 중앙긴급구조단을 설치하여 긴급구조에 대한 지휘체계를 확립하였다.[6] 그 외에도 재난관리법(1995년)과 자연재해대책법(2005)을 재난및안전관리기본법(2013)으로 통합 개정하여 법제의 일원화를 기함으로써 포괄적 위기관리체제의 효율성을 제고하였다.

그럼에도 불구하고 점차 첨예화되는 남북의 군사적 대치상황과 주변 강대국들의 영향력 확대, 그리고 급속하게 치닫는 위험사회의 국내 여건 등이 복합적으로 작용하는 오늘날의 우리나라 위상은 국가위기관리시스템의 패러다임 전환에 많은 난제를 내포하고 있는 실정이다.

3. 한·미·일 3국의 위기관리체제 비교

1) 미국의 국가 통합위기관리체제

전통적 안보위협과 자연 재난 그리고 인위적 재난에 대하여 가장 효율적인 패러다임의 국가 위기관리체제을 갖춘 나라는 미국이며, 최근 박근혜 정부에 의한 국가위기관리체제의 개정안 발의도 미국의 사례를 따르고 있다. 미국의 시스템은 기본적으로 국내 안보위기관리체제, 재난관리체제, 국내적 안보위기관리체제 등 삼원화 통합체제로 구성되어 있으며, 요약하면 〈표 5-1〉과 같다.

〈표 5-1〉 미국의 통합위기관리체제 분석

위기유형 / 핵심체계	국외 안보위기	국내 안보 위기	
		테러 관련 위기	재난 관련 위기
조직체계	• 백악관 - 안보보좌관 -참모조직	• 백악관 - 국토안보국 - 국토안보위원회	• 국토안보부

6) 2014년 세월호 침몰사건 대응에서의 문제점으로 인해, 최근 박근혜 정부는 재난구조 기능을 일원화하는 국가안전처를 신설하여 행정자치부의 안전업무 및 해양구조·구난과 해양경비분야를 이관시키는 정부조직개편안을 내놓은 바가 있다.

위기유형 / 핵심체계	국외 안보 위기	국내 안보 위기	
		테러 관련 위기	재난 관련 위기
조직체계	• 국가안전보장회의 - 관료조직: 각료급위원회 - 차관급위원회 - 참모조직: 안전보좌관실 - 정책조정위원회: 지역별 위원회, 기능별 위원회	• 국토안보부 - 총무관리부 - 과학기술부 - 기간시설보호부 - 국경교통/안전부 - 비상대비대응부	• 연방비상사태관리청 - 준비·대응·복구국 - 연방보험·완화국 - 연방소방국 - 정보기술서비스국 - 대외협력국
법령체계	- 국가안보법(1947) - 국가비상사태법(1976) - 방위생산법(1950) - 테러전투법(1972)	- 종합테러방지법(1996) - 애국법(2001) - 국토안보법(2002)	- 연방재난방지법(1950) - 재난구제법(1974) - 지진위험경감법(1977) - 스탠포드법(1988)
대응절차	① 1단계: 실무협조회의 (NSC 주재) ② 2단계: 정책검토위원회 (주무장관 주재) ③ 3단계: NSC 본회의 (대통령 주재) ④ 4단계: 정책결정(대통령) ⑤ 5단계: 하달 및 전파	① 국내비상팀 가동 ② 최초 대응 ③ 재난의료체계 가동 →서비스 제공 ④ 재난 복구 ※ 화생방테러 발생 시 별도 절차 운용	① 긴급사태 선포(대통령) ② 연방조정관(FCO) 임명 및 현장 파견 ③ 긴급대응활동 조정 ④ 필요 시 대규모 재난대책단 운영 ⑤ 연방정부 가용자산 지원 및 대응

출처: 김열수(2005, 91-127)에서 참조하여 재구성.

〈표 5-1〉을 기초로 위기 유형별 관리체제에 대한 특징을 정리하면 아래와 같다. 전통적 안보위기 즉 국외의 위협세력에 의한 위기 발생 시는 대통령이 직접 주관하는 국가안전보장회의(NSC)의 조직체계와 지휘활동에 따라 유관 법령을 단독 또는 복합적으로 적용하여 5단계의 절차에 따라 정책을 결정 및 하달하고 주무 및 협조 부처의 전략에 따라 현장의 조직이 대응 및 행동하는 시스템을 가지고 있다. 이 시스템의 강점은 신속정확한 의사결정이 가능하고, 정책의 일관성 유지와 집행의 효율성을 보장할 수 있으며, 모든 유형의 위기관리를 포괄적으로 주도할 수 있는 허브(hub)의 역할 수행이 가능하고, 정책과 실제의 간극이 최소화되도록 협조, 조정, 통제가 가능하다는 것을 들 수 있다. 그러나 국가안전보장법의 기조가 지나치게 포괄적으로 규제되어 있기 때문

에 정권교체 시마다 조직 편성의 변화가 극심하게 나타나므로 정책관리의 일관성이 결여되거나 지도자의 주관적 의지에 따라 위기관리의 개념 변화가 빈발할 개연성을 안고 있다.

한편, 국내안보와 재난안보에 대한 위기관리 기능을 통합한 국토안보부(DHS) 중심의 통합위기관리체제는 집권화 및 분권화의 개념을 적절히 병합적으로 융합시켜 놓은 시스템으로 볼 수 있다. 국가 통수기구(백악관) 내에 국토안보국이 설치되었고, 관련 보좌관이 임명되어 있으므로 지속적으로 국내안보 관련 업무를 직접 관장할 수 있으며 국토안보위원회(Homeland Security Counsel)를 운영하여 부처 간 협의 업무를 관장하고 있다. 특히 국토안보부 산하에 있는 연방비상관리청(FEMA)은 대통령이 비상사태를 선포할 경우 연방조정관(FAO)를 임명하여 현장에 파견함으로써 국가 통수기구가 간접적인 현장지휘를 할 수 있도록 하고 있다. 따라서 비상사태의 성격, 유형, 위험수준, 범위 등을 복합적으로 고려하여 적정 수준의 정책 지침을 국토안보부 및 지방정부에 부여할 수 있으므로 과도하지 않은 집권화의 개념을 적용할 수 있다. 대부분의 의사결정 권한이 국토안보부와 연방비상관리청 등 산하 조직에 위임되어 있으므로 독창적이고 전문성 있는 업무처리 능력을 구비한 조직으로 자력 성장할 수 있을 뿐 아니라 국가 통수권자가 중요 업무에 집중할 수 있는 여건 보장도 병행된다.

미국의 위기관리제도 분석을 통하여 얻을 수 있는 시사점을 요약하면 다음과 같다. 첫째, 국가통수기구는 위기유형과 비중에 따라 적절한 통제력을 행사할 수 있는 컨트롤타워의 기능을 할 수 있고 또한 해야 하도록 체제설계가 되어 있다. 둘째, 포괄적 안보개념 하에서 국외의 국가방위 위협, 국내의 국토안보 및 재난안보 위협을 모두 포괄할 수 있고 지휘체계, 조직체계, 법령체계, 대응체계 등이 모두 하나의 체제에 연동된 국가 통합위기관리체제를 구축·운영하고 있다. 셋째, 국가 통수기구가 결정한 정책은 다양한 유형의 조정 및 협의기구의(기능별, 지역별) 협조에 따라 분야별로 포괄할 뿐 아니라 지역별 특성과 환경이 반영된 국가전략의 형태로 다시 구체화된 후 실행에 옮겨지므로 국민적 공감획득, 시행착오의 최소화, 노력낭비의 방지, 통합 및 집중 등에 유리하다. 넷째, 통수권자와 참모, 중앙정부 및 지방정부 고위 책임자, 중·하위 실무진 및 현장 대응조직의 동시 병행적 임무수행으로 단기간 내에 문제해결이 가능하고 자발적 국민참여가 이루어져 국가의 모든 요소가 일체화 될 수 있다.

그러나 예측이 어렵고 단기간 내 급속히 악화 또는 확산되어가며 발생 직후에 심리적 장애를 초래하는 등 극복하기 어려운 위기의 본질적 속성으로 인해 미국도 지속적인 보완 노력을 계속하고 있다. 이러한 상황에 주목하여 우리의 국가 통합위기관리 체제구축 과정에서도 많은 시사점을 제시하고 있다.

2) 일본의 국가 통합위기관리체제

세계대전의 전후복구와 숱한 대형 재해를 극복한 역사적 체험을 통해 위기관리의 노하우를 축적한 일본의 국가 위기관리체제의 기본 골격은 2개의 축을 중심으로 2원화 통합체제로 구축되어 있으며 그 첫 번째 축이 안전보장회의이고 두 번째 축이 내각부이다. 안전보장회의는 총리대신을 의장으로 하여 군사·정치·경제·외교를 조정·통합·협조시키는 상설 안보정책 결정기관이다. 또한 내각부는 내각관방장관 휘하에 있는 방재담당기구를 중심으로 국토교통성, 문부과학성, 기상청, 소방청과 지방자치단체의 협력을 총합하는 재난관리체계를 운영하며 방재와 관련된 중요정책을 심의하기 위하여 중앙방재회의가 설치되어 있고 내각 위기관리감이 조직되어 있다(장시성 2008, 47-54).

일본에는 1993년 이후 계속되고 있는 북핵 위협, 1995년 이후 지속상태에 있는 조어도 분쟁, 1995년 3월에 발생하였던 동경지하철 독가스 테러와 고베 대지진, 후쿠시마 원전 피폭사고 등 국가적 위기가 끊임없이 발생하였다. 이에 일본정부는 1990년대에 진입하면서부터 정부 주도하에 국가방위와 관련한 대외적 군사위협, 국가유지 및 보전과 관련한 경제, 사회, 문화 분야 위협, 국민보호에 관하여 심각한 문제점을 지속 야기하고 있는 테러 및 자연재난 등의 위협을 통합적으로 관리할 필요성을 인식하고 오늘과 같이 양대 체계를 중심으로 하는 국가 통합위기관리체제를 구축하였다. 특히 재난으로부터 국토를 보전하고 국민의 생명과 재산을 보호하기 위해 중앙정부, 광역 자치단체, 기초 자치단체 및 주민이 일체화되어 종합적인 방재체계를 구축하고 있으며 각 성 및 청 등 관련 부처와 상하기관들이 체계적인 방재 계획을 수립하여 실행하고 있다(전미희 2013: 122-123).

일본의 통합위기관리제도를 조직, 법령, 대응체계 위주로 정리해 보면 〈표 5-2〉와 같이 요약할 수 있다.

〈표 5-2〉 일본의 통합위기관리 제도 분석

위기유형 / 핵심체계	국가방위 관련 위기	재난통제 관련 위기
조직체계	• 국가안전보장회의 (종전: 통합안전보장 관계장관회의) • 중앙지휘소(통합막료회의) • 사태대처 전문위원회 • 내각관방	• 방재정책 통괄관실 (산하 6개 부서 조직) • 중앙방재회의 • 내각 위기관리감 • 지자체 내 소방국, 방재국, 시민생활국 등
법령체계	• 안전보장회의설치법('86) • 자위대법('03) • 무력공격사태대처법('03) • 국민보호법('04)	• 재해대책기본법 • 대규모 지진대책특별법 • 원자력 재해특별조치법 • 석유콤비나트재해방지법 • 해양오염 · 해상재해방지법 • 16개의 재난 예방법
대응절차	① 안전보장회의 개최 ② 의회에서 대응정책 승인 ③ 경보발령 및 국민보호조치 ④ 국가질서유지 대책 강구 ⑤ 방위위협에 군사적 대처	① 비상재해대책본부 설치 (방재담당대신) ② 긴급재해대책본부 설치 (내각부총리대신) ③ 지방재해대책본부 설치 ④ 재난 발생 전 · 중 · 후 단계별 매뉴얼에 따라 행동함.

출처: 김열수(2005); 정찬권(2012a)에서 참고하여 재구성.

이와 같이 일본의 국가 위기관리체제는 1980년대부터 통합형 위기관리 모형을 기반으로 계속 발전되어 왔으며 오늘날에 이르러서는 국가방위 영역과 재난통제 영역이 총리대신을 중심으로 통합된 이원화 통합위기관리체제를 정착시켜 안정적 수준에 도달한 것으로 판단된다. 다만 오옴진리교도에 의한 독가스 테러사건과 같은 테러위협이 상존하고 있으나 테러를 예방 및 대처하기 위한 근원적 체계가 미약하여 완벽한 통합 시스템을 구비하기 위해서는 추가적인 연구가 필요하다.

3) 한 · 미 · 일 3국의 통합위기관리체제 비교 분석 및 시사점

우리나라의 국가 위기관리체제는 국가방위 영역과 재난관리 영역으로 분리된 상태하에서 각 영역이 부분적으로 통합된 포괄적 위기관리 모형을 취하고 있다. 국가위기관리 기본지침(대통령령 312호)에 따라 평상시의 위기사태 예방활동은 정부의 계획에 따라 일상적 업무로 지속 추진되는 가운데 모든 유형과 종류의 위기관리는 국가가 주도하는 형식을 표방하면서 대부분의 정부 부처들에게 1-2개의 위기관리 책임이 부여되어 있으므로 외형상으로는 모든 위기 유형이 누락 없이 관리되고 있는 것으로 인식되기 때문이다. 이 모형을 이해와 식별이 용이하도록 명명한다면 “다원화 포괄적 위기관리 모형”이라 규정할 수 있다.

한편, 미국의 국가 위기관리체제는 삼원화 통합형 위기관리 모형의 적용 형태로 규정할 수 있다. 국외의 국가이익과 목표를 위협하는 위기관리와 국내의 국가이익과 목표를 위협하는 위기관리로 구분하여 서로 다른 통합형 위기관리 모형을 취한다고 볼 수 있다. 즉, 전자의 경우는 국가 통수기구가 국가안전보장회의를 중심축으로 하여 정책결정은 중앙집권적으로 수행하고, 전략수립 및 계획발전 그리고 행동대응은 분권화하는 방식을 취하고 있으며, 후자의 경우는 국토안보부를 중심축으로 하되 국가 테러관련 위기는 중앙집권적으로 대응하고 국가보전이나 국민보호 관련 위기는 국토안보부에 위임하여 대응케 하는 혼용방식을 취하고 있는 것으로 풀이된다.

또한, 일본의 국가 위기관리체제는 총리가 주도하는 국가안전보장회의를 중심축으로 하는 이원화 통합형 모형으로 규정 할 수 있겠다. 일본의 안전보장회의는 동 회의 설치법 제1조에 명시된 바와 같이 국가방위에 관한 주요사항과 중대 긴급사태 대처에 관한 주요사항을 심의하며 국방의 기본방침과 방위계획의 기본방향을 수립하고 방위출동의 가 · 부를 결정하고 중대 긴급사태 발생 시 대처방안을 심의 결정한다(권혁빈, 2013). 그리고 국가 기능체계의 보전과 국민보호 분야에 위해를 가져올 수 있는 재난위기 관리체제는 정부, 지방자치단체, 공공기관, 국민 등의 제요소가 참여하는 총력대응의 개념을 가지고 내각관방장관이 주도하도록 되어 있으나 중앙정부차원의 통합성을 확보하고 방재와 관련된 주요사항을 심의 결정하기 위해 중앙방재회의를 운영한다. 중앙방재회의는 내각총리대신을 의장으로 하여 방재담당대신을 포함한 전 각료와 유관 공공기관장 및 전문학자로 구성되어 있고 국가급 재난이 발생할 경우는 비상재해

대책 본부로 전환되어 지휘통제기능과 업무까지 관장토록 하고 있다.

지금까지 살펴본 국가 위기관리 모형들을 병렬적으로 나열해보면, 크게 보아 분산형과 통합형으로 나누어지고 통합형은 다시 일원화 통합형, 이원화 통합형, 다원화 통합형으로 구분된다. 12가지로 선정된 평가요소를 기준으로 3개 모형을 비교 평가한 결과는 〈표 5-3〉과 같다.

〈표 5-3〉 한 · 미 · 일 3국의 위기관리제도 비교분석

구 분	다원화 포괄형	이원화 통합형	삼원화 통합형
포괄 안보개념 부합	부분적 구현 가능 [보통]	부분적 구현 가능 [보통]	구현 가능 [적절]
독립적 체제와 통합성	외형적 통합 수준 [보통]	내 · 외형적 통합 수준 [적절]	내 · 외형적 통합 수준 [적절]
법리적 일관성, 합법성	개별법 중심의 법리구조 [보통]	기본법과 개별법 조화유지 [보통]	NSC, 국토부 안보부 중심 이원화 구조 [최적]
책임과 권한 배정의 적절성	균등한 배정 [적절]	NSC와 내각부 [미흡]	NSC, 국토부, FEMA [적절]
유기적 체제구조 유지	부처별 개별구조 위주 [보통]	총리실 주도 위주 [보통]	상호작용과 협력가능 [적절]
수직 · 수평적 소통의 용이성	수직소통 용이, 수평소통 제한 [보통]	수직 · 수평 소통용이 [보통]	수직 · 수평, 해외 소통용이 [최적]
컨트롤타워의 기능 보장	통수권자, 총리, 주관부처 분산 [보통]	총리 집권적 [최적]	통수권자, 국토부 양축 [최적]
평가 · 환류 · 학습 보장	개별조직별 보장 [보통]	개별 조직별 보장 [보통]	통합적 보장 [적절]
정보순환의 신속성	복합적 순환 [적절]	복합적 순환 [적절]	복합적 순환 [적절]
정책 · 전략결정의 신속 정확도	대체로 신속 정확 [보통]	신속 정확 [적절]	신속 정확 [적절]
체제운영의 효율성	중복 투자 우려 [미흡]	효율성 지대 [최적]	효율성 지대 [최적]
가외적 요인 수용성	수용성 보통 [보통]	수용성 보통 [보통]	유연한 수용성 [적절]

* 평가등급: 미흡, 보통, 적절, 최적 * 평가방식: 정성적 평가

상기와 같이 한·미·일 3국이 적용하고 있는 국가 위기관리체제를 요소별 평가 기법에 의해 분석해 본 결과 몇 가지 중요한 시사점을 찾을 수 있다.

첫째, 우리나라의 국가 위기관리체제는 3대 유형의 위기관리와 4대 위기관리기능을 통합한다는 전제로 하고 있으나 위기관리의 주체가 국가 통수기구, 국무총리실, 행정자치부, 유관부처로 분산되어 있으며 법제, 조직, 운영체계 등이 개별적 사안별로 구축되어있고, 실제적으로도 국가 방위관련 위기 외에는 분산식 대응기조를 유지하고 있으므로 본격적 통합위기관리 체제로 보기 어렵다. 따라서 체제 변혁을 위한 연구와 조치가 불가피한 실정이다.

둘째, 일본의 통합위기관리체제는 이념체계와 법제, 조직과 운영체계, 국가자원관리체계 등 전반적인 면에서 통합위기관리체제의 전형을 이루고 있으나 총리에게 책임과 권한이 집중되어있고 재난위기 대응중심의 체제로 구비되어 있기 때문에 경직성 대응과 정책·전략결정의 유연성 부족 등의 문제를 야기할 가능성이 있으므로 다기능적인 체제 운영을 기대하기가 곤란하다.

셋째, 미국 통합형 위기관리 체제는 우리나라 위기관리체제 변혁을 위한 개념구상을 위해 시사하는 바가 매우 크다. 북한군대와 정권의 군사적 위협에 공동으로 대처하고 있으며, 양국 공히 대통령 중심제의 정치체제를 갖고 있다. 한·미 상호 방위조약에 의한 동맹관계를 60년 이상 유지해왔고 사회 및 문화적인 관점에서도 다각적인 영역에서 다대한 가치를 공유하고 있다. 그러므로 국가위기관리체제가 발전되어온 배경과 역사, 체제가 운영되기 위한 환경과 여건, 조직이 담당하고 대처할 과업 소요 측면에서 양국은 대동소이한 조건하에 있다. 따라서 미국의 제도를 적절히 재구조화한다면 우리나라에 접목될 수 있는 가능성이 크다는 것을 시사해주고 있다.

4. 국가위기관리체제의 개선 방안

지금까지의 고찰을 토대로 하여 한국의 국가위기관리체제의 새로운 패러다임 구축을 위한 구체적 방안을 제시하고자 한다. 첫째, 위기관리에 대한 국가의 역할에 대한 인식이 분명치 못하다는 점이 가장 큰 특징이다. 위기관리체계가 확고하지 않은 상황이므로 국가 통수기구로부터 지방정부에 이르기까지 강제적 규범으로 결속된 조직의 체계가 불투명하여 지휘통일을 이루기 어렵고 국가의 역할과 기능에 대한 인식이 뚜렷하지 못하다. 아울러 위기사태가 발생하면 특정 부처가 주도하는 행정적 조치 위주로 대응하기 때문에 국가 차원의 운영 시스템과 정보 통합 및 공유기능이 작동되지 않는다. 짧은 기간 내에 예상을 뛰어넘는 업무와 인력의 소요가 대폭 증가하지만 통합 및 집중시스템이 미흡하여 국가가 보유한 자원의 활용도가 매우 낮을 수밖에 없으며 전문 인력 양성과 확보를 위한 학습시스템도 미흡하다. 따라서 위기관리 이론체계는, 거시적 이론 중심의 기초이론체계, 단계별, 기능별 체제 운영 중심의 응용이론체계, 체계별 행동방법과 기술 중심의 기술이론체계 등으로 구성하여 사고와 판단, 체제운영, 다양한 인적 그룹별 학습과 연구 등을 보장할 수 있는 포괄적인 관리 체계로 발전시켜야 할 것이다.

둘째, 법령체계는 위기유형별 관리 책임을 담당하는 부처별 할거주의 방식으로 형성되어 있기 때문에 개별 법령들을 통괄하기가 곤란하고 발전적 개정을 어렵게 하고 있다. 우리나라의 국가 위기관리체제 발전 활동은 대개 2개의 업무채널에서 이루어지고 있는바 주요연습의 사후검토 후속조치 과정이 첫 번째이며 주요 위기사태 대응 후 취약점 보완 활동이 두 번째라고 할 수 있다. 이러한 업무채널에서 채택하는 연구발전 과제는 대부분 기관별 자체 규정을 보완하거나 대응조치 방법을 보완하는 수준에서 그치고 있으므로 체제에 관한 연구, 발전 등 본질적 문제에 대한 개선은 기대하기 어렵다. 특히 국가 방위분야 위기관리에 관한 법률은 대부분 전시와 이에 준하는 비상사태 대비 중심의 법률 구조를 형성하고 있으므로 국가안전보장회의법, 통합방위법 등 소수로 제한되어 있다. 국가보전과 국민보호 영역에서 다루어질 재난관리에 관한 법률은 위기유형별 개별법으로 다루는 체계로 되어 있고 조직별 책임과 권한부여 중심으로 기술하고 있다. 따라서 활용성이 저조한 문제점을 내포하고 있으며 국가 위기관리를 관장하는 각급 기관과 유관조직, 그리고 구성원들의 법의식을 제고시키지 못하는 요인이 되고 있다.

따라서 통합위기 관리를 위한 법령체계 구축을 위해서는 이념과 사명, 통합형 법령구조, 하위체계의 구성과 기능을 규정하는 기준법을 제정하고, 기준법을 기반으로 하면서 관련된 하위 법들이 일관성과 연계성을 유지하도록 구조와 내용을 재정비하며,

시행령(대통령령) 또는 각 부령으로 공표된 규칙, 규정, 지침 등도 기준법, 하위법과 연계되며 마찰을 일으키지 않도록 제정 및 정비되어야 한다.

셋째, 국가 위기관리의 주체라고 할 수 있는 조직체계의 불명료성이다. 국가안보의 포괄적 개념이 국가 통수기구와 안보업무 담당부처, 지자체까지 도입되고, 학계에는 당위적인 개념으로 자리매김된 지 10년을 넘기는 시점에 와 있으나, 그러한 개념을 인식하고 적용 중인 정부조직은 그리 많아 보이지 않으며 현실적으로 보면 여전히 안보위기는 국가방위에 관한 위기라는 등식관계로 인식되고 있다는 것을 알 수 있다. 따라서 현 체계는 국가위기관리기본지침(대통령령312호)이 지향하고 있는 국가 통합위기관리체계가 작동된다고 보기가 어려우며 국가 기반체계 보전이나 국민의 생명과 재산보호분야에 대한 자산관리 차원에서 위기유형별 담당기관과 조직이 각각 책임분야를 관장하는 분산식 관리 방식을 따르고 있다고 보는 것이 맞다. 다시 말하면 국가방위분야 위기는 국가통수기구와 국방・외교・통일 부처가 주로 담당하고 기타분야의 위기는 국무총리실의 협조, 조정 아래 부처별로 소관분야를 담당하고 있다고 보는 것이 타당하다. 이러한 상황적 조건하에서 특정 유형의 위기가 발생할 경우 담당부처와 기타부처는 행정응원 수준의 지원과 협조에 머무르는 수밖에 없으며 조직 네트워크의 허브기능, 법률에 따른 유기적 협력, 국가자원의 통합 및 집중, 중앙 및 지방정부 조직 이외의 시민사회와 일반국민의 역량을 통합하는 거버넌스 형성 등 통합형 위기관리체제의 이점을 활용하기는 쉽지 않은 실정이다.

따라서 조직은 국가 위기관리의 주체라는 명제를 분명히 인식하고 법제에 의한 조직 네트워크를 형성하여 실질적 통합을 이루어야 한다는 주장에는 이의가 있을 수 없다. 이를 위해 국가 조직 네트워크의 두뇌기능을 수행하는 국가 통수기구의 위기관리 조직이 정비되도록 하고, 국가 위기관리를 전문성 있게 전담적으로 책임지고 담당할 실무적 컨트롤타워 조직을 신설하며, 중앙부처, 지방자치단체 등 정부 조직 내에는 조직의 허브 기능을 수행할 수 있는 소규모 핵심 조직을 중심으로 상황에 따라 수축 및 팽창이 가능한 신축적 위기관리 조직체계를 구축해야 한다. 아울러 정부의 능력을 초과하는 위기사태 시 시민사회, 일반국민 등의 잠재역량을 활용하여 대응역량을 확장시킬 수 있도록 거버넌스체계를 형성해 준 위기관리 조직화하는 문제도 병행적으로 발전시킬 필요가 있다.

넷째, 위기관리를 위한 조직체계를 하드웨어로 본다면 운영체계는 조직의 행동을 구현하는 소프트웨어에 해당된다. 체제의 운영체계를 정형화한 결과는 국가 통수기구의 위기관리 기본지침, 중앙부처의 위기관리 규정, 지방자치단체의 조례, 그리고 군·경찰·소방 등 현장대응 조직의 예규 등으로 가시화된다. 이러한 규칙들은 상하 간에 위계질서를 유지하며 인접부처 간에 협조 및 지원체계를 갖추게 되고 자체적인 조직운영의 제도와 절차를 망라하여 수립 및 제정된다.

현 체제는 국가위기관리기본지침에 따라 위기의 유형 및 종류별 국가급 수준의 매뉴얼을 제정 및 배포하여 외형상 수직적 지휘체계를 구비했다고 볼 수 있으나 상위조직과 하위조직의 역할 수행 범위가 명확하지 않은 관계로 실제 상황 하에서는 혼란을 초래할 개연성이 매우 높고, 인접 부처 간의 협조, 조정, 지원 지침과 절차는 구체화 수준이 다소 미흡하여 국무총리실 또는 주무부처의 회합을 통한 협의 없이는 본래 기능의 자동적 수행이 어렵다. 또한 부처나 지자체별로 제정 및 활용하고 있는 규정이나 매뉴얼 등도 하나의 평면 위에 올려놓고 비교해 보면 일관성, 합리성, 협력성, 통합성이 제한되어 각자에게 부여된 위기관리 과업을 집행하는 과정에서 비효율을 초래할 개연성이 없지 않다.

따라서 운영체계의 문제점과 장애요인을 극복하기 위해서는 국가 통수기구가 주도하여 모든 조직에 공통적으로 적용시킬 수 있는 제도와 절차 위주의 국가 위기관리체제 운영규칙을 제정하고, 위 규칙에 기반을 둔 중앙 부처들의 규정을 설정하며, 상기의 규칙과 규정과 연계되는 지자체 조례, 군·경찰·소방관서의 예규와 매뉴얼이 제정되도록 함으로써 모든 조직의 위기관리 행위가 일관성, 협력성, 통일성을 구비토록 해야 할 것이다. 우리나라는 정보통신(ICT)의 기반, 기술, 문화, 역량 등 전반적인 수준면에서 선진국의 지위를 공고히 확보하고 있으며, 정치, 사회, 문화 등 제반 국정체계에서 창의적으로 융·복합적으로 운용되고 있으므로 국가 위기관리체제의 정보화 또한 병행발전시켜야 할 분야이다.

끝으로 지금 우리 사회는 세월호 참사를 계기로 국가위기관리에 대한 총체적 기로에 서 있으며 국가 대개조의 국민적 합의하에 새로운 패러다임의 모색을 추구하고 있다. 남북분단의 군사적 대치상황과 여러 유형의 재해 발생, 그리고 급변하는 강대국들의 지형변화 속에서 위기사회의 딜레마를 극복해야할 과제를 안고 있다. 따라서 국가

위기관리체제에 대한 관심과 연구가 어느 때보다도 활성화되고, 학제간 연구가 이론적 논의를 바탕으로 실천적 단계에 대한 구체적 방안을 제시하는 수준으로 발전되어야 할 것이다.

참고문헌

1. 단행본

김열수, 「국가 위기관리관련 법령정비방안」, 국가위기관리체계 발전정책포럼, 서울, 2012. 9월.

국가비상기획위원회, 「비상기획위원회 연혁집」, 서울: 비상기획위원회, 1990.

국가안전보장회의 사무처, 「평화번영과 국가안보」, 서울: 국가안전보장회의 사무처, 2004.

서재호 · 정지범, 「국가 위기관리 입법론 연구」, 법문사, 2009.

정찬권, 「국가위기관리 조직체계 정비방안」, 한국군사문제연구원 정책포럼, 서울, 2012년 9월.

Herman, Charles. F. Crisis in Foreign Policy: A Simulation Analysis, Indianapolis, IN: Bobbs-Meril, 1969.

Mclelland, Charles. A. "Access to Berlin: The Quantity Variety of Events. 1948-1963," in David Singer. (ed.), Quantitative International Politics, New York: Free Press, 1968.

Quarantelli, F. L. What is Disaster?: Perspective on the Question, London: Rout Ledge, 1998.

Snyder, Glenn H. and Paul Diesing. Conflict among Nations: Bargaining, Decision Making and System Structure in International Crisis. Princeton: Princeton University Press, 1972.

2. 논문

권혁빈, "NSC(국가안전보장회의) 체제의 한·미·일 비교", 「한국경호경비학회지」 37호 (2013).

김진항, 「포괄 안보시대의 한국 국가위기관리시스템 구축에 관한 연구」, 박사학위논문, 경기대학교 대학원 (2010).

남주홍, "한국위기관리체제 발전방향", 「비상대비논총」 30집 (2003).

박광석, 「우리나라 위기관리체계 개선방안에 관한 연구」, 석사학위논문, 중앙대학교 대학원 (2002).

백진숙, "위기관리 연구의 흐름과 동향: 최근 10년간의 국내 학위논문 분석", 「한국위기관리논집」 6집 4호 (2010).

이재은, "국가 위기관리의 학문적 체계화의 의의와 필요성", 「한국위기관리논집」 1집 1호 (2005).

이채언, "한국의 국가 위기관리 조직체계에 관한 연구", 「한국위기관리논집」 8집 4호 (2012).

이홍기, 「국가통합위기체제 구축 방안」, 박사학위논문, 대진대학교 대학원 (2013).

Buzan, Barry. "New Patterns of Global Security in the Twenty-first Century", International Affairs 67 (1991).

제6장

각국의 테러대응 동향과 한국적 대응전략

제6장 각국의 테러대응 동향과 한국적 대응전략

1. 서론

역사적으로 오랫동안 대부분의 국가들은 '안보(security)'란 위부의 위협에 대처하기 위해 군사적 수단으로 국가를 방위하는 것으로 인식해 왔다.[1] 그러나 20세기 후반부터 군사력 중시의 전통적인 안보 개념으로는 더 이상 탈냉전의 시대 상황을 설명하는 데 한계가 있다.

세계 질서의 탈냉전화와 함께 안보・군사영역에서도 급격한 변화가 전개되었는데, 냉전시대 정치・군사 중심의 국제질서가 경제・기술 위주로 변화하였고 이에 따라 안보・군사영역의 비중과 내용도 변화될 수밖에 없었다. 이에 따라 상호안보(mutual security), 공동안보(common security), 그리고 더 나아가 협력적 안보(cooperative security) 정신의 세계적 확산과 그에 바탕을 둔 군비통제의 가시적 진전은 이러한 변화의 대표적 현상으로 인식되었다.[2]

탈냉전과 세계화의 추세로 테러리즘, 범죄, 환경재난, 인종갈등, 경제위기, 사이버테러, 질병, 에너지 등의 비안보적인 안보의 문제들이 인류와 국가를 위협하며 변화를 요구하고 있다.[3] 또한 이 시대에 맞춰서 국가의 역할이 점차적으로 확대되면서 최대

---

1) 이신화, 비전통적 안보와 동북아시아 협력, 한국정치총론, 제24집 제2호, 국제정치학회보, 2008, p.413.

2) 강진석, 한국의 안보전략과 국방개혁, 평단문화사, 2005, p.46.

3) 김진항, 포괄안보시대의 한국국가위기관리 시스템 구축에 관한 연구, 경기대학교 정치전문대학원 박사학위논문, 2010, p.1.

의 국가론이 부상하였다. 즉 사회민주주의자, 근대자유주의자, 온정적 보수주의자를 포함한 이데올로기의 연합에 의해 지지를 받은 선거 주민들이 사회적 안전에 대해 압력을 가하면서 정부는 빈곤과 사회적 불평등을 줄이며 사회적 복지를 확대하는 것에 비중을 두게 된 것이다[4] 대중재해는 Mitchell W. Waldrop에 의하면 대중재해(Public Crises)의 예로 자연재해 — 허리케인, 토네이도, 해일, 눈보라, 운석(Meteor) 등으로, 기술재해 — 핵붕괴, 물 오염, 정전, 컴퓨터 바이러스 확산 등으로, 정치문제 — 경기후퇴, 민족말살, 혁명, 폭동 등으로, 인간사회적 갈등 — 전쟁, 범죄, 테러, 대량살상무기 등으로 구분하고 있다.[5] 특히 교통발달과 혁신 기업도시 건설 등으로 도시의 과밀화가 심화됨에 따라 도시구조물의 대형화·밀집화·고층화로 대형테러의 발생 가능성이 증가하고 있다. 또한 노사분규에 따른 사회적 소요의 발생, 교통·수송·통신 등 사회기반체제의 마비 등 기존의 자연재난이나 인적재난과는 성격이 판이하게 다른 새로운 유형의 신종 테러 관련 재난이 등장하여 우리 사회의 안전을 크게 위협하고 있다.[6] 이처럼 현대사회는 복지국가의 실현이라는 목표 구현을 위하여 모든 국가가 '작은 정부론'에서 '큰 정부론'의 국가관으로 변화하게 된 것이다.[7] 이와 같이 각종 범죄와 치안 유지 및 신종재난과 테러의 위협, 인간안보의 개념 등 외부의 침입뿐만 아니라 포괄적인 국민의 안전과 보호를 위해 안보의 개념을 종합적으로 넓게 해석해야 할 것 같다.[8]

이러한 시대에 맞추어 국내적으로는 천안함, 연평도, 구제역, DDos 테러, 해적 피랍, 광우병, 조류독감 등과 남북관계의 인도적 지원과 남북 정상회담의 추진이 답보상태에 빠져 있다. 이런 가운데 남북 간의 긴장 고조는 중국, 일본, 한국 등 동북아의 정세에 남북관계의 긴밀한 화해의 장이 열려 의사소통이 되어야 할 것이다. 그에 따른 국가위기 대응체제와 종합적인 위기관리센터, 컨트롤타워, 안보조직체계, 일반 국민들과의 협력기반, 법률적, 제도적 체제의 구축이 종합적으로 이루어져야 한다.[9]

그에 따라 한국의 국가안보 및 테러 위기관리 체계와 선진국인 미국 안보, 위기관리

---

4) Andrew Heywood, 이종은·조현수 역, 현대정치이론, 서울: 까치, 2007, p.123

5) W. Mitchell Waldrop, The Emerging Science at the Edge of Chaos, New York Bantam Books, 1992.

6) 임용민, 한국의 효율적 위기관리체제 구축에 관한 연구, 연세대학교 행정대학원 석사학위논문, 2008, p.2.

7) 김명, 국가학, 서울: 박영사, 1995, pp.57-58.

8) 임진택, 국가위기관리 체계 및 단계별 분석, 인하대학교 행정대학원 석사학위논문, 2009.

9) 박준석, 국가안보 위기관리 대테러론, 서울: 백산출판사, 2014.

의 체제를 비교하여 앞으로 한국의 발전적인 국가안보 위기관리체제를 재정립하고 새로운 방향모색을 하고자 하는데 본 연구의 의의가 있다고 할 수 있다. 또한 각 정부부처의 다양한 법령과 행정조직이 제각각 분산되어 있어 통합적으로 효율적 기능을 발휘할 수 있는 상위법인 가칭 국가위기관리기본법을 제정할 필요가 있다고 사료된다.

2. 안보환경의 변화에 따른 뉴테러리즘의 유형과 특징

21세기 국제 사회의 환경변화는 세계화·정보화에 의해 영향을 받고 있으며 이러한 환경 변수가 뉴테러리즘(new terrorism)이라고 불리는 신종 테러의 배경이 되고 있으며 주요 내용은 다음과 같다.[10)]

첫째, 세계화로 인해 국가 간 접촉의 빈도가 더욱 많아짐에 따라 국가 간 부의 편재로 인한 경제적 갈등과 이질적인 종교와 문화적 차이의 편견으로 인해 발생하는 종교·문화적인 갈등이 점차 심해지고 있으며 이를 해결하기 위한 도구로서 테러가 선호된다.

둘째, 인터넷과 같은 정보통신수단의 발달로 테러리스트들 간의 정보 교환이 과거에 비해 훨씬 더 지능화되고 있으나 국가 수준의 통제는 아직도 산업화 시대의 패러다임을 크게 벗어나고 있지 못하다.

셋째, 이러한 뉴테러리즘은 위기관리의 한 분야로서 다루어져야 한다. 현대 사회가 고도의 복잡성을 띠게 됨에 따라 국가가 수행해야 할 가장 중요한 기능 중의 하나가 바로 위기관리이다. 과거에는 볼 수 없었던 새로운 신종 위기가 많이 발생하고 있기 때문에 이에 대해 국가가 적절히 대응하지 못하게 되면 국가의 안전보장이 위협받기 때문이다.

넷째, 뉴테러리즘은 과정적 측면에서 볼 때 사후 대응보다는 사전 예방 단계에 초점을 맞추는 것이 필요하다. 뉴테러리즘의 피해 규모가 구 테러리즘에 비해서 상대적으로 크고 미치는 영향력의 범위가 넓기 때문에 사전에 이를 예방하는 것이 훨씬 더 비용효과적인 측면에서 실익이 있기 때문이다.

---

10) 이창용, 뉴테러리즘과 국가위기관리, 서울: 대영문화사, 2007, pp.17-19.

테러리즘의 유형을 일반화하여 테러조직의 전술과 연계하여 구분하면 다음과 같이 일곱 가지로 살펴볼 수 있다.[11]

첫째, 폭탄 공격이다. 폭탄테러는 폭발물을 이용하여 사람을 살상하거나 건물 등 시설물과 비행기 등 장비를 파괴하는 전술형태를 말한다. 이는 국제테러범들이 오래 전부터 이용하는 전술형태이며, 오늘날 가장 빈번한 공격 형태로 활용되고 있다. 또한 폭탄테러는 대량 살상, 대량 파괴, 심리적 위협 효과의 극대화를 가져올 뿐만 아니라, 증거 인멸이 용이하여 자행 테러범뿐만 아니라 배후 세력을 색출하는 것도 매우 어렵다.

둘째, 무장 공격이다. 무장 공격은 테러 공격 대상에 대해 권총, 기관총, 로켓포, 미사일들을 발사하고 수류탄 등을 투척함으로써 시설물을 파괴하거나 인명을 살상하는 전술 형태를 말한다. 공격의 방법이 되고 있는 무기들이 정교하지 못하거나 규모가 크며, 공격 방법 면에서 잔인성과 대담성을 보여주고 있어 공포심과 사회 혼란을 최대한 조성해 보겠다는 의도에서 이루어지는 경우가 많다. 또한 원거리 공격이 가능하기 때문에 테러범의 생존을 높이고 대량 살상이 가능하다.

셋째, 인질 납치이다. 인질 납치란 테러 공격의 대상 인물을 비밀리에 강제적·물리적 수단에 의해 유괴, 납치 등 비합법적이고 반인륜적인 방법으로 잡아두는 것을 말한다. 인질 납치는 통상적으로 상징성이 있는 인물을 대상으로 주로 저질러지며, 정치적 선전이 주된 목적이나 테러 조직의 운영 자금을 조달하기 위한 수단으로 이용하기도 한다.

넷째, 암살이다. 암살이란 정치적 적대 관계에 있는 정적이나 사회적 또는 국제적으로 저명한 지위에 있는 사람들을 제거하기 위해 취하는 공격 방법을 말한다. 암살은 주요 인사에 대해 한 명 내지 두 명의 테러범이 한 조를 이루어 자행하는 방식에서부터 폭발물을 설치하여 살해하는 방식이 주를 이룬다.

다섯째, 하이재킹(hijacking)이다. 하이재킹은 운행 중인 육상차량, 항공기, 그 밖의 운송 수단에 대한 불법적 납치 행위를 의미한다. 하이재킹은 항공기를 공중 납치하여 납치범이 원하는 목적지로 항로를 강제 변경하는 경우에 가장 빈번하게 쓰이지만, 기차·화물차·승용차 같은 운송 수단의 불법 납치 행위도 하이재킹의 범주에 속한다.

여섯째, 시설물 점거이다. 시설물 점거란 사용 중인 대사관, 호텔, 거주지 등 시설물

11) 최진태, 국제 테러유형 및 대테러 정책 발전 방향, 방재연구, 8(4), 2006, pp.90-98.

자체를 점거하고 그 시설의 내부 사용자들을 인질로 확보, 억류시켜 놓는 공격 방법을 말한다. 교통수단을 납치하는 방법과 유사한 점이 많으나, 시설 자체가 육지에 있기 때문에 보호기관의 보호 방법이 용이한 점 등이 상이하다고 볼 수 있다.

마지막으로 방화 및 약탈이다. 사회적으로 혼란을 조성하기 위한 방법으로 사람들이 많이 운집하는 장소를 대상으로 발화물질을 이용해 고의적으로 화재를 일으키는 것을 말한다. 통상적으로 단순 방화사건과는 달리 테러 조직은 공포 확산을 위해 대형 방화를 획책하거나 연쇄적으로 방화하는 수법을 동원한다는 특징을 지닌다.

3. 미국의 테러대응체계

이재은은 대테러 정책을 "국민들이 안전에 대하여 심리적으로 불안을 느끼지 않도록 하고 국가 사회의 핵심기반을 보호하기 위하여 테러리즘을 사전에 예방, 대비하고, 사후에 대응, 복구하기 위한 기본 목표와 계획 및 사업"이라 정의하며 그 특징을 다음과 같이 정리하고 있다.[12]

첫째, 대테러 정책은 신뢰성을 확보하여야 한다. 사회적 신뢰를 확보하지 못한 정책은 그 정책의도와 목표가 아무리 좋고 훌륭하다고 하더라도 성공 가능성이 낮다. 따라서 국가안보를 위협하는 대테러 정책은 다른 어느 정책보다도 국민으로부터 신뢰를 확보하는 것이 가장 중요한 정책 조건이 되는 것이다.

둘째, 대테러 정책은 전사회적 대응을 위한 연계성을 확보해야 한다. 국가를 구성하고 있던 정부 부문은 물론 민간 부문의 모든 조직들이 대테러 업무를 수행하는 기관과 연계되어 정보의 교류가 이루어지고 이를 통해 새로운 정보의 수집과 분석을 통해 테러 행위를 방지하는 것이 가능해지기 때문이다. 이를 위해서는 군, 경찰, 일반 행정부처는 물론 공공기관들과 민간 숙박업, 택시, 식당, 시민단체, 학계 등 모든 부문의 활동이 국가안보를 위한 위기관리 차원에서 연계되는 것이 필요하다. 이를 위해서는 정부 혼자만의 대테러 정책이 아니라 거버넌스 관점에서의 대테러 정책이 이루어져야 한다.

셋째, 대테러 정책은 다른 국가와의 협력적 관계를 확보해야 한다. 특히 오늘날의

---

12) 이재은, 국가 대테러 정책 효과성 확보를 위한 사회적 자본과 거버넌스, 대테러 정책 연구논총, 제7호, 2010, pp.149-151.

테러는 많은 경우 테러 조직들 사이의 국제적 연대를 통해 발생하게 된다. 대규모 피해를 가져오거나 많은 인명피해를 주는 사건의 경우에는 거의 예외없이 국제적인 테러 조직이 관련되어 있기 때문에 대테러 정책의 경우 국제화된 네트워크를 유지하고 지속적인 연계를 취하는 글로벌 대테러 거버넌스의 구축을 통한 노력이 요구된다.

넷째, 대테러 정책은 법적 기반 위에서 이루어져야 한다. 국가의 안전 보장을 위해 수행하는 대테러 활동에 대한 법적 뒷받침이 없이는 자칫 그 활동의 정당성이 의심받거나 활동이 보호받지 못하게 될 수 있기 때문이다. 즉 국가 대테러 기관에 의한 대테러 정책 활동이 법적으로 보호받을 때 사회적 신뢰기반 위에서 활동하는 것이 가능하기 때문이다. 국민의 지지와 성원이 있을 때 비로소 국민 한 사람 한 사람이나 기업, 조직들이 모두 테러 방지를 위한 적극적 역할을 수행할 수 있기 때문이다.

다섯째, 대테러 정책은 지속성을 지녀야 한다. 일시적으로 테러 행위가 중단된 경우 또는 테러 행위가 아직 발생하지 않았다 할지라도 언제든지 테러 행위가 발생할 수 있기 때문에 평소에 지속적으로 정보를 수집, 분석하고 관련된 정책을 개발하는 것이 필요하다.

여섯째, 대테러 정책은 포괄성을 지녀야 한다. 현대 사회의 테러는 오프라인은 물론 온라인에서의 테러를 통해 국가핵심기반의 마비나 대량 인명피해를 가져올 수 있다. 즉 전형적인 폭탄 테러나 자살 테러뿐만 아니라 사이버 상에서의 해킹을 통해 열차 충돌이나 원자력 발전소의 기기 오작동 유도 등을 통해 치명적인 파괴를 가져올 수 있다. 이에 대테러 정책은 물리적 공간과 사이버 공간 보두에서의 대테러 정책이 함께 이루어져야 한다.

일곱째, 대테러 정책은 통합성이 요구된다. 테러가 발생하지 않도록 예방하는 것이 가장 바람직하지만 모든 테러 행위를 모두 예방한다는 것은 불가능하다. 따라서 테러 발생 이후의 신속한 대응과 복구를 위한 노력이 모두 사전에 준비되는 통합적 노력이 기울어져야 한다.

여덟째, 대테러 정책은 과학성을 확보해야 한다. 테러 조직들이 인터넷 등의 첨단 정보통신 기술을 활용하여 테러 행위를 자행하고 있기 때문에 이에 국가의 대테러 정책 또한 보다 첨단화된 과학 기술을 활용하여 테러 행위를 예방하고 대비하는 노력이 기울어져야 한다. 이에 따라 미국은 9.11테러 사건 이후 국가위기관리체계를 전통적 안보관리체계, 국내적 안보관리체계, 재난관리체계로 구축하여 국가안전보장회의(NSC: National Security Council)는 국외의 전통적 안보위협을, 국토안보부(DHS: Department of Homeland Security)는 테러·마약 등 국내적 안보위협을, 연방비상재난관리청(FEMA: Federal Emergency Management Agency)은 DHS에 소속되어 국내의 자연 및 인위재난에 대한 임무를 수행토록 역할을 분담하고 있다.[13)]

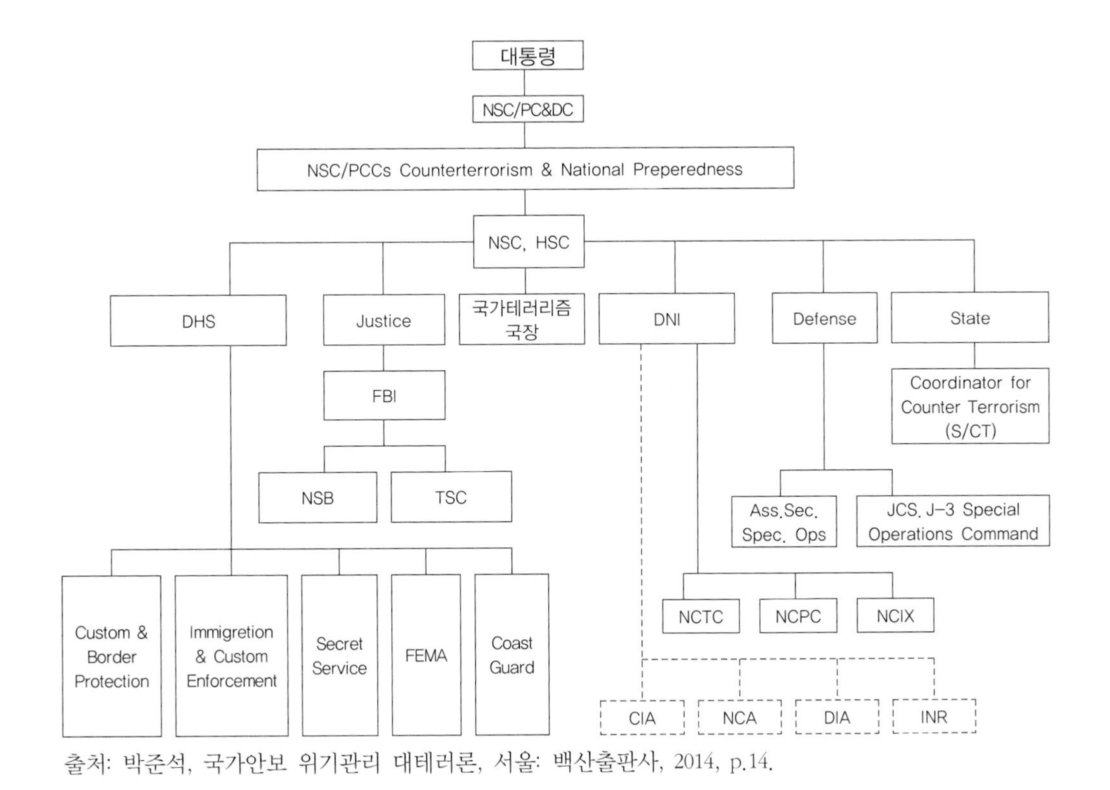

출처: 박준석, 국가안보 위기관리 대테러론, 서울: 백산출판사, 2014, p.14.

〈그림 6-1〉 미국의 국가통합 안보·테러·위기관리 시스템

1) 국가안전보장회의(NSC)

미국의 국가안전보장회의(NSC: National Security Council)는 1947년 '국가안보법(National Security Act)'에 근거하여 미국의 국가안보와 관련 대통령의 자문기구로 설치되었다. 미국의 NSC는 외교, 국방, 경제정책을 통합하여 평시, 유사시 국가안보정책을 총괄하

13) 비상기획위원회, 비상기획위원회 연혁집, 서울: 비상기획위원회, 1990.

는 기구로서 안보관련 핵심 구성원과 방대한 정보를 통해 위기관리에 적합한 체제를 갖추고 있다. 또한 NSC는 곧 최고 통수권자인 '대통령의 조직'이라 할 만큼 대통령에게 상당한 권한을 부여하는 제도적 장치라 할 수 있다.[14)]

미국의 '위기대비 책임 부여'에 관한 대통령 시행령 12656호에 의하면 국가 위기상황에는 자연적 재해, 군사적 공격, 기술적 재난을 포함하여 미국의 국가안전을 심각하게 저해하거나 위협하는 모든 사건들이 포함된다고 규정하고 있다. 이러한 위기상황에 대처하기 위한 위기관리체계는 국가안보의 총괄정책과 위기관리를 담당하는 NSC를 중심으로 운용되고 있다.[15)]

부시 행정부는 출범 직후인 2001년 2월 13일 '국가안보 대통령지시서 1호'를 발표하여 NSC 조직을 개편하였다. NSC 협의조직은 국가안보회의 본회의, 각료급 위원회, 차관급 위원회, 정책조정위원회로 4단계로 편성되어 운영된다. 국가안보회의 본회의(NSC)는 대통령이 의장이고 부통령, 국무장관, 국방장관, 재무장관, 안보보좌관이 참석하고, CIA 국장과 합참의장 등이 배석한다. 각료급 위원회(NSC/PC: NSC Principals Committee)는 안보보좌관이 의장이고 국무장관, 국방장관, 재무장관, 대통령비서실장 등이 참석하며, 본회의에 앞서 주무부처 각료들 간의 의견을 조율한다. 차석급위원회(NSC/DC: NSC Deputies Committee)는 안보보좌관이 의장이고 국무부 부장관, 국방부 부장관, 재무부 부장관, 검찰 부총장, 예산관리 부실장, CIA 부국장, 합참부의장, 부통령 안보보좌관 등이 참석하며, 각료급 위원회 지원 및 신속한 위기관리를 위한 위원회를 요청하는 기능을 수행한다.

정책조정위원회(NSC PCCs: NSC Policy Coordination Committee)는 각 부처 실무자들이 참석하며, 6개 지역별 정책조정위원회(유럽과 유라시아/서반구/동아시아/남아시아/근동 및 북아프리카/아프리카)와 11개 기능별 정책조정위원회(민주, 인권 및 국제 활동/국제개발 및 인도주의적 지원/지구환경/국제 파이넌스/초국가적 경제문제/대테러리즘 및 국가대비/국방전략, 군구조와 기획/군비통제/ 확산, 비확산 및 국토방위/정보와 방첩/기록접근 및 정보안보)가 운영된다. 참모 조직은 NSC 협의조직의 정책조정과 통합

14) L. Erik Kjonnerod, We Live in Exponential Times: Interagency to Whole-of-govenment, National defense University, Joint Reserve Affairs Center, 2009.

15) 박준석, 국가안보 위기관리 대테러론, 서울: 백산출판사, 2014, p.15.

기능을 지원하고 대통령을 보좌하는 역할을 수행하는 조직으로 안보보좌관과 2인의 안보부보좌관의 지휘를 받아 대통령 지시사안에 대한 정책검토 및 부처 간 정책의 사전조정 기능을 담당한다. 참모조직의 법률상 대표는 사무처장이나 실질적으로 안보보좌관이 조직을 지휘, 통솔하고, 기능국과 지역국으로 구성되어 있고, 오바마 행정부에서는 국토안보회의의 사무조직 위원들이 총 240명으로 구성되어 있다.16)

2) 국토안보부(DHS)

미국은 국가 위기관리시스템의 골격을 개편하여 국토안보회의(Homeland Security Council)를 대통령 명령 제1호17)에 의거 2001년 10월 29일 설립하였고, 아울러 테러 및 위기관리대책과 관련해서 국무부, FBI, CIA, 국방부, 연방 긴급사태 관리처 등이 독자적으로 활동해 왔었으나, 9.11테러와 같이 미국 본토에서 대규모 테러사건이 발생한 경우에는 모든 관계부처가 연대하여 활동할 필요성이 제기되어 부시 대통령은 2001년 10월 8일 대통령 명령 13228호를 발표하여 국토안보국을 발족시켰다. 이후 2001년 10월 26일 승인된 '애국법(USA Patriot Act, 반테러법)'에 의해 테러 및 위기관리에 대응하기 위한 국내 안보강화, 감시절차 강화, 국제 돈세탁 방지 및 법집행기관 권한 강화 등 대책을 마련하였다. 2002년 10월에는 국방부에 '북부 사령부(Northern Command)'를 창설하여 본토에 대한 테러 공격 시 민간 지원 등을 전담하게 하였다. 이후 대테러 및 보안, 재해재난, 국경 및 출입국 등 모든 국가안전 관리 기능과 연관된 연방주지방 정부에 소속된 기존의 87,000개 관할권을 핵심적으로 연결하고 효과적으로 통합하기 위해 2002년 11월 25일에 승인된 국토안보법에 근거하여 2003년 1월 24일 국토안보부를 신설하였다.18)

국토안보부는 당시 비대화된 조직구조로 인한 관료제적 문제점과 기존 비상관리 핵심조직인 FEMA의 상대적 소외에 대한 문제점이 연방의회에서 제기되었으나, 9.11테러 이후 위기의식이 심화되어 무마되어 오다가 태풍 허리케인 카트리나19) 발생 시 초기

---

16) Spencer S. Hsu, Obama Integrates Security Councils, Add New Offices, Washington Post, May 27, 2009.

17) The Homeland Security Presidential Directive-1, October 29, 2001.

18) 박준석, 국가안보 위기관리 대테러론, 서울: 백산출판사, 2014, p.16.

19) 2005년 8월 23일 미국 남동부의 멕시코 만 해안을 강타한 허리케인 카트리나는 1928년 이래 미국에서 발생한 가장 치명적 피해를 준 대형 태풍으로, 뉴올리언스 지역은 폰챠트레인 호수의 제방이 붕

현장대응과 지역별로 대응하는 재난관리체계의 문제점이 복합적으로 노출되어 국토안보체계와 기능 전반에 대한 직제를 재검토하는 계기가 되어, 2006년 2월에 테러와 주요 재난 그리고 기타 비상사태를 관리하기 위해 국가대응계획(NRP: National Response Plan)[20]을 개정하여 국토안보부 내에 비상작전본부 성격을 가진 국가작전본부(NOC: National Operations Center)를 설치하여 위기관리기구를 일원화하고 현장위주의 지원기능을 강화하였다. 또한 비상대응 및 조치국에 연방수사국(FBI: Federal Investigation Agency)의 국내대응팀, 법무부 비상사태지원팀, 보건부의 공공보건 비상대응팀과 함께 한 부서로 편입되어 자연재해, 인적 재난, 민방위 등을 포함한 모든 재난관리에 관하여 연방정부 차원에서 중심적인 역할을 수행하는 주도적인 기관으로 전체적이고 적극적인 재난관리 방식으로 바뀌면서 새로운 재난관리의 이정표가 정립되었다.[21] 이에 따라 국토안보부는 22개 행정부처와 유관기관에 분산되어 있던 본토방어 및 대테러업무관련조직과 연방비상관리처(FEMA)등을 흡수, 통합하여 창설되었다.

국토안보부는 2010년 추가된 이민・세관정책부서(시민권・이민국)와 교통안전 업무부서(수송경비 관리국)를 포함하여 〈그림 6-2〉와 같이 7개의 기관으로 분류되어 있으며 첫째, 관세국경 보호국, 둘째, 시민권・이민국, 셋째, 해안경비대, 넷째, 연방위기 관리청, 다섯째, 이민・세관집행국, 여섯째, 비밀경호국, 마지막으로 수송경비 관리국으로 구분하여 운영되고 있다.

괴되어 80%가 물에 잠기고 사망・실종자 2,541명, 2,200억 달러의 재산피해를 입었다(http://k.daum.net, 2014년 2월 8일 검색).

20) 국가대응계획(NRP)은 테러와 재난, 기타 비상사태관리를 위한 통합 국가위기관리계획으로 연방 정부의 자원관리와 관계기관 조정체계를 단일화하고, 연방・주・지방정부와 민간관계자가 함께 협력하기 위한 방침과 세부절차를 규정한 계획이다(행정자치부, http://www.mopas.go.kr, 2014년 2월 8일 검색).

21) 송윤석 외, 재난관리론, 서울: 동화기술, 2011.

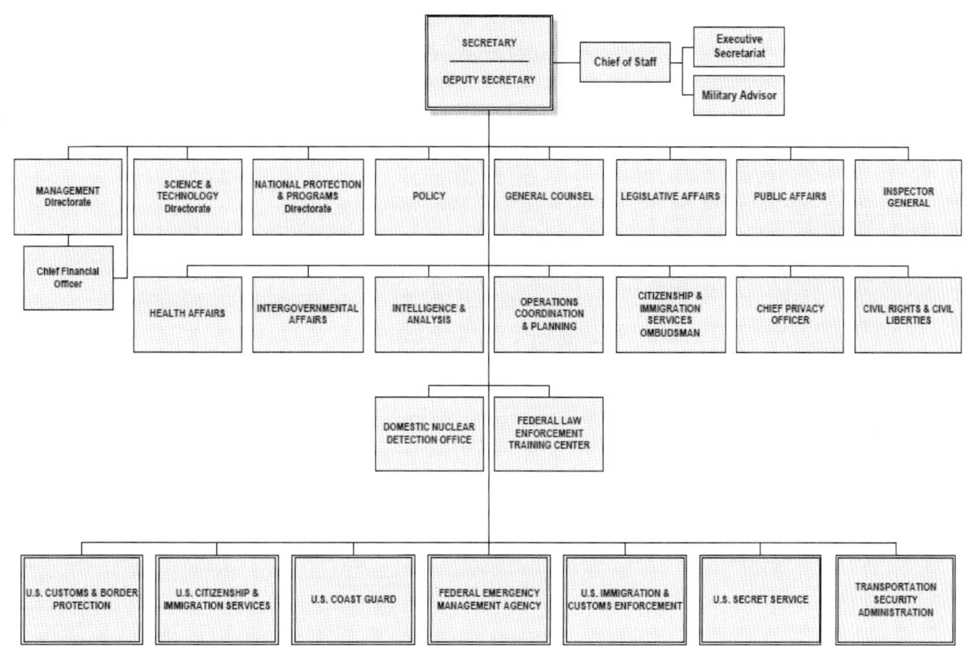

출처: 박준석, 국가안보 위기관리 대테러론, 서울: 백산출판사, 2014, p.18.

〈그림 6-2〉 DHS(국토안보부) 조직도

국토안보부의 임무는 미국을 보호하기 위한 국가적 노력의 통합을 선도하며 테러리스트의 공격을 예방, 억제하고 위협과 위험으로부터 국가를 보호 및 대응하며, 국경안전의 보장, 합법적인 이민자 및 방문자 환영 및 자유무역 촉진 등이다. 이러한 임무를 수행하기 위한 전략목표로 인지, 예방, 보호, 대응 복구 및 서비스를 설정하고 있다. 국토안보부는 장관 아래 부장관, 차관(7개 국장) 및 기타 18개 참모부서 등 총 20만여 명으로 워싱턴 본부에 1,200명이 근무하며, 예산은 약 400억 달러(약 40조원)이며, 이는 연방부처 중 인원 수로는 국방부, 보훈부 다음 세 번째로 큰 조직이다.[22]

---

22) 박준석, 국가안보 위기관리 대테러론, 서울: 백산출판사, 2014, p.19.

3) 연방재난관리청(FEMA)

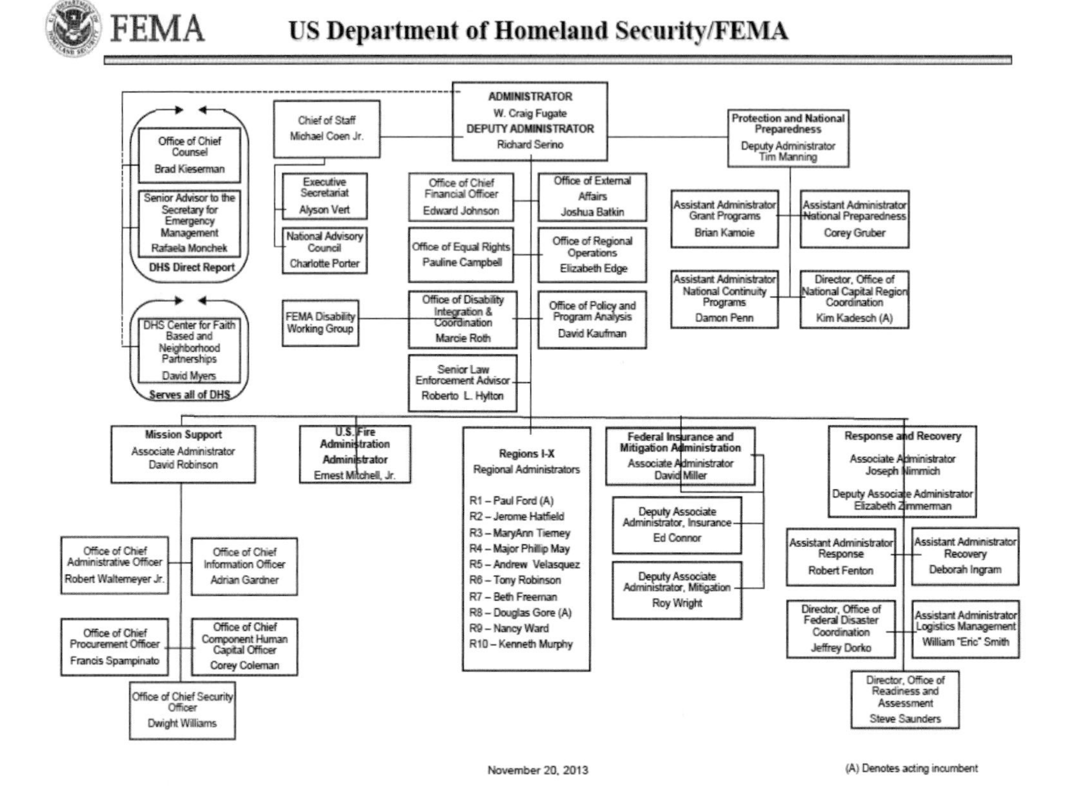

출처: http://www.fema.gov/media-library/assets/documents/28183?id=6251(검색일자: 2014년 2월 8일)

〈그림 6-3〉 FEMA 조직도

2001년 9.11테러의 영향으로 부시 대통령은 모든 종류의 위협으로부터 국가를 보호하기 위해 22개의 흩어져 있던 국가조직을 하나의 조직으로 통합하기로 결정했다. 이러한 역할을 수행하기 위해 국토안보부(Department of Homeland Security)가 창설되었다. 국토안보부 창설 후, 위기관리의 초점은 자연재난보다는 테러리즘과 안보위협에 맞춰지게 된다. FEMA도 국토안보부의 하위부서로 통합되어, 재난 원조와 예방 프로그램에 관련한 역할을 수행하게 되었다. 그러나 이러한 연방을 중심으로 한 명령과 통제 시스템의 강화, 그리고 관리의 중심을 테러에 두는 전략은 FEMA의 기능을 약화시키는 계기가 되었고, 카트리나 사태는 이러한 국가 재난안전관리 시스템의 대표적 실패 사례라 할 수 있다. FEMA의 주요 네 기능은 (1)재난/재해 예방, (2) 비상사태 방책, (3) 보급품 공급, (4) 자산관리 및 보호로 구분되어 있다.

4. 한국의 테러대응체계

1) 한국의 대테러 대책기구

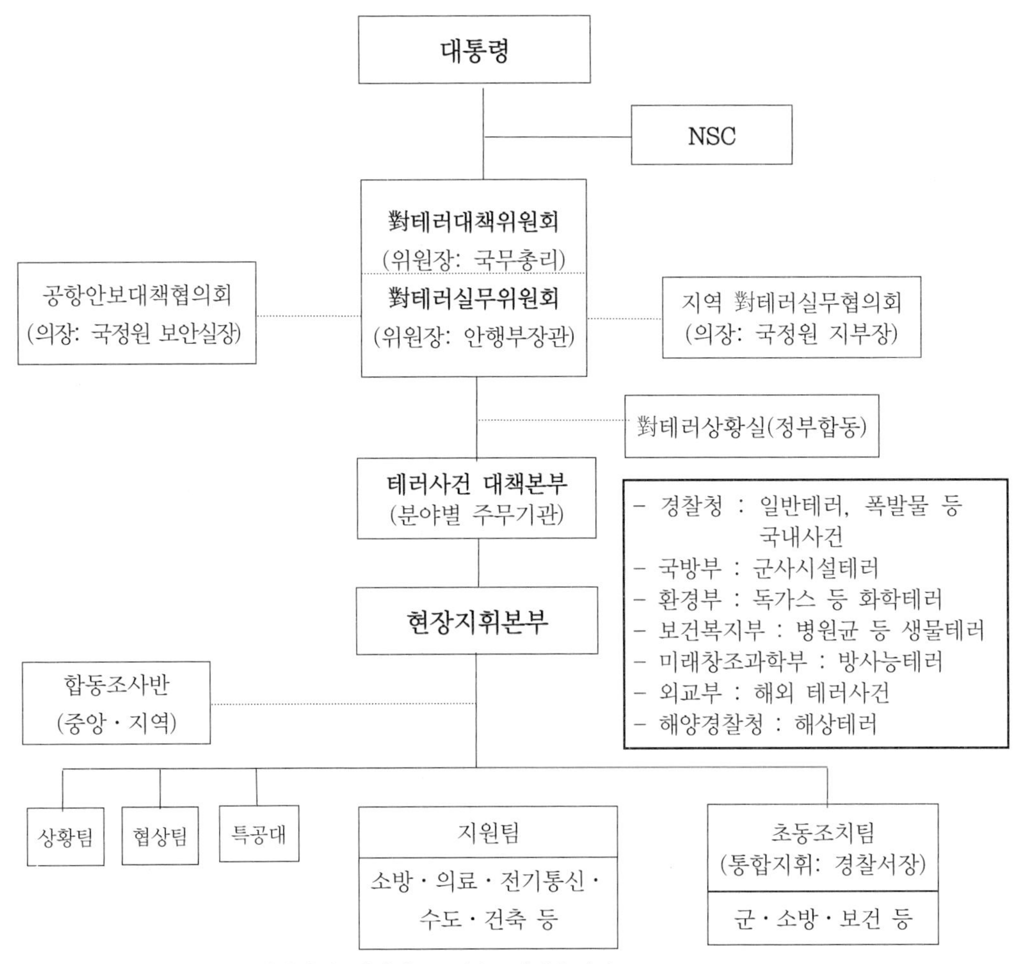

출처: 박준석, 국가안보 위기관리 대테러론, 서울: 백산출판사, 2014, p.85.

〈그림 6-4〉 대테러대책기구 종합체계도

최상의 대테러 대책기구는 대통령 직속인 대테러대책위원회가 있다. 대테러대책위원회는 국무총리를 위원장으로 국정원장 등 10명의 위원으로 구성되며 대책, 협의, 결정의 역할을 한다. 현재 20개 부처가 각기 수행하고 있으나, 행정기관과의 여러 가지 독자성을 갖지 못하는 것이 현실이다.[23]

2) 우리나라의 대테러 정책

조호대는 우리나라의 현행 대테러 정책의 주요 문제점으로 테러 규제 관련 법률 규정의 불충분, 대테러 정보 자료의 효율적 관리 미흡, 대테러 업무 전문 인력의 부족, 사회 안정 저해요인 관리의 소홀, 해외에서의 테러리즘 활동의 미진 등을 들면서 테러리즘 대비를 위한 대응방안을 다음과 같이 제시하고 있다.[24]

첫째, 21세기의 테러 대응책은 단순히 테러 그 자체에 대한 접근방식보다는 하나의 테러행위에 보이지 않게 작용하는 불법마약, 부패행위, 돈세탁 등이 포함된 좀 더 포괄적이고 통합적인 대책이 필요하다고 주장하면서 대테러 관련 법규의 정비 필요성을 강조하였다. 둘째, 효율적인 테러 방지 활동을 위해서는 국가 대테러 정보 전반에 대한 유관기관 전산망을 통합 관리하고 자료 공유체제를 구축하여 정보 활용과 보안관리 효율성을 제고하기 위한 대테러 정보자료의 통합관리를 제시하였다. 셋째, 대테러 업무의 효율적 수행을 위해서는 테러 유형별로 전문적인 대응능력을 갖춘 인력이 많아야 한다. 특히 최근 테러가 총기류, 폭발물 등 대량살상무기를 이용하고 있고, 독가스와 같은 화학무기 등도 사용하여 점차 하이테크화하는 경향이 있으므로 이에 대한 전문 인력 양성이 필요하다. 또한 사이버 테러에 효율적으로 대응하기 위해서는 컴퓨터 해킹 등에 관한 전문지식을 갖춘 다양한 보안 전문 인력이 확보되어야 한다는 점을 강조하였다. 넷째, 사회 안정 저해 요인의 해소이다. 우선 불법 총기류 단속활동을 강화하여 국민의 불안감을 해소해야 하는데 이를 위해서는 불법 총기류 제조, 판매, 수입, 소비자에 대한 색출 및 처벌을 강화하고 불법 총기 및 실탄의 유통실태를 면밀히 분석하여 근본적인 차단책을 강구하며 폭발물, 총기류 등 안전관리체제를 정립하고 실무요원의 대응능력 향상이 필요하다. 마지막으로 국제 테러리즘은 주권 국가에 의해

---

23) 박준석, 국가안보 위기관리 대테러론, 서울: 백산출판사, 2014, p.85.

24) 조호대, 우리나라에 예상되는 테러리즘의 유형과 대응방안, 사회과학연구, 10(2), 2004.

통제되는 개인이나 집단에 의해 또는 특정 국가들의 지원을 받는 개인 또는 집단에 의해 타국을 대상으로 자행되는 것이 일반적이기 때문에 국내외 대테러 공조 협력체제 강화를 제시하였다.

우리나라의 대테러 정책 발전 방향을 크게 조직적 접근, 기술적 접근으로 구분하여 논의를 전개한 최진태는 이들 두 접근에 따라 세부적으로 구체적인 효과성 확보 방안을 제시하였다.[25] 먼저 조직적 접근에서는 국제협력체제의 강화, 대테러 정보 역량의 강화, 테러리즘 방지법의 조속한 제정, 국제 대테러리즘 전문기구의 창설 주도, 대테러리즘 통합 조정기구 상설화, 테러 경보 체계의 개선, 대테러 및 보안 전문가의 양성, 대테러 및 평화 교육 체제 구축을 방안으로 제시하고 있다. 또한 기술적 접근에서는 국가 보안 및 주요 시설에 대한 경비 강화, 신형 테러리즘 대비 첨단장비 확보, 법의 정의 실천 강화, 그리고 정치·경제적 제재 강화가 필요하다고 주장하고 있다.

이창용은 위기관리차원에서 테러 방지 정책을 법·제도적 측면, 조직·기구적 측면, 프로그램적 측면의 세 가지로 구분하고 각각의 측면에서 테러 방지 위기관리 시스템 효과성 제고방안을 제시하고 있다.[26] 먼저 법·제도적 측면에서는 통합테러방지법의 제정, 가외성과 능률성의 조화, 전문직업주의의 확립이 필요하다고 하였다. 다음으로 조직·기구적 측면에서 자생적 시스템 모형을 이용한 통합적 대응체계의 구축, 거버넌스 협력 체계의 구축, 상호작용 적응적 위기관리시스템의 구축을 주장하고 있다. 셋째, 프로그램적 측면에서는 교육과 홍보를 통한 테러 위험 인식의 제고와 민·관·산·학 협력 체계의 강화, 그리고 잉여 인력의 효과적 활용을 강조하였다.

한상암·정덕영은 테러 환경의 변화와 테러에 대응하기 위해 가장 빈번하게 논의되어지는 기법의 내용을 미국의 사례를 중심으로 살펴보면서 우리나라 테러 대응 기법에의 시사점을 도출하였다.[27] 우선 우리나라의 국가테러대응 시스템을 위해서는 제16대 국회에서 자동폐기된 테러방지법의 조속한 입법이 필요하다는 점을 지적하고 있다. 둘째, 테러에 관해서는 사전 예방조치가 가장 중요하기 때문에 테러에 대한 정보수집 활동의 강화가 필요하다는 점을 지적하고 있다. 셋째, 중요한 정보의 가치를 지닌 첩

25) 최진태, 국제 테러유형 및 대테러 정책 발전 방향, 방재연구, 8(4), 2006, pp.352-265.

26) 이창용, 뉴테러리즘과 국가위기관리, 서울: 대영문화사, 2007, pp.268-279.

27) 한상암·정덕영, 국가기관의 테러대응 기법에 관한 연구, 한국경찰학회보, 10(1), 2008, pp.359-388.

보라 하더라도 분석관의 판단을 거치며 첩보로 사장되는 오판이 있을 경우에는 국가에 커다란 손상을 입히게 되므로 첩보수집이 아무리 중대하다고 하더라도 분석관의 판단 또한 매우 필수적이라는 점을 강조한다. 따라서 대테러에 관한 첩보는 정보의 공유만이 사전에 테러 사건을 예방할 수 있는 가장 중요한 방안이라고 강조하였다. 마지막으로 인간 각자가 지니는 기술과 능력의 한계와 내부 조직의 구성과 시스템, 상호 의견의 충돌 등으로 인해 대테러 첩보의 성격이 왜곡될 수 있고, 첩보 자체가 소멸되는 경우도 있기 때문에 첩보의 정직성을 강조한다.

이재은은 대테러 정책의 특징을 크게 지속성, 국제적 협력관계, 포괄성, 통합성, 과학성, 법적 제도화 기반, 연계성으로 설정하면서 대테러 정책의 효과성 확보를 위한 발전 방향으로 아홉 가지를 제시하였다.[28] 즉 대테러 정책의 법적 제도화, 통합적인 국가 대테러 정책을 위한 조직 설립, 국가위기관리 영역에서의 대테러 정보 수집 및 분석 역할, 복합적 성격의 테러 활동에 대한 대테러 정책, 사회내장형 대테러 위기관리체계 구축, 대테러 전문 인력 양성 체계 구축, 위기관리 학술적 협력 체계의 구축, 국가 대테러 위기관리 분야의 연구・개발 확대, 국제적 대테러 정책의 협력 체계 강화를 통해 대테러 정책의 효과성 확보가 가능하다고 주장하였다.

권정훈은 테러대응 시스템의 통합적・효과적 운용을 위하여 다음과 같은 방안들을 제시하고 있다.[29] 첫째, 통합형 대응시스템의 구축, 둘째, 법률 시스템의 정비를 통한 상위법 체제의 확립, 셋째, 민・관 협력시스템의 확대, 넷째, 위기관리 시스템과의 연계성 강화이다.

3) 테러방지법 제정의 문제

현행 대테러업무 수행을 위한 국내법적 근거로 가장 거시적인 법률로는 테러행위를 포함하는 것으로 해석되는 통합방위사태에 대응하기 위한 「통합방위법」이 있다. 그러나 현실적으로 테러의 개념을 설정함에 있어서도 다양한 법률 즉 공중에 대한 협박을 위한 자금조달, 항공안전 및 보안, 선박에 대한 위해, 원자력 시설 방호 등의 행위와

---

28) 이재은, 국가위기관리차원에서의 대테러 정책의 발전 방향, 대테러 정책 연구논총, 제6호, p.133, 2009.

29) 권정훈, 한국 테러대응 시스템의 제도적 구축방안, 한국경호경비학회지, 제25호, 2010, p.56.

관련하여 산재되어 있어서 정확한 개념과 범위조차도 규정되어 있지 않고 있다.30)

한국의 대테러활동을 위한 관련 법률을 살펴보면 테러에 이용될 위험물질을 규제하기 위한 「원자력안전법」, 「원자력시설 등의 방호 및 방사능 방재대책법」, 「유해화학물질관리법」, 「총포・도검・화약류 등 단속법」, 「고압가스안전관리법」 등이 있고, 테러자금 추적을 위한 「범죄수익은닉의 규제 및 처벌에 관한 법률」, 「특정금융거래정보의 보고 및 이용 등에 관한 법률」 등이 시행되고 있다. 테러정보 수집・작성・배포를 위해서는 「국가정보원법」, 경찰의 대테러활동을 위한 「경찰관직무집행법」, 「경찰청과 그 소속기관 직제」, 테러위험인물의 활동을 규제하기 위한 「출입국관리법」, 「북한이탈주민의 보호 및 정착지원에 관한 법률」, 테러행위에 대한 수사와 절차 그리고 처벌을 위한 「형법」, 「폭력행위 등 처벌에 관한 법률」 등이 시행되고 있다. 그러나 실제 테러리즘이 발생하였을 때 내지는 발생 직전의 긴박한 상황에서 전반적인 통제를 위한 테러방지관련 기본법은 국회에서 수차례 발의되었음에도 불구하고 제정되고 있지 않다.31)

〈표 6-1〉 대테러활동 관련 현행 법률

분야	법률
테러 개념	「공중 등 협박목적을 위한 자금조달행위의 금지에 관한 법률」, 「항공법」, 「항공안전 및 보안에 관한 법률」, 「선박 및 해상구조물에 대한 위해행위의 처벌 등에 관한 법률」, 「원자력시설 등의 방호 및 방사능방재대책법」 등
위험물질 (테러이용물질)	「원자력안전법」, 「원자력시설 등의 방호 및 방사능 방재대책법」, 「유해화학물질관리법」, 「총포・도검・화약류 등 단속법」, 「고압가스안전관리법」 등
테러자금추적	「범죄수익은닉의 규제 및 처벌에 관한 법률」, 「특정금융거래정보의 보고 및 이용 등에 관한 법률」 등
군 병력 지원	「계엄법」, 「재난 및 안전관리기본법」
테러위험지역 체류금지	「재외국민등록법」
테러정보 수집	「국가정보원법」

30) 이만종, 경찰의 테러대응체계 법제에 관한 고찰, 한국테러학회보, 7(2), 2014, p.92.

31) 이만종, 경찰의 테러대응체계 법제에 관한 고찰, 한국테러학회보, 7(2), 2014, p.92.

분야	법률
대테러활동	「경찰관직무집행법」, 「경찰청과 그 소속기관 직제」
테러위험인물 활동 규제	「출입국관리법」, 「북한이탈주민의 보호 및 정착지원에 관한 법률」 등
행위 처벌	위 법률들 외, 「형법」, 「폭력행위 등 처벌에 관한 법률」 등
피해자 보조	「범죄피해자 보호법」

이만종, 경찰의 테러대응체계 법제에 관한 고찰, 한국테러학회보, 7(2), 2014, p.92.

제16대-제18대 국회에서 국가정보원 주도의 테러방지법안이 수차례 발의되었으나 국가정보원의 권한 강화와 인권침해 우려 등으로 임기만료 폐기되었다.

제19대 국회에서는 2014년 11월 국회 정보위원회가 송영근 의원의 '국가대테러활동과 피해보전 등에 관한 기본법안'을 심의해 법안소위에 회부하였다. 이 법안은 국가정보원장이 국가대테러업무 수행실태를 점검해 국회에 보고하고 대테러활동에 관한 정책의 중요사항을 심의·의결하기 위해 대통령 소속으로 국가테러대책회의를 두는 것을 주요 내용으로 한다.

선진국에서는 미국, 영국, 프랑스, 캐나다, 일본, 호주 등 16개국에서 개별법이 제정되는 등 대테러법 제정은 국제적 추세이다.[32] 조속한 입법이 필요하다고 사료된다.

4) 테러 대응에 대한 문제점 및 대응책

첫째, 선진국과 같은 통합적인 대테러센터가 없는 것이다. 미국은 테러위협통합센터(TTIC), 영국은 합동테러분석센터(JTAC), 캐나다는 안전정보부 산하 종합국가보안평가센터(INSAC), 호주는 보안정보부 산하 국가위협평가센터(NTAC)를 각각 설립하여 대테러업무를 집중적으로 수행하고 있는 실정이다.[33] 그러나 우리나라는 20개의 정부 부처에서 제각기 분야별 임무를 맡고 있다. 국정원의 테러정보종합센터의 권한을 강화하여 다른 나라와 같이 통합된 대테러센터를 설립하여야 할 것이다.

---

32) 국가정보원, 테러방지법 설명자료, 2003.12, pp.3-4.

33) 체재병, 국가테러리즘과 군사적 대응, 국제정치논총, 제44집 2호, 2004, pp.57-61.

둘째, 미국의 국토안보부와 같은 전문 통합부서가 없는 것이 문제점이다. 그에 따라서 우리나라에서는 대통령 직속기구로 통합된 부서(가칭: 대테러안전부)가 만들어져야 될 것이다.

셋째, 대테러법이 제정되어야 할 것이다. 신속한 업무를 수행하는 데 많은 제약이 발생되기 때문에 대응시기를 놓칠 가능성이 높다고 할 수 있다. 신속한 테러예방은 테러방지법의 안을 제정하는 것이다.

넷째, 국민들과 상호 신뢰를 회복할 수 있는 대테러업무의 민영화에 따른 전담기구, 협력조직이 필요하다.

다섯째, 대테러분야 전문가 양성이 필요하다. 테러의 유형별(개인, 집단테러), 테러의 사상적(적색, 백색), 내용상(정권, 반정권), 또한 동기에 의한 분류 대상에 따른 분류 등에 의한 체계적 전문가 양성이 필요하다.[34)]

5. 시사점 및 결론

첫째, 국가안보와 테러대응은 정치·경제·사회·문화·종교 등의 다변화된 요인과 시대적 변화에 따라 위기관리 매뉴얼은 지속적인 변화와 수정이 필요하다. 즉, 위기관리의 체계적이고 다양한 매뉴얼 개발이 필요하다. 정부 부처와 지방자치단체가 관리하는 실무매뉴얼과 민간단체·시민단체와 협력의 현장매뉴얼을 세분화하고 단계별, 환경적 매트릭스를 만들어 포괄적인 광의적 영역과 협의적 영역을 개선하여 테러대응 매뉴얼을 작성하여야 할 것으로 사료된다.

둘째, 미국과 같은 선진국은 국가안전보장회의(NSC)의 중심이 강력한 체제로 테러대응 관련 부처의 통합, 조정 및 심의할 수 있도록 현 정부에서도 재정지원과 기구의 확대 및 단계별 위기관리 대응을 할 수 있는 주무부서의 유기적인 협력체제가 되도록 조직정비가 강화되어야 할 것이다. 또한 위기관리를 전담할 수 있는 미국의 국토안보부(DHS)와 같은 전담부서를 청와대에 새로운 부를 만들어 관련된 각 부처가 분야별로 전문성 있고 획일적인 예방과 대비, 대응 복구를 할 수 있는 우리나라의 특수성에 맞

34) 박준석, 국가안보 위기관리 대테러론, 서울: 백산출판사, 2014, pp.86-87.

게 기존의 정부 부처의 확대 및 새로운 전담부서를 만들어 효율적으로 대응할 필요가 있다고 생각한다.

셋째, 포괄적인 신학문적 안보, 위기 및 테러 대응 분야에서의 학문적 영역이 정립되어야 할 것이다. 정부와 민간, 학계와 협조체제가 다양한 형태로 운영되어야 할 것이다. 일반 국민이 참여하는 자원봉사, 분야별 전문가 양성, 위기대응전문 교육기관을 대폭 확대하여 국민이 적극적으로 참여하는 훈련교육이 강화될 전문기관의 교육원 확대와 대학 연구소 등에서 연령별, 수준별, 교육훈련 프로그램이 실질적으로 위기관리와 안전을 보장받을 수 있도록 시스템 연구의 제도적 뒷받침이 필요하다.

넷째, 지난 연평도 사건 이후 청와대 위기관리센터에서 위기관리실로 개편하여 국가안보 및 위기관리를 총체적 대응 및 통합적 관리체제로 편성되어 있다. 그러나 현시대의 포괄적이고 복합적인 안보와 테러 대응 및 위기관리를 총체적으로 대응한다는 것은 여러 측면에서 고려해야 할 것이다. 즉 조직의 기능 확대와 재정의 확충 및 민간 전문가의 적극적인 참여가 필요하다. 또한 관련법령의 범위, 대상, 목적 등이 개정 및 제도 도입이 필요하다고 사료된다.

다섯째, 전체적 국가안보와 위기관리단계에서 가장 중요한 요인은 예측, 예방, 대비, 단계라고 생각한다. 그러므로 테러 대응 및 위기관리에서의 다양한 사례를 정보수집, 과학적인 판단분석을 할 수 있는 정보활동이 체계적, 제도적, 법률적 뒷받침이 적극적으로 선행되어야 한다. 이 과정에서 통합적 테러대비 시스템의 필요성을 고려해 볼 때 국정원 테러정보종합센터를 테러 대응의 컨트롤타워로서 운영시켜야 할 필요가 있다고 본다.

끝으로 신속한 대응, 복구, 즉각 조치, 효율적 복구와 합리적인 보상제도 표준화 작업과 정부부처 예산확보를 하여 정부와 국민의 상호 신뢰의 장을 제도적으로 다양하게 검토되어져야 선진국형 국가안보뿐만 아니라 국민의 안전을 보장해 줄 수 있을 것이다.

참고문헌

강진석, 한국의 안보전략과 국방개혁, 평단문화사, 2005.

국가정보원, 테러방지법 설명자료, 2003.12,

국가정보원, 테러방지에 관한 외국의 법률 및 국제협약, 2006.11.

국가정보원, 국가 대테러 활동지침, 대통령 지침훈령 제47조, 2008.8.

권정훈, 한국 테러대응 시스템의 제도적 구축방안, 한국경호경비학회지, 제25호, 27-62, 2010.

김명, 국가학, 서울: 박영사, 1995.

김진항, 포괄안보시대의 한국국가위기관리 시스템 구축에 관한 연구, 경기대학교 정치전문대학원 박사학위논문, 2010.

박준석, 국가안보 위기관리 대테러론, 서울: 백산출판사, 2014.

비상기획위원회, 비상기획위원회 연혁집, 서울: 비상기획위원회, 1990.

송윤석 · 김유선 · 임양수 · 편석범 · 현성호, 재난관리론, 서울: 동화기술, 2011.

이신화, 비전통적 안보와 동북아시아 협력, 한국정치총론, 제24집 제2호, 국제정치학회보, 2008.

이재은, 국가위기관리차원에서의 대테러 정책의 발전 방향, 대테러 정책 연구논총, 제6호, 117-149, 2009.

이재은, 국가 대테러 정책 효과성 확보를 위한 사회적 자본과 거버넌스, 대테러 정책 연구논총, 제7호, 145-178, 2010.

이창용, 뉴테러리즘과 국가위기관리, 서울: 대영문화사, 2007.

임용민, 한국의 효율적 위기관리체제 구축에 관한 연구, 연세대학교 행정대학원 석사학위논문, 2008.

임진택, 국가위기관리 체계 및 단계별 분석, 인하대학교 행정대학원 석사학위논문, 2009.

조영갑, 테러와 전쟁, 서울: 북코리아, 2004.

조호대, 우리나라에 예상되는 테러리즘의 유형과 대응방안, 사회과학연구, 10(2), 551-577, 2004.

체재병, 국가테러리즘과 군사적 대응, 국제정치논총, 제44집 2호, 2004.

최진태, 국제 테러유형 및 대테러 정책 발전 방향, 방재연구, 8(4), 42-59, 2006.

Andrew Heywood, 이종은 · 조현수 역, 현대정치이론, 서울: 까치, 2007.

The Homeland Security Presidential Directive-1, October 29, 2001.

Spencer S. Hsu, Obama Integrates Security Councils, Add New Offices, Washington Post, May 27, 2009.

L. Erik Kjonnerod, We Live in Exponential Times: Interagency to Whole-of-govenment, National defense University, Joint Reserve Affairs Center, 2009.

W. Mitchell Waldrop, The Emerging Science at the Edge of Chaos. New York Bantam Books, 1992.

제7장

해외진출기업의 테러위협 및 보호방안

제 7 장 해외진출기업의 테러위협 및 보호방안

1. 서론

현 사회에서는 정보화·세계화시대의 흐름에서 테러, 사이버테러, 국내외적 범죄와 자연적, 인위적, 환경적 재난 재해 등으로 국가안보와 국민을 위협하는 새로운 위험들이 증가되고 있는 것이 현실이다.

21세기 뉴테러리즘은 핵, 화학, 생물학, 방사능물질을 이용한 대규모 폭력성의 슈퍼테러리즘에서 사이버 공간을 이용한 사이버 테러리즘과 극단적 자살테러라는 새로운 유형을 보여주고 있다. 최소한의 도덕적 정당성마저도 포기하고 있다. 세계최강의 미국도 테러 대응전략은 부족하다는 것이 현실이다. 테러의 결과는 9.11 이후 각국 안보환경 인식의 변화를 가져왔다. 그 예로 반테러 관련법제와 기구의 정비, 대테러대응센터, 대응기법을 계속해서 연구하고 있는 실정이다(박준석, 2005).

국가정보원은 해외진출기업의 테러 피해를 예방하는 차원에서 2007년 2월 외교부·국토교통부와 공동으로 아프리카, 중동의 우리 기업체들을 대상으로 안전관리 실태를 점검한 결과, 일부 사업장이 테러대비에 대한 문제점이 있었다고 밝혔다. 심지어 일부 사업장은 울타리, CCTV 등 기본적인 안전장치조차 갖추지 않았고 일부 근로자, 교민들은 테러위험에 대한 경각심이 부족한데다 유사시 행동 요령도 잘 숙지하지 못하고 있었다고 국정원은 지적했다(연합뉴스, 2007).

위 사례와 같이 해외진출기업들의 테러위협국가로의 진출에 있어 여러 장애요인이 있다는 것을 알 수 있었다. 따라서 해외진출기업이 증가하고 있는 시점에서 테러의 위협에 대한 요소 및 실태를 분석하여 해외진출기업의 대응 및 보호방안을 효율적으로 접근하고자 한다. 본 연구의 절차는 현재 해외진출기업의 현황과 뉴테러리즘의 동향, 기업의 피해분석을 통하여 해외진출기업의 대응방안과 보호방안에 대해 연구하였다.

2. 해외진출기업 실태 및 피해분석

1) 테러발생 증가 원인과 해외진출기업 현황

2014년 테러정보종합센터 테러동향보고 자료에 의하면 2013년 4,096건의 테러가 발생하였다. 또한 국제테러정세는 시리아 내전 격화, 아프간 주둔 연합군 철수, 이라크·파키스탄 정정불안 지속 등에 따라 서남아·중동·북아 지역을 중심으로 악화될 것으로 전망되며, 서방국가의 자생테러위협 증가와 이슬람 테러단체들의 인터넷을 통한 극단주의사상 전파 및 자생테러 선동의 강화로 그 위협이 날로 증가하고 있다.

〈표 7-1〉 테러발생지역 현황

지역 연도	계	아 · 태	유 럽	중 동	미 주	아프리카
2013년	4,096	1,521	43	2,249	49	234
2012년	3,928	1,398	83	2,155	61	231
증 감	+168	+123	−40	+94	−12	+3

위 도표와 같이 발생지역은 중동지역이 2,249건으로 가장 높게 나타났고, 아·태지역, 아프리카지역 순으로 나타났다. 이 도표에서 알 수 있는 바와 같이 중동지역에서 아프리카지역으로 이동하는 것을 알 수 있다. 이제는 아·태지역과 아프리카지역에서의 테러 발생이 증가하고 있다.

〈표 7-2〉 테러유형별 현황

유형 / 연도	폭 파	무장공격	암 살	인질납치	방 화	기 타
2013년	2,105	1,797	39	97	19	39
비 율(%)	51.4	43.9	0.9	2.4	0.5	0.9

위 표에서 확인한 바와 같이, 폭파 51.4%, 무장공격 43.9% 순으로 나타났다. 증감 추이 순으로는 무장공격과 폭파 순으로 되어 있으며, 이와 같은 추이는 무장공격의 테러의 경향이 변하고 있다는 것을 알 수 있다.

〈표 7-3〉 테러대상

대상 / 연도	중요인물	군·경 (관련시설)	공무원 및 정부시설	외국인 시설	다중 이용시설	민간인 시설	교통시설	기타
2013년	188	1,834	275	194	122	1,379	35	69
비 율(%)	4.6	45	7	4.7	3	34	0.9	1.7

위 표와 같이 군·경 관련 시설과 민간인 순으로 나타났다. 증감 추이 순으로도 군·경 관련 시설과 민간인과 다중이용시설 순으로 나타났음을 알 수 있다. 이 내용으로 볼 때, 테러 대상이 불특정 다수를 통해서 테러가 자행되는 것을 알 수 있다. 이 성향은 뉴테러리즘의 특징으로 볼 수 있다.

〈표 7-4〉 테러성향 및 조직

단체	이슬람 극단주의	민족 분리주의	극좌	극우	종파분쟁
2013년	2,627	251	125	367	726
비 율(%)	64	6	3	9	18

위 표에서는 이슬람 극단주의와 종파분쟁, 민족 분리주의 순으로 나타났다.

우리 국내 기업은 테러위협국가의 진출기업으로 2001년에는 3,707개의 기업체가 2003년 5,548개, 2005년 7,699개, 2007년 9,568개로 매년마다 지속적으로 증가하고 있으며 진출지역과 규모가 확대되고 있다. 지역별로는 아시아지역이 79%로 대다수를 차지하고 있으며, 북미지역 7%, 구주 6%, 중남미 4%, 중동 4% 순으로 나타났다. 업종별로는 제조업 59%, 무역업 11%를 중심으로 서비스업 8%, 운수업 6%, 건설업 4% 순으로 나타났다. 특히 이라크·아프간 등 25개 테러위험국가로 진출한 기업은 2001년 662개에서 2007년 1,843개로 2.8배나 급증하였다.

2) 해외기업 테러피해 분석

우리 기업·근로자를 대상으로 테러피해 분석에 대한 자료를 보면 70년대 테러발생 건수는 8건, 80년대 6건, 90년대 16건, 00년 이후 68건으로 나타났다. 지역별 테러 발생 현황으로서는 중동이 40%, 아·태 24%, 아프리카 20%, 유럽 13%, 미주 3%로 나타났고, 테러 유형별로는 무장공격 41%, 납치 34%, 폭파 22%, 기타 3%로 나타났다. 국정원은 해외 위험지역에 진출한 우리기업의 테러방지를 위해 07년 10월 산업통상자원부·국토교통부·외교부와 합동으로 '해외진출기업 안전지원단'을 발족, 범정부 차원의 안전지원업무를 수행하고 있다.

조직 체계로써는 테러정보통합센터 산하에 정부합동 해외진출기업 안전지원단 기구로 조직되어 있으며, 협조체제로 외교부, 산업통상자원부, 국토교통부와 협조를 수행하고 있다. 임무와 기능으로써는 해외진출기업에 대한 범정부 차원의 대테러·안전대책 지원, 정부 내 유관기관의 해외진출기업 안전대책 협의·조정과 해외위험지역 진출기업 안전활동 실태 점검 및 위험도 평가 지원, 위험지역 진출 기업에 사전 테러·안전 정보 제공 및 교육지원, 기타 기업체 테러예방활동 관련 대테러·안전 컨설팅의 기능을 가지고 있다.

해외진출기업 안전지원단에 의한 해외사업장 점검결과(14개국 28개 업체), 자체 경비 또는 주재국의 경비지원을 받고 있으나 일부는 주재국 공권력이 미치지 않는 오지에 위치, 테러위협에 노출되어 있는 실정이라는 것을 알 수 있다. 따라서 해외기업 테러피해 점검결과에 따른 해외진출기업의 문제점은 다음과 같이 볼 수 있다.

첫째, 테러정보가 부족하고, 테러피해에 대한 위기의식이 희박하다.
둘째, CCTV, 울타리 등 대테러 장비·시설투자가 부족하다.
셋째, 자체 대비계획도 상황별 대처요령 등이 형식적으로 수립되어 있다.

또한, 중동진출업체의 테러대비 설문조사 내용 및 분석은 12개국 진출 36개 업체, 58개 사업장에서 E-mail을 통한 설문조사를 실시하였다. 그 결과, 국가별 진출 현황(58개)로는 UAE 17개, 카타르 7개, 이란 7개, 사우디 7개, 리비아 5개, 쿠웨이트 4개, 이집트·이스라엘·이라크·요르단·오만 2개, 바레인 1개 기업으로 나타났다. 유형별로는 건설 67%, 무역 24%, 제조 9%로 나타났다.

설문결과 항목별 분석으로 폭탄차량 장애물(바리케이트, 차단기, 방지턱, 기타)에 대한 결과는 미비 52%, 불량 29%, 보통 12%, 양호 7%로 나타났다. 사무실 안전시설(대피로, 방범창, 철판문 등)으로는 미비 16%, 불량 38%, 보통 32%, 양호 14%로 나타났다.

안전요원 및 보유 장비(무전기, 가스총 등)으로는 미비 16%, 불량 43%, 보통 29%, 양호 12%로 나타났다. 내 외곽 경비시설(CCTV 등 감시 장비, 외곽울타리)로는 미비 27%, 불량 60%, 보통 9%, 양호 4%로 나타났다. 출입통제 여부(출입증 발급, 검색 실시)로는 미비 34%, 불량 10%, 보통 4%, 양호 52%로 나타났다.

위에서 살펴본 바와 같이 해외진출기업들은 대테러 장비, 시설이 부족하고, 사무실의 안정성이 부족하다고 나타났다. 테러위협 정도 및 체감도 평가에서 항목별 분석으로 볼 때 테러위험요소가 없음 38%, 보통 31%, 낮음 28%, 높음 3%로 나타났으며, 체감도 분석결과는 없음 83%, 낮음 9%, 높음 5%, 보통 3% 순으로 나타났다.

해외진출기업들의 테러의 위험요소와 체감도가 낮고, 정보부족과 테러의 가능성을 심각하게 인식하지 못하고 있다는 것으로 나타난 것을 알 수 있다. 결과적으로 국가기관에서 해외진출기업의 테러 대응에 대한 설문조사에서 나타난 바와 같이, 단기적인 수익에만 집중되어 있어서 장기적인 기업의 이미지와 지역 간의 상호 협력을 통한 테러대응의 직·간접적인 대응에 대해서는 부족하다고 할 수 있다.

3. 해외진출기업 테러대응 및 보호방안

1) 해외진출기업에서의 테러보호 기본시설 확충

해외진출기업 안전지원단의 해외사업장 점검결과에 의하면 CCTV, 울타리 등 대테러 장비, 신변보호 장비 및 시설이 부족하고, 기본적인 시설이 구비되어 있지 않다는 것이 지적된 바와 같이 자체 대테러 장비의 구비가 극히 저조하다고 평가할 수 있겠다. 이에 따라 해외진출기업에 대한 대테러장비 시설을 갖춘 시설을 임대하도록 권유하고, 자체적으로 기본시설, 장비를 구비하도록 지속적으로 지원과 확보가 필요하다고 할 수 있겠다.

구체적으로 CCTV 및 각종 전자보안 시스템을 설치, 감시, 감지하는 시스템을 구축해야 할 것이다. 또한 조명시설, 보안요원의 배치, 강화문, 방탄소재로 된 창문, 철망으로 된 문과 창문, 주거지·사무실 주변의 각종 감지장치, 방탄차량, 전기 충격기, 순찰·보안요원들의 안전장비 착용이 구축되어야 한다. 따라서 국정원과 산업통상자원부, 국토교통부와 협조하고 KOTRA, 대한상공회의소, 무역협회, 대사관 등과 긴밀히 협조하여 해외진출기업에 대해서 테러보호와 시설확충이 단계적으로 실시되어야 할 것이라고 사료된다.

2) 최고경영자(CEO)의 인식전환 필요

테러에 대한 대책마련에 있어서 가장 중요한 사항은 기업의 테러대응에 대한 인식전환이다. 특히 최고경영자의 대테러보안 대책강구 필요성에 대한 인식이 매우 중요하다(Juval AVIV; 2004, 231). 기업의 경영자들은 테러의 위험성에 대해서 인지하고는 있지만 막상 테러에 대한 투자에 관해서는 부정적으로 생각하고 있다. 왜냐하면 막대한 예산에 대한 부담을 갖고 있기 때문이다. 기업의 이미지 재고를 위해서는 고객들의 심리적 안정과 장기적인 투자로 대비할 때 실제적인 투자라고 할 수 있겠다.

지난 2001년 9.11테러사건의 직접적인 경제손실의 비용은 총액이 196.3억 달러로 나타났다. 세부사항으로 초기 대응비용이 25.5억 달러, 손실보상 비용으로 48.1억 달러, 하구구조 재건 및 개선비용 55.7억달러, 경제 활성화 비용 55.4억 달러, 미집행 비용

11.6억 달러로 나타났다. 또한 테러사건에 의한 간접적 경제적 피해 및 손실비용은 총액이 684.5억 달러로 나타났으며, 세부사항으로는 세계 항공산업 손실비용 150억 달러, 뉴욕시 손실비용 34.5억 달러, 세계 보험산업 손실비용 500억 달러로 나타났고, 실직자 20만 명이 발생된 것으로 나타났다.(세종연구소, 2004) 이와 같이 테러의 직・간접적인 피해로 인한 비용은 천문학적이라고 할 수 있겠다. 무엇보다도 테러에 대한 예방이 중요하다는 사례로 볼 수 있다.

단기간의 기업 투자이익을 생각하는 것이 아니라 장기적인 기업의 이익을 생각을 하여 테러대응을 위한 투자와 시간이 절실히 요구된다. 즉, 기업의 경영자들의 테러에 대응하는 인식을 전환하여 대테러 전문가의 채용과 신임 직무교육의 의무화 등은 구체적인 실무경영으로 반영해야 할 것이다.

3) 기업의 대테러 대책 시스템 제도화

안전지원단은 해외진출기업 테러예방활동을 체계적으로 수행하기 위해 삼성・LG 등 13개 기업과 KOTRA 등 5개 기관이 참여한 '해외진출기업 대테러 협의체'를 발족하여 민・관 협력 네트워크를 구축한데 이어 삼성・포스코 등의 요청으로 테러대응 매뉴얼 및 안전 환경 진단을 지원(4회)하고, '해외건설협회' 홈페이지에 테러・안전정보를 지속 게재하였으며, 이라크 등 위험지역 진출업체 현지파견자 대상 대테러 교육(15회)을 실시, 신변보호 활동을 강화하였다(국정원, 2007).

대테러활동은 테러 관련 정보의 수집, 테러혐의자의 관리, 테러에 이용될 수 있는 위험물질의 안전관리, 시설・장비의 보호, 국제행사 안전 확보, 테러위협에의 대응 및 무력진압 등 테러예방과 대응에 관한 제반 활동이라고 말할 수 있다. 테러에 대응하는데 가장 중요한 것은 테러 대응책을 구축하는 것이다. 실무적으로 총괄적으로 수행할 수 있는 조정기관이 필요하다. 현재 국회에 상정되고 있는 법안에 대테러센터가 그 기능을 맡고 있는데, 세부 기능으로 테러관련 국내외 정보의 수집・분석・작성 및 배포, 테러에 대한 대응대책 강구, 테러징후의 탐지 및 경보, 대책회의・상임위원회의 회의 및 운영에 필요한 사무의 처리, 외국 정보기관과의 테러관련 정보협력, 그밖에 대책회의・상임위원회에서 심의・의결한 사항 등을 명시하고 있다. 추가적으로 해외기업의 테러위협에 대한 업무의 대비・대응에 대한 내용이 세부적으로 시스템을 법제화하여 제도화 할 필요가 있겠다.

따라서 해외기업에 진출하고자 하는 기업들은 법적으로 명시된 사항을 충족했을 때 해외에 진출할 수 있도록 법적인 의무화가 절실히 필요하다. 기존의 대테러센터 내의 해외진출기업 안전지원단의 기능과 영역을 확대하여 대테러 시스템을 구축할 필요가 있겠다.

4) 국제적 협약 공조 및 국가기관과의 상호협조

테러리즘이 국제화됨에 따라, 대 테러리즘 협력이 국가 간 국제협력체제로 대응해야 함은 당연하다. 따라서 국제적인 협력에도 일정한 조건이 필요하게 되었다. 테러리즘에 대응함에 있어서 국가 간의 공동이해가 존재한다는 전제하의 협력의 목표는 이해의 조화를 창출하는 것이 아니라 각국이 타국으로부터 기대하는 최소한의 행위수준에 대한 동의에 있다. 협력은 한 국가가 타국을 이롭게 하기 위해 때로는 자국의 정책을 기꺼이 변경해야 함을 의미한다. 어떤 주제에 대한 국가 간의 합의는 통상 그 분야의 국제법 발전에 선행한다. 국제법은 엄격한 국제질서를 만들어 내지는 못한다. 따라서 각종 국제협약은 약속이며, 제도보다 규범적인 성격이 강하며 언제든 자국의 이익에 따라 지킬 수도 파기할 수도 있는 것이다(문광건, 2003).

즉, 국제 테러리즘을 예방하거나 대응하기 위해서는 국제사회의 협력이 기반이 되어야 한다는 것은 말할 것도 없이 중요한 사항이다. 이런 이유로 국제사회는 테러리즘을 막기 위해 법적 그리고 정책적으로 노력해오고 있다(이강일, 2002). 이와 같이 우리나라는 국제적 공조체제를 더욱 긴밀히 할 필요가 있다. 미국, 일본, 중국, 러시아 특히 중동·아프리카 지역 테러 취약 국가와 상호 테러관련 정보·연구를 교류하고 합동 대테러훈련을 실시, 특수 장비 연구개발 등 협력을 단계적으로 강화하는 한편 국내 유관기관 담당요원, 외국 대테러 전담요원, 민간 대테러 전문가 등이 참가하는 '대테러 세미나'를 정기적으로 개최하여 국내외 유관기관 간의 정보협력을 강화할 필요가 있을 것이다.

따라서 현재 각 나라의 테러담당기관과 정부기관의 협조를 받고, 수사기관과의 공조체계가 필요하다고 사료된다. KOTRA의 조사에 의하면 정부지원 요망사항 상위 5개는 투자정보, 제공, 금융지원, 기 진출 에로사항 전달, 상설 투자자문센터 운영, 바이어 정보 제공으로 정보제공과 관련된 요망사항이 다수로 나타났다(KOTRA, 2007). 각 나라별 외자유지정책과 국제협약의 내용을 사전에 조사하여 산업통상자원부와 KOTRA, 대한상공회의소, 중소기업청, 외교부, 국토교통부 등의 정부기관과의 공조・협약을 통해서 우리 기업들의 보다 개방적이고 효율적으로 해외진출사업을 추진할 수 있도록 정보가 제공되어야 할 것이다. 정부가 제공하는 정보의 질적 측면도 고려해야 한다. 미국에서도 우리기업의 독자적인 능력으로 진출하는 것 보다는 현지의 유력 기업과의 전략적 제휴가 필요하다(박승찬, 2007).

이와 같이 국내 기업이 해외에 진출하기 위해서는 무엇보다도 국가기관의 상호협조가 필요하다. 더구나 테러위협국가로의 진출을 위해서는 국제적 공조협약 및 국가정보기관 간의 상호교류가 우선적으로 확립되어야 한다고 생각한다.

5) 학계 및 민간보안업체의 상호 협력

미국의 국토안보부(Department of Homeland Security)는 연방지원금 1,200만 달러를 투자하여 메릴랜드대학(University of Maryland)에 '테러연구센터'를 설립하였다. 동 연구센터는 국제테러의 근원적 발생원인 규명, 테러리스트 단체들의 내부조직 및 운영형태 파악, 테러 사전 차단방법 등을 집중적으로 연구할 예정이다. 현재 국토안보부는 남가주대학(University of Southern California), 미네소타대학(University of Minnesota), 텍사스A&M대학(Texas A&M University) 등의 대학에도 '테러관련 연구센터'를 운영 중에 있다(경찰청외사관리실, 2005).

미시간대학(University of Michigan)은 현재 5년 동안 천만 달러의 자금을 미국 국토안보부와 미국 환경보호기관으로부터 지원받아 생물학적인 테러 위험에 대한 연구를 하고 있다. 이곳의 주요 목표는 첫째, 기술적인 임무로서 이는 계획적인 생물학적 힘의 사용을 제거할 수 있는 정보와 도구, 모델을 계발하는 것이다. 둘째, 지식관리 임무로서 이는 생물학적인 위험 사정에 관하여 대학, 전문가, 지역사회 사이에 정보 네트워크를 구축하는 것이다.[1]

또한 국내의 국가기관과 민간보안업체의 상호 협력 사례로는 서울 삼성동 코엑스 무역센터의 민간보안업체를 예로 들 수 있다. 삼성동 코엑스 무역센터는 하루 평균 15

1) 미국 국토안보부 홈페이지, http://www.dhs.gor(2014. 02.03 검색)

만 명의 유동인구가 왕래하는 국내 최대 시설물 중 하나이다. 이곳에서는 민간보안업체와 경찰의 공조체제로 운영하여 효율적으로 범죄테러 발생을 사전에 차단하는 효과를 얻고 있다(내일신문, 2008).

이와 같은 사례로 볼 때 국가기관과 학계, 보안업체 간의 교류를 통하여 국가에서는 테러에 대한 정보를 공급받고, 학계에서는 연구의 비용을 지원받으며, 보안업체와 상호보완적인 테러보호 대책을 수립해 나가야 할 것이다. 특히 현재 해외진출기업에서도 민간보안업체와의 상호 협력을 통하여 보다 효율적으로 범죄와 테러대응을 하기 위해 아웃소싱과 컨설팅을 통하여 협력을 모색해야 할 필요가 있을 것이다.

또한 학계에서도 해외진출기업의 테러대응에 관한 연구는 대테러 분야의 국가기관과의 상호 협력을 통하여 인질납치, 폭탄공격, 대량살상무기, 생화학무기, 테러리스트 동향에 대한 연구를 활성화시켜야 한다고 사료된다. 산·학·관이 보다 효율적으로 테러에 대응하기 위해서는 우선적으로 대테러 연구소, 대테러 협회, 학회, 표준화 된 교재, 분야별 테러대응 매뉴얼 개발 등이 시급히 만들어져야 한다고 생각한다.

6) 대테러법 제정 필요

1997년 1월 1일에 개정된 대통령훈령 제47호가 개정되어 지금까지 한국의 대테러업무 수행의 근간이 되고 있는 실정이다. 그러므로 국가 대테러활동지침은 정부기관 각 처부 및 유관기관의 임무수행 간 협조하고 확인하고 지원해야할 역할분담을 명시한 행정지침에 불가한 것으로 법적인 구속력이나, 테러리스트에 대한 직접적인 구속력이나, 테러리즘에 대한 명확한 범위와 규제에 대한 강제조항이 없다. 이러한 기준법의 부재는 각종 테러정보의 분석이나 공유, 관리 등의 중요한 기능을 소홀하게 만들고, 관련기관과의 명확한 역할분담이나 책임소재의 규명이 모호하여 테러업무에 대해 미온적이고 수동적인 자세를 보일 수 있으며, 테러리즘에 대한 전문 인력 양성이나 기관과의 협력에도 지장을 주고, 도시화된 환경 속에서 각종 테러리즘에 적합한 환경이 무분별하게 만들어지고, 총기류의 무단유통이나 기타 테러형 범죄에 대한 처벌규정을 기존 법률에서 찾지 못할 수 있다. 더구나, 국내에서도 일정한 법률을 만들지 못하면서 국제테러리즘을 대응할 수 있는 국제협약에 가입하고 국제테러리즘에 대하여 공동조사나 공동대응을 한다는 것은 상당히 혼란스러울 수 있다.

테러예방, 대비가 대응, 사후처리보다 중요하다는 것이다. 그런데 대통령훈령이 상위법보다 법적조직체계가 아니므로, 테러방지법은 꼭 필요하다고 사료된다. 총괄조정할 부서가 사전예방 정보로써 세부사항을 협조, 지원체제가 아닌 합동기구로서 기능, 제도가 필요하다고 할 수 있다.

훈령에서의 각 정부기능은 각각 힘의 분산, 조정임무기능 충돌, 여러분야로 나뉘어 있어 획일성과 통합기능이 부족하다. 또한 민간분야영역(기업, 시설)에 대한 내용이 없다는 것을 알 수 있다. 특히 다중이용시설, 민간관련분야는 국민 재산과 안전에 꼭 필요한 부분이라 할 수 있다.

21세기 안보환경과 정보활동의 방향에서의 국가정보는 국가안보의 목표달성을 하기 위한 하나의 수단이다. 목표를 충실히 달성하기 위해 국가정보체계는 안보위협과 환경의 변화를 신축성 있게 대응해야 할 것이다. 훈령보다 법령으로 제정되어서 권력남용이 아니라 법률적 조치, 처벌을 만들어 테러대응, 대비, 예방 차원에서 고려할 필요가 있다. 또한 생물, 생화학, 대량살상무기의 대응체계에 대해서도 단계적(단기, 중기, 장기) 계획에 의한 종합 국가 행정기구에서 점검의 상태가 아닌 의무화시켜서 국민의 재산과 안녕을 보장해주면서 국가의 이익을 모색할 필요가 있다고 사료된다.

뉴테러리즘의 시대 속에서 테러의 예방은 국익과 국민의 안전을 위해서 해외시장에 대한 국내 기업의 진출은 우리나라의 국제 영향력 강화와 위상을 높이고, 선진국으로 발돋움 할 수 있는 중요한 기회로써 자국의 정치적・경제적・사회적 안정을 도모하면서 국외적으로 자국기업과 해외 거주자와 기업들의 보호차원에서 법령으로 제정하여 세계적인 강국으로 도약할 수 있는 계기가 될 것이다.

7) 테러대응을 위한 학문적 정립과 전문가 양성 및 배치

기업테러를 방지하기 위해서는 총체적으로 테러에 관련된 학문적 영역이 구축되어야 하며, 세분화된 전문 자격증과 전문가의 양성도 절실히 필요하다. 미국에서는 다양한 학문을 협력 지원하여 미래의 대테러 요원의 양성을 위한 인재를 구성하고 있다. 최근 National Security Language Initiativer를 통해 외국어 교육을 유소년기에서부터 정식학교 그리고 직장인에게까지 확장시키는 것을 지원하고, 나아가 전 세계 협력자들과의 학술적, 비정부적 포럼을 통해 대테러 임무에 있어서 중요쟁점들을 토의하고 지식을 확장할 것이라고 한다. 연방, 주·지역정부에서부터 지역공동체와 시민개개인에 이르는 민간부분에 이르기까지 국가의 모든 요소가 준비성의 문화(Culture of Preparedness)를 창조하고 공유할 것이며 모든 재난과 재해에 적용이 되는 '준비성의 문화'는 자연스럽게 형성이 되었든, 인위적으로 형성이 되었든 4가지 원칙에 의거한다. 첫째, 미래에 재앙이 다가올 것이며 그것에 준비된 국가를 만드는 것은 지속적인 도전이라는 공동의 인식, 둘째, 사회 전 계층의 책임감과 동기부여의 중요성, 셋째, 시민과 공동체의 준비성의 역할, 넷째, 정부와 민간부분 각 단계의 역할 공조체계, 공동의 목표, 그리고 책임의 분배라는 기초에 지어지는 준비성의 문화는 자국을 수호하기 위한 광범위한 노력이 가장 중요하고 지속적인 변화가 될 것이라는 것이다(U.S. Department of State, 2006).

우리나라에서도 효율적인 학문적 영역의 구축과 전문가 양성에 대한 내용을 다음과 같이 설명하고자 한다. 첫째, 테러학의 학문적 영역이 구축되어져야 한다. 테러학의 내용영역에서는 이론, 실습, 기타 관련 학문영역으로 구분되어져야 하고 전공영역에서는 인문사회, 사회과학, 자연과학으로 나누어져야 하며 세부 전공영역으로는 테러역사, 철학, 정치학, 교육학, 행정학, 법학, 사회학, 심리학, 경영학, 역학, 측정, 자료 분석, 생리 의학, 등으로 세분화하며 학문적 이론영역과 실기영역을 구축할 필요가 있다.

둘째는 대테러 전문가 양성이 필요하다. 전문가 양성을 위해서는 대테러 전문 관련 전공자를 양성하는 것이 중요하다고 사료된다. 그에 따른 해결방법으로서는 테러관련 전공분야와 관련자를 중심으로 인력을 양성해야 할 것이다. 전문가를 양성하기 위하여 다음과 같은 전문영역의 교육훈련은 다음과 같다. 테러 전공자들의 주요 과목으로는 테러의 기원, 테러학개론, 국제테러조직론, 테러위해 분석론, 대테러 전략전술론, 대테러 정보 수집론, 종교철학, 지역조사, 언어학, 테러정보 분석론, 범죄학, 사이버 테러론, 대테러 장비 운용론, 대테러 경호경비론, 대테러 현장실무, 대테러 정책론, 정치학, 대테러 안전관리 이론 및 실제, 대 테러법, 생물·생화학테러, 대테러 경영론, 대테러 실무사례 세미나 등이 있다. 위와 같이 이런 교과목을 개설해 대테러 전공자를 대학 또는 대학원에서 체계적으로 양성해야 될 것이다.

셋째는 대테러 전문가 자격증 제도를 도입해야 한다. 테러의 종류로는 육상 테러, 해상 테러, 공중 테러로 크게 나누지만 세분화하면 수단, 주체, 대상에 따라서 다양하게 테러가 일어나고 있다. 그에 따른 대테러의 전문 자격증 제도로는 등급별 차등을 두어 선진국의 민간안전 산업에서 전문 자격증이 있는 것과 같이 테러전문 자격증도 함께 통합적으로 운영될 필요가 있을 것 같다(박준석, 2001). 기업테러안전의 전문가 양성을 위해서는 현재 대한상공회의소에서 실시하고 있는 국가기술자격검정에서 국가기술자격, 국가자격, 국가공인민간자격, 민간자격으로 여러분야로 실시하고 있는데 여기에 해외기업테러안전전문가의 자격도 도입을 하는 것도 고려해볼 필요가 있을 것이다. 왜냐하면 해외기업진출에 관련된 국내기업의 협조기관 중에서 대한상공회의소에서 관련자격증을 발급하고 있기 때문에 큰 차원에서는 국가정보원 및 국가기관에서 주도하여 민간자격까지 확대를 위해서는 기존의 자격증 주무부처의 대한상공회의소의 자격증도 확대할 필요가 있고 국가기관과의 서로 상호 협조하여 자격제도의 도입도 필요하다고 사료된다. 전문가가 양성이 되면 대테러 전문가의 활용 차원에서 테러위협국가의 대사관이나 영사관에 테러안전 전문가를 추가적으로 배치할 필요가 있겠다. 왜냐하면 테러리스트들의 동향을 관찰하고, 테러대응조직을 체계적으로 관리하고, 정보를 수집하고 분석하여 기업 규모에 따라 지속적으로 자체 경비원을 배치시키고, 근로자와 상주인과의 정보를 항시 유지토록 할 수 있다. 또한 정보수집과 분석에서 핫라인을 구축하여 보다 신속하게 대비·대응·복구할 수 있기 때문에 테러안전 전문가를 배치하는 것이 시급한 과제이며 해외 기업들의 테러발생에 대해서 효율적으로 대응할 수 있을 것이다.

8) 문화, 스포츠, 교육의 상호교류 및 방문

국내기업과 정부기관에서는 단기간의 투자의 이익에서만 국한할 것이 아니라 장기적으로 문화와 스포츠, 교육 등에서 상호교류 및 친선교류 방문이 필요하다고 사료된다. 특히 57개국 15억 이슬람 인구를 가진 거대시장인 중동지역과 아프리카를 비롯한 전 세계적으로 이슬람의 인구가 분포되어 있다. 특히 우리나라와의 문화차이가 많다. 그것을 극복하기 위해서는 현지 나라의 지도자, 족장 및 가족 및 영향력 있는 인사들과의 유대관계가 중요하다고 사료된다. 특히 현지 기업들은 이러한 중요인사들, NGO, 진출업체, 현지 유력인사들이 각종 단체에 대한 우리나라의 방문과 상호 교류를 통해서 친밀관계를 유지하는 프로그램(현지 주민대상 기술, 취업교육, 고용확대, 봉사활동 강화)을 다양하고 체계화하여 우리나라의 문화와 정신을 이해시키는데 노력하고 권장하여야 한다. 그 예로 중동지방과 아시아 및 아프리카 지역에서 우리나라의 중동문화권을 연계하기 위하여 KOICA의 활동영역을 더욱 확대하고 KOTRA, 중소기업청, 무역협회, 대한상공회의소에서도 봉사, 교류 및 참여를 통한 적극적인 자세로 접근할 필요가 있겠다. 또한 국내의 중동 문화원과 연계하여 외국인 거주시설 마련과 중동 전문 레저, 스포츠 및 관광전문가 교육을 비롯하여 해외 홍보원내 중동부서 설치 및 전문가 유치를 하여야 하며, 일시적인 체계가 아니라 중동권 외국인에 대한 지속적인 교육, 한국 문화 및 언어 교육들이 필수적으로 이루어져야 할 것이다.

4. 결론

해외 진출 기업 테러위협 및 보호 방안에서의 해외진출기업에서의 테러보호 기본시설 확충, 최고경영자(CEO)의 인식전환 필요, 기업의 대테러 대책 시스템 제도화, 국제적 협약 공조 및 국가기관과의 상호협조, 학계 및 민간보안업체의 상호 협력, 대테러법 제정 필요, 테러대응을 위한 학문적 정립과 전문가 양성 및 배치, 문화, 스포츠, 교육의 상호교류 및 방문에 대한 내용을 살펴보았다. 여기서 무엇보다도 중요한 것은, 17대 국회에서 테러 법안이 폐기가 되었는데, 이번 18대 때는 이 법안이 통과되어야 할 것이다. 왜냐하면, 개괄적인 의미에서 대테러 법안에서 제정될 때 각론에서 해외진출기업의 보호와 테러대응의 방안이 체계적이고 구체적이며 명확하게 이루어질 수 있다. 지금의 대통령훈령 제47호 '국가대테러활동지침'에서는 법적 효력이 하위법에 의해서는 국가 기관별 책임과 임무를 명확하게 확립하기 위해서라도 상위법인 대테러법이 제정되어야 한다. 현재로써는 훈령으로는 해외진출기업에 대한, 법적 효력은 설명이 부족하다.

현 시점에서는 세부적으로 해외진출기업을 향한 테러위협에 대한 보호 방안으로는 국가정보원(대테러통합센터)이 중심이 되어 유관기관인 KOTRA, 대한상공회의소, 무역협회, 국제교류협력단 및 대사관·영사관, 군·경찰 등과의 통합관리시스템을 지금보다 좀 더 확대하여 체계적이고 조직적으로 대응해야 할 것이다.

또한 보호 방안으로 현재 중동이나 아프리카 등 테러 위협 국가들을 중심으로 테러 · 보안전문가들을 상시 근무하게 하여, 테러의 예방과 대응 및 복구를 위해 전문가들을 양성하고 배치해야 할 것이다. 이에 따라서, 대테러 연구소와, 협회, 학회를 만들어 학문적 영역을 구축하여 자격증과 민간전문가를 양성하는 것도 시급한 과제이며, 또한 민간보안업체와의 상호 협력하여 효율적인 해외진출기업의 테러 보호방안을 모색할 수 있을 것이다. 또한 테러 위협 국가들과의 문화교류를 확대하여 우리 문화의 이해와 교육의 교류를 통해서 친근감을 위해 국가기관과 기업에서도 부단한 노력이 필요하다.

참고문헌

2013년 테러정세, 테러정보통합센터

국가정보원, 2007년 테러정세, 2007.

경찰청외사관리실, 국제범죄, 2005.3, p.8.

문광건, 뉴테러리즘의 오늘과 내일(서울: KIDA출판부), 2003.

박승찬, 한·중 FTA 추진관련 중국 정부조달시장 및 진출전략 연구, 2007.

박준석, 뉴테러리즘개론, 백산출판사, 2006.

이강일, 테러리즘에 대한 국제 사회적 대응 방안과 그 문제점, 한국테러리즘 연구소, 2002, p.1.

KOTRA. "06 중국투자기업 그랜드서베이", 2007.

Aviv, Juval(2004), Staying Safe, New York: HarperResource.

U.S Department of State, National Strategy for Combation Terrorism(Washington: DoS, September 2006), p.21.

미국 국토안보부 홈페이지, http://www.dhs.gor(2014.02.03 검색)

내일신문, 2008년 3월 5일자

연합뉴스, "작년부터 테러피해 우려 부각", 2007.

부록

관계법령 및 직제

국가대테러활동지침

국가안전보장회의법

국가정보원법

대통령 등의 경호에 관한 법률

산업기술의 유출방지 및 보호에 관한 법률

국방부와 그 소속기관 직제

국가안보실 직제

국민안전처와 그 소속기관 직제

경찰청과 그 소속기관 직제

행정자치부와 그 소속기관 직제

국가대테러활동지침

1982.1.21
대통령훈령 제47호
개정 1997. 1. 1 일부개정
개정 1999. 4. 1 일부개정
개정 2005. 3.15 전면개정
개정 2008. 8.18 일부개정
개정 2009. 8.14 일부개정
개정 2012. 2. 9 일부개정
개정 2013. 5.21 일부개정

제1장 총칙

제1조(목적) 이 훈령은 국가의 대테러 업무수행을 위하여 필요한 사항을 규정함을 목적으로 한다.

제2조(정의) 이 훈령에서 사용하는 용어의 정의는 다음과 같다.

1. "테러"라 함은 국가안보 또는 공공의 안전을 위태롭게 할 목적으로 행하는 다음 각목의 어느 하나에 해당하는 행위를 말한다.
   가. 국가 또는 국제기구를 대표하는 자 등의 살해·납치 등 「외교관 등 국제적 보호인물에 대한 범죄의 방지 및 처벌에 관한 협약」 제2조에 규정된 행위
   나. 국가 또는 국제기구 등에 대하여 작위·부작위를 강요할 목적의 인질 억류·감금 등 「인질억류 방지에 관한 국제협약」 제1조에 규정된 행위
   다. 국가중요시설 또는 다중이 이용하는 시설·장비의 폭파 등 「폭탄테러행위의 억제를 위한 국제협약」 제2조에 규정된 행위
   라. 운항 중인 항공기의 납치·점거 등 「항공기의 불법납치 억제를 위한 협약」 제1조에 규정된 행위
   마. 운항 중인 항공기의 파괴, 운항 중인 항공기의 안전에 위해를 줄 수 있는 항공시설의 파괴 등 「민간항공의 안전에 대한 불법적 행위의 억제를 위한 협약」 제1조에 규정된 행위
   바. 국제민간항공에 사용되는 공항 내에서의 인명살상 또는 시설의 파괴 등 「1971년 9월 23일 몬트리올에서 채택된 민간항공의 안전에 대한 불법적 행위의 억제를 위한 협약을 보충하는 국제민간항공에 사용되는 공항에서의 불법적 폭력행위의 억제를 위한 의정서」 제2조에 규정된 행위

사. 선박억류, 선박의 안전운항에 위해를 줄 수 있는 선박 또는 항해시설의 파괴 등 「항해의 안전에 대한 불법적 행위의 억제를 위한 협약」 제3조에 규정된 행위
아. 해저에 고정된 플랫폼의 파괴 등 「대륙붕상에 소재한 고정플랫폼의 안전에 대한 불법적 행위의 억제를 위한 의정서」 제2조에 규정된 행위
자. 핵물질을 이용한 인명살상 또는 핵물질의 절도·강탈 등 「핵물질의 방호에 관한 협약」 제7조에 규정된 행위

2. "테러자금"이라 함은 테러를 위하여 또는 테러에 이용된다는 정을 알면서 제공·모금된 것으로서 「테러자금 조달의 억제를 위한 국제협약」 제1조제1호의 자금을 말한다.
3. "대테러활동"이라 함은 테러 관련 정보의 수집, 테러혐의자의 관리, 테러에 이용될 수 있는 위험물질 등 테러수단의 안전관리, 시설·장비의 보호, 국제 행사의 안전확보, 테러위협에의 대응 및 무력 진압 등 테러예방·대비와 대응에 관한 제반활동을 말한다.
4. "관계기관"이라 함은 대테러활동을 담당하는 중앙행정기관 및 그 소속기관을 말한다.
5. "사건대응조직"이라 함은 테러사건이 발생하거나 발생이 예상되는 경우에 그 대응을 위하여 한시적으로 구성되는 테러사건대책본부·현장지휘본부 등을 말한다.
6. "테러경보"라 함은 테러의 위협 또는 위험수준에 따라 관심·주의·경계·심각의 4단계로 구분하여 발령하는 경보를 말한다.

제3조(기본지침) 국가의 대테러활동을 위한 기본지침은 다음과 같다.

1. 국가의 대테러업무를 효율적으로 수행하기 위하여 범국가적인 종합대책을 수립하고 지휘 및 협조체제를 단일화한다.
2. 관계기관 등은 테러위협에 대한 예방활동에 주력하고, 테러 관련 정보 등 징후를 발견한 경우에는 관계기관에 신속히 통보하여야 한다.
3. 테러사건이 발생하거나 발생이 예상되는 경우에는 테러대책기구 및 사건대응 조직을 통하여 신속한 대응조치를 강구한다.
4. 국내 외 테러의 예방·저지 및 대응조치를 원활히 수행하기 위하여 국제적인 대테러 협력체제를 유지한다.
5. 국가의 대테러능력을 향상·발전시키기 위하여 전문인력 및 장비를 확보하고, 대응기법을 연구·개발한다.
6. 테러로 인하여 발생하는 각종 피해의 복구와 구조활동, 사상자에 대한 조치 등 수습활동은 「재난 및 안전 관리기본법」 등 관계법령에서 정한 체계와 절차에 따라 수행함을 원칙으로 한다.
7. 이 훈령과 대통령훈령 제28호 통합방위지침의 적용여부가 불분명한 사건이 발생한 경우에는 사건성격이 명확히 판명될 때까지 통합방위지침에 의한 대응활동과 병행하여 이 훈령에 의한 대테러활동을 수행한다.

제4조(적용범위) 이 훈령은 관계기관과 그 외에 테러예방 및 대응조치를 위하여 필요한 정부의 관련 기관에 적용한다.

제2장 테러대책기구

제1절 테러대책회의

제5조(설치 및 구성) ① 국가 대테러정책의 심의·결정 등을 위하여 대통령 소속하에 테러대책회의를 둔다.

② 테러대책회의의 의장은 국무총리가 되며, 위원은 다음 각호의 자가 된다.

1. 외교부장관·통일부장관·법무부장관·국방부장관·행정자치부장관·산업통상자원부장관·보건복지부장관·환경부장관·국토교통부장관 및 해양수산부장관
2. 국가정보원장
3. 국가안보실장·대통령경호실장 및 국무조정실장
4. 원자력안전위원회위원장·관세청장·경찰청장·소방방재청장 및 해양경찰청장
5. 그 밖에 의장이 지명하는 자

③ 테러대책회의의 사무를 처리하기 위하여 1인의 간사를 두되, 간사는 제11조의 규정에 의한 테러정보통합센터의 장으로 한다. 다만, 제20조의 규정에 의한 분야별 테러사건대책본부가 구성되는 때에는 해당 테러사건대책본부의 장을 포함하여 2인의 간사를 둘 수 있다.

제6조(임무) 테러대책회의는 다음 각호의 사항을 심의한다.

1. 국가 대테러정책
2. 그 밖에 테러대책회의의 의장이 부의하는 사항

제7조(운영) ① 테러대책회의는 그 임무를 수행하기 위하여 의장이 필요하다고
인정하거나 위원이 회의소집을 요청하는 때에 의장이 이를 소집한다.

② 테러대책회의의 의장·위원 및 간사의 직무는 다음과 같다.

1. 의장
   가. 테러대책회의를 소집하고 회의를 주재한다.
   나. 테러대책회의의 결정사항에 대하여 대통령에게 보고하고, 결정사항의 시행을 총괄·지휘한다.
2. 위원

가. 테러대책회의의 소집을 요청하고 회의에 참여한다.

나. 소관사항에 대한 대책방안을 제안하고, 의결사항의 시행을 총괄한다.

3. 간사

가. 테러대책회의의 운영에 필요한 실무사항을 지원한다.

나. 그 밖의 회의 관련 사무를 처리한다.

다. 제5조제3항 단서의 규정에 의한 분야별 테러사건대책본부의 장은 테러사건에 대한 종합상황을 테러대책회의에 보고하고, 테러대책회의의 의장이 지시한 사항을 처리한다.

③ 의장이 부득이한 사유로 직무를 수행할 수 없는 때에는 제8조의 규정에 의한 테러대책상임위원회의 위원장이 그 직무를 수행한다.

제2절 테러대책상임위원회

제8조(설치 및 구성) ① 관계기관 간 대테러업무의 유기적인 협조·조정 및 테러사건에 대한 대응대책의 결정 등을 위하여 테러대책회의 밑에 테러대책상임위원회(이하 "상임위원회"라 한다)를 둔다.

② 상임위원회의 위원은 다음 각호의 자가 되며, 위원장은 위원 중에서 대통령이 지명한다.

1. 「국가외교안보정책 조정회의 운영에 관한 규정」 제2조에 따른 국가안보정책조정회의 상임위원 : 외교부장관, 통일부장관, 국방부장관, 국가정보원장, 국가안보실장, 국무조정실장, 대통령비서실 외교안보수석비서관
2. 행정자치부장관
3. 경찰청장
4. 그 밖에 상임위원회의 위원장이 지명하는 자

③ 상임위원회의 사무를 처리하기 위하여 1인의 간사를 두되, 간사는 제11조의 규정에 의한 테러정보통합센터의 장으로 한다.

제9조(임무) 상임위원회의 임무는 다음 각호와 같다.

1. 테러사건의 사전예방·대응대책 및 사후처리 방안의 결정
2. 국가 대테러업무의 수행실태 평가 및 관계기관의 협의·조정
3. 대테러 관련 법령 및 지침의 제정 및 개정 관련 협의
4. 그 밖에 테러대책회의에서 위임한 사항 및 심의·의결한 사항의 처리

제10조(운영) ① 상임위원회의 회의는 정기회의와 임시회의로 구분하며, 위원장이 소집한다.

② 정기회의는 원칙적으로 반기 1회 개최한다.

③ 임시회의는 위원장이 필요하다고 인정하거나 위원이 회의소집을 요청하는 때에 소집된다.

④ 상임위원회의 위원장·위원 및 간사의 직무에 대하여는 제7조제2항의 규정을 준용한다.

⑤ 상임위원회의 운영을 효율적으로 지원하기 위하여 관계기관의 국장으로 구성되는 실무회의를 운영할 수 있으며, 간사가 이를 주재한다.

제3절 테러정보통합센터

제11조(설치 및 구성) ① 테러 관련 정보를 통합관리하기 위하여 국가정보원에 관계기관 합동으로 구성되는 테러정보통합센터를 둔다.

② 테러정보통합센터의 장(이하 "센터장"이라 한다)을 포함한 테러정보통합센터의 구성과 참여기관의 범위·인원과 운영 등에 관한 세부사항은 국가정보원장이 정하되, 센터장은 국가정보원 직원 중 테러 업무에 관한 전문적 지식과 경험이 있는 자로 한다.

③ 국가정보원장은 관계기관의 장에게 소속공무원의 파견을 요청할 수 있다.

④ 테러정보통합센터의 조직 및 운영에 관한 사항은 공개하지 아니할 수 있다.

제12조(임무) 테러정보통합센터의 임무는 다음 각호와 같다.

1. 국내외 테러 관련 정보의 통합관리 및 24시간 상황처리체제의 유지
2. 국내외 테러 관련 정보의 수집·분석·작성 및 배포
3. 테러대책회의·상임위원회의 운영에 대한 지원
4. 테러 관련 위기평가·경보발령 및 대국민 홍보
5. 테러혐의자 관련 첩보의 검증
6. 상임위원회의 결정사항에 대한 이행점검
7. 그 밖에 테러 관련 정보의 통합관리에 필요한 사항

제13조(운영) ① 관계기관은 테러 관련 정보(징후·상황·첩보 등을 포함한다)를 인지한 경우에는 이를 지체없이 센터장에게 통보하여야 한다.

② 센터장은 테러정보의 통합관리 등 업무수행에 필요하다고 인정하는 경우에는 관계기관의 장에게 필요한 협조를 요청할 수 있다.

제4절 지역 테러대책협의회

제14조(설치 및 구성) ①지역의 관계기관 간 테러예방활동의 유기적인 협조·조정을 위하여 지역 테러대책협의회를 둔다.

② 지역 테러대책협의회의 의장은 국가정보원의 해당지역 관할지부의 장이 되며, 위원은 다음 각호의 자가 된다.

1. 법무부·보건복지부·환경부·국토교통부·해양수산부·국가정보원의 지역기관, 원자력안전위원회, 식품의약품안전처, 관세청·대검찰청·경찰청·소방방재청·해양경찰청의 지역기관, 지방자치단체, 지역 군·기무부대의 대테러업무 담당 국·과장급 직위의 자
2. 그 밖에 지역 테러대책협의회의 의장이 지명하는 자

제15조(임무) 지역 테러대책협의회의 임무는 다음 각호와 같다.

1. 테러대책회의 또는 상임위원회의 결정사항에 대한 시행방안의 협의
2. 당해 지역의 관계기관 간 대테러업무의 협조·조정
3. 당해 지역의 대테러업무 수행실태의 분석·평가 및 발전방안의 강구

제16조(운영) ① 지역 테러대책협의회는 그 임무를 수행하기 위하여 의장이 필요하다고 인정하거나 위원이 회의소집을 요청하는 때에 의장이 이를 소집한다.

② 지역 테러대책협의회의 운영에 관한 세부사항은 제7조의 규정을 준용하여 각 지역 테러대책협의회에서 정한다.

제5절 공항·항만 테러·보안대책협의회

제17조(설치 및 구성) ① 공항 또는 항만 내에서의 테러예방 및 저지활동을 원활히 수행하기 위하여 공항·항만별로 테러·보안대책협의회를 둔다.

② 테러·보안대책협의회의 의장은 당해 공항·항만의 국가정보원 보안실장(보안실장이 없는 곳은 관할지부의 관계과장)이 되며, 위원은 다음 각호의 자가 된다.

1. 당해 공항 또는 항만에 근무하는 법무부·보건복지부·국토교통부·해양수산부·관세청·경찰청·소방방재청·해양경찰청·국군기무사령부 등 관계기관의 직원 중 상위 직위자
2. 공항·항만의 시설관리 및 경비책임자
3. 그 밖에 테러·보안대책협의회의 의장이 지명하는 자

제18조(임무) 테러·보안대책협의회는 당해 공항 또는 항만 내의 대테러 활동에 관하여 다

음 각호의 사항을 심의 · 조정한다.

1. 테러혐의자의 잠입 및 테러물품의 밀반입에 대한 저지대책
2. 공항 또는 항만 내의 시설 및 장비에 대한 보호대책
3. 항공기 · 선박의 피랍 및 폭파 예방 · 저지를 위한 탑승자와 수하물의 검사대책
4. 공항 또는 항만 내에서의 항공기 · 선박의 피랍 또는 폭파사건에 대한 초동(初動) 비상처리대책
5. 주요인사의 출입국에 따른 공항 또는 항만 내의 경호 · 경비 대책
6. 공항 또는 항만 관련 테러첩보의 입수 · 분석 · 전파 및 처리대책
7. 그 밖에 공항 또는 항만 내의 대테러대책

제19조(운영) ① 테러 · 보안대책협의회는 그 임무를 수행하기 위하여 의장이 필요하다고 인정하거나 위원이 회의소집을 요청하는 때에 의장이 이를 소집한다.

② 테러 · 보안대책협의회의 운영에 관한 세부사항은 공항 · 항만 별로 테러 · 보안대책협의회에서 정한다.

제3장 테러사건 대응조직

제1절 분야별 테러사건대책본부

제20조(설치 및 구성) ① 테러가 발생하거나 발생이 예상되는 경우 외교부장관은 국외테러사건대책본부를, 국방부장관은 군사시설테러사건대책본부를, 보건복지부장관은 생물테러사건대책본부를, 환경부장관은 화학테러사건대책본부를, 국토교통부장관은 항공기테러사건대책본부를, 원자력안전위원회위원장은 방사능테러사건대책본부를, 경찰청장은 국내일반테러사건대책본부를, 해양경찰청장은 해양테러사건대책본부를 설치 · 운영한다.

② 상임위원회는 동일 사건에 대하여 2개 이상의 테러사건대책본부가 관련되는 경우에는 사건의 성질 · 중요도 등을 고려하여 테러사건대책본부를 설치할 기관을 지정한다.

③ 테러사건대책본부의 장은 테러사건대책본부를 설치하는 부처의 차관급 공무원으로 하되, 경찰청과 해양경찰청은 차장으로 한다.

제21조(임무) 테러사건대책본부의 임무는 다음 각호와 같다.

1. 테러대책회의 또는 상임위원회의 소집 건의
2. 제23조의 규정에 의한 현장지휘본부의 사건대응활동에 대한 지휘 · 지원

3. 테러사건 관련 상황의 전파 및 사후처리
4. 그 밖에 테러대응활동에 필요한 사항의 강구 및 시행

제22조(운영) ① 테러사건대책본부의 장은 테러사건대책본부의 운영에 필요한 경우 관계기관의 장에게 전문인력의 파견 등 지원을 요청할 수 있다.
② 테러사건대책본부의 편성·운영에 관한 세부사항은 테러사건대책본부가 설치된 기관의 장이 정한다.

제2절 현장지휘본부

제23조(설치 및 구성) ① 테러사건대책본부의 장은 테러사건이 발생한 경우 사건 현장의 대응활동을 총괄하기 위하여 현장지휘본부를 설치할 수 있다.
② 현장지휘본부의 장은 테러사건대책본부의 장이 지명하는 자로 한다.
③ 현장지휘본부의 장은 테러의 양상·규모·현장상황 등을 고려하여 협상·진압·구조·소방·구급 등 필요한 전문조직을 구성하거나 관계기관의 장으로부터 지원받을 수 있다.
④ 외교부장관은 해외에서 테러가 발생하여 정부차원의 현장대응이 필요한 경우에는 관계기관 합동으로 정부현지대책반을 구성하여 파견할 수 있다.

제3절 대테러특공대

제24조(구성 및 지정) ① 테러사건에 대한 무력진압작전의 수행을 위하여 국방부·경찰청·해양경찰청에 대테러특공대를 둔다.
② 국방부장관·경찰청장·해양경찰청장은 대테러특공대를 설치하거나 지정하고자 할 때에는 상임위원회의 심의를 거쳐야 한다.
③ 국방부장관·경찰청장·해양경찰청장은 대테러특공대의 구성 및 외부 교육훈련·이동 등 운용사항을 대통령경호안전대책위원회의 위원장과 협의하여야 한다.

제25조(임무) 대테러특공대는 다음 각호의 임무를 수행한다.
1. 테러사건에 대한 무력진압작전
2. 테러사건과 관련한 폭발물의 탐색 및 처리
3. 요인경호행사 및 국가중요행사의 안전활동에 대한 지원
4. 그 밖에 테러사건의 예방 및 저지활동

제26조(운영) 대테러특공대는 테러진압작전을 수행할 수 있도록 특수전술능력을 보유하여야 하며, 항상 즉각적인 출동 태세를 유지하여야 한다.

제27조(출동 및 작전) ① 테러사건이 발생하거나 발생이 예상되는 경우 대테러특공대의 출동 여부는 각각 국방부장관 · 경찰청장 · 해양경찰청장이 결정한다.

다만, 군 대테러특공대의 출동은 군사시설 내에서 테러사건이 발생하거나 테러대책회의의 의장이 요청하는 때에 한한다.

② 대테러특공대의 무력진압작전은 상임위원회에서 결정한다. 다만, 테러범이 무차별 인명살상을 자행하는 등 긴급한 대응조치가 불가피한 경우에는 국방부장관 · 경찰청장 · 해양경찰청장이 대테러특공대에 긴급 대응작전을 명할 수 있다.

③ 국방부장관 · 경찰청장 · 해양경찰청장이 제2항 단서의 규정에 의하여 긴급 대응작전을 명한 경우에는 이를 즉시 상임위원회의 위원장에게 보고하여야 한다.

제4절 협상팀

제28조(구성) ① 무력을 사용하지 않고 사건을 종결하거나 후발사태를 저지하기 위하여 국방부 · 경찰청 · 해양경찰청에 협상실무요원 · 통역요원 · 전문요원으로 구성되는 협상팀을 둔다.

② 협상실무요원은 협상 전문능력을 갖춘 공무원으로 편성하고, 협상전문요원은 대테러전술 전문가 · 심리학자 · 정신의학자 · 법률가 등 각계 전문가로 편성한다.

제29조(운영) ① 국방부장관 · 경찰청장 · 해양경찰청장은 테러사건이 발생한 경우에는 협상팀을 신속히 소집하고, 협상팀 대표를 선정하여 사건현장에 파견하여야 한다.

② 국방부장관 · 경찰청장 · 해양경찰청장은 테러사건이 발생한 경우에 협상팀의 신속한 현장투입을 위하여 협상팀을 특별시 · 광역시 · 도 단위로 관리 · 운용할 수 있다.

③ 국방부장관 · 경찰청장 · 해양경찰청장은 협상팀의 대응능력을 향상시키기 위하여 협상기법을 연구 · 개발하고 필요한 장비를 확보하여야 한다.

④ 협상팀의 구성 · 운용에 관한 세부사항은 국방부장관 · 경찰청장 · 해양경찰청장이 정한다.

제5절 긴급구조대 및 지원팀

제30조(긴급구조대) ① 테러사건 발생 시 신속히 인명을 구조 · 구급하기 위하여 소방방재

청에 긴급구조대를 둔다.

② 긴급구조대는 테러로 인한 인명의 구조·구급 및 테러에 사용되는 위험물질의 탐지·처리 등에 대한 전문적 능력을 보유하여야 한다.

③ 소방방재청장은 테러사건이 발생하거나 발생이 예상되는 경우에는 긴급구조대를 사건현장에 신속히 파견한다.

제31조(지원팀) ① 관계기관의 장은 테러사건이 발생한 경우에는 테러대응활동을 지원하기 위하여 지원팀을 구성·운영한다.

② 지원팀은 정보·외교·통신·홍보·소방·제독 등 전문 분야별로 편성한다.

③ 관계기관의 장은 현장지휘본부의 장의 요청이 있거나 테러대책회의 또는 상임위원회의 결정이 있는 때에는 지원팀을 사건 현장에 파견한다.

④ 관계기관의 장은 평상시 지원팀의 구성에 필요한 전문요원을 양성하고 장비 등을 확보하여야 한다.

제6절 대화생방테러 특수임무대

제31조의2(구성 및 지정) ① 화생방테러에 대응하기 위하여 국방부에 대화생방테러 특수임무대를 둘 수 있다.

② 국방부장관은 제1항에 따라 대화생방테러 특수임무대를 설치하거나 지정하려는 때에는 상임위원회의 심의를 거쳐야 한다.

제31조의3(임무) ① 대화생방테러 특수임무대는 다음 각 호의 임무를 수행한다.

1. 화생방테러 발생 시 오염확산 방지 및 피해 최소화
2. 화생방테러 관련 오염지역 정밀제독 및 오염피해 평가
3. 요인경호 및 국가중요행사의 안전활동에 대한 지원

제31조의4(운영) ① 대화생방테러 특수임무대는 대화생방테러에 대응하기 위한 전문지식 및 작전수행 능력을 배양하여야 하며 항상 출동태세를 유지하여야 한다.

② 국방부장관은 현장지휘본부의 장의 요청이 있거나 테러대책회의 또는 상임위원회의 결정이 있는 때에는 대화생방테러 특수임무대를 사건 현장에 파견한다.

③ 국방부장관은 대화생방테러 특수임무대의 구성에 필요한 전문요원을 양성하고 필요한 장비 및 물자를 확보하여야 한다.

제7절 합동조사반

제32조(구성) ① 국가정보원장은 국내외에서 테러사건이 발생하거나 발생할 우려가 현저한 때에는 예방조치・사건분석 및 사후처리방안의 강구 등을 위하여 관계기관 합동으로 조사반을 편성・운영한다. 다만, 군사시설인 경우 국방부장관(국군기무사령관)이 자체 조사할 수 있다.

② 합동조사반은 관계기관의 대테러업무에 관한 실무전문가로 구성하며, 필요한 경우 공공기관・단체 또는 민간의 전문요원을 위촉하여 참여하게 할 수 있다.

제33조(운영) ① 합동조사반은 테러사건의 발생지역에 따라 중앙 및 지역별 합동 조사반으로 구분하여 운영할 수 있다.

② 관계기관의 장은 평상시 합동조사반에 파견할 전문인력을 확보・양성하고, 합동조사를 위하여 필요한 경우에 인력・장비 등을 지원한다.

제4장 예방・대비 및 대응활동

제1절 예방・대비활동

제34조(정보수집 및 전파) ① 관계기관은 테러사건의 발생을 미연에 방지하기 위하여 소관업무와 관련한 국내외 테러 관련 정보의 수집활동에 주력한다.

② 관계기관은 테러 관련 정보를 입수한 경우에는 지체없이 센터장에게 이를 통보하여야 한다.

③ 센터장은 테러 관련 정보를 종합・분석하여 신속히 관계기관에 전파하여야 한다.

제35조(테러경보의 발령) ① 센터장은 테러위기의 징후를 포착한 경우에는 이를 평가하여 상임위원회에 보고하고 테러경보를 발령한다.

② 테러경보는 테러위협 또는 위험의 정도에 따라 관심・주의・경계・심각의 4단계로 구분하여 발령하고, 단계별 위기평가를 위한 일반적 업무절차는 국가위기관리기본지침에 의한다.

③ 테러경보는 국가전역 또는 일부지역에 한정하여 발령할 수 있다.

④ 센터장은 테러경보의 발령을 위하여 필요한 사항에 대한 세부지침을 수립하여 시행한다.

제36조(테러경보의 단계별 조치) ① 관계기관의 장은 테러경보가 발령된 경우에는 다음 각 호의 기준을 고려하여 단계별 조치를 취하여야 한다.

1. 관심 단계 : 테러 관련 상황의 전파, 관계기관 상호간 연락체계의 확인, 비상연락망의 점검 등
2. 주의 단계 : 테러대상 시설 및 테러에 이용될 수 있는 위험물질에 대한 안전관리의 강화, 국가중요시설에 대한 경비의 강화, 관계기관별 자체 대비태세의 점검 등
3. 경계 단계 : 테러취약요소에 대한 경비 등 예방활동의 강화, 테러취약시설에 대한 출입통제의 강화, 대테러 담당공무원의 비상근무 등
4. 심각 단계 : 대테러 관계기관 공무원의 비상근무, 테러유형별 테러사건대책본부 등 사건대응조직의 운영준비, 필요장비・인원의 동원태세 유지 등

② 관계기관의 장은 제1항의 규정에 의하여 단계별 세부계획을 수립・시행하여야 한다.

제37조(지도 및 점검) ① 관계기관의 장은 소관업무와 관련하여 국가중요시설・다중이 이용하는 시설・장비 및 인원에 대한 테러예방대책과 테러에 이용될 수 있는 위험물질에 대한 안전관리대책을 수립하고, 그 시행을 지도・감독한다.

② 국가정보원장은 필요한 경우 관계기관 합동으로 공항・항만 등 테러의 대상이 될 수 있는 국가중요시설・다중이 이용하는 시설 및 장비에 대한 테러예방활동을 관계법령이 정하는 바에 따라 지도・점검할 수 있다.

제38조(국가중요행사에 대한 안전활동) ① 관계기관의 장은 국내외에서 개최되는 국가중요행사에 대하여 행사특성에 맞는 분야별 대테러・안전대책을 수립・시행하여야 한다.

② 국가정보원장은 국가중요행사에 대한 대테러・안전대책을 협의・조정하기 위하여 필요한 경우에는 관계기관 합동으로 대테러・안전대책기구를 편성・운영할 수 있다. 다만, 대통령 및 국가원수에 준하는 국빈 등이 참석하는 행사에 관하여는 대통령경호안전대책위원회의 위원장이 편성・운영할 수 있다.

제39조(교육 및 훈련) ① 관계기관의 장은 대테러 전문능력의 배양을 위하여 필요한 인원 및 장비를 확보하고, 이에 따른 교육・훈련계획을 수립・시행한다.

② 관계기관의 장은 제1항의 규정에 의한 계획의 운영에 관하여 국가정보원장과 미리 협의하여야 한다.

③ 국가정보원장은 관계기관 대테러요원의 전문적인 대응능력의 배양을 위하여 외국의 대테러기관과의 합동훈련 및 교육을 지원하고, 관계기관 합동으로 종합모의훈련을 실시할 수 있다.

제2절 대응활동

제40조(상황전파) ① 관계기관의 장은 테러사건이 발생하거나 테러위협 등 그 징후를 인지

한 경우에는 관련 상황 및 조치사항을 관련 기관의 장 및 국가정보원장에게 신속히 통보하여야 한다.

② 테러사건대책본부의 장은 사건 종결시까지 관련 상황을 종합처리하고, 대응 조치를 강구하며, 그 진행상황을 테러대책회의의 의장 및 상임위원회의 위원장에게 보고하여야 한다.

③ 법무부장관과 관세청장은 공항 및 항만에서 발생하는 테러와 연계된 테러 혐의자의 출입국 또는 테러물품의 반출입에 대한 적발 및 처리상황을 신속히 국가정보원장·경찰청장 및 해양경찰청장에게 통보하여야 한다.

제41조(초동조치) ① 관계기관의 장은 테러사건이 발생한 경우에는 사건현장을 통제·보존하고, 후발 사태의 발생 등 사건의 확산을 방지하기 위하여 신속한 초동조치(初動措置)를 하여야 하며, 증거물의 멸실을 방지하기 위하여 가능한 한 현장을 보존하여야 한다.

② 제1항의 규정에 의한 초동조치 사항은 다음 각호와 같다.

1. 사건현장의 보존 및 통제
2. 인명구조 등 사건피해의 확산방지조치
3. 현장에 대한 조치사항을 종합하여 관련 기관에 전파
4. 관련 기관에 대한 지원요청

제42조(사건대응) ① 테러사건이 발생한 경우에는 상임위원회가 그 대응대책을 심의·결정하고 통합지휘하며, 테러사건대책본부는 이를 지체없이 시행한다.

② 테러사건대책본부는 필요한 경우에는 현장지휘본부를 가동하여 상황전파 및 대응체계를 유지하고, 단계별 조치사항을 체계적으로 시행한다.

③ 법무부장관은 테러사건에 대한 수사를 위하여 필요한 경우에는 검찰·경찰 및 관계기관 합동으로 테러사건수사본부를 설치하여 운영하며, 테러정보통합센터·테러사건대책본부와의 협조체제를 유지한다.

제43조(사후처리) ① 테러사건대책본부의 장은 제9조의 규정에 의한 상임위원회의 결정에 따라 관계기관의 장과 협조하여 테러사건의 사후처리를 총괄한다.

② 테러사건대책본부의 장은 테러사건의 처리결과를 종합하여 테러대책회의의 의장 및 상임위원회의 위원장에게 보고하고, 관계기관에 이를 전파한다.

③ 관계기관의 장은 사후대책의 강구를 위하여 필요한 경우에는 관할 수사기관의 장에게 테러범·인질에 대한 신문참여 또는 신문결과의 통보를 요청할 수 있다.

제5장 관계기관별 임무

제44조(관계기관별 임무) 대테러활동에 관한 관계기관별 임무는 다음 각 호와 같다.

1. 국가안보실
   가. 국가 대테러 위기관리체계에 관한 기획·조정
   나. 테러 관련 중요상황의 대통령 보고 및 지시사항의 처리
   다. 테러분야의 위기관리 표준·실무매뉴얼의 관리
2. 금융위원회
   가. 테러자금의 차단을 위한 금융거래 감시활동
   나. 테러자금의 조사 등 관련 기관에 대한 지원
3. 외교부
   가. 국외 테러사건에 대한 대응대책의 수립·시행 및 테러 관련 재외국민의 보호
   나. 국외 테러사건의 발생 시 국외테러사건대책본부의 설치·운영 및 관련 상황의 종합처리
   다. 대테러 국제협력을 위한 국제조약의 체결 및 국제회의에의 참가, 국제기구에의 가입에 관한 업무의 주관
   라. 각국 정부 및 주한 외국공관과의 외교적 대테러 협력체제의 유지
4. 법무부(대검찰청을 포함한다)
   가. 테러혐의자의 잠입에 대한 저지대책의 수립·시행
   나. 위·변조여권 등의 식별기법의 연구·개발 및 필요장비 등의 확보
   다. 출입국 심사업무의 과학화 및 전문 심사요원의 양성·확보
   라. 테러와 연계된 혐의가 있는 외국인의 출입국 및 체류동향의 파악·전파
   마. 테러사건에 대한 법적 처리문제의 검토·지원 및 수사의 총괄
   바. 테러사건에 대한 전문 수사기법의 연구·개발
5. 국방부(합동참모본부·국군기무사령부를 포함한다)
   가. 군사시설 내에서 테러사건의 발생 시 군사시설테러사건대책본부의 설치·운영 및 관련 상황의 종합처리
   나. 대테러특공대 및 폭발물 처리팀의 편성·운영
   다. 국내외에서의 테러진압작전에 대한 지원
   라. 군사시설 및 방위산업시설에 대한 테러예방활동 및 지도·점검
   마. 군사시설에서 테러사건 발생 시 군 자체 조사반의 편성·운영
   바. 군사시설 및 방위산업시설에 대한 테러첩보의 수집
   사. 대테러전술의 연구·개발 및 필요 장비의 확보

아. 대테러 전문교육・훈련에 대한 지원
자. 협상실무요원・전문요원 및 통역요원의 양성・확보
차. 대화생방테러 특수임무대 편성・운영

6. 행정자치부(경찰청・소방방재청을 포함한다)
가. 국내일반테러사건에 대한 예방・저지・대응대책의 수립 및 시행
나. 국내일반테러사건의 발생 시 국내일반테러사건대책본부의 설치・운영 및 관련 상황의 종합처리
다. 범인의 검거 등 테러사건에 대한 수사
라. 대테러특공대 및 폭발물 처리팀의 편성・운영
마. 협상실무요원・전문요원 및 통역요원의 양성・확보
바. 중요인물 및 시설, 다중이 이용하는 시설 등에 대한 테러방지대책의 수립・시행
사. 긴급구조대 편성・운영 및 테러사건 관련 소방・인명구조・구급활동 및 화생방 방호대책의 수립・시행
아. 대테러전술 및 인명구조기법의 연구・개발 및 필요장비의 확보
자. 국제경찰기구 등과의 대테러 협력체제의 유지

7. 산업통상자원부
가. 기간산업시설에 대한 대테러・안전관리 및 방호대책의 수립・점검
나. 테러사건의 발생 시 사건대응조직에 대한 분야별 전문인력・장비 등의 지원

8. 보건복지부
가. 생물테러사건의 발생 시 생물테러사건대책본부의 설치・운영 및 관련 상황의 종합처리
나. 테러에 이용될 수 있는 병원체의 분리・이동 및 각종 실험실에 대한 안전 관리
다. 생물테러와 관련한 교육・훈련에 대한 지원

9. 환경부
가. 화학테러의 발생 시 화학테러사건대책본부의 설치・운영 및 관련 상황의 종합처리
나. 테러에 이용될 수 있는 유독물질의 관리체계 구축
다. 화학테러와 관련한 교육・훈련에 대한 지원

10. 국토교통부
가. 건설・교통 분야에 대한 대테러・안전대책의 수립 및 시행
나. 항공기테러사건의 발생 시 항공기테러사건대책본부의 설치・운영 및 관련 상황의 종합처리
다. 항공기테러사건의 발생 시 폭발물처리 등 초동조치를 위한 전문요원의 양성・확보
라. 항공기의 안전운항관리를 위한 국제조약의 체결, 국제기구에의 가입 등에 관한

업무의 지원

마. 항공기의 피랍상황 및 정보의 교환 등을 위한 국제민간항공기구와의 항공통신정보 협력체제의 유지

11. 해양수산부(해양경찰청을 포함한다)

가. 해양테러에 대한 예방대책의 수립·시행 및 관련 업무 종사자의 대응능력 배양

나. 해양테러사건의 발생 시 해양테러사건대책본부의 설치·운영 및 관련 상황의 종합처리

다. 대테러특공대 및 폭발물 처리팀의 편성·운영

라. 협상실무요원·전문요원 및 통역요원의 양성·확보

마. 해양 대테러전술에 관한 연구개발 및 필요장비·시설의 확보

바. 해양의 안전관리를 위한 국제조약의 체결, 국제기구에의 가입 등에 관한 업무의 지원

사. 국제경찰기구 등과의 해양 대테러 협력체제의 유지

12. 관세청

가. 총기류·폭발물 등 테러물품의 반입에 대한 저지대책의 수립·시행

나. 테러물품에 대한 검색기법의 개발 및 필요장비의 확보

다. 전문 검색요원의 양성·확보

13. 원자력안전위원회

가. 방사능테러 발생 시 방사능테러사건대책본부의 설치·운영 및 관련 상황의 종합처리

나. 방사능테러 관련 교육·훈련에 대한 지원

다. 테러에 이용될 수 있는 방사성물질의 대테러·안전관리

14. 국가정보원

가. 테러 관련 정보의 수집·작성 및 배포

나. 국가의 대테러 기본운영계획 및 세부활동계획의 수립과 그 시행에 관한 기획·조정

다. 테러혐의자 관련 첩보의 검증

라. 국제적 대테러 정보협력체제의 유지

마. 대테러 능력배양을 위한 위기관리기법의 연구발전, 대테러정보·기술·장비 및 교육훈련 등에 대한 지원

바. 공항·항만 등 국가중요시설의 대테러활동 추진실태의 확인·점검 및 현장지도

사. 국가중요행사에 대한 대테러·안전대책의 수립과 그 시행에 관한 기획·조정

아. 테러정보통합센터의 운영

자. 그 밖의 대테러업무에 대한 기획·조정

15. 그 밖의 관계기관 : 소관 사항과 관련한 대테러업무의 수행

제45조(전담조직의 운영) 관계기관의 장은 제44조의 규정에 의한 관계기관별 임무를 효율적으로 수행하고 원활한 협조체제를 유지하기 위하여 해당기관내에 대테러업무에 관한 전담조직을 지정·운영하여야 한다.

제6장 보칙

제46조(시행계획) 관계기관의 장은 이 훈령의 시행에 필요한 자체 세부계획을 수립·시행하여야 한다.

부 칙

이 훈령은 발령한 날부터 시행한다.

국가안전보장회의법

[시행 2014.1.10.] [법률 제12224호, 2014.1.10., 일부개정]

국가안보실 02-770-2334

제1조(목적) 이 법은 「대한민국헌법」 제91조에 따라 국가안전보장회의의 구성과 직무 범위, 그 밖에 필요한 사항을 규정함을 목적으로 한다.

[전문개정 2010.5.25.]

제2조(구성) ① 국가안전보장회의(이하 "회의"라 한다)는 대통령, 국무총리, 외교부장관, 통일부장관, 국방부장관 및 국가정보원장과 대통령령으로 정하는 위원으로 구성한다. 〈개정 2013.3.23., 2014.1.10.〉

② 대통령은 회의의 의장이 된다.

[전문개정 2010.5.25.]

제3조(기능) 회의는 국가안전보장에 관련되는 대외정책, 군사정책 및 국내정책의 수립에 관하여 대통령의 자문에 응한다.

[전문개정 2010.5.25.]

제4조(의장의 직무) ① 의장은 회의를 소집하고 주재(主宰)한다.

② 의장은 국무총리로 하여금 그 직무를 대행하게 할 수 있다.

[전문개정 2010.5.25.]

제5조 삭제 〈1998.5.25.〉

제6조(출석 및 발언) 의장은 필요하다고 인정하는 경우에는 관계 부처의 장, 합동참모회의(合同參謀會議) 의장 또는 그 밖의 관계자를 회의에 출석시켜 발언하게 할 수 있다.

[전문개정 2010.5.25.]

제7조 삭제 〈2008.2.29.〉

제7조의2(상임위원회) ① 회의에서 위임한 사항을 처리하기 위하여 상임위원회를 둔다.

② 상임위원회는 위원 중에서 대통령령으로 정하는 자로 구성한다.

③ 상임위원회의 구성과 운영, 그 밖에 필요한 사항은 대통령령으로 정한다.

[본조신설 2014.1.10.]

제8조(사무기구) ① 회의의 회의운영지원 등의 사무를 처리하기 위하여 국가안전보장회의 사무처(이하 이 조에서 "사무처"라 한다)를 둔다.

② 사무처에 사무처장 1명과 필요한 공무원을 두되, 사무처장은 정무직으로 한다.

③ 사무처의 조직과 직무범위, 사무처에 두는 공무원의 종류와 정원, 그 밖에 필요한 사

항은 대통령령으로 정한다.
[전문개정 2014.1.10.]

제9조(관계 부처의 협조) 회의는 관계 부처에 자료의 제출과 그 밖에 필요한 사항에 관하여 협조를 요구할 수 있다.
[전문개정 2010.5.25.]

제10조(국가정보원과의 관계) 국가정보원장은 국가안전보장에 관련된 국내외 정보를 수집·평가하여 회의에 보고함으로써 심의에 협조하여야 한다.
[전문개정 2010.5.25.]

부칙 〈제12224호, 2014.1.10.〉

이 법은 공포한 날부터 시행한다.

국가정보원법

[시행 2014.12.30.] [법률 제12948호, 2014.12.30., 일부개정]

국가정보원(국가정보원) 111

제1조(목적) 이 법은 국가정보원의 조직 및 직무범위와 국가안전보장 업무의 효율적인 수행을 위하여 필요한 사항을 규정함을 목적으로 한다.

[전문개정 2011.11.22.]

제2조(지위) 국가정보원(이하 "국정원"이라 한다)은 대통령 소속으로 두며, 대통령의 지시와 감독을 받는다.

[전문개정 2011.11.22.]

제3조(직무) ① 국정원은 다음 각 호의 직무를 수행한다.

1. 국외 정보 및 국내 보안정보[대공(對共), 대정부전복(對政府顚覆), 방첩(防諜), 대테러 및 국제범죄조직]의 수집·작성 및 배포
2. 국가 기밀에 속하는 문서·자재·시설 및 지역에 대한 보안 업무. 다만, 각급 기관에 대한 보안감사는 제외한다.
3. 「형법」 중 내란(內亂)의 죄, 외환(外患)의 죄, 「군형법」 중 반란의 죄, 암호 부정사용의 죄, 「군사기밀 보호법」에 규정된 죄, 「국가보안법」에 규정된 죄에 대한 수사
4. 국정원 직원의 직무와 관련된 범죄에 대한 수사
5. 정보 및 보안 업무의 기획·조정

② 제1항제1호 및 제2호의 직무 수행을 위하여 필요한 사항과 같은 항 제5호에 따른 기획·조정의 범위와 대상 기관 및 절차 등에 관한 사항은 대통령령령으로 정한다.

[전문개정 2011.11.22.]

제4조(조직) ① 국정원의 조직은 국가정보원장(이하 "원장"이라 한다)이 대통령의 승인을 받아 정한다.

② 국정원은 직무 수행상 특히 필요한 경우에는 대통령의 승인을 받아 특별시·광역시·도 또는 특별자치도에 지부(支部)를 둘 수 있다.

[전문개정 2011.11.22.]

제5조(직원) ① 국정원에 원장·차장 및 기획조정실장과 그 밖에 필요한 직원을 둔다. 다만, 특히 필요한 경우에는 차장을 2명 이상 둘 수 있다.

② 직원의 정원은 예산의 범위에서 대통령의 승인을 받아 원장이 정한다.

[전문개정 2011.11.22.]

제6조(조직 등의 비공개) 국정원의 조직 · 소재지 및 정원은 국가안전보장을 위하여 필요한 경우에는 그 내용을 공개하지 아니할 수 있다.
[전문개정 2011.11.22.]

제7조(원장 · 차장 · 기획조정실장) ① 원장은 국회의 인사청문을 거쳐 대통령이 임명하며, 차장 및 기획조정실장은 원장의 제청으로 대통령이 임명한다.
② 원장은 정무직으로 하며, 국정원의 업무를 총괄하고 소속 직원을 지휘 · 감독한다.
③ 차장은 정무직으로 하고 원장을 보좌하며, 원장이 부득이한 사유로 직무를 수행할 수 없을 때에는 그 직무를 대행한다.
④ 기획조정실장은 별정직으로 하고 원장과 차장을 보좌하며, 위임된 사무를 처리한다.
⑤ 원장 · 차장 및 기획조정실장 외의 직원 인사에 관한 사항은 따로 법률로 정한다.
[전문개정 2011.11.22.]

제8조(겸직 금지) 원장 · 차장 및 기획조정실장은 다른 직(職)을 겸할 수 없다.
[전문개정 2011.11.22.]

제9조(정치 관여 금지) ① 원장 · 차장과 그 밖의 직원은 정당이나 정치단체에 가입하거나 정치활동에 관여하는 행위를 하여서는 아니 된다.
② 제1항에서 정치활동에 관여하는 행위란 다음 각 호의 어느 하나에 해당하는 행위를 말한다. 〈개정 2014.1.14.〉

1. 정당이나 정치단체의 결성 또는 가입을 지원하거나 방해하는 행위
2. 그 직위를 이용하여 특정 정당이나 특정 정치인에 대하여 지지 또는 반대 의견을 유포하거나, 그러한 여론을 조성할 목적으로 특정 정당이나 특정 정치인에 대하여 찬양하거나 비방하는 내용의 의견 또는 사실을 유포하는 행위
3. 특정 정당이나 특정 정치인을 위하여 기부금 모집을 지원하거나 방해하는 행위 또는 국가 · 지방자치단체 및 「공공기관의 운영에 관한 법률」에 따른 공공기관의 자금을 이용하거나 이용하게 하는 행위
4. 특정 정당이나 특정인의 선거운동을 하거나 선거 관련 대책회의에 관여하는 행위
5. 「정보통신망 이용촉진 및 정보보호 등에 관한 법률」에 따른 정보통신망을 이용한 제1호부터 제4호까지에 해당하는 행위
6. 소속 직원이나 다른 공무원에 대하여 제1호부터 제5호까지의 행위를 하도록 요구하거나 그 행위와 관련한 보상 또는 보복으로서 이익 또는 불이익을 주거나 이를 약속 또는 고지(告知)하는 행위

③ 직원은 원장, 차장과 그 밖의 다른 직원으로부터 제2항에 해당하는 행위의 집행을 지시 받은 경우 원장이 정한 절차에 따라 이의를 제기할 수 있으며, 시정되지 않을 경우 그 직무의 집행을 거부할 수 있다. 〈신설 2014.1.14.〉

④ 직원이 전항의 규정에 따라 이의제기 절차를 거친 후 시정되지 않을 경우, 오로지 공익을 목적으로 제2항에 해당하는 행위의 집행을 지시 받은 사실을 수사기관에 신고하는 경우 「국가정보원직원법」 제17조의 규정은 적용하지 아니한다. 〈신설 2014.1.14.〉

⑤ 누구든지 제4항의 신고자에게는 그 신고를 이유로 불이익조치(「공익신고자 보호법」 제2조제6호에 따른 불이익조치를 말한다)를 하여서는 아니 된다. 〈신설 2014.1.14.〉

[전문개정 2011.11.22.]

제10조(겸직 직원) ① 원장은 현역 군인 또는 필요한 공무원의 파견근무를 관계 기관의 장에게 요청할 수 있다.

② 겸직 직원의 원(原) 소속 기관의 장은 겸직 직원의 모든 신분상의 권익과 보수를 보장하여야 하며, 겸직 직원을 전보(轉補) 발령하려면 미리 원장의 동의를 받아야 한다.

③ 겸직 직원은 겸직 기간 중 원 소속 기관의 장의 지시 또는 감독을 받지 아니한다.

④ 겸직 직원의 정원은 관계 기관의 장과 협의하여 대통령의 승인을 받아 원장이 정한다.

[전문개정 2011.11.22.]

제11조(직권 남용의 금지) ① 원장·차장과 그 밖의 직원은 그 직권을 남용하여 법률에 따른 절차를 거치지 아니하고 사람을 체포 또는 감금하거나 다른 기관·단체 또는 사람으로 하여금 의무 없는 일을 하게 하거나 사람의 권리 행사를 방해하여서는 아니 된다.

② 국정원 직원으로서 제16조에 따라 사법경찰관리(군사법경찰관리를 포함한다)의 직무를 수행하는 사람은 그 직무를 수행할 때에 다음 각 호의 규정을 포함하여 범죄수사에 관한 적법절차를 준수하여야 한다.

1. 「형사소송법」 제34조[피고인·피의자와의 접견·교통·수진(受診)]와 같은 법 제209조에 따라 수사에 준용되는 같은 법 제87조(구속의 통지), 제89조(구속된 피고인과의 접견·수진), 제90조(변호인의 의뢰)
2. 「군사법원법」 제63조(피고인·피의자와의 접견 등)와 같은 법 제232조의6에 따라 수사에 준용되는 같은 법 제127조(구속의 통지), 제129조(구속된 피고인과의 접견 등) 및 제130조(변호인의 의뢰)

[전문개정 2011.11.22.]

제12조(예산회계) ① 국정원은 「국가재정법」 제40조에 따른 독립기관으로 한다.

② 국정원은 세입, 세출예산을 요구할 때에 「국가재정법」 제21조의 구분에 따라 총액으로 기획재정부장관에게 제출하며, 그 산출내역과 같은 법 제34조에 따른 예산안의 첨부 서류는 제출하지 아니할 수 있다. 〈개정 2014.1.14.〉

③ 국정원의 예산 중 미리 기획하거나 예견할 수 없는 비밀활동비는 총액으로 다른 기관의 예산에 계상할 수 있으며, 그 예산은 국회 정보위원회에서 심사한다. 〈개정 2014.1.14.〉

④ 국정원은 제2항 및 제3항에도 불구하고 국회 정보위원회에 국정원의 모든 예산(제3항

에 따라 다른 기관에 계상된 예산을 포함한다)에 관하여 실질심사에 필요한 세부 자료를 제출하여야 한다. 〈개정 2014.1.14.〉

⑤ 국회 정보위원회는 국정원의 예산심의를 비공개로 하며, 국회 정보위원회의 위원은 국정원의 예산 내역을 공개하거나 누설하여서는 아니 된다.

[전문개정 2011.11.22.]

제13조(국회에서의 증언 등) ① 원장은 국회 예산결산 심사 및 안건 심사와 감사원의 감사가 있을 때에 성실하게 자료를 제출하고 답변하여야 한다. 다만, 국가의 안전보장에 중대한 영향을 미치는 국가 기밀 사항에 대하여는 그 사유를 밝히고 자료의 제출 또는 답변을 거부할 수 있다. 〈개정 2014.1.14.〉

② 원장은 제1항에도 불구하고 국회 정보위원회에서 자료의 제출, 증언 또는 답변을 요구받은 경우와 「국회에서의 증언·감정 등에 관한 법률」에 따라 자료의 제출 또는 증언을 요구받은 경우에는 군사·외교·대북관계의 국가 기밀에 관한 사항으로서 그 발표로 인하여 국가 안위(安危)에 중대한 영향을 미치는 사항에 대하여는 그 사유를 밝히고 자료의 제출, 증언 또는 답변을 거부할 수 있다. 이 경우 국회 정보위원회 등은 그 의결로써 국무총리의 소명을 요구할 수 있으며, 소명을 요구받은 날부터 7일 이내에 국무총리의 소명이 없는 경우에는 자료의 제출, 증언 또는 답변을 거부할 수 없다.

③ 원장은 국가 기밀에 속하는 사항에 관한 자료와 증언 또는 답변에 대하여 이를 공개하지 아니할 것을 요청할 수 있다.

④ 이 법에서 "국가 기밀"이란 국가의 안전에 대한 중대한 불이익을 피하기 위하여 한정된 인원만이 알 수 있도록 허용되고 다른 국가 또는 집단에 대하여 비밀로 할 사실·물건 또는 지식으로서 국가 기밀로 분류된 사항만을 말한다.

[전문개정 2011.11.22.]

제14조(회계검사 및 직무감찰의 보고) 원장은 그 책임하에 소관 예산에 대한 회계검사와 직원의 직무 수행에 대한 감찰을 하고, 그 결과를 대통령과 국회 정보위원회에 보고하여야 한다.

[전문개정 2011.11.22.]

제15조(국가기관 등에 대한 협조 요청) 원장은 이 법에서 정하는 직무를 수행할 때 필요한 협조와 지원을 관계 국가기관 및 공공단체의 장에게 요청할 수 있다.

[전문개정 2011.11.22.]

제15조의2(직원의 업무수행) 직원은 다른 국가기관과 정당, 언론사 등의 민간을 대상으로, 법률과 내부규정에 위반한 파견·상시출입 등 방법을 통한 정보활동을 하여서는 아니 된다. 그 업무수행의 절차와 방식은 내부규정으로 정한다.

[본조신설 2014.1.14.]

第16조(사법경찰권) 국정원 직원으로서 원장이 지명하는 사람은 제3조제1항제3호 및 제4호에 규정된 죄에 관하여 「사법경찰관리의 직무를 수행할 자와 그 직무범위에 관한 법률」 및 「군사법원법」의 규정에 따라 사법경찰관리와 군사법경찰관리의 직무를 수행한다.
[전문개정 2011.11.22.]

第17조(무기의 사용) ① 원장은 직무를 수행하기 위하여 필요하다고 인정할 때에는 소속 직원에게 무기를 휴대하게 할 수 있다.
② 제1항의 무기 사용에 관하여는 「경찰관 직무집행법」 제10조의4를 준용한다. 〈개정 2014.5.20.〉
[전문개정 2011.11.22.]

第18조(정치 관여죄) ① 제9조제1항을 위반하여 정당이나 그 밖의 정치단체에 가입하거나 정치활동에 관여하는 행위를 한 사람은 7년 이하의 징역과 7년 이하의 자격정지에 처한다. 〈개정 2014.1.14.〉
② 제1항에 규정된 죄의 미수범은 처벌한다.
③ 제1항, 제2항에 규정된 죄에 대한 공소시효의 기간은 「형사소송법」 제249조제1항에도 불구하고 10년으로 한다. 〈신설 2014.1.14.〉
[전문개정 2011.11.22.]

第19조(직권남용죄) ① 제11조제1항을 위반하여 사람을 체포 또는 감금하거나 다른 기관·단체 또는 사람으로 하여금 의무 없는 일을 하게 하거나 사람의 권리 행사를 방해한 사람은 7년 이하의 징역과 7년 이하의 자격정지에 처한다.
② 제11조제2항을 위반하여 국정원 직원으로서 사법경찰관리(군사법경찰관리를 포함한다)의 직무를 수행하는 사람이 변호인의 피의자 접견·교통·수진, 구속의 통지, 변호인 아닌 자의 피의자 접견·수진, 변호인의 의뢰에 관한 「형사소송법」의 규정을 준수하지 아니하여 피의자, 변호인 또는 관계인의 권리를 침해한 사람은 1년 이하의 징역 또는 1천만원 이하의 벌금에 처한다. 〈개정 2014.12.30.〉
③ 제1항에 규정된 죄의 미수범은 처벌한다.
[전문개정 2011.11.22.]

부칙 〈제12948호, 2014.12.30.〉

이 법은 공포한 날부터 시행한다.

대통령 등의 경호에 관한 법률

[시행 2013.12.12.] [법률 제11530호, 2012.12.11., 타법개정]

대통령경호실(기획관리실) 02-770-0011

제1조(목적) 이 법은 대통령 등에 대한 경호를 효율적으로 수행하기 위하여 경호의 조직·직무범위와 그 밖에 필요한 사항을 규정함을 목적으로 한다. 〈개정 2008.2.29.〉

[전문개정 2005.3.10.]

제2조(정의) 이 법에서 사용하는 용어의 뜻은 다음과 같다. 〈개정 2012.2.2., 2013.3.23.〉

1. "경호"란 경호 대상자의 생명과 재산을 보호하기 위하여 신체에 가하여지는 위해(危害)를 방지하거나 제거하고, 특정 지역을 경계·순찰 및 방비하는 등의 모든 안전 활동을 말한다.
2. "경호구역"이란 소속공무원과 관계기관의 공무원으로서 경호업무를 지원하는 사람이 경호활동을 할 수 있는 구역을 말한다.
3. "소속공무원"이란 대통령경호실(이하 "경호실"이라 한다) 직원과 경호실에 파견된 사람을 말한다.
4. "관계기관"이란 경호실이 경호업무를 수행함에 있어 필요한 지원과 협조를 요청하는 국가기관, 지방자치단체 등을 말한다.

[전문개정 2011.4.28.]

제3조(대통령경호실장 등) ① 대통령경호실장(이하 "실장"이라 한다)은 대통령이 임명하고, 경호실의 업무를 총괄하며 소속공무원을 지휘·감독한다.

② 경호실에 차장 1명을 둔다.

③ 차장은 정무직·1급 경호공무원 또는 고위공무원단에 속하는 별정직 국가공무원으로 보하며, 실장을 보좌한다.

[전문개정 2013.3.23.]

제4조(경호대상) ① 경호실의 경호대상은 다음과 같다. 〈개정 2013.3.23., 2013.8.13.〉

1. 대통령과 그 가족
2. 대통령 당선인과 그 가족
3. 본인의 의사에 반하지 아니하는 경우에 한정하여 퇴임 후 10년 이내의 전직 대통령과 그 배우자. 다만, 대통령이 임기 만료 전에 퇴임한 경우와 재직 중 사망한 경우의 경호 기간은 그로부터 5년으로 하고, 퇴임 후 사망한 경우의 경호 기간은 퇴임일부터 기산(起算)하여 10년을 넘지 아니하는 범위에서 사망 후 5년으로 한다.

4. 대통령권한대행과 그 배우자
5. 대한민국을 방문하는 외국의 국가 원수 또는 행정수반(行政首班)과 그 배우자
6. 그 밖에 실장이 경호가 필요하다고 인정하는 국내외 요인(要人)

② 제1항제1호 또는 제2호에 따른 가족의 범위는 대통령령으로 정한다.

③ 제1항제3호에도 불구하고 전직 대통령 또는 그 배우자의 요청에 따라 실장이 고령 등의 사유로 필요하다고 인정하는 경우에는 5년의 범위에서 같은 호에 규정된 기간을 넘어 경호할 수 있다. 〈신설 2013.8.13.〉

[전문개정 2011.4.28.]

제5조(경호구역의 지정 등) ① 실장은 경호업무의 수행에 필요하다고 판단되는 경우 경호구역을 지정할 수 있다. 〈개정 2012.2.2., 2013.3.23.〉

② 제1항에 따른 경호구역의 지정은 경호 목적 달성을 위한 최소한의 범위로 한정되어야 한다.

③ 소속공무원과 관계기관의 공무원으로서 경호업무를 지원하는 사람은 경호 목적상 불가피하다고 인정되는 상당한 이유가 있는 경우에만 경호구역에서 질서유지, 교통관리, 검문·검색, 출입통제, 위험물 탐지 및 안전조치 등 위해 방지에 필요한 안전 활동을 할 수 있다. 〈개정 2012.2.2.〉

④ 삭제 〈2013.3.23.〉

[전문개정 2011.4.28.]

제5조의2(다자간 정상회의의 경호 및 안전관리) ① 대한민국에서 개최되는 다자간 정상회의에 참석하는 외국의 국가원수 또는 행정수반과 국제기구 대표의 신변(身邊)보호 및 행사장의 안전관리 등을 효율적으로 수행하기 위하여 대통령 소속으로 경호·안전 대책기구를 둘 수 있다.

② 경호·안전 대책기구의 장은 실장이 된다. 〈개정 2013.3.23.〉

③ 경호·안전 대책기구는 소속공무원 및 관계기관의 공무원으로 구성한다.

④ 제1항에 따른 경호·안전 대책기구의 구성시기, 구성 및 운영 절차, 그 밖에 필요한 사항은 대통령령으로 정한다.

⑤ 경호·안전 대책기구의 장은 다자간 정상회의의 경호 및 안전관리를 위하여 필요하면 관계기관의 장과 협의하여 「통합방위법」 제2조제13호에 따른 국가중요시설과 불특정 다수인이 이용하는 시설에 대한 안전관리를 위하여 필요한 인력을 배치하고 장비를 운용할 수 있다.

[본조신설 2012.2.2.]

제6조(직원) ① 경호실에 특정직 국가공무원인 1급부터 9급까지의 경호공무원과 일반직 국가공무원을 둔다. 다만, 필요하다고 인정할 때에는 경호공무원의 정원 중 일부를 일반직

국가공무원 또는 별정직 국가공무원으로 보할 수 있다. 〈개정 2012.12.11., 2013.3.23.〉

② 경호공무원 각 계급의 직무의 종류별 명칭은 대통령령으로 정한다.

[전문개정 2011.4.28.]

제7조(임용권자) ① 5급 이상 경호공무원과 5급 상당 이상 별정직 국가공무원은 실장의 제청으로 대통령이 임용한다. 다만, 전보·휴직·겸임·파견·직위해제·정직(停職) 및 복직에 관한 사항은 실장이 행한다. 〈개정 2013.3.23.〉

② 실장은 경호공무원 및 별정직 국가공무원에 대하여 제1항 외의 모든 임용권을 가진다.

③ 삭제 〈2013.3.23.〉

④ 고위공무원단에 속하는 별정직공무원의 신규채용에 관하여는 「국가공무원법」 제28조의6제3항을 준용한다.

[전문개정 2011.4.28.]

제8조(직원의 임용 자격 및 결격사유) ① 경호실 직원은 신체 건강하고 사상이 건전하며 품행이 바른 사람 중에서 임용한다. 〈개정 2013.3.23.〉

② 다음 각 호의 어느 하나에 해당하는 사람은 직원으로 임용될 수 없다.

1. 대한민국의 국적을 가지지 아니한 사람
2. 「국가공무원법」 제33조 각 호의 어느 하나에 해당하는 사람

③ 제2항 각 호(「국가공무원법」 제33조제5호는 제외한다)의 어느 하나에 해당하는 직원은 당연히 퇴직한다.

[전문개정 2011.4.28.]

제9조(비밀의 엄수) ① 소속공무원[퇴직한 사람과 원(原) 소속 기관에 복귀한 사람을 포함한다. 이하 이 조에서 같다]은 직무상 알게 된 비밀을 누설하여서는 아니 된다.

② 소속공무원은 경호실의 직무와 관련된 사항을 발간하거나 그 밖의 방법으로 공표하려면 미리 실장의 허가를 받아야 한다. 〈개정 2013.3.23.〉

[전문개정 2011.4.28.]

제10조(직권면직) ① 임용권자는 직원(별정직 국가공무원은 제외한다. 이하 이 조에서 같다)이 다음 각 호의 어느 하나에 해당하면 직권으로 면직할 수 있다.

1. 신체적·정신적 이상으로 6개월 이상 직무를 수행하지 못할 만한 지장이 있을 때
2. 직무 수행 능력이 현저하게 부족하거나 근무태도가 극히 불량하여 직원으로서 부적합하다고 인정될 때
3. 직제와 정원의 개폐(改廢) 또는 예산의 감소 등에 의하여 폐직(廢職) 또는 과원(過員)이 된 때
4. 휴직 기간이 끝나거나 휴직 사유가 소멸된 후에도 정당한 이유 없이 직무에 복귀하지 아니하거나 직무를 수행할 수 없을 때

5. 직무 수행 능력이 부족하거나 근무성적이 극히 불량하여 대통령령으로 정하는 바에 따라 대기 명령을 받은 사람이 그 기간 중 능력 또는 근무성적의 향상을 기대하기 어렵다고 인정될 때
6. 해당 직급에서 직무를 수행하는 데에 필요한 자격증의 효력이 상실되거나 면허가 취소되어 담당 직무를 수행할 수 없게 되었을 때

② 제1항제2호·제5호에 해당하여 면직하는 경우에는 대통령령으로 정하는 바에 따라 고등징계위원회의 동의를 받아야 한다.

③ 제1항제3호에 해당하여 면직하는 경우에는 임용 형태, 업무실적, 직무 수행 능력, 징계처분 사실 등을 고려하여 면직 기준을 정하여야 한다. 이 경우 면직된 직원은 결원이 생기면 우선하여 재임용할 수 있다.

④ 제3항의 면직 기준을 정하거나 제1항제3호에 따라 면직 대상자를 결정할 때에는 대통령령으로 정하는 바에 따라 인사위원회의 심의·의결을 거쳐야 한다.

[전문개정 2011.4.28.]

제11조(정년) ① 경호공무원의 정년은 다음의 구분에 따른다. 〈개정 2013.8.13.〉

1. 연령정년
   가. 5급 이상: 58세
   나. 6급 이하: 55세
2. 계급정년
   가. 2급: 4년
   나. 3급: 7년
   다. 4급: 12년
   라. 5급: 16년

② 경호공무원이 강임(降任)된 경우에는 제1항제2호에 따른 계급정년의 경력을 산정할 때에 강임되기 전의 상위계급으로 근무한 경력은 강임된 계급으로 근무한 경력에 포함한다.

③ 경호공무원은 그 정년이 된 날이 1월부터 6월 사이에 있는 경우에는 6월 30일에, 7월부터 12월 사이에 있는 경우에는 12월 31일에 각각 당연히 퇴직한다.

④ 삭제 〈2013.8.13.〉

⑤ 삭제 〈2013.8.13.〉

[전문개정 2011.4.28.]

제12조(징계) ① 직원의 징계에 관한 사항을 심사·의결하기 위하여 경호실에 고등징계위원회와 보통징계위원회를 둔다. 〈개정 2013.3.23.〉

② 각 징계위원회는 위원장 1명과 4명 이상 6명 이하의 위원으로 구성한다.

③ 직원의 징계는 징계위원회의 의결을 거쳐 실장이 한다. 다만, 5급 이상 직원의 파면

및 해임은 고등징계위원회의 의결을 거쳐 실장의 제청으로 대통령이 한다.
④ 징계위원회의 구성 및 운영 등에 필요한 사항은 대통령령으로 정한다.
[전문개정 2011.4.28.]

제13조(보상) 직원으로서 제4조제1항 각 호의 경호대상에 대한 경호업무 수행 또는 그와 관련하여 상이(傷痍)를 입고 퇴직한 사람과 그 가족 및 사망(상이로 인하여 사망한 경우를 포함한다)한 사람의 유족에 대하여는 대통령령으로 정하는 바에 따라 「국가유공자 등 예우 및 지원에 관한 법률」 또는 「보훈보상대상자 지원에 관한 법률」에 따른 보상을 한다. 〈개정 2011.9.15.〉
[전문개정 2011.4.28.]

제14조(「국가공무원법」과의 관계 등) ① 직원의 신규채용, 시험의 실시, 승진, 근무성적평정, 보수 및 교육훈련에 관한 사항은 대통령령으로 정한다.
② 직원에 대하여는 이 법에 특별한 규정이 있는 경우를 제외하고는 「국가공무원법」을 준용한다.
③ 직원에 대하여는 「국가공무원법」 제17조 및 제18조를 적용하지 아니한다.
[전문개정 2011.4.28.]

제15조(국가기관 등에 대한 협조 요청) 실장은 직무상 필요하다고 인정할 때에는 국가기관, 지방자치단체, 그 밖의 공공단체의 장에게 그 공무원 또는 직원의 파견이나 그 밖에 필요한 협조를 요청할 수 있다. 〈개정 2012.2.2., 2013.3.23.〉
[전문개정 2011.4.28.]

제16조(대통령경호안전대책위원회) ① 제4조제1항 각 호의 경호대상에 대한 경호업무를 수행할 때에는 관계기관의 책임을 명확하게 하고, 협조를 원활하게 하기 위하여 경호실에 대통령경호안전대책위원회(이하 "위원회"라 한다)를 둔다. 〈개정 2012.2.2., 2013.3.23.〉
② 위원회는 위원장과 부위원장 각 1명을 포함한 20명 이내의 위원으로 구성한다.
③ 위원장은 실장이 되고, 부위원장은 차장이 되며, 위원은 대통령령으로 정하는 관계기관의 공무원이 된다. 〈개정 2012.2.2., 2013.3.23.〉
④ 위원회는 다음 각 호의 사항을 관장한다.
1. 대통령 경호에 필요한 안전대책과 관련된 업무의 협의
2. 대통령 경호와 관련된 첩보・정보의 교환 및 분석
3. 그 밖에 제4조제1항 각 호의 경호대상에 대한 경호에 필요하다고 인정되는 업무
⑤ 위원회의 구성 및 운영에 필요한 사항은 대통령령으로 정한다.
[전문개정 2011.4.28.]

제17조(경호공무원의 사법경찰권) ① 경호공무원(실장의 제청으로 서울중앙지방검찰청 검사장이 지명한 경호공무원을 말한다. 이하 이 조에서 같다)은 제4조제1항 각 호의 경호대

상에 대한 경호업무 수행 중 인지한 그 소관에 속하는 범죄에 대하여 직무상 또는 수사상 긴급을 요하는 한도 내에서 사법경찰관리(司法警察官吏)의 직무를 수행할 수 있다. 〈개정 2013.3.23.〉

② 제1항의 경우 7급 이상 경호공무원은 사법경찰관의 직무를 수행하고, 8급 이하 경호공무원은 사법경찰리(司法警察吏)의 직무를 수행한다.

[전문개정 2011.4.28.]

제18조(직권 남용 금지 등) ① 소속공무원은 직권을 남용하여서는 아니 된다.

② 경호실에 파견된 경찰공무원은 이 법에 규정된 임무 외의 경찰공무원의 직무를 수행할 수 없다. 〈개정 2013.3.23.〉

[전문개정 2011.4.28.]

제19조(무기의 휴대 및 사용) ① 실장은 직무를 수행하기 위하여 필요하다고 인정할 때에는 소속공무원에게 무기를 휴대하게 할 수 있다. 〈개정 2013.3.23.〉

② 제1항에 따라 무기를 휴대하는 사람은 그 직무를 수행할 때 필요하다고 인정하는 상당한 이유가 있을 경우 그 사태에 대응하여 부득이하다고 판단되는 한도 내에서 무기를 사용할 수 있다. 다만, 다음 각 호의 어느 하나에 해당할 때를 제외하고는 사람에게 위해를 끼쳐서는 아니 된다.

1. 「형법」 제21조 및 제22조에 따른 정당방위와 긴급피난에 해당할 때
2. 제4조제1항 각 호의 경호대상에 대한 경호업무 수행 중 인지한 그 소관에 속하는 범죄로 사형, 무기 또는 장기 3년 이상의 징역 또는 금고에 해당하는 죄를 범하거나 범하였다고 의심할 만한 충분한 이유가 있는 사람이 소속공무원의 직무집행에 대하여 항거하거나 도피하려고 할 때 또는 제3자가 그를 도피시키려고 소속공무원에게 항거할 때에 이를 방지하거나 체포하기 위하여 무기를 사용하지 아니하고는 다른 수단이 없다고 인정되는 상당한 이유가 있을 때
3. 야간이나 집단을 이루거나 흉기나 그 밖의 위험한 물건을 휴대하여 경호업무를 방해하기 위하여 소속공무원에게 항거할 경우에 이를 방지하거나 체포하기 위하여 무기를 사용하지 아니하고는 다른 수단이 없다고 인정되는 상당한 이유가 있을 때

[전문개정 2011.4.28.]

제20조 삭제 〈2011.4.28.〉

제21조(벌칙) ① 제9조제1항, 제18조 또는 제19조제2항을 위반한 사람은 5년 이하의 징역이나 금고 또는 1천만원 이하의 벌금에 처한다.

② 제9조제2항을 위반한 사람은 2년 이하의 징역·금고 또는 500만원 이하의 벌금에 처한다.

[전문개정 2011.4.28.]

부칙 〈제12044호, 2013.8.13.〉

제1조(시행일) 이 법은 공포한 날부터 시행한다.

제2조(경호공무원의 연령정년에 관한 경과조치) 5급 이상 경호공무원의 연령정년은 제11조제1항제1호의 개정규정에도 불구하고 종전규정에 따라 2013년부터 2014년까지 연령정년에 도달한 경호공무원은 56세로, 2015년부터 2016년까지 연령정년에 도달한 경호공무원은 57세로, 2017년부터 연령정년에 도달한 경호공무원은 58세로 한다.

제3조(경호공무원의 계급정년에 관한 경과조치) 이 법 시행 당시 2급 또는 3급인 경호공무원과 이 법 시행연도에 퇴직이 예정되어 있는 5급 이상 경호공무원에 대하여는 제11조제1항제2호의 개정규정에도 불구하고 종전의 계급정년을 적용한다.

산업기술의 유출방지 및 보호에 관한 법률

[시행 2013.3.23.] [법률 제11690호, 2013.3.23., 타법개정]

산업통상자원부(산업기술시장과) 02-2110-5399

제1장 총칙

제1조(목적) 이 법은 산업기술의 부정한 유출을 방지하고 산업기술을 보호함으로써 국내산업의 경쟁력을 강화하고 국가의 안전보장과 국민경제의 발전에 이바지함을 목적으로 한다.

제2조(정의) 이 법에서 사용하는 용어의 정의는 다음과 같다. 〈개정 2011.7.25.〉

1. "산업기술"이라 함은 제품 또는 용역의 개발・생산・보급 및 사용에 필요한 제반 방법 내지 기술상의 정보 중에서 관계중앙행정기관의 장이 소관 분야의 산업경쟁력 제고 등을 위하여 법률 또는 해당 법률에서 위임한 명령(대통령령・총리령・부령에 한정한다. 이하 이 조에서 같다)에 따라 지정・고시・공고・인증하는 다음 각 목의 어느 하나에 해당하는 기술을 말한다.
   가. 「산업발전법」 제5조에 따른 첨단기술
   나. 「조세특례제한법」 제18조제2항에 따른 고도기술
   다. 「산업기술혁신 촉진법」 제15조의2에 따른 신기술
   라. 「전력기술관리법」 제6조의2에 따른 신기술
   마. 「부품・소재전문기업 등의 육성에 관한 특별조치법」 제19조에 따른 부품・소재기술
   바. 「환경기술 및 환경산업 지원법」 제7조제1항에 따른 신기술
   사. 그 밖의 법률 또는 해당 법률에서 위임한 명령에 따라 지정・고시・공고・인증하는 기술
2. "국가핵심기술"이라 함은 국내외 시장에서 차지하는 기술적・경제적 가치가 높거나 관련 산업의 성장잠재력이 높아 해외로 유출될 경우에 국가의 안전보장 및 국민경제의 발전에 중대한 악영향을 줄 우려가 있는 기술로서 제9조의 규정에 따라 지정된 산업기술을 말한다.
3. "국가연구개발사업"이라 함은 「과학기술기본법」 제11조의 규정에 따라 관계중앙행정기관의 장이 추진하는 연구개발사업을 말한다.

제3조(국가 등의 책무) ① 국가는 산업기술의 유출방지와 보호에 필요한 종합적인 시책을

수립 · 추진하여야 한다.

② 국가 · 기업 · 연구기관 및 대학 등 산업기술의 개발 · 보급 및 활용에 관련된 모든 기관은 이 법의 적용에 있어 산업기술의 연구개발자 등 관련 종사자들이 부당한 처우와 선의의 피해를 받지 아니하도록 하고, 산업기술 및 지식의 확산과 활용이 제약되지 아니하도록 노력하여야 한다.

③ 모든 국민은 산업기술의 유출방지에 대한 관심과 인식을 높이고, 각자의 직업윤리의식을 배양하기 위하여 노력하여야 한다.

제4조(다른 법률과의 관계) 산업기술의 유출방지 및 보호에 관하여는 다른 법률에 특별한 규정이 있는 경우를 제외하고는 이 법이 정하는 바에 따른다.

제2장 산업기술의 유출방지 및 보호 정책의 수립 · 추진

제5조(종합계획의 수립 · 시행) ① 산업통상자원부장관은 산업기술의 유출방지 및 보호에 관한 종합계획(이하 "종합계획"이라 한다)을 수립 · 시행하여야 한다.
〈개정 2008.2.29., 2011.7.25., 2013.3.23.〉

② 산업통상자원부장관은 종합계획을 수립함에 있어서 미리 관계중앙행정기관의 장과 협의한 후 제7조의 규정에 따른 산업기술보호위원회의 심의를 거쳐야 한다.
〈개정 2008.2.29., 2011.7.25., 2013.3.23.〉

③ 종합계획에는 다음 각 호의 사항이 포함되어야 한다. 〈개정 2011.7.25.〉

1. 산업기술의 유출방지 및 보호에 관한 기본목표와 추진방향
2. 산업기술의 유출방지 및 보호에 관한 단계별 목표와 추진방안
3. 산업기술의 유출방지 및 보호에 대한 홍보와 교육에 관한 사항
4. 산업기술의 유출방지 및 보호의 기반구축에 관한 사항
5. 산업기술의 유출방지 및 보호를 위한 기술의 연구개발에 관한 사항
6. 산업기술의 유출방지 및 보호에 관한 정보의 수집 · 분석 · 가공과 보급에 관한 사항
7. 산업기술의 유출방지 및 보호를 위한 국제협력에 관한 사항
8. 그 밖에 산업기술의 유출방지 및 보호를 위하여 필요한 사항

④ 산업통상자원부장관은 종합계획의 수립을 위하여 관계중앙행정기관의 장 및 산업기술을 보유한 기업 · 연구기관 · 전문기관 · 대학 등(이하 "대상기관"이라 한다)의 장에게 필요한 자료의 제출을 요청할 수 있다. 이 경우 자료제출을 요청받은 기관의 장은 특별한 사유가 없는 한 이에 협조하여야 한다. 〈개정 2008.2.29., 2011.7.25., 2013.3.23.〉

[제목개정 2011.7.25.]

제6조(시행계획의 수립 · 시행) ① 관계중앙행정기관의 장은 종합계획에 따라 매년 산업기술의 유출방지 및 보호에 관한 시행계획(이하 "시행계획"이라 한다)을 수립 · 시행하여야 한다 〈개정 2011.7.25.〉

② 시행계획의 수립 · 시행에 관하여 필요한 사항은 대통령령으로 정한다.

제7조(산업기술보호위원회의 설치 등) ① 산업기술의 유출방지 및 보호에 관한 다음 각 호의 사항을 심의하기 위하여 국무총리 소속하에 산업기술보호위원회(이하 "위원회"라 한다)를 둔다. 〈개정 2011.7.25.〉

1. 종합계획의 수립 및 시행에 관한 사항
2. 제9조의 규정에 따른 국가핵심기술의 지정 · 변경 및 해제에 관한 사항
3. 제11조의 규정에 따른 국가핵심기술의 수출 등에 관한 사항
4. 제11조의2에 따른 국가핵심기술을 보유하는 대상기관의 해외인수 · 합병 등에 관한 사항
5. 그 밖에 산업기술의 유출방지 및 보호를 위하여 필요한 것으로서 대통령령으로 정하는 사항

② 위원회는 위원장 1인을 포함한 25인 이내의 위원으로 구성한다. 이 경우 위원 중에는 제3항제3호의 규정에 해당하는 자가 5인 이상 포함되어야 한다.

③ 위원장은 국무총리가 되고, 위원은 다음 각 호의 자가 된다. 〈개정 2008.2.29.〉

1. 관계중앙행정기관의 장으로서 대통령령으로 정하는 자
2. 산업기술의 유출방지업무를 수행하는 정보수사기관의 장
3. 산업기술의 유출방지 및 보호에 관한 학식과 경험이 풍부한 자로서 위원장이 위촉하는 자

④ 위원회에 간사위원 1인을 두되, 간사위원은 산업통상자원부장관이 된다.
〈개정 2008.2.29., 2013.3.23.〉

⑤ 산업기술의 유출방지 및 보호에 관한 다음 각 호의 사항을 심의하기 위하여 위원회에 실무위원회를 두며, 실무위원회 소속으로 안건 심의 등을 지원하기 위하여 분야별 전문위원회를 둔다. 〈개정 2011.7.25.〉

1. 위원회의 심의사항에 대한 사전검토
2. 대통령령으로 정하는 바에 따라 위원회로부터 위임받은 사항
3. 그 밖에 산업기술의 유출방지 및 보호를 위하여 필요한 실무적 사항으로서 대통령령으로 정하는 사항

⑥ 그 밖에 위원회 · 실무위원회 및 분야별 전문위원회의 구성 · 운영 등에 관하여 필요한 사항은 대통령령으로 정한다.

제3장 산업기술의 유출방지 및 관리

제8조(보호지침의 제정 등) ① 산업통상자원부장관은 산업기술의 유출을 방지하고 산업기술을 보호하기 위하여 필요한 방법・절차 등에 관한 지침(이하 "보호지침"이라 한다)을 관계 중앙행정기관의 장과 협의하여 제정하고 이를 대상기관이 활용할 수 있도록 하여야 한다. 〈개정 2008.2.29., 2011.7.25., 2013.3.23.〉

② 산업통상자원부장관은 산업기술의 발전추세 및 국내외 시장환경 등을 감안하여 관계 중앙행정기관의 장과 협의하여 보호지침을 수정 또는 보완할 수 있다. 〈개정 2008.2.29., 2011.7.25., 2013.3.23.〉

제9조(국가핵심기술의 지정・변경 및 해제 등) ① 산업통상자원부장관은 관계중앙행정기관의 장으로부터 그 소관의 국가핵심기술로 지정되어야 할 대상기술(이하 이 조에서 "지정대상기술"이라 한다)을 통보받아 위원회의 심의를 거쳐 국가핵심기술로 지정할 수 있다. 〈개정 2008.2.29., 2013.3.23.〉

② 관계중앙행정기관의 장은 지정대상기술을 선정함에 있어서 해당기술이 국가안보 및 국민경제에 미치는 파급효과, 관련 제품의 국내외 시장점유율, 해당 분야의 연구동향 및 기술 확산과의 조화 등을 종합적으로 고려하여 필요최소한의 범위 안에서 선정하여야 한다.

③ 산업통상자원부장관은 관계중앙행정기관의 장으로부터 그 소관의 국가핵심기술의 범위 또는 내용의 변경이나 지정의 해제를 요청받은 경우에는 위원회의 심의를 거쳐 변경 또는 해제할 수 있다. 〈개정 2008.2.29., 2013.3.23.〉

④ 산업통상자원부장관은 제1항의 규정에 따라 국가핵심기술을 지정하거나 제3항의 규정에 따라 국가핵심기술의 범위 또는 내용을 변경 또는 지정을 해제한 경우에는 이를 고시하여야 한다. 〈개정 2008.2.29., 2013.3.23.〉

⑤ 위원회는 제1항 및 제3항의 규정에 따라 국가핵심기술의 지정・변경 또는 해제에 대한 심의를 함에 있어서 지정대상기술을 보유・관리하는 기업 등 이해관계인의 요청이 있는 경우에는 대통령령이 정하는 바에 따라 의견을 진술할 기회를 주어야 한다.

⑥ 대상기관은 해당 기관이 보유하고 있는 기술이 국가핵심기술에 해당하는지에 대한 판정을 대통령령으로 정하는 바에 따라 산업통상자원부장관에게 신청할 수 있다.
〈신설 2011.7.25., 2013.3.23.〉

⑦ 제1항 및 제3항의 규정에 따른 국가핵심기술의 지정・변경 및 해제의 기준・절차 그 밖에 필요한 사항은 대통령령으로 정한다. 〈개정 2011.7.25.〉

제10조(국가핵심기술의 보호조치) ① 국가핵심기술을 보유・관리하고 있는 대상기관의 장은 보호구역의 설정・출입허가 또는 출입시 휴대품 검사 등 국가핵심기술의 유출을 방지하기 위한 기반구축에 필요한 조치를 하여야 한다.

② 제1항의 규정에 따른 조치에 관하여 필요한 사항은 대통령령으로 정한다.

③ 누구든지 정당한 사유 없이 제1항의 보호조치를 거부·방해 또는 기피하여서는 아니 된다. 〈신설 2009.1.30.〉

제11조(국가핵심기술의 수출 등) ① 국가로부터 연구개발비를 지원받아 개발한 국가핵심기술을 보유한 대상기관이 해당국가핵심기술을 외국기업 등에 매각 또는 이전 등의 방법으로 수출(이하 "국가핵심기술의 수출"이라 한다)하고자 하는 경우에는 산업통상자원부장관의 승인을 얻어야 한다. 〈개정 2008.2.29., 2013.3.23.〉

② 산업통상자원부장관은 제1항의 규정에 따른 승인신청에 대하여 국가핵심기술의 수출에 따른 국가안보 및 국민경제적 파급효과 등을 검토하여 관계중앙행정기관의 장과 협의한 후 위원회의 심의를 거쳐 승인할 수 있다. 〈개정 2008.2.29., 2013.3.23.〉

③ 제1항의 규정에 따라 승인을 얻은 국가핵심기술이 「대외무역법」 제19조제1항의 기술인 경우에는 같은 조 제2항에 따라 허가를 받은 것으로 보며, 「방위사업법」 제30조 및 제34조의 국방과학기술 및 방산물자인 경우에는 같은 법 제57조제2항에 따라 허가를 받은 것으로 본다. 이 경우 산업통상자원부장관은 사전에 관계중앙행정기관의 장과 협의를 하여야 한다. 〈개정 2008.2.29., 2011.7.25., 2013.3.23.〉

④ 제1항의 규정에 따른 승인대상 외의 국가핵심기술을 보유·관리하고 있는 대상기관이 국가핵심기술의 수출을 하고자 하는 경우에는 산업통상자원부장관에게 사전에 신고를 하여야 한다. 〈개정 2008.2.29., 2013.3.23.〉

⑤ 산업통상자원부장관은 제4항의 신고대상인 국가핵심기술의 수출이 국가안보에 심각한 영향을 줄 수 있다고 판단하는 경우에는 관계중앙행정기관의 장과 협의한 후 위원회의 심의를 거쳐 국가핵심기술의 수출중지·수출금지·원상회복 등의 조치를 명할 수 있다. 〈개정 2008.2.29., 2013.3.23.〉

⑥ 제4항의 신고대상 국가핵심기술의 수출을 하고자 하는 자는 해당국가핵심기술이 국가안보와 관련되는지 여부에 대하여 산업통상자원부장관에게 사전검토를 신청할 수 있다. 〈개정 2008.2.29., 2013.3.23.〉

⑦ 산업통상자원부장관은 국가핵심기술을 보유한 대상기관이 제1항의 규정에 따른 승인을 얻지 아니하거나 부정한 방법으로 승인을 얻어 국가핵심기술의 수출을 한 경우 또는 제4항의 규정에 따른 신고대상 국가핵심기술을 신고하지 아니하거나 허위로 신고하고 국가핵심기술의 수출을 한 경우에는 정보수사기관의 장에게 조사를 의뢰하고, 조사결과를 위원회에 보고한 후 위원회의 심의를 거쳐 해당국가핵심기술의 수출중지·수출금지·원상회복 등의 조치를 명령할 수 있다. 〈개정 2008.2.29., 2013.3.23.〉

⑧ 위원회는 다음 각 호의 어느 하나에 해당하는 경우에는 대상기관의 의견을 청취할 수 있다.

1. 제2항의 규정에 따른 승인신청에 대한 심의
2. 제5항의 규정에 따른 국가안보에 심각한 영향을 주는 국가핵심기술의 수출중지 · 수출금지 · 원상회복 심의
3. 제7항의 규정에 따른 미승인 또는 부정승인 및 미신고 또는 허위신고 등에 대한 국가핵심기술의 수출중지 · 수출금지 · 원상회복 심의

⑨ 산업통상자원부장관은 제1항의 규정에 따른 승인 또는 제4항의 규정에 따른 신고와 관련하여 분야별 전문위원회로 하여금 검토하게 할 수 있으며 관계중앙행정기관의 장 또는 대상기관의 장에게 자료제출 등의 필요한 협조를 요청할 수 있다. 이 경우 관계 중앙행정기관의 장 및 대상기관의 장은 특별한 사유가 없는 한 이에 협조하여야 한다. 〈개정 2008.2.29., 2013.3.23.〉

⑩ 제1항의 승인, 제4항의 신고, 제5항 및 제7항의 수출중지 · 수출금지 · 원상회복 등의 조치 및 절차 등에 관하여 세부적인 사항은 대통령령으로 정한다.

⑪ 제6항의 규정에 따른 국가핵심기술이 국가안보와 관련되는지 여부에 대한 사전검토의 신청에 관하여 필요한 사항은 대통령령으로 정한다.

제11조의2(국가핵심기술을 보유하는 대상기관의 해외인수 · 합병 등) ① 국가로부터 연구개발비를 지원받아 개발한 국가핵심기술을 보유한 대상기관이 대통령령으로 정하는 해외인수 · 합병, 합작투자 등 외국인투자(이하 "해외인수 · 합병등"이라 한다)를 진행하려는 경우에는 산업통상자원부장관에게 미리 신고하여야 한다. 〈개정 2013.3.23.〉

② 제1항의 대상기관은 대통령령으로 정하는 외국인에 의하여 해외인수 · 합병등이 진행되는 것을 알게 된 경우 지체 없이 산업통상자원부장관에게 신고하여야 한다. 〈개정 2013.3.23.〉

③ 산업통상자원부장관은 제1항 및 제2항에 따른 국가핵심기술의 유출이 국가안보에 심각한 영향을 줄 수 있다고 판단하는 경우에는 관계 중앙행정기관의 장과 협의한 후 위원회의 심의를 거쳐 해외인수 · 합병 등에 대하여 중지 · 금지 · 원상회복 등의 조치를 명할 수 있다. 〈개정 2013.3.23.〉

④ 제1항 및 제2항에 따라 해외인수 · 합병등을 진행하려는 자는 해당 해외인수 · 합병등과 관련하여 다음 각 호의 사항에 관하여 의문이 있는 때에는 대통령령으로 정하는 바에 따라 산업통상자원부장관에게 미리 검토하여 줄 것을 신청할 수 있다. 〈개정 2013.3.23.〉

1. 해당 국가핵심기술이 국가안보와 관련되는지 여부
2. 해당 해외인수 · 합병등이 제1항 및 제2항의 신고대상인지 여부
3. 그 밖에 해당 해외인수 · 합병등과 관련하여 의문이 있는 사항

⑤ 산업통상자원부장관은 국가핵심기술을 보유한 대상기관이 제1항 및 제2항에 따른 신고를 하지 아니하거나 거짓이나 그 밖의 부정한 방법으로 신고를 하고서 해외인수 · 합병

등을 한 경우에는 정보수사기관의 장에게 조사를 의뢰하고, 조사결과를 위원회에 보고한 후 위원회의 심의를 거쳐 해당 해외인수·합병등에 대하여 중지·금지 등 필요한 조치를 명할 수 있다. 〈개정 2013.3.23.〉

⑥ 위원회는 다음 각 호의 어느 하나에 해당하는 경우에는 대상기관의 의견을 청취할 수 있다.

1. 제1항 및 제2항에 따른 신고에 대한 심의
2. 제3항에 따른 국가안보에 심각한 영향을 주는 해외인수·합병등에 대한 중지·금지·원상회복 등 심의
3. 제3항의 조치에 따른 대상기관의 손해에 대한 심의
4. 제5항에 따른 미신고 또는 거짓신고 등에 대한 해외인수·합병등의 중지·금지·원상회복 등 심의

⑦ 산업통상자원부장관은 제1항 및 제2항에 따른 신고와 관련하여 분야별 전문위원회로 하여금 검토하게 할 수 있으며 관계 중앙행정기관의 장 또는 대상기관의 장에게 자료제출 등의 필요한 협조를 요청할 수 있다. 이 경우 관계 중앙행정기관의 장 및 대상기관의 장은 특별한 사유가 없는 한 이에 협조하여야 한다. 〈개정 2013.3.23.〉

⑧ 제1항 및 제2항의 신고, 제3항 및 제5항의 중지·금지·원상회복 등의 조치 및 절차 등에 관하여 세부적인 사항은 대통령령으로 정한다.

[본조신설 2011.7.25.]

제12조(국가연구개발사업의 보호관리) 대상기관의 장은 산업기술과 관련된 국가연구개발사업을 수행하는 과정에서 개발성과물이 외부로 유출되지 아니하도록 필요한 대책을 수립·시행하여야 한다.

제13조(개선권고) ① 산업통상자원부장관은 제10조의 규정에 따른 국가핵심기술의 보호조치 및 제12조의 규정에 따른 국가연구개발사업의 보호관리와 관련하여 필요하다고 인정되는 경우 대상기관의 장에 대하여 개선을 권고할 수 있다. 〈개정 2011.7.25., 2013.3.23.〉

② 제1항의 규정에 따라 개선권고를 받은 대상기관의 장은 개선대책을 수립·시행하고 그 결과를 산업통상자원부장관에게 통보하여야 한다. 〈개정 2011.7.25., 2013.3.23.〉

③ 산업통상자원부장관은 제1항에 따라 대상기관의 장에게 개선권고를 한 경우 해당 개선권고의 주요 내용 및 이유, 대상기관의 조치결과 등을 위원회에 보고하여야 한다. 〈신설 2011.7.25., 2013.3.23.〉

④ 제1항 및 제2항에 따른 개선권고 및 개선대책의 수립·시행 및 제3항에 따라 위원회에 보고하기 위하여 필요한 사항은 대통령령으로 정한다. 〈개정 2011.7.25.〉

제14조(산업기술의 유출 및 침해행위 금지) 누구든지 다음 각 호의 어느 하나에 해당하는 행위를 하여서는 아니 된다. 〈개정 2008.2.29., 2011.7.25., 2013.3.23.〉

1. 절취 · 기망 · 협박 그 밖의 부정한 방법으로 대상기관의 산업기술을 취득하는 행위 또는 그 취득한 산업기술을 사용하거나 공개(비밀을 유지하면서 특정인에게 알리는 것을 포함한다. 이하 같다)하는 행위
2. 제34조의 규정 또는 대상기관과의 계약 등에 따라 산업기술에 대한 비밀유지의무가 있는 자가 부정한 이익을 얻거나 그 대상기관에게 손해를 가할 목적으로 유출하거나 그 유출한 산업기술을 사용 또는 공개하거나 제3자가 사용하게 하는 행위
3. 제1호 또는 제2호의 규정에 해당하는 행위가 개입된 사실을 알고 그 산업기술을 취득 · 사용 및 공개하거나 산업기술을 취득한 후에 그 산업기술에 대하여 제1호 또는 제2호의 규정에 해당하는 행위가 개입된 사실을 알고 그 산업기술을 사용하거나 공개하는 행위
4. 제1호 또는 제2호의 규정에 해당하는 행위가 개입된 사실을 중대한 과실로 알지 못하고 그 산업기술을 취득 · 사용 및 공개하거나 산업기술을 취득한 후에 그 산업기술에 대하여 제1호 또는 제2호의 규정에 해당하는 행위가 개입된 사실을 중대한 과실로 알지 못하고 그 산업기술을 사용하거나 공개하는 행위
5. 제11조제1항의 규정에 따른 승인을 얻지 아니하거나 부정한 방법으로 승인을 얻어 국가핵심기술을 수출하는 행위
6. 국가핵심기술을 외국에서 사용하거나 사용되게 할 목적으로 제11조의2제1항 및 제2항에 따른 신고를 하지 아니하거나 거짓이나 그 밖의 부정한 방법으로 신고를 하고서 해외인수 · 합병등을 하는 행위
7. 제11조제5항 · 제7항 및 제11조의2제3항 · 제5항에 따른 산업통상자원부장관의 명령을 이행하지 아니하는 행위

제14조의2(산업기술 침해행위에 대한 금지청구권 등) ① 대상기관은 산업기술 침해행위를 하거나 하려는 자에 대하여 그 행위에 의하여 영업상의 이익이 침해되거나 침해될 우려가 있는 경우에는 법원에 그 행위의 금지 또는 예방을 청구할 수 있다.

② 대상기관이 제1항에 따른 청구를 할 때에는 침해행위를 조성한 물건의 폐기, 침해행위에 제공된 설비의 제거, 그 밖에 침해행위의 금지 또는 예방을 위하여 필요한 조치를 함께 청구할 수 있다.

③ 제1항에 따라 산업기술 침해행위의 금지 또는 예방을 청구할 수 있는 권리는 산업기술 침해행위가 계속되는 경우에 대상기관이 그 침해행위에 의하여 영업상의 이익이 침해되거나 침해될 우려가 있다는 사실 및 침해행위자를 안 날부터 3년간 행사하지 아니하면 시효의 완성으로 소멸한다. 그 침해행위가 시작된 날부터 10년이 지난 때에도 또한 같다.
[본조신설 2011.7.25.]

제15조(산업기술 침해신고 등) ① 국가핵심기술 및 국가연구개발사업으로 개발한 산업기술

을 보유한 대상기관의 장은 제14조 각 호의 어느 하나에 해당하는 행위가 발생할 우려가 있거나 발생한 때에는 즉시 산업통상자원부장관 및 정보수사기관의 장에게 그 사실을 신고하여야 하고, 필요한 조치를 요청할 수 있다. 〈개정 2008.2.29., 2013.3.23.〉

② 산업통상자원부장관 및 정보수사기관의 장은 제1항의 규정에 따른 요청을 받은 경우 또는 제14조에 따른 금지행위를 인지한 경우에는 그 필요한 조치를 하여야 한다. 〈개정 2008.2.29., 2011.7.25., 2013.3.23.〉

제4장 산업기술보호의 기반구축 및 산업보안기술의 개발 · 지원 등

제16조(산업기술보호협회의 설립 등) ① 대상기관은 산업기술의 유출방지 및 보호에 관한 시책을 효율적으로 추진하기 위하여 산업통상자원부장관의 인가를 받아 산업기술보호협회(이하 "협회"라 한다)를 설립할 수 있다. 〈개정 2008.2.29., 2013.3.23.〉

② 협회는 법인으로 하고, 그 주된 사무소의 소재지에서 설립등기를 함으로써 성립한다.

③ 설립등기 외의 등기를 필요로 하는 사항은 그 등기 후가 아니면 제3자에게 대항하지 못한다.

④ 협회는 다음 각 호의 업무를 행한다. 〈개정 2008.2.29., 2011.7.25., 2013.3.23.〉

1. 산업기술보호를 위한 정책의 개발 및 협력
2. 산업기술의 해외유출 관련 정보 전파
3. 산업기술의 유출방지를 위한 상담 · 홍보 · 교육 · 실태조사
4. 국내외 산업기술보호 관련 자료 수집 · 분석 및 발간
5. 제22조제1항에 따른 산업기술의 보호를 위한 지원업무
6. 제23조의 규정에 따른 산업기술분쟁조정위원회의 업무지원
7. 그 밖에 산업통상자원부장관이 필요하다고 인정하여 위탁하거나 협회의 정관이 정한 사업

⑤ 정부는 대상기관의 산업기술의 보호를 위하여 필요한 경우에는 예산의 범위 안에서 협회의 사업수행에 필요한 자금을 지원할 수 있다.

⑥ 협회의 사업 및 감독 등에 관하여 필요한 사항은 대통령령으로 정한다.

⑦ 협회에 관하여 이 법에 규정된 사항을 제외하고는 「민법」 중 사단법인에 관한 규정을 준용한다.

제17조(산업기술보호를 위한 실태조사) ① 산업통상자원부장관은 필요한 경우 대상기관의 산업기술의 보호 및 관리 현황에 대한 실태조사를 실시할 수 있다. 〈개정 2008.2.29., 2013.3.23.〉

② 산업통상자원부장관은 제1항의 규정에 따른 실태조사를 위하여 산업기술을 보유하고 있는 대상기관 및 관련 단체에 대하여 관련 자료의 제출이나 조사업무의 수행에 필요한 협조를 요청할 수 있다. 이 경우 그 요청을 받은 자는 특별한 사유가 없는 한 이에 응하여야 한다. 〈개정 2008.2.29., 2013.3.23.〉

③ 제2항의 규정에 따른 실태조사의 대상·범위·방법 등에 관하여 필요한 사항은 대통령령으로 정한다.

제18조(국제협력) ① 정부는 산업기술의 보호에 관한 국제협력을 촉진하기 위하여 관련 산업보안기술 및 전문인력의 국제교류, 산업보안기술의 국제표준화 및 국제공동연구개발 등에 관하여 필요한 국제협력사업을 추진할 수 있다.

② 정부는 다음 각 호의 사업을 지원할 수 있다.

1. 산업보안기술 및 보안산업의 국제적 차원의 조사·연구
2. 산업보안기술 및 보안산업에 관한 국제적 차원의 인력·정보의 교류
3. 산업보안기술 및 보안산업에 관한 국제적 전시회·학술회의 등의 개최
4. 그 밖에 국제적 차원의 대책을 수립하고 추진하기 위하여 필요하다고 인정하여 대통령령이 정하는 사업

제19조(산업기술보호교육) ① 산업통상자원부장관은 산업기술의 유출방지 및 보호를 위하여 대상기관의 임·직원을 대상으로 교육을 실시할 수 있다. 〈개정 2008.2.29., 2013.3.23.〉

② 제1항의 규정에 따른 교육의 내용·기간·주기 등에 관하여 필요한 사항은 대통령령으로 정한다.

제20조(산업보안기술의 개발지원 등) ① 정부는 산업기술을 보호하기 위하여 산업보안기술의 개발 및 전문인력의 양성에 관한 시책을 수립하여 추진할 수 있다.

② 정부는 산업기술보호에 필요한 기술개발을 효율적으로 추진하기 위하여 대상기관으로 하여금 제1항의 규정에 따른 산업보안기술의 개발 등을 실시하게 할 수 있다.

③ 정부는 제2항의 규정에 따라 산업보안기술 개발사업 등을 실시하는 자에게 그 사업에 소요되는 비용을 출연 또는 보조할 수 있다.

④ 제3항의 규정에 따른 출연금의 지급·사용 및 관리 등에 관하여 필요한 사항은 대통령령으로 정한다.

제21조(산업기술보호 포상 및 보호 등) ① 정부는 산업보안기술의 개발 등 산업기술의 유출방지 및 보호에 기여한 공이 큰 자 또는 이 법의 규정을 위반하여 산업기술을 해외로 유출한 사실을 신고한 자 등에 대하여 예산의 범위 내에서 포상 및 포상금을 지급할 수 있다. 〈개정 2009.1.30.〉

② 정부는 이 법의 규정을 위반하여 산업기술을 해외로 유출한 사실을 신고한 자로부터 요청이 있는 경우 그에 대하여 신변보호 등 필요한 조치를 취하여야 한다.

③ 정부는 산업보안기술의 개발 등 산업기술의 유출방지 및 보호에 기여한 공이 큰 외국인에 대하여 국내정착 및 국적취득을 지원할 수 있다.

④ 제1항 내지 제3항의 규정에 따른 포상·포상금 지급, 신변보호 등의 기준·방법 및 절차에 관하여 필요한 사항은 대통령령으로 정한다.

제22조(산업기술의 보호를 위한 지원) ① 정부는 산업기술의 보호를 촉진하기 위하여 필요하다고 인정하면 다음 각 호의 사항을 대상기관 등에게 지원할 수 있다. 〈개정 2011.7.25.〉

1. 산업기술 보안에 대한 자문
2. 산업기술의 보안시설을 설치·운영하는 기술지원
3. 산업기술보호를 위한 교육 및 인력양성을 위한 지원
4. 그 밖에 산업기술보호를 위하여 필요한 사항

② 제1항의 규정에 따른 지원에 관하여 필요한 사항은 대통령령으로 정한다.

[제목개정 2011.7.25.]

제5장 보칙

제23조(산업기술분쟁조정위원회) ① 산업기술의 유출에 대한 분쟁을 신속하게 조정하기 위하여 산업통상자원부장관 소속하에 산업기술분쟁조정위원회(이하 "조정위원회"라 한다)를 둔다. 〈개정 2008.2.29., 2013.3.23.〉

② 조정위원회는 위원장 1인을 포함한 15인 이내의 위원으로 구성한다.

③ 조정위원회의 위원은 다음 각 호의 어느 하나에 해당하는 자 중에서 대통령령이 정하는 바에 따라 산업통상자원부장관이 임명 또는 위촉한다. 〈개정 2008.2.29., 2013.3.23.〉

1. 대학이나 공인된 연구기관에서 부교수 이상 또는 이에 상당하는 직에 있거나 있었던 자로서 기술 또는 정보의 보호 관련 분야를 전공한 자
2. 4급 또는 4급 상당 이상의 공무원 또는 이에 상당하는 공공기관의 직에 있거나 있었던 자로서 산업기술유출의 방지업무에 관한 경험이 있는 자
3. 산업기술의 보호사업을 영위하고 있는 기업 또는 산업기술의 보호업무를 수행하는 단체의 임원직에 있는 자
4. 판사·검사 또는 변호사의 자격이 있는 자

④ 위원의 임기는 3년으로 하되, 연임할 수 있다.

⑤ 위원장은 위원 중에서 산업통상자원부장관이 임명한다. 〈개정 2008.2.29., 2013.3.23.〉

제24조(조정부) ① 분쟁의 조정을 효율적으로 수행하기 위하여 조정위원회에 5인 이내의 위원으로 구성되는 조정부를 두되, 그 중 1인은 변호사의 자격이 있는 자로 한다.

② 조정위원회는 필요한 경우 일부 분쟁에 대하여 제1항의 규정에 따른 조정부에 일임하여 조정하게 할 수 있다.

③ 제1항의 규정에 따른 조정부의 구성 및 운영에 관하여 필요한 사항은 대통령령으로 정한다.

제25조(위원의 제척 · 기피 · 회피) ① 위원은 다음 각 호의 어느 하나에 해당하는 경우에는 당해 분쟁조정청구사건(이하 "사건"이라 한다)의 심의 · 의결에서 제척된다.

1. 위원 또는 그 배우자나 배우자이었던 자가 당해 사건의 당사자가 되거나 당해 사건에 관하여 공동권리자 또는 의무자의 관계에 있는 경우
2. 위원이 당해 사건의 당사자와 친족관계에 있거나 있었던 경우
3. 위원이 당해 사건에 관하여 증언이나 감정을 한 경우
4. 위원이 당해 사건에 관하여 당사자의 대리인 또는 임 · 직원으로서 관여하거나 관여하였던 경우

② 당사자는 위원에게 심의 · 의결의 공정성을 기대하기 어려운 사정이 있는 경우에는 조정위원회에 기피신청을 할 수 있다. 이 경우 조정위원회는 기피신청이 타당하다고 인정하는 때에는 기피의 결정을 하여야 한다.

③ 위원이 제1항 또는 제2항의 사유에 해당하는 경우에는 스스로 그 사건의 심의 · 의결을 회피할 수 있다.

제26조(분쟁의 조정) ① 산업기술유출과 관련한 분쟁의 조정을 원하는 자는 신청취지와 원인을 기재한 조정신청서를 조정위원회에 제출하여 분쟁의 조정을 신청할 수 있다.

② 제1항의 규정에 따른 분쟁의 조정신청을 받은 조정위원회는 신청을 받은 날부터 3월 이내에 이를 심사하여 조정안을 작성하여야 한다. 다만, 부득이한 사정이 있는 경우에는 조정위원회의 의결로 1월의 범위 내에서 기간을 연장할 수 있다.

③ 제2항의 규정에 따른 기간이 경과하는 경우에는 조정이 성립되지 아니한 것으로 본다.

제27조(자료요청 등) ① 조정위원회는 분쟁조정을 위하여 필요한 자료를 분쟁당사자에게 요청할 수 있다. 이 경우 해당분쟁당사자는 정당한 사유가 없는 한 이에 응하여야 한다.

② 조정위원회는 필요하다고 인정하는 경우에는 분쟁당사자 또는 참고인으로 하여금 조정위원회에 출석하게 하여 그 의견을 들을 수 있다.

③ 조정위원회는 제1항의 규정에 따른 자료요구와 제2항의 규정에 따라 의견진술을 청취할 경우 비공개로 하여야 하며, 제출된 자료 및 청취된 의견에 대해서는 비밀을 유지하여야 한다.

제28조(조정의 효력) ① 조정위원회는 제26조제2항의 규정에 따라 조정안을 작성한 때에는 지체 없이 이를 각 당사자에게 제시하여야 한다.

② 제1항의 규정에 따라 조정안을 제시받은 당사자는 그 제시를 받은 날부터 15일 이내

에 그 수락 여부를 조정위원회에 통보하여야 한다.

③ 당사자가 조정안을 수락한 때에는 조정위원회는 즉시 조정조서를 작성하여야 하며, 위원장 및 각 당사자는 이에 기명날인하여야 한다.

④ 당사자가 제3항의 규정에 따라 조정안을 수락하고 기명날인한 경우에는 해당조정조서는 재판상 화해와 동일한 효력을 갖는다.

제29조(조정의 거부 및 중지) ① 조정위원회는 분쟁의 성질상 조정위원회에서 조정하는 것이 적합하지 아니하다고 인정하거나 당사자가 부정한 목적으로 조정을 신청한 것으로 인정되는 경우에는 해당조정을 거부할 수 있다. 이 경우 그 사유 등을 신청인에게 통보하여야 한다.

② 조정위원회는 신청된 조정사건에 대한 처리절차를 진행 중에 일방 당사자가 법원에 소를 제기한 경우에는 그 조정의 처리를 중지하고 이를 당사자에게 통지하여야 한다.

제30조(조정의 절차 등) 분쟁의 조정방법·조정절차 및 조정업무의 처리 등에 관하여 필요한 사항은 대통령령으로 정한다.

제31조(준용법률) 산업기술유출에 관한 분쟁조정에 관하여 이 법에 규정이 있는 경우를 제외하고는 그 성질에 반하지 않는 한 「민사조정법」의 규정을 준용한다.

제32조(수수료) ① 제26조세1항의 규정에 따라 조정위원회에 산업기술유출과 관련한 분쟁의 조정을 신청하는 자는 대통령령이 정하는 바에 따라 수수료를 납부하여야 한다.

② 제1항의 규정에 따른 수수료의 금액·징수방법·징수절차 등에 관하여 필요한 사항은 산업통상자원부령으로 정한다. 〈개정 2008.2.29., 2013.3.23.〉

제33조(권한의 위임·위탁) 산업통상자원부장관은 이 법에 의한 권한의 일부를 대통령령이 정하는 바에 따라 보조기관·소속기관의 장이나 관계중앙행정기관의 장 또는 관계전문기관의 장에게 위임 또는 위탁할 수 있다. 〈개정 2008.2.29., 2013.3.23.〉

제34조(비밀유지의무) 다음 각 호의 어느 하나에 해당하거나 해당하였던 자는 그 직무상 알게 된 비밀을 누설하거나 도용하여서는 아니 된다. 〈개정 2008.2.29., 2011.7.25., 2013.3.23.〉

1. 대상기관의 임·직원(교수·연구원·학생을 포함한다)
2. 제9조의 규정에 따라 국가핵심기술의 지정·변경 및 해제 업무를 수행하는 자
3. 제11조 및 제11조의2에 따라 국가핵심기술의 수출 및 해외인수·합병등에 관한 사항을 검토하거나 사전검토, 조사업무를 수행하는 자
4. 제15조의 규정에 따라 침해행위의 접수 및 방지 등의 업무를 수행하는 자
5. 제16조제4항제3호의 규정에 따라 상담업무 또는 실태조사에 종사하는 자
6. 제17조제1항의 규정에 따라 산업기술의 보호 및 관리 현황에 대한 실태조사업무를 수행하는 자
7. 제20조제2항의 규정에 따라 산업보안기술 개발사업자에게 고용되어 산업보안기술 연

구개발업무를 수행하는 자
8. 제23조의 규정에 따라 산업기술 분쟁조정업무를 수행하는 자
9. 제33조의 규정에 따라 산업통상자원부장관의 권한의 일부를 위임·위탁받아 업무를 수행하는 자

제35조(벌칙 적용에서의 공무원 의제) 다음 각 호의 업무를 행하는 자는 「형법」 제129조 내지 제132조를 적용함에 있어서는 이를 공무원으로 본다. 〈개정 2008.2.29., 2011.7.25., 2013.3.23.〉
1. 제9조의 규정에 따라 국가핵심기술의 지정·변경 및 해제 업무를 수행하는 자
2. 제11조 및 제11조의2에 따라 국가핵심기술의 수출 및 해외인수·합병등에 관한 사항을 검토하거나 조사업무를 수행하는 자
3. 제15조의 규정에 따라 침해행위의 접수 및 방지 등의 업무를 수행하는 자
4. 제17조의 규정에 따라 산업기술의 보호 및 관리 현황에 대한 실태조사업무를 수행하는 자
5. 제23조의 규정에 따라 산업기술 분쟁조정업무를 수행하는 자
6. 제33조의 규정에 따라 산업통상자원부장관의 권한의 일부를 위임·위탁받아 업무를 수행하는 자

제6장 벌칙

제36조(벌칙) ① 산업기술을 외국에서 사용하거나 사용되게 할 목적으로 제14조 각 호(제4호를 제외한다)의 어느 하나에 해당하는 행위를 한 자는 10년 이하의 징역 또는 10억원 이하의 벌금에 처한다. 〈개정 2008.3.14.〉

② 제14조 각 호(제4호 및 제6호는 제외한다)의 어느 하나에 해당하는 행위를 한 자는 5년 이하의 징역 또는 5억원 이하의 벌금에 처한다. 〈개정 2011.7.25.〉

③ 제14조제4호에 해당하는 행위를 한 자는 3년 이하의 징역 또는 3억원 이하의 벌금에 처한다.

④ 제1항 내지 제3항의 죄를 범한 자가 그 범죄행위로 인하여 얻은 재산은 이를 몰수한다. 다만, 그 전부 또는 일부를 몰수할 수 없는 때에는 그 가액을 추징한다.

⑤ 제34조의 규정을 위반하여 비밀을 누설한 자는 5년 이하의 징역이나 10년 이하의 자격정지 또는 5천만원 이하의 벌금에 처한다.

⑥ 제1항 및 제2항의 미수범은 처벌한다.

⑦ 제1항 내지 제3항의 징역형과 벌금형은 이를 병과할 수 있다.

[단순위헌, 2011헌바39, 2013.7.25. 구 산업기술의 유출방지 및 보호에 관한 법률(2006. 10. 27. 법률 제8062호로 제정되고, 2011. 7. 25. 법률 제10962호로 개정되기 전의 것) 제36조 제2항 중 제14조 제1호 가운데 '부정한 방법에 의한 산업기술 취득행위' 에 관한 부분은 헌법에 위반된다.]

제37조(예비 · 음모) ① 제36조제1항의 죄를 범할 목적으로 예비 또는 음모한 자는 3년 이하의 징역 또는 3천만원 이하의 벌금에 처한다.

② 제36조제2항의 죄를 범할 목적으로 예비 또는 음모한 자는 2년 이하의 징역 또는 2천만원 이하의 벌금에 처한다.

제38조(양벌규정) 법인의 대표자나 법인 또는 개인의 대리인, 사용인, 그 밖의 종업원이 그 법인 또는 개인의 업무에 관하여 제36조제1항부터 제3항까지의 어느 하나에 해당하는 위반행위를 하면 그 행위자를 벌하는 외에 그 법인 또는 개인에게도 해당 조문의 벌금형을 과(科)한다. 다만, 법인 또는 개인이 그 위반행위를 방지하기 위하여 해당 업무에 관하여 상당한 주의와 감독을 게을리하지 아니한 경우에는 그러하지 아니하다.

[전문개정 2008.12.26.]

제39조(과태료) ① 다음 각 호의 어느 하나에 해당하는 자는 1천만원 이하의 과태료에 처한다. 〈개정 2009.1.30.〉

1. 제10조제3항을 위반하여 국가핵심기술의 보호조치를 거부 · 방해 또는 기피한 자
2. 제15조제1항의 규정에 따른 산업기술 침해신고를 하지 아니한 자
3. 제17조제2항의 규정을 위반하여 관련 자료를 제출하지 아니하거나 허위로 제출한 자

② 제1항의 규정에 따른 과태료는 대통령령이 정하는 바에 따라 산업통상자원부장관이 부과 · 징수한다. 〈개정 2008.2.29., 2013.3.23.〉

③ 삭제 〈2009.1.30.〉

④ 삭제 〈2009.1.30.〉

⑤ 삭제 〈2009.1.30.〉

부칙 〈제11690호, 2013.3.23.〉 (정부조직법)

제1조(시행일) ① 이 법은 공포한 날부터 시행한다.

② 생략

제2조부터 제5조까지 생략

제6조(다른 법률의 개정) ①부터 〈383〉까지 생략

〈384〉 산업기술의 유출방지 및 보호에 관한 법률 일부를 다음과 같이 개정한다.

제5조제1항 · 제2항, 같은 조 제4항 전단, 제7조제4항, 제8조제1항 · 제2항, 제9조제1항 · 제3항 · 제4항 · 제6항, 제11조제1항 · 제2항, 같은 조 제3항 후단, 같은 조 제4항부터 제7항까지, 같은 조 제9항 전단, 제11조의2제1항부터 제3항까지, 같은 조 제4항 각 호 외의 부분, 같은 조 제5항, 같은 조 제7항 전단, 제13조제1항부터 제3항까지, 제14조제7호, 제15조제1항 · 제2항, 제16조제1항, 같은 조 제4항제7호, 제17조제1항, 같은 조 제2항 전단, 제19조제1항, 제23조제1항, 같은 조 제3항 각 호 외의 부분, 같은 조 제5항, 제33조, 제34조제9호, 제35조제6호 및 제39조제2항 중 "지식경제부장관"을 각각 "산업통상자원부장관"으로 한다.

제32조제2항 중 "지식경제부령"을 "산업통상자원부령"으로 한다.

법률 제10962호 산업기술의 유출방지 및 보호에 관한 법률 일부개정법률 부칙 제3항 중 "지식경제부장관"을 "산업통상자원부장관"으로 한다.

〈385〉부터 〈710〉까지 생략

제7조 생략

국방부와 그 소속기관 직제

[시행 2014.11.19.] [대통령령 제25751호, 2014.11.19., 타법개정]

행정자치부(조직진단과) 02-2100-3439
행정자치부(사회조직과) 02-2100-4172
국방부(조직관리담당관) 02-748-6560

제1장 총칙

제1조(목적) 이 영은 국방부와 그 소속기관의 조직과 직무범위, 그 밖에 필요한 사항을 규정함을 목적으로 한다.

제2조(소속기관) ① 국방부장관의 관장사무를 지원하기 위하여 국방부장관 소속으로 국립서울현충원 및 국방전산정보원을 둔다. 〈개정 2009.5.6.〉

② 국방부장관의 관장사무를 지원하기 위하여 「책임운영기관의 설치・운영에 관한 법률」 제4조제1항, 같은 법 시행령 제2조제1항 및 같은 법 시행령 별표 1에 따라 국방부장관 소속의 책임운영기관으로 국방홍보원을 둔다.

제2장 국방부

제3조(직무) 국방부는 국방에 관련된 군정 및 군령과 그 밖에 군사에 관한 사무를 관장한다.

제4조(하부조직) ① 국방부에 운영지원과・국방정책실・인사복지실 및 전력자원관리실을 둔다.

② 장관 밑에 군사보좌관 1명, 대변인 1명 및 장관정책보좌관 3명을 두고, 차관 밑에 기획조정실장, 법무관리관 및 감사관 각 1명을 둔다. 〈개정 2013.3.23.〉

제5조(군사보좌관) ① 군사보좌관은 장관급장교로 보한다.

② 군사보좌관은 다음 사항에 관하여 장관을 보좌한다. 〈개정 2010.7.21.〉

1. 주요 군사업무에 관한 사항
2. 군사외교를 위한 번역・통역업무에 관한 사항
3. 국방관계 내・외 귀빈의 초청 및 안내

4. 삭제 〈2010.7.21.〉
5. 국방부의 의식행사 및 의전에 관한 사항
6. 국방관련 정보의 수집 · 분석 · 전파 및 공유
7. 국방정책 발전의제의 발굴 · 조정 · 건의 및 관리
8. 장관 등 지시사항 및 각종회의 · 보고의제의 사후관리
9. 삭제 〈2010.7.21.〉
10. 그 밖에 장관의 보좌에 관한 사항

제6조(대변인) ① 대변인은 고위공무원단에 속하는 일반직 또는 별정직공무원으로 보한다.
② 대변인은 다음 사항에 관하여 장관을 보좌한다. 〈개정 2009.5.6., 2010.7.21., 2011.10.10.〉
1. 국방관련 보도정책의 수립 · 조정 및 통제
2. 국방정책 및 주요현안의 보도
3. 국방정책관련 각종 정보 및 상황 관리
4. 언론 취재 지원 및 브리핑에 관한 사항
5. 부내 정책의 대외 발표사항의 관리
6. 온라인대변인 지정 · 운영 등 소셜 미디어 정책소통 총괄 · 점검 및 평가
7. 국방 관련 주요정책의 대내외 홍보계획의 수립 · 조정 및 홍보매체의 조정 · 통제
8. 국방홍보원 업무의 지도 · 감독

제7조(장관정책보좌관) ① 장관정책보좌관 중 1명은 고위공무원단에 속하는 별정직공무원으로, 2명은 3급 상당 또는 4급 상당 별정직공무원으로 보한다. 다만, 특별한 사유가 있는 경우에는 고위공무원단에 속하는 일반직공무원, 장관급장교, 4급 이상 일반직공무원 또는 영관급장교로 대체할 수 있다. 〈개정 2013.12.11.〉
② 장관정책보좌관은 다음 사항에 관하여 장관을 보좌한다. 〈개정 2011.10.10.〉
1. 장관이 지시한 사항의 연구 · 검토
2. 정책과제와 관련된 전문가 · 이해관계자 및 일반국민 등의 국정참여의 촉진과 의견수렴
3. 관계부처 정책보좌업무 수행기관과의 업무협조
4. 장관의 소셜 미디어 메시지 기획 · 운영

제7조의2(기획조정실장) ① 기획조정실장 밑에 기획관리관, 계획예산관 및 정보화기획관 각 1명을 둔다.
② 기획조정실장, 기획관리관 및 계획예산관은 고위공무원단에 속하는 일반직공무원으로, 정보화기획관은 장관급장교로 보한다.
③ 기획조정실장은 다음 사항에 관하여 차관을 보좌한다. 〈개정 2013.9.17.〉
1. 국방기획의 종합 · 조정
2. 국방현황의 종합 관리

3. 군무회의 등 각종 회의의 운영
4. 국방기획관리제도의 연구·발전에 관한 사항
5. 국방통계의 유지·관리
6. 성과관리계획의 수립 및 성과관리체계의 구축에 관한 사항
7. 국방 분야 정부업무평가의 종합·조정
8. 주요사업의 진도파악 및 그 결과의 심사평가
9. 국군조직 및 정원관리에 관한 종합계획의 수립·조정 및 제도 발전에 관한 사항
10. 국방조직의 진단 및 평가
11. 정원의 검토·책정 및 승인, 부대 및 기관의 창설·해체·개편계획에 대한 검토 및 승인
12. 국회 및 정당 관련 업무의 총괄·조정
13. 계엄 관련 정무업무
14. 삼청교육 관련 피해보상 업무에 관한 사항
15. 업무처리절차의 개선, 조직문화의 혁신 등 부내 창의혁신업무의 총괄·지원

15의 2. 부 내 정부 3.0 관련 과제 발굴·선정, 추진상황 확인·점검 및 성과관리

16. 행정세도개선계획의 수립·집행 및 국방제안제도의 운영
17. 국방 분야의 기록관리에 관한 정책의 수립 및 시행에 관한 사항
18. 행정권한의 위임 및 위탁에 관한 사항
19. 국방중기계획의 종합·조정 및 수립
20. 국방예산의 종합·조정 및 경상운영비 분야 국방예산의 편성
21. 재정사업의 자율평가에 관한 사항
22. 예산운영·자금운영 및 외국환 사용계획의 수립·운영 및 통제
23. 세입징수 및 채권 관리업무의 총괄
24. 세입·세출결산의 종합·보고 및 분석
25. 국방 분야 회계제도의 운영 및 발전에 관한 사항
26. 통합 재정정보체계의 운영 및 관리
27. 민간자원 활용에 관한 정책의 수립·조정 및 제도 발전에 관한 사항
28. 군 책임운영기관 제도의 운영
29. 경상운영비 분야 분석·평가에 관한 계획의 수립·시행 및 제도 발전에 관한 사항
30. 국방정보화 정책의 수립·총괄 및 조정
31. 국방정보화 사업의 소요·중기계획 및 예산에 대한 검토·조정
32. 국방정보화 사업의 조정·통제 및 평가
33. 국방정보자원의 관리·공유 및 활용

34. 국방정보 보호에 관한 분석·대책 수립 및 발전
35. 국방 정보기술 아키텍처의 구축·관리 및 활용
36. 국방정보체계의 표준화 및 상호운용성에 관한 사항
37. 국방전산정보원 업무의 지도·감독

④ 기획관리관은 제3항제1호부터 제18호까지의 사항에 관하여 기획조정실장을 보좌한다.
⑤ 계획예산관은 제3항제19호부터 제29호까지의 사항에 관하여 기획조정실장을 보좌한다.
⑥ 정보화기획관은 제3항제30호부터 제37호까지의 사항에 관하여 기획조정실장을 보좌한다.
[본조신설 2013.3.23.]

제8조(법무관리관) ① 법무관리관은 고위공무원단에 속하는 일반직공무원으로 보한다.
② 법무관리관은 다음 사항에 관하여 차관을 보좌한다. 〈개정 2010.7.21.〉
1. 군 사법제도에 관한 계획 및 그 시행의 지도·감독
2. 군사법원의 운영과 군 검찰기관, 군 수사기관 및 군 교도소에 대한 지도·감독
3. 일반 사법기관 및 검찰기관과의 협조
4. 형의 집행·사면·감형·복권 및 가석방에 관한 사항
5. 군 보안관찰처분 및 군 사회보호처분에 관한 사항
6. 군법무관의 선발·관리 및 군법무관 제도의 개선
7. 법제·사법에 관한 대국회 관련 업무
8. 법령안의 입안·심사 등 입법 추진 총괄
9. 국방정책, 외국과의 군사협정 및 국제 계약에 관한 법적 검토 및 지원
10. 특별배상심의회의 운영 및 지구배상심의회의 지휘·감독
11. 국방부 소관의 국가를 당사자로 하는 소송 및 국방부장관을 상대로 하여 제기된 행정소송의 지휘·감독
12. 행정심판·소청 및 징계에 관한 사항
13. 부내 규제의 정비 및 규제개혁에 관한 사항
14. 군내 인권정책 및 장병기본권 보장 등에 관한 사항
15. 군내 인권 관련 국제협약에의 가입 및 시행에 관한 사항

제9조(감사관) ① 감사관은 고위공무원단에 속하는 일반직공무원으로 보한다.
② 감사관은 다음 사항에 관하여 차관을 보좌한다. 〈개정 2009.5.6., 2010.7.21.〉
1. 국방부장관의 지휘·감독을 받는 기관·부대 및 산하단체에 대한 감사
2. 다른 기관에 의한 국방부 및 국방부장관의 지휘·감독을 받는 기관·부대 및 산하단체에 대한 감사결과의 처리
3. 사정업무 및 공직자윤리에 관한 사항

4. 비위사항의 조사・처리
5. 금전 및 물품 손・망실(損・亡失)의 처리
6. 전비품(戰備品)의 검사・확인 및 전비품검사위원회의 운영
7. 국방관련 민원업무 및 종합민원실・국방신고센터의 운영
8. 민원 관련 제도의 개선
9. 행정정보공개에 관한 사항
10. 그 밖에 장관이 감사에 관하여 지시한 사항의 처리

제10조(운영지원과) ① 운영지원과장은 3급 또는 4급으로 보한다.

② 운영지원과장은 다음 사항을 분장한다. 〈개정 2009.5.6., 2010.7.21.〉

1. 보안 및 관인・관인대장의 관리
2. 삭제 〈2010.7.21.〉
3. 문서의 분류・수발・편찬・보존 및 관리
4. 자금의 운용・회계 및 결산
5. 물품의 구매・조달 및 관리
6. 국방부・직할기관 및 직할부대의 국유재산 관리
7. 국방부・전군(全軍) 국외파견자 및 출장자의 여권과 비자 발급에 관한 사항
8. 공무원의 임용・복무・교육훈련・연금・의료보험, 그 밖의 인사사무
9. 국방부에 소속되어 있는 군인의 인사
10. 국방기록정보 및 도서의 관리
11. 국방부의 직장예비군 및 민방위대의 관리
12. 성과 평가 및 운영에 관한 사항
13. 그 밖에 부내 다른 부서의 주관에 속하지 아니하는 사항

제11조 삭제 〈2013.3.23.〉

제12조(국방정책실) ① 국방정책실에 실장 1명을 두고, 실장 밑에 정책기획관, 국제정책관 및 국방교육정책관 각 1명을 둔다. 〈개정 2008.6.25.〉

② 실장 및 정책기획관은 고위공무원단에 속하는 일반직공무원 또는 장관급장교로, 국제정책관은 고위공무원단에 속하는 일반직공무원으로, 국방교육정책관은 고위공무원단에 속하는 일반직 또는 별정직공무원으로 보한다. 〈개정 2013.12.11.〉

③ 실장은 다음 사항을 분장한다. 〈개정 2008.6.25., 2009.5.6., 2010.7.21., 2012.7.24.〉

1. 국방정책의 수립・종합・조정 및 개발
2. 국가안보현안에 관한 국방정책의 수립・협조 및 조정
3. 연두업무보고・국회업무보고 등 주요 국방정책 보고
4. 전군주요지휘관회의의 운영

5. 국방기본정책서 및 국방백서의 작성 · 발간
6. 삭제 〈2010.7.21.〉
7. 국방분야 대북 기본정책의 수립 및 정부의 대북 · 통일정책 관련 사항 중 군사분야에 관한 사항
8. 남북화해 및 교류협력 관련 사항 중 군사지원에 관한 사항
9. 정전협정 유지와 관련한 유엔군사령부와 협조 및 북방한계선에 관한 사항
10. 한반도 평화체제 전환 관련 군사분야 대책수립 및 정부정책의 지원
11. 남북군사회담 협상전략 · 대책수립 및 회담 운영
12. 국군포로관련 정책수립 · 송환추진 · 국내정착 지원 및 기록관리
13. 군비통제 기본정책의 수립 및 남북한 군비통제 협상전략과 지침의 수립
14. 국방부 위기관리정책의 수립 · 발전 및 국방부 위기관리기구 운영
15. 대테러 업무에 관한 정책의 수립 · 조정과 유관부서와의 협조
16. 전시대비 국방정책의 수립, 전쟁지도 및 수행체계의 발전, 장관의 군령관련 사항에 관한 보좌
17. 북한 대량살상무기 관련 대응정책의 수립
18. 북한 급변사태 대비 및 군사통합 관련 업무
19. 한국국방연구원 및 국가안전보장문제연구소와 그 밖의 국방정책관련 국방부 산하연구기관 업무의 지도 · 감독
20. 국제군축 및 국제 군비통제활동 관련 업무
21. 핵 · 화생방무기 · 미사일 등의 대량살상무기 및 지뢰와 소형무기 등의 비확산에 관한 업무
22. 대량살상무기체계 관련 전략물자 및 기술의 수출통제에 관한 업무
23. 국방분야 우주 · 미사일, 미사일 방어 등 국가 전략능력에 관한 정책업무
24. 대외국방정책의 수립 · 조정과 외국과의 국방교류 및 협력업무의 총괄 · 조정
25. 삭제 〈2010.7.21.〉
26. 한 · 미안보협의회 및 한 · 미정책검토위원회의 운영
27. 방위비 분담 업무의 주관 및 주둔군 지원에 관한 사항의 총괄 · 조정
28. 정전관리에 관한 책임 조정을 위한 정책 수립 및 유엔군사령부 후방기지 방문업무 조정 · 통제
29. 지역 및 다자간 안보협의 · 협력체 및 다자간 군사안보협력 관련 업무의 총괄 · 조정
30. 국제평화유지활동 참여 관련 군사정책의 수립 · 조정
31. 참전국 국방외교활동 총괄 · 조정 및 지원
32. 국방관계 국제협정의 체결 · 수정에 관한 협의

33. 군 문화활동 및 대외문화행사의 지원
34. 국방문화정책의 개발・수립・조정 및 통제
35. 정훈교육에 관한 계획의 수립・조정 및 제도개선
36. 전쟁기념사업회 업무의 지도・감독
37. 삭제 〈2010.7.21.〉
38. 삭제 〈2010.7.21.〉
39. 삭제 〈2010.7.21.〉
40. 국방교육・훈련에 관한 정책과 계획의 수립・조정
41. 국방부 직할 교육기관 업무의 지도・감독
42. 군인의 평생학습에 대한 정책수립 및 제도 연구와 국방 분야 전문인력 양성에 관한 사항
43. 군인의 위탁・수탁 교육 및 대외 군사교육 교류에 관한 사항

④ 정책기획관은 제3항제1호부터 제5호까지, 제7호부터 제23호까지의 사항에 관하여 실장을 보좌한다. 〈개정 2009.5.6., 2010.7.21.〉

⑤ 국제정책관은 제3항제24호, 제26호부터 제32호까지의 사항에 관하여 실장을 보좌한다. 〈개정 2009.5.6., 2010.7.21.〉

⑥ 국방교육정책관은 제3항제33호부터 제36호까지 및 제40호부터 제43호까지의 사항에 관하여 실장을 보좌한다. 〈개정 2008.6.25., 2009.5.6., 2010.7.21., 2012.7.24.〉

제13조(인사복지실) ① 인사복지실에 실장 1명을 두고, 실장 밑에 인사기획관, 동원기획관 및 보건복지관 각 1명을 둔다.

② 실장, 인사기획관 및 보건복지관은 고위공무원단에 속하는 일반직공무원으로, 동원기획관은 장관급장교로 보한다. 〈개정 2013.12.11.〉

③ 실장은 다음 사항을 분장한다. 〈개정 2010.7.21.〉

1. 군인 및 군무원의 인사, 인사근무, 교육 및 훈련(합동 및 연합훈련은 제외한다)에 대한 정책과 계획의 수립・조정 및 제도발전
2. 장관급장교의 인사 및 제청심의위원회의 운영
3. 장교의 임관・진급・전역・제적・임명 및 해외파견 명령에 관한 사항
4. 군인 및 군무원의 인사관리 및 통제
5. 군 인력의 수급조정, 장교진급계획의 수립 및 진급예정인원의 판단 등 국방인력에 대한 정책과 계획의 수립・조정
6. 병무정책 수립에 관한 지도・감독
7. 병영문화 개선을 위한 정책의 수립・조정 및 제도 발전에 관한 사항
8. 군인의 복제・군기・안전・상훈・군예식 및 행사에 관한 사항

9. 국군체육 및 국제 군인체육에 관한 사항
10. 사회단체의 장병 위문행사에 관한 사항
11. 삭제 〈2012.7.24.〉
12. 삭제 〈2012.7.24.〉
13. 국립서울현충원 및 국군체육부대 업무의 지도·감독
14. 국방여성에 관한 정책의 수립 및 제도 발전에 관한 사항
15. 군종업무에 대한 정책과 계획의 수립·조정 및 제도 발전과 종교단체와의 교류 및 지원
16. 군종 장교의 양성, 보수교육 및 군종 사관후보생의 선발·관리
17. 예비전력에 대한 정책과 계획의 수립·조정 및 제도발전
18. 국방부 비상대비계획의 수립·조정
19. 물자동원(산업·수송·건설 및 통신동원을 포함한다) 등 국방동원자원정책의 수립·운영
20. 국방부 및 국방부 직할기관 정부연습 업무의 총괄
21. 병력동원훈련에 관한 사항
22. 동원태세의 점검 및 동원자원의 조사·분석 및 판단
23. 예비군의 조직·편성·자원·무기·장비 및 시설관리
24. 예비군 교육훈련계획의 수립·조정
25. 예비군 지휘관의 복무 및 인사 관리
26. 국방복지, 군인연금, 보건업무, 군인·군무원의 보수 및 군인의 사회진출 지원에 대한 정책과 계획의 수립·조정 및 제도 발전
27. 군인복지기금 및 군인연금기금에 관한 사항
28. 군 주택·복지시설·면세품 및 군인의 사회진출 지원과 예비역 지원에 관한 사항
29. 의무부대의 운영과 군 의료요원의 수급에 관한 사항
30. 군 건강보험·장병건강의 관리 및 신체검사 기준에 관한 사항
31. 군 전염병 예방과 혈액수급에 관한 사항
32. 군 진료기술의 향상 및 군진의학(軍陣醫學)의 연구·발전
33. 국군의무사령부·국군복지단·군인공제회 및 국방복지 관련 산하 연구기관 업무의 지도·감독

④ 인사기획관은 제3항제1호부터 제10호까지 및 제13호부터 제16호까지의 사항에 관하여 실장을 보좌한다. 〈개정 2009.5.6., 2010.7.21., 2012.7.24.〉

⑤ 동원기획관은 제3항제17호부터 제25호까지의 사항에 관하여 실장을 보좌한다. 〈개정 2010.7.21.〉

⑥ 보건복지관은 제3항제26호부터 제33호까지의 사항에 관하여 실장을 보좌한다.

〈개정 2010.7.21.〉

제14조(전력자원관리실) ① 전력자원관리실에 실장 1명을 두고, 실장 밑에 군수관리관, 군사시설기획관, 전력정책관 및 군공항이전사업단장 각 1명을 둔다. 〈개정 2014.4.15.〉

② 실장 및 군사시설기획관은 고위공무원단에 속하는 일반직공무원으로, 군수관리관 및 전력정책관은 고위공무원단에 속하는 일반직공무원 또는 장관급장교로 보하고, 군공항이전사업단장은 군사시설기획관이 겸임한다. 〈개정 2014.4.15.〉

③ 실장은 다음 사항을 분장한다. 〈개정 2010.7.21., 2012.7.24., 2014.4.15., 2014.11.4.〉

1. 군수정책, 군수품조달정책, 군수지원계획, 전투긴요물자 및 장비 비축계획의 수립·조정 및 제도발전
2. 장비·물자·탄약 등 군수품의 보급·관리·운영·처분 및 단속에 관한 사항
3. 군수 분야의 중기계획 및 예산편성의 검토·조정·종합·요구
4. 국방 분야 저탄소·녹색성장 정책 수립 및 조정·통제
5. 장비 및 물자류 등 무기체계에 속하지 아니하는 일반 군수품의 소요 결정 및 소관사업의 관리
6. 군수품의 규격화·형상관리 및 종합 군수지원에 관한 사항
7. 국방 수송운영방침의 수립 및 제도발전
8. 탄약의 저장·안전관리, 신뢰성 평가 및 비군사화 관련 사항
9. 대외 군수협력 및 주둔군의 지원에 관한 사항
10. 군 재난관리정책·계획의 수립 및 재난관리대책의 시행·조정
11. 군의 대민지원에 관한 계획의 수립·조정
12. 군수정보화에 관한 사항
13. 국군수송사령부 업무의 지도·감독
14. 군사시설 정책·계획의 수립 및 제도의 연구·발전
15. 군 관련 국토종합계획에 관한 사항
16. 군사시설의 건설·이전·유지·보수 및 관리에 관한 사항
17. 국유재산의 취득·처분에 관한 계획의 수립 및 국방부 소관 국유재산(「군수품관리법」의 적용을 받는 재산은 제외한다)의 관리에 관한 사항
18. 주한미군에 대한 재산의 제공·관리와 주한 미합중국 군대의 지위협정에 따른 한·미시설 및 구역분과위원회의 운영
19. 징발 및 보상정책의 수립
20. 국방·군사시설사업의 사업계획 및 실시계획 승인
21. 군 건설기술 개발에 관한 사항
22. 국방시설의 표준화와 병영기본계획 방침의 수립·조정

23. 특별건설기술심의위원회의 운영
24. 군 공사의 시공평가 · 감리 · 품질관리제도의 연구 · 개선
25. 국방 · 군사시설이전 특별회계의 운영 및 관리
26. 방위비 분담 시설사업의 집행승인 및 조정 · 통제
27. 국방시설본부 업무의 지도 · 감독
28. 군 구조 개편 대상 군사시설의 재배치 계획 수립 및 집행 · 통제
29. 군사시설 및 군사기지 보호에 관한 사항
30. 군 환경정책에 관한 사항
31. 군 환경오염방지 사업 및 군 주둔지역 · 작전지역 안의 생태계 보전에 관한 사항
32. 군사력 건설관련 정책의 수립 · 조정 및 통제
33. 방위력개선사업을 위한 무기체계 등에 대한 소요결정 관련 업무 협조
34. 방위력 개선사업 소요 · 획득 · 운영 업무의 조정
35. 방위력 개선사업 관련 국방중기계획의 수립 및 예산편성지침의 수립 · 조정
35의2. 방위력개선사업을 위한 무기체계 등에 대한 소요검증 업무
35의3. 무기체계 및 무기체계의 연구개발에 필요한 핵심기술의 시험평가(이하 이 항에서 "시험평가"라 한다)에 관한 정책의 수립
35의4. 시험평가 관련 계획 수립 및 결과 판정
35의5. 시험평가 관련 예산의 확보 및 지원
36. 분석평가 및 비용분석에 관한 정책과 계획의 수립 및 제도발전
37. 국방과학기술 진흥에 관한 중 · 장기정책 수립
38. 방위산업물자 및 국방과학기술의 수출 진흥에 관한 승인 업무(방위사업청장이 요청하는 경우로 한정한다)
39. 장관이 승인하는 방위력 개선사업의 검토 · 조정
40. 군 공항 이전 관련 정책 및 계획의 수립과 제도의 연구
41. 군 공항 이전건의서의 접수 · 평가 및 예비이전후보지의 선정
42. 군 공항 이전부지 선정위원회 및 군 공항 이전사업 지원위원회의 운영 · 관리
43. 군 공항 이전사업 및 이전주변지역 지원사업에 관한 사항

④ 군수관리관은 제3항제1호부터 제13호까지의 사항에 관하여 실장을 보좌한다. 〈개정 2009.5.6., 2010.7.21.〉

⑤ 군사시설기획관은 제3항제14호부터 제31호까지의 사항에 관하여 실장을 보좌한다. 〈개정 2010.7.21.〉

⑥ 전력정책관은 제3항제32호부터 제35호까지, 제35호의2부터 제35호의5까지 및 제36호부터 제39호까지의 사항에 관하여 실장을 보좌한다. 〈개정 2010.7.21., 2014.11.4.〉

⑦ 군공항이전사업단장은 제3항제40호부터 제43호까지의 사항에 관하여 실장을 보좌한다. 〈신설 2014.4.15.〉

제15조(군무회의) ① 국방정책에 관한 국방부장관의 자문에 응하여 국방부장관이 부의하는 사항을 심의하기 위하여 국방부에 군무회의를 둔다.

② 군무회의는 국방부장관・국방부차관・합동참모의장・각 군 참모총장・국방부기획조정실장・국방부국방정책실장・국방부인사복지실장・국방부전력자원관리실장 및 국방부장관이 지정하는 자로 구성하되, 국방부장관이 그 의장이 된다.

③ 군무회의의 운영에 관하여 필요한 사항은 국방부령으로 정한다.

제16조(위임규정) 「행정기관의 조직과 정원에 관한 통칙」 제12조제3항 및 제14조제4항에 따라 국방부에 두는 보좌기관 및 보조기관은 국방부에 두는 정원의 범위에서 국방부령으로 정한다.

제3장 국립서울현충원

제17조(직무) 국립서울현충원은 「국립묘지의 설치 및 운영에 관한 법률」 제3조제1항제1호에 따른 국립묘지를 관리하는 사무를 관장한다.

제18조(원장) ① 국립서울현충원에 원장 1명을 둔다.

② 원장은 고위공무원단에 속하는 일반직공무원으로 보한다.

③ 원장은 국방부장관의 명을 받아 소관사무를 통할하고, 소속공무원을 지휘・감독한다.

제19조(하부조직) 「행정기관의 조직과 정원에 관한 통칙」 제12조제3항 및 제14조제4항에 따라 국립서울현충원에 두는 보좌기관 또는 보조기관은 국방부의 소속기관(국방홍보원은 제외한다)에 두는 정원의 범위에서 국방부령으로 정한다.

제4장 국방홍보원

제20조(직무) 국방홍보원은 국방일보 및 국군방송 등의 제작에 관한 사무를 관장한다.

제21조(하부조직의 설치 등) ①국방홍보원의 하부조직의 설치와 분장사무는 「책임운영기관의 설치・운영에 관한 법률」 제15조제2항에 따라 같은 법 제10조에 따른 기본운영규정으로 정한다.

② 「책임운영기관의 설치・운영에 관한 법률」에 따라 국방홍보원에 두는 공무원의 종류별・계급별 정원은 이를 종류별 정원으로 통합하여 국방부령으로 정하고, 직급별 정원은

같은 법 시행령 제16조제2항에 따라 같은 법 제10조에 따른 기본운영규정으로 정한다.
③ 국방홍보원에 두는 고위공무원단에 속하는 공무원으로 보하는 직위의 총수는 국방부령으로 정한다.

제5장 국방전산정보원 〈개정 2009.5.6.〉

제22조(직무) 국방전산정보원은 국방부와 그 소속기관의 정보화업무 지원 및 국방자원관리 정보체계의 구축·운영에 관한 사무를 관장한다. 〈개정 2009.5.6.〉

제23조(원장) ① 국방전산정보원에 원장 1명을 둔다. 〈개정 2009.5.6.〉
② 원장은 고위공무원단에 속하는 일반직공무원으로 보한다. 〈개정 2009.5.6.〉
③ 원장은 국방부장관의 명을 받아 소관사무를 통할하고, 소속공무원을 지휘·감독한다. 〈개정 2009.5.6.〉
[제목개정 2009.5.6.]

제24조(하부조직) 「행정기관의 조직과 정원에 관한 통칙」 제12조제3항 및 제14조제4항에 따라 국방전산정보원에 두는 보좌기관 또는 보조기관은 국방부의 소속기관(국방홍보원은 제외한다)에 두는 정원의 범위에서 국방부령으로 정한다. 〈개정 2009.5.6.〉

제6장 공무원의 정원 등

제25조(국방부에 두는 공무원의 정원) ① 국방부에 두는 공무원(군인은 제외한다)의 정원은 별표 1과 같다. 다만, 필요한 경우에는 별표 1에 따른 총정원의 3퍼센트를 넘지 아니하는 범위에서 국방부령으로 정원을 따로 정할 수 있다.
② 국방부에 두는 공무원(군인은 제외한다)의 직급별 정원은 국방부령으로 정한다. 이 경우 4급 공무원의 정원(3급 또는 4급 공무원 정원을 포함한다)은 45명을, 3급 또는 4급 공무원 정원은 4급 공무원의 정원(3급 또는 4급 공무원 정원을 포함한다)의 3분의 1을 각각 그 상한으로 하고, 4급 또는 5급 공무원 정원은 5급 공무원의 정원(4급 또는 5급 공무원 정원을 포함한다)의 3분의 1을 그 상한으로 한다. 〈개정 2014.4.15.〉
③ 국방부에 두는 군인의 정원은 국방부장관이 행정자치부장관과 협의를 거쳐서 정하고, 국방부장관이 국방부에 한시기구를 설치하려는 경우에는 행정자치부장관과 협의를 거쳐야 한다. 〈개정 2013.9.17., 2014.11.19.〉
④ 국방부에 두는 공무원(군인은 제외한다)의 정원 중 1명(5급 1명)은 병무청 소속 공무

원으로 충원하여야 한다. 이 경우 국방부장관은 충원 방법 및 절차 등에 관하여 병무청장과 미리 협의하여야 한다. 〈신설 2014.4.15.〉

제26조(소속기관에 두는 공무원의 정원) ① 국방부의 소속기관(국방홍보원은 제외한다)에 두는 공무원(군인은 제외한다)의 정원은 별표 2와 같다. 다만, 필요한 경우에는 별표 2에 따른 총정원의 3퍼센트를 넘지 아니하는 범위에서 국방부령으로 정원을 따로 정할 수 있다.

② 국방부의 소속기관(국방홍보원은 제외한다)에 두는 공무원(군인은 제외한다)의 소속기관별·직급별 정원은 국방부령으로 정한다. 이 경우 4급 공무원의 정원(3급 또는 4급 공무원 정원을 포함한다)은 4명을, 3급 또는 4급 공무원 정원은 4급 공무원의 정원(3급 또는 4급 공무원 정원을 포함한다)의 100분의 15를 각각 그 상한으로 하고, 4급 또는 5급 공무원 정원은 5급 공무원의 정원(4급 또는 5급 공무원 정원을 포함한다)의 100분의 15를 그 상한으로 한다. 〈개정 2014.4.15.〉

③ 국립서울현충원 및 국방전산정보원에 제1항 및 제2항의 공무원 외에 필요에 따라 군인을 둘 수 있으며, 그 정원은 국방부장관이 정한다. 〈개정 2009.5.6.〉

제27조(개방형직위에 대한 특례) 실·국장급 4개 직위는 임기제공무원으로 보할 수 있다. [전문개정 2013.12.11.]

제7장 한시조직 및 한시정원 〈개정 2012.7.24.〉

제28조(군구조·국방운영개혁추진실) ① 국방부에 「행정기관의 조직과 정원에 관한 통칙」 제17조의3에 따라 2015년 7월 25일까지 존속하는 한시조직으로 군구조·국방운영개혁추진실을 둔다.

② 군구조·국방운영개혁추진실에 실장 1명을 두고, 실장 밑에 군구조개혁추진관 및 국방운영개혁추진관 각 1명을 둔다.

③ 실장 및 국방운영개혁추진관은 고위공무원단에 속하는 일반직공무원 또는 장관급장교로, 군구조개혁추진관은 장관급장교로 보한다. 〈개정 2013.12.11.〉

④ 실장은 다음 사항을 분장한다.

1. 국방개혁 정책의 총괄·조정
2. 군 구조 개혁 분야 국방개혁기본계획 수립·변경
3. 군 구조 개혁 분야 5년 단위 추진계획 수립·시행
4. 군 구조 개혁 분야 각 시행기관·부서의 연도별 시행계획 종합
5. 군 구조 개혁 분야 개혁과제의 추진실적 분석·평가
6. 국방개혁위원회의 운영

7. 국방운영 개혁 분야 국방개혁기본계획 수립·변경
8. 국방운영 개혁 분야 5년 단위 추진계획 수립·시행
9. 국방운영 개혁 분야 각 시행기관·부서의 연도별 시행계획 종합
10. 국방운영 분야 개혁과제의 추진실적 분석·평가

⑤ 군구조개혁추진관은 제4항제1호부터 제6호까지의 사항에 관하여 실장을 보좌한다.
⑥ 국방운영개혁추진관은 제4항제7호부터 제10호까지의 사항에 관하여 실장을 보좌한다.
⑦ 군구조·국방운영개혁추진실에 두는 공무원의 정원은 별표 3과 같다.
⑧ 별표 3의 직급별 정원은 국방부령으로 정한다.
⑨「행정기관의 조직과 정원에 관한 통칙」제12조제3항 및 제14조제4항에 따라 군구조·국방운영개혁추진실에 두는 보좌기관 또는 보조기관은 별표 3에 따른 계급별 정원의 범위에서 국방부령으로 정한다.
[전문개정 2012.7.24.]

부칙 〈제25751호, 2014.11.19.〉 (행정자치부와 그 소속기관 직제)

제1조(시행일) 이 영은 공포한 날부터 시행한다. 다만, 부칙 제5조에 따라 개정되는 대통령령 중 이 영 시행 전에 공포되었으나 시행일이 도래하지 아니한 대통령령을 개정한 부분은 각각 해당 대통령령의 시행일부터 시행한다.
제2조부터 제4조까지 생략
제5조(다른 법령의 개정) ①부터 〈144〉까지 생략
〈145〉 국방부와 그 소속기관 직제 일부를 다음과 같이 개정한다.
제25조제3항 중 "행정자치부장관"을 각각 "행정자치부장관"으로 한다.
〈146〉부터 〈418〉까지 생략

국가안보실 직제

[시행 2014.1.10.] [대통령령 제25076호, 2014.1.10., 일부개정]

행정자치부(조직기획과) 02-2100-3515

제1조(목적) 이 영은 국가안보실의 조직과 직무범위, 그 밖에 필요한 사항을 규정함을 목적으로 한다.

제2조(직무) 국가안보실은 국가안보에 관한 대통령의 직무를 보좌한다.

제3조(국가안보실장) 국가안보실장은 대통령의 명을 받아 국가안보실의 사무를 처리하고, 소속 공무원을 지휘·감독한다.

제4조(차장) ① 국가안보실에 제1차장 및 제2차장을 두며, 각 차장은 정무직으로 한다.

② 제2차장은 대통령비서실의 외교안보 정책을 보좌하는 수석비서관이 겸임한다.

③ 제1차장은 정책조정비서관·안보전략비서관·정보융합비서관 및 위기관리센터의 소관 업무에 관하여 국가안보실장을 보좌하고, 제2차장은 외교·국방 및 통일 업무 중 국가안보에 관하여 국가안보실장을 보좌한다.

④ 국가안보실장이 부득이한 사유로 그 직무를 수행할 수 없는 때에는 제1차장, 제2차장의 순으로 그 직무를 대행한다.

[전문개정 2014.1.10.]

제5조(비서관 등) ① 제1차장 밑에 정책조정비서관·안보전략비서관·정보융합비서관 및 위기관리센터장 각 1명을 둔다. 〈개정 2014.1.10.〉

② 정책조정비서관·안보전략비서관·정보융합비서관 및 위기관리센터장은 고위공무원단에 속하는 일반직 또는 별정직공무원으로 보한다. 〈개정 2014.1.10.〉

③ 제2항에도 불구하고 특별한 사유가 있는 경우 각 비서관 및 위기관리센터장은 고위공무원단에 속하는 외교부 소속 외무공무원 또는 통일부 소속 공무원이나 이에 상응하는 국방부 소속 현역장교 또는 국가정보원 직원으로 대체하여 충원할 수 있다.

제6조(하부조직) 국가안보실에 두는 하부조직과 그 분장사무는 국가안보실장이 정한다.

제7조(국가안보실에 두는 공무원의 정원) ① 국가안보실에 두는 공무원의 정원은 별표와 같다.

② 국가안보실에 두는 공무원의 정원 중 일반직공무원 정원의 20퍼센트의 범위에서 필요한 인원은 임기제공무원으로 임용할 수 있다. 〈개정 2013.12.11.〉

부칙 〈제25076호, 2014.1.10.〉

이 영은 공포한 날부터 시행한다.

국민안전처와 그 소속기관 직제

[시행 2014.11.19.] [대통령령 제25753호, 2014.11.19., 제정]

국민안전처(창조행정담당관실) 02-2100-0333
행정자치부(사회조직과) 02-2100-3516

제1장 총칙

제1조(목적) 이 영은 국민안전처와 그 소속기관의 조직과 직무범위, 그 밖에 필요한 사항을 규정함을 목적으로 한다.

제2조(소속기관) ① 국민안전처장관의 관장사무를 지원하기 위하여 국민안전처장관 소속으로 국가민방위재난안전교육원・중앙소방학교・중앙119구조본부・해양경비안전교육원 및 중앙해양특수구조단을 둔다.

② 국민안전처장관의 소관사무를 분장하기 위하여 국민안전처장관 소속으로 지방해양경비안전본부를 두고, 지방해양경비안전본부장 소속으로 해양경비안전서를 둔다.

③ 국민안전처장관의 관장사무를 지원하기 위하여 「책임운영기관의 설치・운영에 관한 법률」 제4조제1항, 같은 법 시행령 제2조제1항 및 같은 법 시행령 별표 1에 따라 국민안전처장관 소속의 책임운영기관으로 국립재난안전연구원 및 해양경비안전정비창을 둔다.

제2장 국민안전처

제3조(직무) 국민안전처는 안전 및 재난에 관한 정책의 수립・운영 및 총괄・조정, 비상대비, 민방위, 방재, 소방, 해양에서의 경비・안전 ・오염방제 및 해상에서 발생한 사건의 수사에 관한 사무를 관장한다.

제4조(하부조직) ① 국민안전처에 운영지원과・안전정책실・재난관리실・특수재난실・중앙소방본부 및 해양경비안전본부를 둔다.

② 장관 밑에 대변인 1명 및 장관정책보좌관 2명을 두고, 차관 밑에 기획조정실장 1명, 안전감찰관 1명 및 중앙재난안전상황실장 1명을 둔다.

제5조(직무대행) 장관이 부득이한 사유로 그 직무를 수행할 수 없을 때에는 차관, 중앙소방

본부장 및 해양경비안전본부장 순으로 그 직무를 대행한다.

제6조(대변인) ① 대변인 밑에 부대변인을 둔다.

② 대변인은 고위공무원단에 속하는 일반직공무원, 소방감 또는 치안감으로 보하고, 부대변인은 「재난 및 안전관리 기본법 시행령」 별표 1의3에 따른 재난 및 사고유형별 재난관리주관기관 소속 공무원이 겸임한다.

③ 대변인은 다음 사항에 관하여 장관을 보좌한다.

1. 주요 정책에 대한 대국민 홍보계획의 수립·조정 및 협의·지원
2. 주요 정책에 대한 홍보실적의 관리 및 홍보업무 평가
3. 보도계획의 수립, 보도자료 배포 및 보도내용 분석
4. 정책 홍보와 관련된 각종 정보 및 상황의 관리
5. 재난 및 안전사고 관련 공식 입장 발표에 관한 사항
6. 처 내 업무의 대외 발표사항 관리 및 브리핑 지원
7. 언론취재의 지원 및 보도 내용의 분석·대응
8. 온라인대변인 지정·운영 등 소셜 미디어 정책소통 총괄·점검 및 평가

④ 부대변인은 재난·안전사고 발표업무와 대변인이 지정하는 업무에 관하여 대변인을 보좌한다.

제7조(장관정책보좌관) ① 장관정책보좌관 중 1명은 고위공무원단에 속하는 별정직공무원으로, 1명은 3급 상당 또는 4급 상당 별정직공무원으로 보한다. 다만, 특별한 사유가 있는 경우에는 고위공무원단에 속하는 일반직공무원·소방감 또는 치안감, 4급 이상 일반직공무원·소방준감·경무관·소방정 또는 총경으로 대체할 수 있다.

② 장관정책보좌관은 다음 사항에 관하여 장관을 보좌한다.

1. 장관이 지시한 사항의 연구·검토
2. 정책과제와 관련된 전문가·이해관계자 및 일반 국민 등의 국정참여의 촉진과 의견수렴
3. 관계 부처 정책보좌업무 수행기관과의 업무협조
4. 장관의 소셜 미디어 메시지 기획·운영

제8조(기획조정실장) ① 기획조정실장 밑에 정책기획관 및 비상안전기획관 각 1명을 둔다.

② 기획조정실장은 고위공무원단에 속하는 일반직공무원으로, 정책기획관은 고위공무원단에 속하는 일반직공무원·소방감 또는 치안감으로, 비상안전기획관은 고위공무원단에 속하는 임기제공무원으로 보한다.

③ 기획조정실장은 다음 사항에 관하여 차관을 보좌한다.

1. 처 내 각종 정책과 계획, 주요업무계획의 수립·종합 및 조정
2. 소관업무 관련 국정과제 및 각종 지시사항의 종합·조정 및 관리
3. 국회 및 정당 관련 업무의 총괄·조정

4. 처 내 정책연구용역의 총괄 · 조정
5. 예산의 편성 · 집행 · 조정 · 재정성과 관리 및 기금관리
6. 조직진단 및 평가를 통한 조직 · 정원의 관리와 부서 간 업무범위의 조정
7. 처 내 정부3.0 관련 과제 발굴 · 선정, 추진현황 확인 · 점검 및 관리
8. 처 내 특정평가 · 자체평가 등 정부업무평가 총괄
9. 처 내 성과관리 기본계획의 수립 · 총괄 · 조정 및 통합성과 평가제도 운영
10. 처 내 민원업무의 총괄 · 처리 및 제도 개선
11. 처 내 국제협력 업무의 총괄 · 지원
12. 해외주재관 파견 · 운영 및 공무 국외여행에 관한 사항
13. 국제 해양 정보 등의 수집 · 분석 및 배포에 관한 사항
14. 소관 법령 · 행정규칙의 심사 · 조정 · 총괄, 소관 행정심판, 헌법재판 · 소송사무 총괄
15. 소관 규제개혁 및 규제의 정비
16. 국무회의 · 차관회의 안건의 검토 및 총괄 · 조정
17. 소관 산하기관 · 비영리법인 및 민간단체의 관리 총괄
18. 정보화 계획의 총괄 · 조정 및 정보화 예산의 편성 · 조정 · 시행
19. 행정정보시스템의 구축 · 운영에 관한 사항
20. 처 내 재난관련 정보통신업무의 총괄 · 조정
21. 정보자원 및 정보보안 · 개인정보보호에 관한 사항
22. 처 내 통계업무의 총괄 · 조정
23. 국가비상사태에 대비한 제반계획의 수립 · 종합 및 조정
24. 안전관리 · 재난상황 및 위기상황관리기관과의 연계체계 구축 · 운영
25. 정부비상훈련 및 직장예비군 · 민방위대의 관리
26. 일반보안계획의 수립과 집행의 조정

④ 정책기획관은 제3항제1호부터 제22호까지 및 그 밖에 기획조정실장이 명하는 사항에 관하여 기획조정실장을 보좌한다.

⑤ 비상안전기획관은 제3항제23호부터 제26호까지 및 그 밖에 기획조정실장이 명하는 사항에 관하여 기획조정실장을 보좌한다.

제9조(안전감찰관) ① 안전감찰관은 고위공무원단에 속하는 일반직공무원 · 소방감 또는 치안감으로 보한다.

② 안전감찰관은 다음 사항에 관하여 차관을 보좌한다.

1. 국민안전처와 그 소속기관 및 소관 공공기관 · 산하단체에 대한 감사
2. 다른 기관에 의한 국민안전처와 그 소속기관 및 공공기관 · 산하단체에 대한 감사결과의 처리

3. 공직기강확립 계획의 수립 및 추진
4. 청렴도 향상 및 제도 개선에 관한 사항
5. 사정업무 및 징계의결 요구에 관한 사항
6. 진정 및 비위사항의 감찰활동 및 조사·처리
7. 공무원 행동강령의 운영
8. 부패방지시책의 수립 및 추진
9. 소속 공무원의 재산등록 및 심사
10. 상시 감찰활동 계획의 수립 및 추진
11. 「재난 및 안전관리 기본법」 제77조에 따른 재난관리책임기관 소속 공무원 등에 대한 문책 요구
12. 소방관서 및 해양경비안전관서 감찰 제도 운영
13. 해양수색구조 안전성 등에 대한 감사
14. 국민안전처의 함정·항공기·특수구조구난장비의 구입 등에 대한 감사
15. 그 밖에 장관이 감사에 관하여 지시한 사항의 처리

제10조(중앙재난안전상황실장) ① 중앙재난안전상황실장은 고위공무원단에 속하는 일반직 공무원·소방감 또는 치안감으로 보한다.

② 중앙재난안전상황실장은 다음 사항에 관하여 차관을 보좌한다.

1. 재난안전 및 위기상황 종합관리에 관한 사항
2. 재난 상황의 접수·파악·전파, 상황판단 및 초동보고 등에 관한 사항
3. 재난피해 정보의 수집·분석 및 전파
4. 위기징후 분석·평가·경보발령에 관한 사항
5. 재난위험상황에 관한 정보수집·예측 및 분석
6. 상시 모니터링 및 상황전파에 관한 시스템·장비의 구축·운영에 관한 사항
7. 국내 언론보도 등 재난정보의 수집·분석 및 전파
8. 해외 재난정보의 수집·분석 및 전파
9. 국방정보통신망 소통 및 비상대비 상황 파악·조치에 관한 사항
10. 소산(疏散) 전(충무 3종사태까지를 말한다) 정부종합상황실 시설 및 장비 운영
11. 소방상황센터 및 해양경비안전상황센터의 종합관리에 관한 사항

제11조(운영지원과) ① 운영지원과장은 3급 또는 4급으로 보한다.

② 운영지원과장은 다음 사항을 분장한다.

1. 소속 공무원의 채용·승진·전직, 해외 주재관 파견 등 임용 및 복무에 관한 사항(소방 및 해양경비안전 업무를 담당하는 공무원에 관한 사항은 제외한다)
2. 소속 공무원의 교육훈련 등 능력발전에 관한 사항(소방 및 해양경비안전 업무를 담당

하는 공무원에 관한 사항은 제외한다)
3. 소속 공무원의 상훈 · 징계에 관한 사항
4. 국민안전처 인사제도 운영의 확인 · 점검 및 혁신
5. 비정규직 관리 · 운영
6. 인사 관련 통계의 작성 및 유지
7. 소속 공무원의 병역 신고
8. 보안 및 청사의 유지 · 관리 · 방호
9. 관인 및 관인대장의 관리
10. 문서의 분류 · 수발 등 문서관리
11. 자금의 운용 · 회계 및 결산
12. 소속 공무원의 연금 · 급여 및 복리후생
13. 물품의 구매 · 조달 및 관리
14. 국민안전처 소관 국유재산의 관리
15. 공무원직장협의회 및 공무원노동조합에 관한 사항
16. 종합자료실의 운영, 기록물 및 간행물 관리
17. 일반적인 정보공개 운영
18. 그 밖에 처 내 다른 부서의 소관에 속하지 아니하는 사항

제12조(안전정책실) ① 안전정책실에 실장 1명을 두고, 실장 밑에 안전총괄기획관, 생활안전정책관 및 비상대비민방위정책관을 둔다.

② 실장 · 안전총괄기획관 · 생활안전정책관 및 비상대비민방위정책관은 고위공무원단에 속하는 일반직공무원으로 보한다.

③ 실장은 다음 사항을 분장한다.

1. 안전관리 정책의 기획 · 총괄 · 조정 및 「재난 및 안전관리 기본법」 등 관련 법령의 제 · 개정에 관한 사항
2. 중앙안전관리위원회(안전정책조정위원회를 포함한다)의 운영
3. 안전 관련 정책에 관한 중앙행정기관 간 조정 · 지원
4. 중앙행정기관 · 공공기관의 안전기준 협의 · 조정
5. 재난 취약분야에 대한 안전관리 체계의 구축 및 운영
6. 유선 및 도선 사업 관련 법령 및 제도의 운영(제도의 운영은 내수면에 관한 사항으로 한정한다)
7. 유선 및 도선 사업의 관리 · 지도에 관한 사항(내수면에 관한 사항으로 한정한다)
8. 수상레저시설(「재난 및 안전관리 기본법」 제27조에 따라 특정관리대상시설로 지정된 시설에 한정한다)의 관리에 관한 사항

9. 물놀이, 지역축제 등에 대한 안전관리대책 추진
10. 어린이놀이시설에 대한 안전관리정책 총괄 및 제도개선
11. 어린이 보호구역・도시공원・놀이터 등에 대한 영상정보처리기기의 설치・운영에 관한 사항
12. 국가 및 지역 안전관리계획의 수립 및 운영
13. 재난안전 분야 산업의 육성에 관한 정책 수립・조정(소방산업에 관한 사항은 제외한다)
14. 재난안전 기술개발 관련 계획의 총괄 및 조정
15. 방재산업의 육성 및 연구개발에 관한 사항
16. 처 내 연구개발사업 기획・관리 및 운영 총괄
17. 안전관리 연구기관의 육성 및 지원
18. 국립재난안전연구원의 운영 지원에 관한 사항
19. 생활안전정책 총괄・지원
20. 다수 중앙행정기관 관련 복합 안전정책의 조정 및 제도개선
21. 재난관리책임기관의 재난 및 안전관리업무를 담당하는 공무원・직원의 현황관리
22. 생활안전 취약요인의 실태조사 점검 및 평가
23. 어린이・노인・장애인 보호구역 안전시설 개선사업 총괄・지원
24. 보행안전 및 편의증진 정책기획・제도개선
25. 도로교통사고 예방 여건 조성사업 추진
26. 재난 관련 안전점검 및 조치에 관한 사항
27. 정부합동안전점검단 운영, 재난 취약분야 및 지역에 대한 현장 점검 기획・총괄
28. 특정관리대상시설 등의 지정 및 관리에 관한 사항
29. 안전점검의 날 운영에 관한 사항
30. 안전문화 활동 관련 종합계획의 수립 및 제도개선
31. 안전 전문인력 관리・교육훈련 및 안전사고 예방 관련 교육에 관한 사항
32. SOS 국민안심서비스 지원 및 교육・홍보
33. 국가민방위재난안전교육원의 운영 지원에 관한 사항
34. 승강기 안전관리정책 총괄 및 제도개선
35. 「승강기시설 안전관리법」 제16조의4에 따른 사고조사판정위원회의 사무지원에 관한 사항
36. 승강기 안전이용 교육・훈련 및 홍보에 관한 사항
37. 비상대비 관련 정책의 기획 및 제도개선의 총괄・조정
38. 비상대비 지침 및 기본계획의 수립, 각 중앙행정기관 등의 비상대비계획의 작성 지도 및 점검

39. 전시 관계 법령의 제·개정 및 예산 편성에 대한 협의
40. 전시 정부기능 유지업무의 종합·조정
41. 비상대비 시행태세의 확인·점검 및 정부합동평가에 관한 사항
42. 국가 동원업무의 총괄·조정
43. 비상대비 비축물자의 관리 및 사용 승인에 관한 사항
44. 비상대비업무 담당자 인사 및 제도의 관리
45. 제1문서고 정부소산시설 및 정보통신시설 운영
46. 비상 시 국민행동요령의 교육 및 홍보에 관한 사항
47. 비상 시 국가지도통신망 소통·통제
48. 비상대비훈련에 관한 정책의 수립·운영 및 비상대비훈련의 기획·통제·실시 등 훈련 전반에 관한 사항
49. 비상대비업무의 확인·점검·평가계획 수립 및 운영
50. 비상대비 교육에 관한 사항
51. 민방위 계획의 수립·제도개선 및 민방위 업무의 지도·감독
52. 민방위대의 편성 및 교육·훈련에 관한 사항
53. 민방위 사태에서의 민방위대 동원 및 운영에 관한 사항
54. 민방위 시설·장비 및 화생방 업무에 관한 사항
55. 민방위·재난 경보체계 관련 정책의 수립·총괄, 경보제도의 운영 및 경보망 시설의 관리에 관한 사항
56. 중앙 및 제2중앙민방위경보통제소 운영·관리

④ 안전총괄기획관은 제3항제1호부터 제18호까지 및 그 밖에 실장이 명하는 사항에 관하여 실장을 보좌한다.

⑤ 생활안전정책관은 제3항제19호부터 제36호까지 및 그 밖에 실장이 명하는 사항에 관하여 실장을 보좌한다.

⑥ 비상대비민방위정책관은 제3항제37호부터 제56호까지 및 그 밖에 실장이 명하는 사항에 관하여 실장을 보좌한다.

제13조(재난관리실) ① 재난관리실에 실장 1명을 두고, 실장 밑에 재난예방정책관, 재난대응정책관 및 재난복구정책관을 둔다.

② 실장·재난예방정책관·재난대응정책관 및 재난복구정책관은 고위공무원단에 속하는 일반직공무원으로 보한다.

③ 실장은 다음 사항을 분장한다.

1. 재난관리 정책의 기획·총괄·조정 및 관련 법령의 제·개정에 관한 사항
2. 「자연재해대책법」의 개정에 관한 사항

3. 국가재난관리체계 개선에 관한 사항
4. 국가 재난대응 종합훈련의 기획·총괄
5. 중앙행정기관 및 지방자치단체 재난관리 담당자 교육에 관한 사항
6. 방재안전분야 전문인력 양성에 관한 사항
7. 재난 예방 등에 관한 홍보 및 방재의 날 운영
8. 자연재해위험개선지구의 기준설정 및 정비사업의 총괄
9. 재해위험 개선사업에 관한 사항
10. 소하천의 정비에 관한 사항
11. 급경사지 재해예방에 관한 사항
12. 저수지·댐 안전관리 관련 제도의 운영
13. 방재시설의 유지·관리 평가에 관한 사항
14. 사전재해영향성검토협의 제도의 운영에 관한 사항
15. 지역안전도 진단 제도의 운영
16. 풍수해저감종합계획의 운영에 관한 사항
17. 방재기준의 설정 및 운영에 관한 사항
18. 우수(雨水)유출저감시설 기준의 마련 및 우수유출저감대책의 수립·운영
19. 자연재해 저감을 위한 전문교육의 실시 및 방재관리대책 대행제도의 운영
20. 재해경감을 위한 기업의 자율활동 지원에 관한 사항
21. 자연재해분야 국제협력에 관한 사항
22. 지진재해대책 관련 법령 및 제도의 운영
23. 재난관리에 관한 중앙행정기관 간 업무 협의 및 조정
24. 지방자치단체 재난관리역량 강화 지원
25. 국가 재난대응 분야별 상시훈련에 관한 사항
26. 구조·구급·수색 등의 활동을 지원하기 위한 특수 기동 인력의 편성 및 재난현장 파견에 관한 관계기관 간 업무협의 및 조정
27. 재난관리 매뉴얼 총괄·운영 및 평가
28. 재난관리체계와 재난의 예방·대비·대응 및 복구에 대한 평가
29. 중앙안전관리위원회 운영의 지원
30. 재난관리기금제도 운영에 관한 사항
31. 중앙재난안전대책본부 운영 및 지역재난안전대책본부 지원
32. 재난과 관련된 상황분석 및 상황판단회의의 운영
33. 재난사태의 선포·해제에 관한 사항
34. 재난 관리대책 수립 및 운영에 관한 사항

35. 재난 위험정보의 관리 및 활용에 관한 사항
36. 기능별 재난대응 활동계획에 관한 사항
37. 재난 유형별 표준대응방법의 개발 · 보급
38. 재난관리자원 관리체계 구축 총괄 · 조정
39. 국가기반시설 지정 및 관리, 지정 · 취소 관련 전문위원회 운영
40. 테러 대비 관련 기관 지원에 관한 사항
41. 국가재난정보통신 관련 정책의 총괄 · 조정에 관한 사항
42. 국가재난안전통신망의 구축 · 운영에 관한 사항
43. 재난현장 긴급통신체계의 구축 · 운영에 관한 사항
44. 재난관련 정보시스템의 총괄 · 조정 및 구축 · 운영에 관한 사항
45. 재난관리정보 활용체계 및 서비스제공에 관한 사항
46. 재난복구 정책과 대책의 수립 · 조정 · 총괄
47. 특별재난지역 선포 건의에 관한 사항
48. 재난 복구계획의 수립 및 복구 예산의 운영 · 관리
49. 대규모 재해복구사업 및 지구단위종합복구사업의 시행
50. 재난으로 인한 피해 복구사업의 지도 · 점검 및 관리에 관한 사항
51. 자연재난 복구사업 사전심의제도의 운영
52. 재해복구사업 사후 분석 · 평가 운영 총괄
53. 재난구호 및 복구비용의 부담기준과 피해액 산정기준의 설정 · 운영
54. 재난으로 인한 피해의 조사 및 복구 지원
55. 재난구호와 관련 계획의 수립 · 조정 · 총괄 및 제도의 운영
56. 이재민 구호 및 재난피해자 심리안정지원에 관한 사항
57. 재난구호 관련 지방자치단체 협력 및 지원에 관한 사항
58. 재난구호 관련 민간단체와 네트워크 구성 및 활용에 관한 사항
59. 재해구호기술 연구 · 개발에 관한 사항
60. 풍수해보험 관련 법령 운영 및 재난보험 관련 정책 개발
61. 풍수해 보험 등 재난과 관련된 보험의 개발 · 보급 및 보험료의 지원

④ 재난예방정책관은 제3항제1호부터 제22호까지 및 그 밖에 실장이 명하는 사항에 관하여 실장을 보좌한다.

⑤ 재난대응정책관은 제3항제23호부터 제45호까지 및 그 밖에 실장이 명하는 사항에 관하여 실장을 보좌한다.

⑥ 재난복구정책관은 제3항제46호부터 제61호까지 및 그 밖에 실장이 명하는 사항에 관하여 실장을 보좌한다.

제14조(특수재난실) ① 특수재난실에 실장 1명을 두고, 실장 밑에 특수재난지원관 · 민관합동지원관 및 조사분석관 각 1명을 둔다.

② 실장은 고위공무원단에 속하는 일반직공무원 · 소방정감 또는 치안정감으로, 특수재난지원관 · 민관합동지원관 및 조사분석관은 고위공무원단에 속하는 일반직공무원으로 보한다.

③ 실장은 다음 사항을 분장한다.

1. 도로 · 지하철 · 철도 · 항공기 · 해양선박 등 관련 대형 교통사고, 유해화학물질 등 관련 환경오염사고, 감염병 재난, 가축 질병, 원자력안전 사고, 다중 밀집시설 및 산업단지 등에서의 대형사고, 전력 · 가스 등 에너지 관련 사고, 정보통신 사고(「정보통신기반 보호법」 제2조제3호 및 「정보통신망 이용촉진 및 정보보호 등에 관한 법률」 제2조제1항제7호에 따른 침해사고와 중앙행정기관 · 지방자치단체 및 공공기관의 정보통신망에 대한 사이버공격은 제외한다) 등(이하 "특수재난"이라 한다) 대책 지원 및 업무 협조
2. 특수재난 관련 부처의 재난대응역량 분석 및 진단
3. 특수재난 대비 기술 컨설팅 및 재난대응 교육 · 훈련 지원
4. 특수재난 발생 시 상황 모니터링 및 전문적 기술 지원
5. 특수재난 관련 중앙재난안전대책본부 및 중앙사고수습본부 기술 지원
6. 특수재난 관련 중앙수습지원단 참여 및 기술 지원
7. 특수재난 관련 국내 · 외 자료 수집 · 분석
8. 재난 관련 국내 · 외 민간단체 · 학회 · 협회 · 연구기관 등 유관기관과의 협력체계 구축
9. 재난 관련 전문가 네트워크 구축 · 운영
10. 재난 관련 민관 협의체의 운영
11. 민간부문의 재난대비 교육 · 훈련 · 매뉴얼 관리에 관한 사항
12. 재난대응 민관협력사업의 추진에 관한 사항
13. 민간부문의 안전관리 강화 및 재난대응 · 수습 · 복구 활동 지원
14. 지방자치단체 재난대응 민관협력활동 활성화 지원
15. 국가위기관리 대비 중요재난 선정 및 미래위험 예측 · 분석
16. 예기치 못한 대형 · 복합재난 대비체계 구축
17. 재난 및 재난사고 원인 조사 · 분석 및 관련 기술 개발 · 보급
18. 정부합동 재난원인조사단 운영 총괄
19. 국립재난안전연구원의 재난원인조사에 관한 지원

④ 특수재난지원관은 제3항제1호부터 제7호까지 및 그 밖에 실장이 명하는 사항에 관하여 실장을 보좌한다.

⑤ 민관합동지원관은 제3항제8호부터 제14호까지 및 그 밖에 실장이 명하는 사항에 관하여 실장을 보좌한다.

⑥ 조사분석관은 제3항제15호부터 제19호까지 및 그 밖에 실장이 명하는 사항에 관하여 실장을 보좌한다.

제15조(중앙소방본부) ① 중앙소방본부에 본부장 1명을 두며, 본부장은 소방총감으로 보한다.

② 중앙소방본부에 소방정책국 및 119구조구급국을 둔다.

③ 중앙소방본부장 밑에 소방조정관 1명을 둔다.

제16조(소방조정관) ① 소방조정관은 소방정감으로 보한다.

② 소방조정관은 소방정책 및 119구조구급정책의 총괄·조정업무에 관하여 중앙소방본부장을 보좌한다.

제17조(소방정책국) ① 소방정책국에 국장 1명을 두며, 국장은 소방감으로 보한다.

② 국장은 다음 사항을 분장한다.

1. 소방 관련 정책의 수립 및 조정
2. 소방력 기준의 관리·연구 및 개선
3. 소방공무원의 인사·교육훈련·복무 및 상훈 제도에 관한 사항
4. 소방 업무를 담당하는 공무원의 임용·교육훈련 및 복무감독에 관한 사항
5. 소방 관련 예산의 편성·배정에 관한 자료 작성
6. 소방공무원의 보건안전·복지증진 등에 관한 사무
7. 국가와 지방자치단체 간 소방공무원 인사교류의 협의·조정에 관한 사항
8. 지방소방관서의 설치 및 지방 소방행정에 대한 지도·감독에 관한 사항
9. 의무소방대·의용소방대 및 사회복무요원(소방관서에 근무하는 사회복무요원에 한정한다)의 운영에 관한 사항
10. 중앙소방학교 업무의 운영 지원에 관한 사항
11. 소방의 날 운영에 관한 사항
12. 소방시설의 설치·유지 및 안전관리에 관한 사항
13. 다중이용업소의 안전관리에 관한 사항
14. 소방대상물 등에 대한 화재예방 대책 수립 및 운영에 관한 사항
15. 화재안전기준의 운영에 관한 사항
16. 소방시설관리사 제도 등의 운영에 관한 사항
17. 초고층 건축물 및 지하연계 복합건축물에 대한 재난관리
18. 소방시설 등의 자체점검제도 운영에 관한 사항
19. 화재배상책임보험 의무가입 등에 관한 사항
20. 화재의 경계 및 진화훈련 지도에 관한 사항

21. 각종 주요 행사의 소방안전대책에 관한 사항
22. 화재 진압 기술의 개발 · 보급에 관한 사항
23. 소방용수시설 설치 기준의 운영에 관한 사항
24. 위험물의 안전관리 및 분류 · 표지 기준 등에 관한 사항
25. 화재원인의 조사 · 분석 · 감식 및 기록유지
26. 화재조사 전문자격제도의 관리 · 운영
27. 소방분야 특별사법경찰관리의 운영
28. 석유화학단지 사고예방 대책 수립 및 대응에 관한 사항
29. 화재통계 분석 및 연감 발행
30. 소방산업의 진흥에 관한 사항
31. 소방시설업 및 소방기술의 관리에 관한 사항
32. 소방용품의 형식승인 · 성능시험 및 신기술의 인증 등에 관한 사항

제18조(119구조구급국) ① 119구조구급국에 국장 1명을 두며, 국장은 소방감으로 보한다.
② 국장은 다음 사항을 분장한다.
1. 구조 · 구급에 관한 제도 운영 및 관련 정책의 기획 · 조정
2. 구조 · 구급 기본계획, 긴급구조대응계획 등의 수립 · 시행
3. 중앙긴급구조통제단의 구성 · 운영 및 지역긴급구조통제단의 지원에 관한 사항
4. 긴급구조기관 및 응급의료기관과의 지원 · 협조체계의 구축에 관한 사항
5. 긴급 구조 활동 및 대테러 인명구조 · 구급활동 대책에 관한 사항
6. 119 국제구조대의 편성 · 운영 및 탐색 · 구조와 관련된 국제기구와의 협력에 관한 사항
7. 중앙119구조본부 업무의 운영 지원에 관한 사항
8. 시 · 도 소방본부의 구조 · 구급활동 평가에 관한 사항
9. 구조 · 구급대원 등 교육 · 훈련에 관한 사항
10. 긴급구조지원기관의 긴급구조활동 · 능력 평가에 관한 사항
11. 수난 및 산악구조에 관한 사항
12. 응급환자에 대한 안내 · 상담 및 지도에 관한 사항
13. 응급환자를 이송 중인 사람에 대한 응급처치의 지도 및 이송병원 안내에 관한 사항
14. 중앙 및 시 · 도 119구급상황관리센터의 설치 · 운영 등에 관한 사항
15. 119구급이송관련 정보망의 설치 · 운영 등에 관한 사항
16. 119에 접수된 생활안전 · 위험제거 등 소방지원활동에 관한 사항
17. 취약계층 소방안전개선에 관한 사항
18. 소방박물관 및 소방체험관의 설립 · 운영에 관한 사항

19. 소방안전교육·홍보 운영 및 제도개선에 관한 사항
20. 소방안전교육사 제도 등에 관한 사항
21. 긴급구조를 위한 개인위치정보의 이용에 관한 사항
22. 소방장비의 개발·표준관리 및 보급에 관한 사항
23. 소방장비의 정비 및 유지관리에 관한 사항
24. 소방공무원의 복제 등에 관한 사항
25. 소방 관련 정보통신 업무계획의 수립·조정 등에 관한 사항
26. 소방 관련 정보통신 보안업무
27. 항공구조구급 관련 계획의 수립·조정 등에 관한 사항
28. 육상에서의 항공기 사고 수색구조 및 소방항공기 사고조사 등에 관한 사항

제19조(해양경비안전본부) ① 해양경비안전본부에 본부장 1명을 두며, 본부장은 치안총감으로 보한다.

② 해양경비안전본부에 해양경비안전국·해양오염방제국 및 해양장비기술국을 둔다.

③ 해양경비안전본부장 밑에 해양경비안전조정관 1명을 둔다.

제20조(해양경비안전조정관) ① 해양경비안전조정관은 치안정감으로 보한다.

② 해양경비안전조정관은 해양경비안전정책·해양오염방제정책 및 해양장비기술정책의 총괄·조정업무에 관하여 해양경비안전본부장을 보좌한다.

제21조(해양경비안전국) ① 해양경비안전국에 국장 1명을 두며, 국장은 치안감 또는 경무관으로 보한다.

② 국장은 다음 사항을 분장한다.

1. 해양경비·안전(해양안전 업무 중 해양수산부의 소관 사항은 제외한다. 이하 같다)·오염방제 및 해상에서 발생한 사건의 수사 관련 정책의 수립 및 조정
2. 경찰공무원의 인사·교육훈련·복무 및 상훈 제도에 관한 사항
3. 해양경비안전 업무를 담당하는 공무원의 임용·교육훈련 및 복무감독에 관한 사항
4. 해양경비안전 관련 예산의 편성·배정에 관한 자료 작성
5. 소관 국유재산관리계획 수립·편성·집행·성과분석 및 소관 국유재산 관리에 관한 자료 작성
6. 소속 경찰공무원의 보건안전·복지증진 등에 관한 사무
7. 전투경찰순경의 운영 및 관리
8. 해양경비안전의 날 운영에 관한 사항
9. 지방해양경비안전관서의 운영에 대한 지도·감독에 관한 사항
10. 해양경비안전교육원 업무의 운영 지원에 관한 사항
11. 해양경비에 관한 계획의 수립·조정 및 지도

12. 함정·항공기 등 경비세력의 운용 및 지도·감독
13. 해양에서의 경호, 대테러 예방·진압에 관한 사항
14. 통합방위 업무의 기획 및 지도·감독에 관한 사항
15. 연안해역 안전관리
16. 유선 및 도선 사업 관련 제도의 운영(해수면에 관한 사항으로 한정한다)
17. 유선 및 도선의 안전운항에 관한 사항(해수면에 관한 사항으로 한정한다)
18. 유선 및 도선 사업의 면허·신고 및 안전관리에 관한 사항(해수면에 관한 사항으로 한정한다)
19. 해수욕장 안전관리
20. 해양사고 재난 대비·대응
21. 해양에서의 구조·구급 업무
22. 중앙해양특수구조단 운영 지원 및 122구조대 등 해양구조대 운영 관련 업무
23. 해양안전 관련 민·관·군 구조협력 및 합동 구조훈련에 관한 사항
24. 해양수색구조 관련 국제협력 및 협약 이행
25. 수상레저 안전관리에 관한 정책의 수립·조정 및 지도
26. 수상레저 안전 관련 법령·제도의 연구·개선에 관한 사항
27. 수상레저 안전문화의 조성 및 진흥
28. 수상레저 관련 조종면허 및 기구 안전검사·등록 등에 관한 사항
29. 수상레저 사업의 등록 및 안전관리·감독·지도에 관한 사항
30. 수상레저 안전 관련 단체 관리 및 민관 협업체계 구성에 관한 사항
31. 수사업무 및 범죄첩보에 관한 기획·지도 및 조정(해상에서 발생한 사건에 한정한다)
32. 해양범죄통계 및 수사 자료의 분석
33. 해양과학수사업무에 관한 기획·지도 및 조정
34. 정보업무의 기획·지도 및 조정(해상에서 발생한 사건에 한정한다)
35. 정보의 수집·분석 및 배포(해상에서 발생한 사건에 한정한다)
36. 보안경찰업무의 기획·지도 및 조정(해상에서 발생한 사건에 한정한다)
37. 외사경찰업무의 기획·지도 및 조정(해상에서 발생한 사건에 한정한다)
38. 국제형사업무에 관한 사항(해상에서 발생한 사건에 한정한다)
39. 범죄의 수사에 관한 사항(해상에서 발생한 사건에 한정한다)
40. 외국 해양치안기관 및 주한외국공관과의 교류·협력 업무
41. 해양경비·안전 관련 국제기구 참여 및 국제협약 등에 관한 사항

제22조(해양오염방제국) ① 해양오염방제국에 국장 1명을 두며, 국장은 고위공무원단에 속하는 일반직공무원으로 보한다.

② 국장은 다음 사항을 분장한다.

1. 해양오염 방제 조치에 관한 사항
2. 국가긴급방제계획의 수립 및 시행
3. 해양오염 방제자원 확보 및 운영
4. 해양오염 방제를 위한 관계기관 협조
5. 국제기구 및 국가 간 방제지원 협력
6. 해양오염 방제 관련 조사·연구 및 기술개발
7. 방제대책본부의 구성·운영 및 긴급방제 총괄지휘
8. 해양오염 방제매뉴얼 수립 및 조정
9. 방제훈련 계획의 수립 및 조정
10. 기름 및 유해물질 사고 대비·대응에 관한 사항
11. 오염물질 해양배출신고 처리에 관한 사항
12. 방제비용 부담 등에 관한 사항
13. 방제조치에 필요한 전산시스템 구축·운용
14. 지방자치단체의 해안 방제조치 지원에 관한 사항
15. 해양오염 방지를 위한 예방활동 및 지도·점검
16. 선박해양오염·해양시설오염 비상계획서 검인 등에 관한 사항
17. 방제자재·약제 형식승인에 관한 사항
18. 오염물질 해양배출행위 조사 및 오염물질의 감식·분석 등에 관한 사항
19. 해양환경관리공단의 방제사업 중 긴급방제조치에 대한 지도·감독

제23조(해양장비기술국) ① 해양장비기술국에 국장 1명을 두며, 국장은 치안감 또는 경무관으로 보한다.

② 국장은 다음 사항을 분장한다.

1. 해양경비·안전장비(함정, 항공기, 차량, 무기 등을 말한다)의 개선 및 획득
2. 해양경비·안전장비의 정비 및 유지 관리
3. 해양경비안전정비창에 대한 지도·감독
4. 물품·무기·탄약·화학 장비 수급관리 및 출납·통제
5. 경찰복제 및 피복의 보급·개선
6. 해양항공 업무 관련 계획의 수립·조정 등에 관한 사항
7. 해양에서의 항공기 사고조사 및 원인분석에 관한 사항
8. 해양경비·안전 및 오염방제 관련 정보통신 업무계획의 수립·조정 등에 관한 사항
9. 해양경비·안전 및 오염방제 관련 정보통신 보안업무
10. 해상교통안전 및 질서유지에 관한 사항

11. 해상교통관제(VTS) 정책 수립 및 기술개발
12. 해상교통관제센터의 설치 · 운영에 관한 사항
13. 해상교통관제센터의 항만운영 정보 제공에 관한 사항
14. 해상교통관제 관련 국제 · 교류 협력에 관한 사항

제24조(위임규정) 「행정기관의 조직과 정원에 관한 통칙」 제12조제3항 및 제14조제4항에 따라 국민안전처에 두는 보좌기관 또는 보조기관은 국민안전처에 두는 정원의 범위에서 총리령으로 정한다.

제3장 국가민방위재난안전교육원

제25조(직무) 국가민방위재난안전교육원(이하 이 장에서 "교육원"이라 한다)은 다음 사무를 관장한다.

1. 민방위 · 비상대비 · 재난 및 안전관리 분야의 직무에 종사하는 공무원 및 민간인 등의 교육훈련에 관한 사항
2. 민방위 · 비상내비 · 재난 및 안전관리 분야의 교육 · 훈련기법의 연구 · 개발에 관한 사항

제26조(원장) ① 교육원에 원장 1명을 두며, 원장은 고위공무원단에 속하는 일반직공무원으로 보한다.

② 원장은 국민안전처장관의 명을 받아 소관사무를 총괄하고, 소속 공무원을 지휘 · 감독한다.

제27조(하부조직) 「행정기관의 조직과 정원에 관한 통칙」 제12조제3항 및 제14조제4항에 따라 교육원에 두는 보조기관 또는 보좌기관은 국민안전처의 소속기관(국립재난안전연구원 및 해양경비안전정비창은 제외한다)에 두는 공무원 정원의 범위에서 총리령으로 정한다.

제4장 중앙소방학교

제28조(직무) 중앙소방학교(이하 "학교"라 한다)는 다음 사무를 관장한다.

1. 소방공무원, 소방간부후보생, 의무소방원 및 소방관서에서 근무하는 사회복무요원의 교육훈련에 관한 사항
2. 학생, 의용소방대원, 민간자원봉사자 등에 대한 소방안전체험교육 등 대국민 안전교육훈련에 관한 사항

3. 소방정책의 연구와 소방안전기술의 연구・개발 및 보급에 관한 사항
4. 화재원인 및 위험성 화학물질 성분에 대한 과학적 조사・연구・분석 및 감정에 관한 사항

제29조(교장) ① 학교에 교장 1명을 두며, 교장은 소방감으로 보한다.
② 교장은 국민안전처장관의 명을 받아 소관사무를 총괄하고, 소속공무원을 지휘・감독한다.

제30조(하부조직) 「행정기관의 조직과 정원에 관한 통칙」 제12조제3항 및 제14조제4항에 따라 학교에 두는 보조기관 또는 보좌기관은 국민안전처의 소속기관(국립재난안전연구원 및 해양경비안전정비창은 제외한다)에 두는 공무원 정원의 범위에서 총리령으로 정한다.

제5장 중앙119구조본부

제31조(직무) 중앙119구조본부(이하 "구조본부"라 한다)는 다음 사무를 관장한다.
1. 각종 대형・특수재난사고의 구조・현장지휘 및 지원
2. 재난유형별 구조기술의 연구・보급 및 구조대원의 교육훈련(「재난 및 안전관리 기본법」 제3조제7호에 따른 긴급구조기관과 같은 조 제8호에 따른 긴급구조지원기관 및 외국의 긴급구조기관으로부터 요청을 받은 인명구조훈련을 포함한다)
3. 시・도지사의 요청 시 중앙119구조본부장이 필요하다고 판단하는 재난사고의 구조 및 지원
4. 위성중계차량 운영에 관한 사항
5. 그 밖에 중앙긴급구조통제단장이 필요하다고 판단하는 재난 사고의 구조 및 지원

제32조(본부장) ① 구조본부에 본부장 1명을 두며, 본부장은 소방감으로 보한다.
② 본부장은 국민안전처장관의 명을 받아 소관사무를 총괄하고, 소속 공무원을 지휘・감독한다.

제33조(하부조직) 「행정기관의 조직과 정원에 관한 통칙」 제12조제3항 및 제14조제4항에 따라 구조본부에 두는 보조기관 또는 보좌기관은 국민안전처의 소속기관(국립재난안전연구원 및 해양경비안전정비창은 제외한다)에 두는 공무원 정원의 범위에서 총리령으로 정한다.

제34조(119특수구조대) ① 구조본부의 소관사무를 분장하기 위하여 중앙119구조본부장 소속으로 119특수구조대를 둔다.
② 119특수구조대의 명칭 및 위치는 별표 1과 같고, 그 관할구역은 총리령으로 정한다.

③ 각 119특수구조대에 대장 1명을 두며, 각 대장은 소방정으로 보한다.

④ 각 119특수구조대장은 중앙119구조본부장의 명을 받아 소관사무를 총괄하고, 소속 공무원을 지휘 · 감독한다.

第35조(119화학구조센터) ① 중앙119구조본부 또는 119특수구조대의 소관사무를 분장하기 위하여 중앙119구조본부장 또는 119특수구조대장 소속으로 119화학구조센터를 둔다.

② 119화학구조센터의 명칭 · 위치 및 관할구역은 총리령으로 정한다.

③ 각 119화학구조센터에 센터장을 1명을 두며, 각 센터장은 소방령으로 보한다.

제6장 해양경비안전교육원

第36조(직무) 해양경비안전교육원(이하 이 장에서 "교육원"이라 한다)은 다음 사무를 관장한다.

1. 소속 경찰공무원(전투경찰순경을 포함한다. 이하 이 장에서 같다) 및 해양안전행정 공무원의 교육 및 훈련
2. 해양경비 · 안전 및 오염방제 업무와 관련된 기관 · 단체가 위탁하는 교육 및 훈련
3. 해양경비 · 안전 및 오염방제에 관한 연구 · 분석 및 장비 · 기술 개발

第37조(원장) ① 교육원에 원장 1명을 두며, 원장은 치안감으로 보한다.

② 원장은 국민안전처장관의 명을 받아 소관사무를 총괄하고, 소속 공무원을 지휘 · 감독한다.

第38조(하부조직) 「행정기관의 조직과 정원에 관한 통칙」 제12조제3항 및 제14조제4항에 따라 교육원에 두는 보조기관 또는 보좌기관은 국민안전처의 소속기관(국립재난안전연구원 및 해양경비안전정비창은 제외한다)에 두는 공무원 정원의 범위에서 총리령으로 정한다.

第39조(해양경비안전연구센터) ① 해양경비 · 안전 · 오염방제에 관한 연구 · 분석 · 장비개발 등을 위하여 해양경비안전교육원장 소속으로 해양경비안전연구센터(이하 "연구센터"라 한다)를 둔다.

② 연구센터에 센터장 1명을 두며, 센터장은 4급으로 보한다.

③ 센터장은 해양경비안전교육원장의 명을 받아 소관사무를 총괄하고, 소속 공무원을 지휘 · 감독한다.

④ 「행정기관의 조직과 정원에 관한 통칙」 제12조제3항 및 제14조제4항에 따라 연구센터에 두는 보조기관 또는 보좌기관은 국민안전처의 소속기관(국립재난안전연구원 및 해양경비안전정비창은 제외한다)에 두는 공무원 정원의 범위에서 총리령으로 정한다.

제7장 중앙해양특수구조단

제40조(직무) 중앙해양특수구조단(이하 "특수구조단"이라 한다)은 다음 사무를 관장한다.
1. 대형·특수 해양사고의 구조·수중수색 및 현장지휘에 관한 사항
2. 잠수·구조 기법개발·교육·훈련 및 장비관리 등에 관한 사항
3. 인명구조 등 관련 국내·외 기관과의 교류 협력에 관한 사항
4. 중·대형 해양오염사고 발생 시 현장출동·상황파악 및 응급방제조치에 관한 사항
5. 오염물질에 대한 방제기술 습득 및 훈련에 관한 사항

제41조(단장) ① 특수구조단에 단장 1명을 두며, 단장은 총경으로 보한다.
② 단장은 국민안전처장관의 명을 받아 소관사무를 총괄하고, 소속 공무원을 지휘·감독한다.

제8장 지방해양경비안전관서

제42조(직무) 지방해양경비안전본부는 관할해양에서의 해양경비·안전·오염방제 및 해상에서 발생한 사건의 수사에 관한 사무를 수행한다.

제43조(명칭 등) 지방해양경비안전본부의 명칭 및 위치는 별표 2와 같고, 그 관할구역은 총리령으로 정한다.

제44조(지방해양경비안전본부장) ① 지방해양경비안전본부에 본부장 1명을 둔다.
② 남해해양경비안전본부, 서해해양경비안전본부 및 중부해양경비안전본부의 본부장은 치안감으로, 그 밖의 지방해양경비안전본부의 본부장은 경무관으로 보한다.
③ 지방해양경비안전본부장은 국민안전처장관의 명을 받아 소관사무를 총괄하고, 소속 공무원을 지휘·감독한다.

제45조(하부조직) 남해해양경비안전본부와 서해해양경비안전본부에 안전총괄부를 두며, 「행정기관의 조직과 정원에 관한 통칙」 제12조제3항 및 제14조제4항에 따라 지방해양경비안전본부에 두는 보좌기관 또는 보조기관은 국민안전처의 소속기관(국립재난안전연구원 및 해양경비안전정비창은 제외한다)에 두는 공무원 정원의 범위에서 총리령으로 정한다.

제46조(남해·서해해양경비안전본부 안전총괄부) ① 남해해양경비안전본부 및 서해해양경비안전본부 안전총괄부에 부장 각 1명을 두며, 부장은 경무관으로 보한다.
② 부장은 다음 사항을 분장한다.
1. 해상경비에 관한 계획의 수립 및 지도
2. 소속 해양경비안전서의 수사·정보 업무에 관한 사항

3. 해양에서의 수색 · 구조업무에 관한 사항
4. 해양경비안전센터 · 출장소 운영 및 외근업무의 기획 · 지도
5. 해상교통관제센터 운영 및 관제업무의 지도 · 감독
6. 수상레저의 안전관리
7. 항만 운영의 정보 제공 및 연안해역의 안전 관리
8. 해양오염 방제조치에 관한 사항
9. 해양오염예방을 위한 지도 · 점검 및 감시 · 단속에 관한 사항
10. 오염물질의 감식 및 분석에 관한 사항

제47조(직할단 · 직할대) ① 지방해양경비안전본부장은 총리령으로 정하는 범위에서 그 밑에 직할단과 직할대를 둘 수 있다.

② 직할단의 장과 직할대의 장은 특정한 해양경비안전사무에 관하여 각각 지방해양경비안전본부장을 보좌한다.

제48조(해양경비안전서) ① 해양경비안전서에 서장 1명을 두며, 서장은 총경으로 보한다.

② 서장은 지방해양경비안전본부장의 명을 받아 소관사무를 총괄하고, 소속 공무원을 지휘 · 감독한다.

③ 지방해양경비안전본부에 두는 해양경비안전서의 명칭 및 위치는 별표 3과 같고, 해양경비안전서의 하부조직 · 관할구역, 그 밖의 필요한 사항은 총리령으로 정한다.

제49조(해양경비안전센터 등) ① 해양경비안전서장의 소관사무를 분장하기 위하여 총리령으로 정하는 바에 따라 해양경비안전서장 소속으로 해양경비안전센터를 둔다.

② 지방해양경비안전본부장은 임시로 필요한 때에는 해양경비안전서장 소속으로 출장소를 둘 수 있다.

③ 해양경비안전센터 및 출장소의 명칭 · 위치와 관할구역, 그 밖의 필요한 사항은 지방해양경비안전본부장이 정한다.

제50조(해상교통관제센터) ① 지방해양경비안전본부의 소관 사무를 분장하기 위하여 지방해양경비안전본부장 소속으로 해상교통관제센터를 둔다.

② 해상교통관제센터는 연안교통관제센터와 항만교통관제센터로 구분한다.

③ 해상교통관제센터의 명칭 및 위치는 총리령으로 정하고, 관할구역 등 그 밖에 필요한 사항은 지방해양경비안전본부장이 정한다.

④ 해상교통관제센터에 센터장을 1명 두며, 연안교통관제센터장은 방송통신사무관 · 해양수산사무관 · 방송통신주사 · 해양수산주사 또는 경감으로, 항만교통관제센터장은 방송통신사무관 · 해양수산사무관 · 방송통신주사 또는 해양수산주사로 보한다.

제9장 국립재난안전연구원

제51조(직무) 국립재난안전연구원(이하 "연구원"이라 한다)은 다음 사항을 관장한다.

1. 재난 및 안전 관련 정책 연구에 관한 사항
2. 재난 및 안전 관련 예측·경보·대응 및 복구 기술의 연구·개발 및 보급에 관한 사항
3. 재난 및 안전에 관한 국제교류협력 및 국제공동연구
4. 재난 및 안전관리 기술개발 종합계획의 수립·총괄·조정의 지원
5. 재난 및 안전 관련 기술의 연구·개발 사업에 대한 지원 총괄 및 성과관리
6. 재난 및 안전 관련 산업의 육성 및 지원
7. 신종·복합 재난 등 미래의 재난에 관한 연구 및 관련 기술 개발
8. 다수 중앙행정기관이 연계된 융합·복합재난 연구개발 총괄·조정 업무의 지원
9. 지역별·시설별 재난 등의 위험 취약성의 분석·평가 및 영향분석 기술 개발
10. 과학적 재난원인분석·현장조사 기술개발 및 제도 개선 연구
11. 정부합동 재난원인조사단 업무지원 및 관련 자료 관리·조사·분석
12. 과학기술을 활용한 재난 및 안전 관련 정보의 수집·분석 및 관련 시스템의 구축·관리
13. 국가기관 또는 지방자치단체가 요청하는 재난 및 안전 관련 연구개발 사업의 수행
14. 재난위험성 평가 및 대응기술개발
15. 인공위성 등 원격탐사 기반 재난감시체계 관련 기술개발
16. 재난 및 안전 관련 기술의 검증·인증 및 관련 기술개발

제52조(하부조직의 설치 등) ① 연구원의 하부조직의 설치와 분장사무는 「책임운영기관의 설치·운영에 관한 법률」 제15조제2항에 따라 같은 법 제10조에 따른 기본운영규정으로 정한다.

② 「책임운영기관의 설치·운영에 관한 법률」 제16조제1항 후단에 따라 연구원에 두는 공무원의 종류별·계급별 정원은 이를 종류별 정원으로 통합하여 총리령으로 정하고, 직급별 정원은 같은 법 시행령 제16조제2항에 따라 같은 법 제10조에 따른 기본운영규정으로 정한다.

③ 연구원에 두는 고위공무원단에 속하는 공무원으로 보하는 직위의 총수는 총리령으로 정한다.

제10장 해양경비안전정비창

제53조(직무) 해양경비안전정비창은 함정의 정비 및 수리에 관한 사무를 관장한다.

第54條(하부조직의 설치 등) ① 해양경비안전정비창의 하부조직의 설치와 분장사무는 「책임운영기관의 설치·운영에 관한 법률」 제15조제2항에 따라 같은 법 제10조에 따른 기본운영규정으로 정한다.

②「책임운영기관의 설치·운영에 관한 법률」 제16조제1항 후단에 따라 해양경비안전정비창에 두는 공무원의 종류별·계급별 정원은 이를 종류별 정원으로 통합하여 총리령으로 정하고, 직급별 정원은 같은 법 시행령 제16조제2항에 따라 같은 법 제10조에 따른 기본운영규정으로 정한다.

제11장 공무원의 정원

第55條(국민안전처에 두는 공무원의 정원) ① 국민안전처에 두는 공무원의 정원은 별표 4와 같다. 다만, 필요한 경우에는 별표 4에 따른 총 정원의 3퍼센트를 넘지 아니하는 범위에서 총리령으로 정원을 따로 정할 수 있다.

② 국민안전처에 두는 정원의 직급별 정원은 총리령으로 정한다. 이 경우 소방준감의 정원은 4명을, 소방준감 또는 4급 공무원의 정원은 2명을, 소방정의 정원은 11명을, 총경의 정원은 10명을 각각 그 상한으로 하고, 4급 공무원의 정원(3급 또는 4급 공무원 정원을 포함한다)은 57명을, 3급 또는 4급 공무원 정원은 4급 공무원의 정원(3급 또는 4급 공무원 정원을 포함한다)의 3분의 1을 각각 그 상한으로 하며, 4급 또는 5급 공무원 정원은 5급 공무원의 정원(4급 또는 5급 공무원 정원을 포함한다)의 3분의 1을 그 상한으로 한다.

③ 제1항 및 별표 4에 따른 국민안전처의 정원 중 1명(4급 1명)은 미래창조과학부, 1명(4급 1명)은 행정자치부, 2명(5급 2명)은 농림축산식품부, 6명(4급 1명, 5급 5명)은 산업통상자원부, 2명(5급 2명)은 보건복지부, 3명(4급 1명, 5급 2명)은 환경부, 2명(5급 2명)은 고용노동부, 8명(4급 1명, 5급 7명)은 국토교통부, 113명(6급 32명, 7급 38명, 8급 29명, 9급 6명, 관리운영 8급 5명, 관리운영 9급 3명)은 해양수산부, 3명(경정 3명)은 경찰청, 2명(5급 2명)은 기상청, 1명(5급 1명)은 금융위원회, 1명(5급 1명)은 원자력안전위원회 소속 공무원으로 각각 충원할 수 있다.

第56條(소속기관에 두는 공무원의 정원) ① 국민안전처의 소속기관(국립재난안전연구원 및 해양경비안전정비창은 제외한다)에 두는 공무원의 정원은 별표 5와 같다. 다만, 필요한 경우에는 별표 5에 따른 총 정원의 3퍼센트를 넘지 아니하는 범위에서 총리령으로 정원을 따로 정할 수 있다.

② 국민안전처의 소속기관(국립재난안전연구원 및 해양경비안전정비창은 제외한다)에 두는 공무원의 소속기관별·직급별 정원은 총리령으로 정한다. 이 경우 소방감의 정원은

2명을, 소방정의 정원은 9명을, 총경의 정원은 33명을 각각 그 상한으로 하고, 4급 공무원의 정원(3급 또는 4급 공무원 정원을 포함한다)은 6명을, 3급 또는 4급 공무원 정원은 4급 공무원의 정원(3급 또는 4급 공무원 정원을 포함한다)의 100분의 15를 각각 그 상한으로 하며, 4급 또는 5급 공무원 정원은 5급 공무원의 정원(4급 또는 5급 공무원 정원을 포함한다)의 100분의 15를 그 상한으로 한다.

제57조(개방형직위에 대한 특례) 실·국장급 4개 직위는 임기제공무원으로 보할 수 있다.

부칙 〈제25753호, 2014.11.19.〉

제1조(시행일) 이 영은 공포한 날부터 시행한다. 다만, 부칙 제7조에 따라 개정되는 대통령령 중 이 영 시행 전에 공포되었으나 시행일이 도래하지 아니한 대통령령을 개정한 부분은 각각 해당 대통령령의 시행일부터 시행한다.

제2조(다른 법령의 폐지) 다음 각 호의 대통령령은 이를 각각 폐지한다.

1. 「소방방재청과 그 소속기관 직제」
2. 「해양경찰청과 그 소속기관 직제」

제3조(기능 이관에 따른 공무원에 관한 경과조치) ① 안전 및 재난에 관한 정책의 수립·총괄·조정, 비상대비·민방위 제도에 관한 사무의 이관에 따라 이 영 시행 당시 행정자치부 소속 공무원 138명(고위공무원단 4명, 3급 또는 4급 이하 129명, 전문경력관 5명)은 국민안전처 소속 공무원으로 보아 이를 국민안전처로 이체한다.

② 해상교통관제에 관한 사무의 이관에 따라 이 영 시행 당시 해양수산부 소속 공무원 233명(3급 또는 4급 이하 233명)은 국민안전처 소속 공무원으로 보아 이를 국민안전처로 이체한다.

③ 해양경찰청 해양경비·안전·오염방제 및 해상에서 발생한 사건의 수사에 관한 사무의 이관에 따라 이 영 시행 당시 해양경찰청 소속 공무원 8,065명(고위공무원단 1명, 3급 또는 4급 이하 487명, 치안총감 1명, 치안정감 1명, 치안감 5명, 경무관 7명, 총경 이하 7,563명)은 국민안전처 소속 공무원으로 보아 이를 국민안전처로 이체한다.

제4조(소속 공무원에 관한 경과조치) 이 영 시행 당시 종전의 소방방재청 소속 공무원은 국민안전처 소속 공무원으로 본다.

제5조(정원에 관한 경과조치) 이 영 시행으로 감축되는 정원 4명(경무관 2명, 총경 2명)에 해당하는 초과현원이 있는 경우에는 그 초과된 현원이 이 영에 의한 정원과 일치될 때까지 그에 상응하는 정원이 국민안전처와 그 소속기관에 따로 있는 것으로 본다. 다만, 초과현원이 별정직공무원인 경우에는 이 영 시행일부터 6개월까지, 임기제공무원인 경우에

는 계약기간이 만료될 때까지 그 정원이 따로 있는 것으로 본다.

제6조(개방형 직위 폐지에 따른 정원에 관한 특례) 이 영 시행 전에 「행정기관의 조직과 정원에 관한 통칙」 제24조제5항 및 「개방형 직위 및 공모 직위 운영 등에 관한 규정」 제3조제2항에 따라 개방형 직위에 임기제 공무원으로 임용된 현원이 있는 경우에는 이 영 시행일에 해당 직위가 폐지된 경우에도 계약기간이 만료되는 날까지 그에 해당하는 정원이 국민안전처에 따로 있는 것으로 본다.

제7조(다른 법령의 개정) ① 119구조·구급에 관한 법률 시행령 일부를 다음과 같이 개정한다.

제2조제3항·제4항, 제5조제3항, 제6조제1항제1호·제3호, 같은 조 제2항·제3항, 제7조제1항부터 제4항까지, 제8조제1항 각 호 외의 부분, 같은 조 제2항, 제9조제1항·제2항, 제11조제4호, 제12조제2항, 같은 조 제3항 본문, 같은 조 제7항, 제13조의2제2항 각 호 외의 부분, 같은 조 제4항, 같은 조 제5항 본문·단서, 제15조제1항, 제17조, 제18조제2항 단서, 같은 조 제4항·제5항, 제19조제2항, 제24조제2항, 제25조제1항, 제26조제4항, 제28조제1항제6호, 같은 조 제3항, 제29조제3항 각 호 외의 부분 및 같은 조 제5항 중 "소방방재청장"을 각각 "국민안전처장관"으로 한다.

제5조제1항제3호·제4호, 제7조제2항, 제10조제1항제2호, 제13조의2제5항 본문, 제15조제1항, 제19조제1항·제2항 및 제29조제5항 중 "소방방재청"을 각각 "국민안전처"로 한다.

제5조제2항, 제10조제2항, 제20조제4항, 제21조제2항 및 제27조제6항 중 "행정자치부령"을 각각 "총리령"으로 한다.

제5조제3항, 제13조제1항·제3항·제4항, 제14조제1항, 제22조제1항·제3항, 제26조제1항·제2항, 같은 조 제3항 전단, 제27조제1항 본문, 같은 조 제3항부터 제5항까지 및 제32조의2 각 호 외의 부분 중 "소방방재청장등"을 각각 "국민안전처장관등"으로 한다.

제29조제2항 중 "소방방재청 차장"을 "국민안전처 중앙소방본부장"으로 한다.

② 급경사지 재해예방에 관한 법률 시행령 일부를 다음과 같이 개정한다.

제3조제3항, 제4조제1항, 제11조제3항, 제14조제3항 각 호 외의 부분, 제15조제2항 각 호 외의 부분, 제15조의2 각 호 외의 부분 및 제15조의3 각 호 외의 부분 중 "소방방재청장"을 각각 "국민안전처장관"으로 한다.

제12조제3항 각 호 외의 부분, 같은 조 제4항, 제13조제1항 각 호 외의 부분, 같은 조 제2항, 제14조제3항 각 호 외의 부분 및 같은 조 제4항 중 "행정자치부령"을 각각 "총리령"으로 한다.

별표 1 인력기준의 계측업(급경사지 계측)란 각 호 외의 부분 중 "소방방재청장"을 "국민안전처장관"으로 한다.

별표 2 인력기준의 성능검사 대행업란 중 "소방방재청장"을 "국민안전처장관"으로 한다.

③ 다중이용업소의 안전관리에 관한 특별법 시행령 일부를 다음과 같이 개정한다.
제2조제8호, 제4조제1항부터 제3항까지, 제7조제1항・제2항, 제8조제1항, 제11조제2항, 제12조제1항・제2항, 같은 조 제3항 본문, 제15조제2항, 제16조 각 호 외의 부분, 제18조제1항, 같은 조 제2항제3호, 같은 조 제3항 각 호 외의 부분, 같은 조 제4항, 제22조의2제1항 각 호 외의 부분, 같은 조 제3항・제4항 및 제22조의3 각 호 외의 부분 중 "소방방재청장"을 각각 "국민안전처장관"으로 한다.
제2조제8호, 제12조제4항, 제15조제2항, 제21조제2항, 제22조제3항 및 제24조제2항 중 "행정자치부령"을 각각 "총리령"으로 한다.
제16조 각 호 외의 부분, 제18조제3항제2호 및 같은 조 제4항 중 "소방방재청"을 각각 "국민안전처"로 한다.
④ 소방공무원교육훈련규정 일부를 다음과 같이 개정한다.
제2조제1항 각 호 외의 부분 및 같은 조 제2항제1호 중 "소방방재청"을 각각 "국민안전처"로 한다.
제3조제2항, 제12조제1항부터 제3항까지, 제13조제1항, 같은 조 제2항 각 호 외의 부분 전단, 제18조제2항제4호, 제20조, 제28조의2제2항, 제29조제1항 각 호 외의 부분 본문, 제30조 각 호 외의 부분 본문, 같은 조 제3호, 제31조제1항 중 "소방방재청장"을 각각 "국민안전처장관"으로 한다.
제31조제1항부터 제3항까지, 같은 조 제4항 각 호 외의 부분, 제32조 및 제34조제1항・제2항 중 "소방방재청장등"을 각각 "국민안전처장관등"으로 한다.
⑤ 소방공무원기장령 일부를 다음과 같이 개정한다.
제3조 단서, 제4조제1항・제2항 및 제6조 중 "소방방재청장"을 각각 "국민안전처장관"으로 한다.
별지 제1호서식 앞면 중 "소방방재청장"을 "국민안전처장관"으로 한다.
⑥ 소방공무원 보건안전 및 복지 기본법 시행령 일부를 다음과 같이 개정한다.
제2조제1항부터 제3항까지, 제3조제1항・제3항, 제4조제1항, 같은 조 제2항제4호, 제5조제1항제4호, 제7조제1항, 같은 조 제2항제4호, 같은 조 제4항, 제8조제2항 전단, 같은 조 제3항제3호 및 같은 조 제4항 중 "소방방재청장"을 각각 "국민안전처장관"으로 한다.
제5조제1항제2호를 다음과 같이 한다.
2. 행정자치부
⑦ 소방공무원 복무규정 일부를 다음과 같이 개정한다.
제5조제2항, 제6조제3항 및 제8조제2항 중 "소방방재청장"을 각각 "국민안전처장관"으로 한다.
⑧ 소방공무원 승진임용 규정 일부를 다음과 같이 개정한다.

제5조제4항 본문, 제7조제5항, 제9조제5항, 제10조제5항, 제11조제1항 각 호 외의 부분 후단, 제24조제2항, 제33조, 제42조제4항 및 제43조제2항 중 "행정자치부령"을 각각 "총리령"으로 한다.
제6조의2제7항, 제11조제2항제1호, 제17조제3항, 제25조제1항 각 호 외의 부분, 제29조제1항, 제31조제1항, 제35조제2항 및 제40조 중 "소방방재청장"을 각각 "국민안전처장관"으로 한다.
제11조제2항제1호 중 "소방방재청소속"을 "국민안전처 소속"으로 한다.
제18조제2항, 같은 조 제3항제1호, 제19조제1호 및 제42조제1항 중 "소방방재청"을 각각 "국민안전처"로 한다.
제19조제2호 중 "소방방재청과"를 "국민안전처와"로 한다.
⑨ 소방공무원임용령 일부를 다음과 같이 개정한다.
제2조제3호 "소방방재청"을 "국민안전처"로 한다.
제3조제1항부터 제3항까지, 같은 조 제6항, 제7조, 제31조제2항 본문, 제34조제1항 · 제2항, 제36조제3항, 제49조제2항 본문, 제52조, 제59조제2항 및 제63조 중 "소방방재청장"을 각각 "국민안전처장관"으로 한다.
제8조제2항 중 "소방방재청에"를 "국민안전처에"로, "소방방재청차장"을 "국민안전처 중앙소방본부장"으로 한다.
제15조제3항 · 제5항 · 제10항, 제16조제1항, 제26조제2항 단서, 제30조의3제4항, 제42조제1항 전단 및 제43조제3항 중 "행정자치부령"을 각각 "총리령"으로 한다.
제29조제2항 · 제3항, 제31조제2항 본문 및 제32조제2항 중 "행정자치부장관"을 각각 "행정자치부장관"으로 한다.
별표 3 비고 제1호, 별표 4 비고 및 별표 5 비고 제3호 중 "소방방재청장"을 각각 "국민안전처장관"으로 한다.
별표 5 비고 제2호 중 "행정자치부령"을 "총리령"으로 한다.
대통령령 제24815호 소방공무원임용령 일부개정령 제49조제4항의 개정규정 중 "소방방재청장"을 "국민안전처장관"으로 한다.
⑩ 소방공무원 징계령 일부를 다음과 같이 개정한다.
제2조제1항 중 "소방방재청"을 "국민안전처"로, "소방방재청소속"을 "국민안전처 소속"으로 한다.
제3조제2항, 제9조제1항제1호 및 제16조제1항 중 "소방방재청장"을 각각 "국민안전처장관"으로 한다.
제4조제4항제1호 각 목 외의 부분 중 "소방방재청"을 "국민안전처"로 한다.
⑪ 소방공무원채용후보자장학규정 일부를 다음과 같이 개정한다.

제2조, 제3조, 제16조제1항・제2항 및 제17조 중 "행정자치부장관"을 각각 "인사혁신처장"으로 한다.

⑫ 소방기본법 시행령 일부를 다음과 같이 개정한다.

제2조제2항, 제7조의7제1항부터 제3항까지 및 제7조의8제7항 중 "행정자치부령"을 각각 "총리령"으로 한다.

제2조의2제3항, 제7조의2 각 호 외의 부분, 같은 조 제3호 가목・나목, 제7조의3제5항 각 호 외의 부분, 제7조의5제1항 각 호 외의 부분, 같은 조 제3항, 제7조의6제1항・제2항, 제7조의7제1항・제2항, 제7조의8제6항・제7항, 제7조의9, 제15조제2호, 제18조제1항 각 호 외의 부분, 같은 항 제5호, 같은 조 제2항, 같은 조 제3항 전단 및 제18조의2 각 호 외의 부분 중 "소방방재청장"을 각각 "국민안전처장관"으로 한다.

별표 2의2 제1호의 배치대상란 중 "소방방재청"을 "국민안전처"로 한다.

⑬ 소방산업의 진흥에 관한 법률 시행령 일부를 다음과 같이 개정한다.

제3조제1항, 같은 조 제2항 전단, 같은 조 제3항 각 호 외의 부분 전단, 제5조제1항 각 호 외의 부분, 같은 항 제4호, 같은 조 제2항 각 호 외의 부분, 제6조 각 호 외의 부분, 제8조제1항 각 호 외의 부분, 같은 조 제2항 각 호 외의 부분, 같은 조 제3항・제4항, 제9조제1항부터 제3항까지, 제10조제2항, 같은 조 제3항 각 호 외의 부분, 제11조제3호, 제16조제2호, 제19조제1항 각 호 외의 부분, 같은 조 제2항 전단・후단, 제20조제1항・제2항, 제21조 각 호 외의 부분, 제23조제4호, 제24조제2호, 제25조제3호, 제26조제1항・제2항, 제29조제1항 각 호 외의 부분, 같은 항 제5호, 같은 조 제2항, 같은 조 제3항 전단 및 제37조제1항 중 "소방방재청장"을 각각 "국민안전처장관"으로 한다.

제5조제2항 각 호 외의 부분, 제7조제2항 후단, 제8조제2항 각 호 외의 부분, 제20조제2항 및 제36조제2항 중 "행정자치부령"을 각각 "총리령"으로 한다.

제10조제3항제1호를 다음과 같이 한다.

1. 기획재정부, 교육부, 미래창조과학부, 행정자치부, 산업통상자원부, 환경부, 고용노동부, 국토교통부 및 국민안전처 소속 고위공무원단에 속하는 일반직공무원과 3급 공무원(국민안전처의 경우에는 소방준감 이상의 소방공무원을 포함한다) 중에서 그 소속기관의 장이 추천하는 사람

제13조제1항 중 "소방방재청"을 "국민안전처"로 한다.

⑭ 소방시설공사업법 시행령 일부를 다음과 같이 개정한다.

제2조제2항, 제13조제1항제3호, 제15조제1항 각 호 외의 부분, 같은 조 제3항, 제19조제1항・제2항, 제19조의2제1항・제2항, 제19조의4제1항 각 호 외의 부분, 제20조제1항・제2항, 같은 조 제3항 전단・후단, 제20조의2 각 호 외의 부분 및 제20조의3 각 호 외의 부분 중 "소방방재청장"을 각각 "국민안전처장관"으로 한다.

제7조제1항 본문 중 "행정자치부령"을 "총리령"으로 한다.
별표 1 비고 제4호다목, 별표 2의 구분란 제1호부터 제4호까지, 별표 3의 상주 공사감리의 방법란 제1호 본문·단서, 같은 란 제2호 전단, 같은 란 제3호 전단, 같은 표의 일반 공사감리의 방법란 제1호 단서 및 같은 란 제2호 중 "행정자치부령"을 각각 "총리령"으로 한다.
별표 1의 부표 비고 제2호·제4호 및 별표 1의2의 성능위주설계자의 자격란 제2호 중 "소방방재청장"을 각각 "국민안전처장관"으로 한다.
⑮ 소방시설 설치·유지 및 안전관리에 관한 법률 시행령 일부를 다음과 같이 개정한다.
제7조의2제1항, 같은 조 제2항 각 호 외의 부분, 제7조의4 각 호 외의 부분, 제7조의5, 제8조제2항·제3항, 제9조제1항 각 호 외의 부분, 같은 조 제2항 각 호 외의 부분, 같은 항 제7호, 같은 조 제3항, 제10조제1항, 같은 조 제2항 각 호 외의 부분, 같은 조 제3항, 제20조제2항 각 호 외의 부분, 같은 항 제5호, 제23조제1항제5호·제6호, 같은 조 제2항제7호 각 목 외의 부분, 같은 호 나목, 같은 조 제3항제5호 각 목 외의 부분, 제27조제2호, 제28조제1항 단서, 제30조제1항 각 호 외의 부분, 같은 조 제3항, 제31조제1항제2호, 제32조제1항·제2항, 제33조제1항, 같은 조 제3항 본문, 같은 조 제4항 본문, 제34조제3항·제4항, 제39조제1항 각 호 외의 부분, 같은 조 제2항 각 호 외의 부분, 같은 조 제3항·제4항, 같은 조 제5항 전단·후단, 제39조의2 각 호 외의 부분 및 제39조의3 각 호 외의 부분 중 "소방방재청장"을 각각 "국민안전처장관"으로 한다
제8조제2항, 제12조제3항 전단, 제23조제4항, 제33조제1항, 같은 조 제3항 본문 및 제34조제4항 중 "행정자치부령"을 각각 "총리령"으로 한다.
제10조제2항 각 호 외의 부분 중 "소방방재청"을 "국민안전처"로 한다.
별표 1 제3호가목4) 및 별표 5 제1호바목8) 중 "소방방재청장"을 각각 "국민안전처장관"으로 한다.
별표 3 제5호, 별표 5 제1호바목7) 본문 및 같은 호 사목1) 후단, 같은 표 제5호가목5) 및 별표 9 제1호나목4) 중 "행정자치부령"을 각각 "총리령"으로 한다.
〈16〉 소하천정비법 시행령 일부를 다음과 같이 개정한다.
제20조제2항 중 "행정자치부령"을 "총리령"으로 한다.
제20조제2항, 제21조 및 제22조 중 "소방방재청장"을 각각 "국민안전처장관"으로 한다.
〈17〉 위험물안전관리법 시행령 일부를 다음과 같이 개정한다.
제6조제1항, 같은 조 제2항제3호 각 목 외의 부분 본문·단서, 제7조제1항 본문, 제8조제1항제3호 단서, 제12조제1항제3호·제5호, 제14조제2항, 제18조제1항 단서, 같은 조 제3항 단서 및 제22조제1항제1호다목 중 "행정자치부령"을 각각 "총리령"으로 한다.
제6조제2항제3호 각 목 외의 부분 단서, 제22조제1항제4호·제5호, 같은 조 제2항, 제22조

의2 각 호 외의 부분 및 제22조의3 중 "소방방재청장"을 각각 "국민안전처장관"으로 한다.
별표 1 제1류 품명란 제10호, 같은 표 제2류 품명란 제7호, 같은 표 제3류 품명란 제11호, 같은 표 제5류 품명란 제10호, 같은 표 제6류 품명란 제4호, 같은 표 비고 제18호 단서, 별표 4 제1호가목·나목, 같은 표 제2호부터 제4호까지의 검사내용란 및 별표 8 비고 중 "행정자치부령"을 각각 "총리령"으로 한다.
별표 1 비고 제1호 전단, 같은 표 비고 제26호 및 별표 5의 위험물취급자격자의 구분란 제2호 중 "소방방재청장"을 각각 "국민안전처장관"으로 한다.
〈18〉 유선 및 도선 사업법 시행령 일부를 다음과 같이 개정한다.
제4조, 제4조의2, 제5조제1항제2호 나목 단서, 제11조의2, 제12조제4항 각 호 외의 부분, 같은 조 제5항, 제13조제3호, 제17조제1항제11호, 제21조, 제26조 및 제28조제1항·제2항 중 "행정자치부령 또는 해양수산부령"을 각각 "총리령"으로 한다.
제12조제6항 중 "해양경찰청장"을 "국민안전처장관"으로 한다.
제14조제2항 중 "소방방재청장과 해양경찰청장이 공동으로"를 "국민안전처장관이"로 한다.
제20조제1항제2호 중 "해양경찰에"를 "국민안전처 소속 경찰공무원으로"로 한다.
제30조 각 호 외의 부분 전단 중 "지방해양경찰청장"을 "지방해양경비안전본부장"으로, "해양경찰서장"을 "해양경비안전서장"으로 하고, 같은 조 각 호 외의 부분 후단 중 "해양경찰서"를 "해양경비안전서"로, "해양경찰서장"을 "해양경비안전서장"으로 한다.
〈19〉 의무소방대설치법 시행령 일부를 다음과 같이 개정한다.
제2조제2항 중 "소방방재청"을 "국민안전처"로 한다.
제3조제1항·제2항, 같은 조 제3항 본문, 제4조제1항, 같은 조 제2항 단서, 같은 조 제4항 제2호, 같은 조 제5항, 제5조제2항, 제6조제1항 전단, 제7조제1항·제3항, 제8조제1항, 같은 조 제2항 단서, 제9조제1항 각 호 외의 부분, 같은 조 제2항 각 호 외의 부분 본문, 제11조, 제12조제2항, 제13조제5항, 제15조제2항 각 호 외의 부분 단서, 같은 조 제4항, 제17조제3항, 제18조제2항 각 호 외의 부분 후단, 제20조제2항, 제21조제2항, 제23조, 제28조제3항, 제30조제2항 각 호 외의 부분, 제45조, 제47조제3항, 제49조제5항 및 제51조 중 "소방방재청장"을 각각 "국민안전처장관"으로 한다.
별표 비고 중 "소방방재청장"을 "국민안전처장관"으로 한다.
〈20〉 자연재해대책법 시행령 일부를 다음과 같이 개정한다.
제2조제1항제5호, 같은 조 제4항, 제5조제2항, 제8조제1항제1호 본문, 같은 항 제2호, 같은 조 제2항, 제10조제2항, 제11조제5호, 제12조제1항제5호, 같은 조 제2항, 제14조제1항 각 호 외의 부분, 같은 조 제2항·제3항, 같은 조 제5항부터 제7항까지, 제14조의3제1항제4호, 같은 조 제2항제5호, 제15조제2호마목, 제15조의2제5호, 제16조제1항제5호, 같은 조 제2항·제3항, 제16조의2제4항, 제16조의3제3항, 제19조제1항·제4항, 제22조의5제1항, 같

은 조 제2항제4호, 같은 조 제4항, 제22조의6제5호, 제23조제1항, 같은 조 제2항제3호, 같은 조 제4항, 제25조제1항제2호, 같은 조 제2항 각 호 외의 부분, 같은 조 제3항 각 호 외의 부분, 같은 항 제7호, 같은 조 제4항 전단, 제25조의2제1항 · 제3항, 제31조제1항 각 호 외의 부분, 같은 조 제2항 각 호 외의 부분, 제32조의2제1항 각 호 외의 부분 본문, 제32조의4제2항 각 호 외의 부분, 같은 조 제3항, 제32조의5제2항 각 호 외의 부분, 제33조제1항제5호, 제35조 각 호 외의 부분, 제36조의2제1항 · 제2항, 제36조의3제1항, 같은 조 제2항 전단 · 후단, 같은 조 제3항 후단, 같은 조 제4항, 제38조제3항, 제41조의2제4항, 제44조 각 호 외의 부분, 제47조제2항 각 호 외의 부분, 같은 항 제9호, 제49조제1항부터 제3항까지, 같은 조 제5항, 같은 조 제6항 각 호 외의 부분, 제51조제1항 각 호 외의 부분, 제52조제2항, 제52조의2제1항부터 제3항까지, 제52조의3제2항, 제54조 각 호 외의 부분, 제55조제12호, 제56조제2항, 제57조제3항, 제58조제2항부터 제6항까지, 제63조제1항 · 제2항, 제64조제2항, 제69조 각 호 외의 부분, 제72조의2제1항 각 호 외의 부분 본문 · 단서, 제73조의2 각 호 외의 부분 및 제74조 각 호 외의 부분 중 "소방방재청장"을 각각 "국민안전처장관"으로 한다.

제5조제1항 · 제2항, 제34조제1항, 제41조의2제1항 및 제47조제2항제9호 중 "소방방재청"을 각각 "국민안전처"로 한다.

제8조제2항, 제13조제3항, 제14조제4항 · 제6항 · 제7항, 제19조제3항, 제22조의5제1항 · 제3항, 제23조제1항 · 제3항, 제25조제5항, 제25조의2제4항, 제27조제3항, 제33조제2항, 제37조, 제44조제7호, 제47조제2항 각 호 외의 부분, 제49조제6항 각 호 외의 부분, 제50조, 제58조제6항, 제66조 각 호 외의 부분, 제69조제3호 및 제71조제1항 · 제2항 중 "행정자치부령"을 각각 "총리령"으로 한다.

제42조제2호 중 "소방방재청"을 "국민안전처장관"으로 한다.

별표 2를 다음과 같이 한다.

부처별 긴급지원업무(제25조의3 관련)

구분	주 지원기관	기능 내용	보조 지원기관
기능 1	국민안전처	정보의 수집·분석·전파	국방부, 농림축산식품부, 산업통상자원부, 방송통신위원회 등
기능 2	국민안전처	인명구조	기획재정부, 국방부, 농림축산식품부, 고용노동부, 국토교통부 등
기능 3	국민안전처	이재민 수용·구호	기획재정부, 국방부, 농림축산식품부, 보건복지부, 환경부, 국토교통부, 해양수산부 등
기능 4	방송통신위원회	재해지역 통신소통 원활화	국방부, 산업통상자원부, 해양수산부, 국민안전처, 경찰청 등
기능 5	보건복지부	의료서비스, 감염병 예방·방역, 위생점검	국방부, 농림축산식품부, 국토교통부, 국민안전처 등
기능 6	국민안전처	시설 응급 복구(장비, 인력, 자재)	기획재정부, 국방부, 농림축산식품부, 산업통상자원부, 보건복지부, 환경부, 고용노동부, 국토교통부, 조달청, 산림청 등
기능 7	경찰청	재해지역 사회질서 유지 및 교통관리	기획재정부, 법무부, 국방부, 농림축산식품부, 산업통상자원부, 환경부, 국민안전처 등
기능 8	환경부	유해화학물질 처리, 쓰레기 수거·처리	기획재정부, 법무부, 국방부, 농림축산식품부, 산업통상자원부, 보건복지부, 고용노동부, 국토교통부, 국민안전처 등
기능 9	산업통상자원부	긴급에너지 수급	기획재정부, 국방부, 국토교통부, 국민안전처 등
기능 10	국민안전처	단기 지역안정(복구비·위로금 지급)	기획재정부, 국방부, 농림축산식품부, 산업통상자원부, 보건복지부, 고용노동부, 국토교통부 등
기능 11	국민안전처	재해 수습 홍보	기획재정부, 외교부, 법무부, 국방부, 문화체육관광부, 농림축산식품부, 산업통산자원부, 보건복지부, 고용노동부, 국토교통부, 방송통신위원회 등

[기능 1] 정보의 수집 · 분석 · 전파

업무기능 \ 유관기관			국민안전처	지방자단체	농림수식품부	산업통상자원부	교육부	보건복지부	국토교통부	방송통신위원회	환경부	기상청	산림청	중소기업청	문화재청	한농어촌공사	한국수자원공사	한도전력공사
예방																		
	총괄																	
		계획 수립	●	○														
		정책 개발	●	○														
		지침 제공	●	○														
		표준화	●	○														
	시스템																	
		시스템 개발	●	○														
		시스템 자원관리(하드웨어, 네트워크)	●	○														
		시스템 현황 조사	●	○														
		시스템 운영 평가	●	○														
		시스템 개선	●	○														
대비																		
	교육 · 훈련																	
		전문지식 교육	●	○	○													
		기술 지원	●	○														
		훈련 지원	●	○														
	사전 배치																	
		인력 배치	●	○														
		잡비 배치	●	○														
	사전 활동																	
		피해예상지역 위험정보 수집	●	○	○	○			○	○		○	○			○	○	○
대응																		
	계획 수립																	
		정보교류시스템 확인 및 재설정	●	○	○	○			○	○		○	○			○	○	○
		재난전개 상황 파악	●	○	○	○			○			○				○	○	○
		재난내용 상황 파악	●	○	○	○			○							○	○	○
		재난피해 상황 파악	●	○	○	○			○							○	○	○
		자원준비 상황 파악	●	○	○	○			○							○	○	○
		대응계획 수립지원	●	○	○	○			○							○	○	○
		해외재난지원기관 능력체계구축	●	○	○	○			○							○	○	○
	대응 활동																	
		자원활용을 위한 지원	●	○					○									
		기관간 정보교류시스템 가동 및 전파	●	○					○									
		중앙수송자원단 구성, 파견	●	○														
		비상자원본부 설치	●	○														
		예산, 행정계획 수립지원	●	○														
		정보분석팀 공동 지원	●	○														
		정보팀 및 자원동원 해제	●	○														
	평가																	
		지원가능 교육 평가	●	○														
		보고서 작성	●	○														

비고: "서울메트로 등"이란 서울메트로, 서울도시철도공사, 인천교통고사, 코레일공항철도주식회사, 서울9호선운영주식회사, 대구도시철도공사, 광주도시철도공사, 대전도시철도공사를 말한다.

"●"는 주 지원기관의 업무를 말하고, "○"는 보조 지원기관의 업무를 말한다. 이하 이 표에서 같다.

한국도로공사	국립공원관리공단	홍수통제소	대한적십자사	재해구호협회	주식회사케이티	지방해양항만청	지방국토관리청	한국전기안전공사	한국가스안전공사	문화체육관광부	기획재정부	고용노동부	외교부	법무부	국방부	경찰청	조달청	서울메트로 등	지방유역환경청	지방항공청	한국원자력안전기술공사	한국가스공사	한국철도시설공단	한국철도공사
															○									
											○													
											○													
○		○													○								○	○
○		○													○								○	○
○		○													○								○	○
○															○								○	○
○															○								○	○
○															○								○	○
○															○								○	○
													○											
															○									
															○									

[기능 2] 인명구조

유관기관 / 업무기능			국민안전처	지방자치단체	농림수식품부	산업통상자원부	교육부	보건복지부	국토교통부	해양수산부	방송통신위원회	환경부	기상청	산림청	중소기업청	문화재청	한농어촌공사	한국수자원공사
예방																		
	총괄																	
		계획 수립	●	○														
		정책 개발	●	○														
		지침 제공	●	○														
		표준화	●	○														
		청구소송 및 민원해결시스템 구축	●	○														
	시스템																	
		시스템 현황 조사	●	○														
		시스템 운영 평가	●	○														
		시스템 개선	●	○														
대비																		
	교육·훈련																	
		전문지식 교육	●	○			○											
		기술 지원	●	○														
		훈련 지원	●	○														
	사전 배치																	
		인력 배치	●	○														
		잡비 배치	●	○														
	사전 활동																	
		사전대피 활동지원	●	○				○										
		인명구조 구급체계 점검	●	○				○										
		피해예상지역 노약자 정보 수집	●	○				○										
대응																		
	계획 수립																	
		정보교류시스템 확인 및 재설정	●	○				○	○									
		인명구조요청 상황 파악	●	○				○										
		가동될 자원계획 수립 지원	●	○				○										
		자원봉사자 상해보험 가입 지원	●	○				○										
	대응 활동																	
		실종자 상황 파악	●	○														
		기관 간 정보교류시스템 가동 및 전파	●	○														
		인명구조정보의 구조기관 통보	●	○														
		자원활동을 위한 지원	●	○				○	○									
		인명 구조팀 활동지원	●	○				○										
	평가																	
		지원가능 교육 평가	●	○														
		보고서 작성	●	○														

한도전력공사	한국도로공사	국립공원관리공단	홍수통제소	대한적십자사	재해구호협회	주식회사케이티	지방해양항만청	지방국토관리청	한국전기안전공사	한국가스안전공사	문화체육관광부	기획재정부	고용노동부	외교부	법무부	국방부	경찰청	조달청	서울메트로 등	지방유역환경청	지방항공청	한국원자력안전기술공사	한국가스공사	한국철도시설공단	한국철도공사
				○																					
															○										
				○																					
				○																					
				○																					
				○																					
				○												○									
				○									○		○	○									
	○			○									○			○									
	○			○												○									
	○												○		○	○									
				○												○									
																○									
				○												○								○	○
				○												○								○	○
				○								○	○											○	○
												○													
				○												○									
				○												○									
				○												○									
				○																					
	○			○									○		○										
				○																					
				○																					

[기능 3] 이재민 수용 · 구호

업무기능 \ 유관기관			국민안전처	지방자치단체	농림수식품부	산업통상자원부	미래창조과학부	교육부	보건복지부	국토교통부	해양수산부	방송통신위원회	환경부	기상청	산림청	중소기업청	문화재청	한농어촌공사
예방																		
	총괄																	
		계획 수립	●	○														
		정책 개발	●	○														
		지침 제공	●	○														
		표준화	●	○														
	시스템																	
		시스템 현황 조사	●	○														
		시스템 운영 평가	●	○														
		시스템 개선	●	○														
대비																		
	교육 · 훈련																	
		전문지식 교육	●	○				○										
		기술 지원	●	○					○	○	○		○					
		훈련 지원	○	○	○													
	사전 배치								○	○	○		○					
		인력 배치	●	○	○					○	○		○					
		대피시설, 비상식량, 비상물품 배치	●	○	○													
	사전 활동																	
		피해예상지역 잠재이재민 상황 파악	●	○														
		비상구호물자 관리시스템 구축	●	○	○								○					
		이재민 복지정보시스템 구축	●	○														
대응																		
	계획 수립																	
		정보교류시스템 확인 및 재설정	●	○	○				○	○	○		○					
		이재민 상황 파악	●	○														
		이재민 구호요청 명세 파악	●	○														
		수용시설 파악	●	○														
		구호물품 현황 파악 및 배치	●	○														
		기관별 이재민 구호자원 응원 조절	●	○														
		이재민 구호를 위한 특별교부세 지원	●	○														
	대응 활동																	
		자원봉사자 모집	●	○														
		기관 간 정보교류시스템 가동 및 전파	●	○	○					○	○		○					
		자원봉사자 동원, 관리, 조절	●	○														
		이재민 월동계획 수립 지원	●	○														
		구호물품 확보 및 분배조절 지원	●	○	○					○	○		○					
		피해지역 외 거주가족에게 이재민 정보 제공	●	○														
		가족구성원 통합 지원	●	○														
		임시거주시설 설치	●	○						○								
		이재민 전 · 월세 알선 지원	●	○														
		이재민 월 지원	●	○														
		이재민 영양, 건강조사, 식생활문제 조치 상황 감독	●	○	○				○				○					
		재난 서비스 제공 지원	●	○					○									
		이재민 우편서비스 제공 지원	○	○			●											
		이재민 취업 지원	●	○														
		이재민 여론 및 동향 파악, 민원 처리	●	○														
		이재민 지원기금 감독	●	○														
		이재민구호 및 활동 지원	●	○	○				○	○	○		○					
	평가																	
		지원가능 교육 평가	●	○														
		보고서 작성	●	○														

한국수자원공사	한도전력공사	한국도로공사	국립공원관리공단	홍수통제소	대한적십자사	재해구호협회	주식회사케이티	지방해양항만청	지방국토관리청	한국전기안전공사	한국가스안전공사	문화체육관광부	기획재정부	고용노동부	외교부	법무부	국방부	경찰청	조달청	서울메트로등	지방유역환경청	지방항공청	한국원자력안전기술공사	한국가스공사	한국철도시설공단	한국철도공사
					○																					
					○																					
					○																					
					○																					
					○																					
					○																					
					○																					
					○																					
		○			○	○							○				○									
		○			○	○							○				○									
		○			○	○							○				○									
					○																					
					○	○							○				○									
					○																					
		○			○	○							○				○									
					○																					
					○																					
					○																					
					○																					
													○													
					○																					
					○																					
		○			○	○							○				○									
					○								○													
													○													
		○			○	○							○				○									
					○																					
					○																					
													○				○									
													○													
													○													
					○								○													
					○								○													
														○												
		○			○													○								
													○													
					○	○							○				○									
					○																					
					○																					

[기능 4] 재해지역 통신소통 원활화

업무기능 \ 유관기관			국민안전처	지방자치단체	농림수식품부	산업통상자원부	미래창조과학부	교육부	보건복지부	국토교통부	해양수산부	방송통신위원회	환경부	기상청	산림청	중소기업청	문화재청	한농어촌공사
예방																		
	총괄																	
		계획 수립	○	○								●						
		정책 개발	○	○								●						
		지침 제공	○	○								●						
		표준화	○	○								●						
	시스템																	
		시스템 구축	○	○								●						
		시스템 자원 관리	○	○								●						
		시스템 현황 조사	○	○								●						
		시스템 운영 평가	○	○								●						
		시스템 개선	○	○								●						
대비																		
	교육·훈련																	
		전문지식 교육	○	○				○				●						
		기술 지원	○	○		○						●						
		통신서설, 사용, 관리, 응급복구훈련 지원	○	○		○					○	●						
	사전 배치																	
		전기, 통신 두절에 대비한 긴급기동반 운영	○	○							○	●						
		시설복구잡비 배치	○	○		○						●						
	사전 활동																	
		피해예상지역 통신시설 점검	○	○		○						●						
		비상통신자원 확보	○	○		○						●						
대응																		
	계획 수립																	
		정보교류시스템 확인 및 재설정	○	○		○						●						
		재난전개 상황 파악	○	○								●						
		통신시설피해 상황 파악	○	○		○						●						
		피해지역에 사용가능한(비상) 통신수단 파악	○	○								●						
		피해지역 지원을 위한 비피해지역 통신수단 지정	○	○								●						
		피해지역 상황 파악(기상, 교통, 도로, 댐수위, 전력)	○	○						○	○	●		○				
		시설복구활동 계획 수립	○	○		○						●						
	대응 활동																	
		통신시설 피해정보 제공	○	○		○						●						
		통신시설 복구	○	○		○					○	●						
		우정, 금융전산시설 장애 복구	○	○			●					●						
		시설복구 지원 요청	○	○		○						●						
		통신복구 및 월동 지원	○	○		○						●						
		긴급기동반 해제	○	○								●						
	평가																	
		지원가능 교육 평가	○	○								●						
		보고서 작성	○	○								●						

한국수자원공사	한도전력공사	한국도로공사	국립공원관리공단	홍수통제소	대한적십자사	재해구호협회	주식회사케이티	지방해양항만청	지방국토관리청	한국전기안전공사	한국가스안전공사	문화체육관광부	기획재정부	고용노동부	외교부	법무부	국방부	경찰청	조달청	서울메트로등	지방유역환경청	지방항공청	한국원자력안전기술공사	한국가스공사	한국철도시설공단	한국철도공사
							○																			
							○																			
							○																			
							○																			
							○																			
							○																			
							○																			
							○																			
							○																			
							○																			
							○										○									
							○										○									
							○										○									
							○										○									
							○																			
							○										○									
							○										○									
							○																			
							○																			
							○																			
							○																			
	○	○					○																		○	○
							○																			
							○																			
							○										○									
							○																			
							○																			
							○										○									
							○																			
							○																			

[기능 5] 의료서비스, 감염병 예방 · 방역, 위생점검

업무기능 \ 유관기관			국민안전처	지방자치단체	농림수식품부	산업통상자원부	교육부	보건복지부	국토교통부	해양수산부	방송통신위원회	환경부	기상청	산림청	중소기업청	문화재청	한농어촌공사	한국수자원공사
예방																		
	총괄																	
		계획 수립	○	○	○			●										
		정책 개발	○	○	○			●										
		지침 제공	○	○	○			●										
		표준화	○	○	○			●										
		국민생활보건 관련 예방 홍보	○	○	○			●										
	시스템																	
		시스템 현황 조사	○	○	○			●										
		시스템 운영 평가	○	○	○			●										
		시스템 개선	○	○	○			●										
대비																		
	교육 · 훈련																	
		전문지식 교육	○	○	○		○	●	○									
		의료, 방역, 위생점검 기술 지원		○	○			●	○									
		훈련 지원	○	○	○			●	○									
	사전 배치																	
		역학조사반 인력 배치	○	○	○			●										
		의료, 방역, 위생점검시설, 장비 비치 및 물품확보 지원	○	○	○			●	○									
	사전 활동																	
		피해예상지역 의료, 방역, 위생점검 상황 파악	○	○	○			●	○									
대응																		
	계획 수립	정보교류시스템 확인 및 재설정	○	○	○			●										
		재난전개 상황 파악	○	○	○			●										
		의료, 방역, 위생점검 상황 파악	○	○	○			●										
		피해지역에서 사용가능한 의료자원 상황 파악	○	○	○			●	○									
		피해지역 상황 파악(기상, 교통, 도로)	○	○	○			●		○	○			○				
		수요분석, 평가, 지원계획 수	○	○	○			●	○									
	대응 활동																	
		의료정보	○	○				●										
		현장응급의료지휘소 설치 지원	○	○				●		○								
		재난의료, 방역, 위생점검 인력 확보		○	○			●	○									
		의료장비, 물품, 병상 확보		○				●										
		역학조사반, 의료, 방역, 위생점검 인력 배치 수송	○	○	○			●	○									
		의료 방역, 위생점검 감독		○	○			●	○									
		입원, 의료입원, 환자안전보호 지원		○				●										
		사망자 위생관리(사망자 확인, 시체안치소 제공) 지원	○	○				●										
		약품안전보관 및 배포		○				●	○									
		식수, 식품안전 확보 및 위생점검(급식소, 접객업소) 감독		○				●	○									
		의료상담 기술지원, 정신건강, 약품남용 점검 · 감독		○				●	○									
		공공보건 및 의료 정보 관리		○				●										
		사망가족 매물 감독		○	○			●										
		감염법 미 감염동물 통제, 수의학 서비스 제공 지원		○	○			●										
		헌혈서비스 제공		○				●										
		재난의료팀 활동 지원	○	○	○			●										
	평가																	
		지원가능 교육 평가	○	○	○			●										
		보고서 작성	○	○	○			●										

한도전력공사	한국도로공사	국립공원관리공단	홍수통제소	대한적십자사	재해구호협회	주식회사케이티	지방해양항만청	지방국토관리청	한국전기안전공사	한국가스안전공사	문화체육관광부	기획재정부	고용노동부	외교부	법무부	국방부	경찰청	조달청	서울메트로등	지방유역환경청	지방항공청	한국원자력안전기술공사	한국가스공사	한국철도시설공단	한국철도공사
				○																					
				○																					
				○																					
				○												○									
				○																					
				○												○									
				○												○									
	○																							○	○
				○																					
				○												○									
				○												○									
				○												○								○	○
																	○								
				○																					
				○																					
				○																					
				○												○									

[기능 6] 시설 응급 복구(장비, 인력, 자재)

업무기능 \ 유관기관			국민안전처	지방자치단체	농림수식품부	산업통상자원부	교육부	보건복지부	국토교통부	해양수산부	방송통신위원회	환경부	기상청	산림청	중소기업청	문화재청	한국농어촌공사	한국수자원공사
예방																		
	총괄																	
		계획 수립	●	○														
		정책 개발	●	○														
		지침 제공	●	○														
		표준화	●	○														
	시스템																	
		시스템 현황 조사	●	○														
		시스템 운영 평가	●	○														
		시스템 개선	●	○														
대비																		
	교육·훈련																	
		전문지식 교육	●	○			○											
		기술 지원	●	○	○												○	○
		훈련 지원	●	○	○				○	○				○			○	○
	사전 배치																	
		응급복구인력 배치(민방위대원 등 지원)	●	○														
		재난피해예상시설, 재해위험지구 예찰, 재점검, 보수보강 지원	●	○	○	○			○	○				○			○	○
		시설응급복구 장비 배치 지원	●	○	○				○								○	○
	사전 활동																	
		피해예상지역 취약시설 상황 파악	●	○	○	○			○	○				○			○	○
대응																		
	계획 수립																	
		정보교류시스템 확인 및 재설정	●	○	○												○	○
		재난전개 상황 파악	●	○														
		피해 상황 파악	●	○	○												○	
		피해지역에 사용가능한 복구시설·장비 상황 파악	●	○														
		피해지역 상항 파악(기상, 교통, 도로)	●	○					○				○					
		주요분석, 평가, 지원계획 수립, 싯己복구 우선순위 설정	●	○	○												○	
		응급복구를 위한 재해대책 예비비 확정 시달	●	○														
		자원봉사자 상해보험 가입 지원	●	○														
	대응 활동																	
		시설복구인력 확보 지원	●	○	○										○		○	
		시설복구장비, 물품확보(시멘트, 철근 등) 지원	●	○														
		전주가옥, 구조물 안전진단, 설계 지원	●	○					○	○				○				
		재난지역 토지, 시설 복구 지원	●	○	○	○			○	○				○			○	
		주하미군 복구장비 지원 요청(필요시)	●	○														
		파손시설 및 복구지참물 철거 지원	●	○	○	○			○								○	
		시설복구 잔해 처리 지원	●	○	○	○			○	○		○		○			○	
		시설복구작업 모니터링	●	○		○			○	○				○				
		자재공급, 수요, 가격정보 제공	●	○														
		자원동원 조절	●	○														
		응급복구기술 지원	●	○														
		정부복구지원프로그램 실행 조절	●	○														
		복구계약상담서비스 제공(법률, 예산, 기술)	●	○														
		물품, 장비 조달 지원	●	○	○										○			
		시설물급복구됨, 물품 지원	●	○	○	○											○	
	평가																	
		지원가능 교육 평가	●	○														
		보고서 작성	●	○														

한도전력공사	한국도로공사	국립공원관리공단	홍수통제소	대한적십자사	재해구호협회	주식회사케이티	지방해양항만청	지방국토관리청	한국전기안전공사	한국가스안전공사	문화체육관광부	기획재정부	고용노동부	외교부	법무부	국방부	경찰청	조달청	서울메트로등	지방유역환경청	지방항공청	한국원자력안전기술공사	한국가스공사	한국철도시설공단	한국철도공사
							○	○	○	○															
							○	○	○	○						○									
							○	○	○	○														○	○
							○	○	○	○						○								○	○
							○	○	○	○														○	○
							○	○	○	○															
																								○	○
							○	○	○	○															
																								○	○
	○																								
							○	○	○	○		○													
												○													
												○													
							○	○	○	○			○			○									
																		○							
							○	○	○	○						○									
																○									
							○	○	○	○						○									
							○	○	○	○						○									
																		○							
							○	○	○	○		○													
																		○							
							○	○	○	○								○							
							○	○	○	○															

[기능 7] 재해지역 사회질서 유지 및 교통관리

업무기능 \ 유관기관			국민안전처	지방자단체	농림수식품부	산업통상자원부	교육부	보건복지부	국토교통부	해양수산부	방송통신위원회	환경부	기상청	산림청	중소기업청	문화재청	한국농어촌공사	한국수자원공사
예방																		
	총괄																	
		계획 수립	○	○														
		정책 개발	○	○														
		지침 제공	○	○														
		표준화	○	○														
	시스템																	
		시스템 현황 조사	○	○														
		시스템 운영 평가	○	○														
		시스템 개선	○	○														
대비																		
	교육・훈련																	
		전문지식 교육	○	○			○											
		훈련 지원	○	○														
	사전 배치																	
		사회질서 유지 및 교통관리인력 배치	○	○														
		보유장비 사전점검 및 사용자 안선수칙 숙시	○	○														
	사전 활동																	
		피해예상지역 취약지역 중점 순찰 점검	○	○														
대응																		
	계획 수립																	
		정보교류시스템 확인 및 재설정	○	○														
		재난전개 상황 파악	○	○														
		피해 상황 파악	○	○														
		상황실 설치(대표전화 설치)	○	○														
		사회질서, 교통상황 파악 및 분석	○	○														
		동원 자원 확보 지원	○	○														
		피해지역 공공안정계획 수립	○	○														
	대응 활동																	
		피해우려지역 집중 순찰(인명구조, 피해 방지)	○	○														
		필요자원 지역 배치	○	○														
		공공 공지사항작성 공포	○	○														
		피해지역 혼란 방지 및 방범대책(출입자 통제 등)	○	○														
		교통통제 및 관리	○	○														
		피해지역 내 국가핵심기반시설 보호	○	○														
		인명구조, 응급의료실, 물자수송팀의 보호 및 교통지원	○	○														
		재난대응자원 보호, 감독	○	○														
		이재민수용시설 치안 확보	○	○														
		피해주민의 여론 및 동향 파악, 민원처리	○	○														
		치안유지 및 교통관리팀 활동 지원	○	○														
	평가																	
		지원가능 교육 평가	○	○														
		보고서 작성	○	○														

한도전력공사	한국도로공사	국립공원관리공단	홍수통제소	대한적십자사	재해구호협회	주식회사케이티	지방해양항만청	지방국토관리청	한국전기안전공사	한국가스안전공사	문화체육관광부	기획재정부	고용노동부	외교부	법무부	국방부	경찰청	조달청	서울메트로 등	지방유역환경청	지방항공청	한국원자력안전기술공사	한국가스공사	한국철도시설공단	한국철도공사
																	●								
																	●								
																	●								
																	●								
																	●								
																	●								
																	●								
																	●								
																○	●								
															○	○	●								
																○	●								
																	●								
																○	●								
																	●								
																	●								
																	●								
																	●								
																	●								
																○	●								
																○	●								
															○	○	●								
																	●								
																○	●								
															○	○	●								
																○	●								
																○	●								
																○	●								
																	●								
																	●								
												○					●								
																	●								
																	●								

[기능 8] 유해화학물질 처리, 쓰레기 수거 · 처리

업무기능 \ 유관기관			국민안전처	지방자치단체	농림수식품부	산업통상자원부	교육부	보건복지부	국토교통부	해양수산부	방송통신위원회	환경부	기상청	산림청	중소기업청	문화재청	한국농어촌공사	한국수자원공사
예방																		
	총괄																	
		계획 수립	○	○								●						
		정책 개발	○	○								●						
		지침 제공	○	○								●						
		표준화	○	○								●						
	시스템																	
		시스템 현황 조사	○	○								●						
		시스템 운영 평가	○	○								●						
		시스템 개선	○	○								●						
대비																		
	교육 · 훈련																	
		전문지식 교육	○	○		○	○					●						
		유해화학물질 및 쓰레기 처리 기술 지원	○	○		○						●						
		유해화학물질 및 쓰레기 처리 훈련 지원	○	○	○	○			○	○		●		○			○	
	사전 배치																	
		유해화학물질 및 쓰레기 처리 자원 배치 지원	○	○	○	○				○		●		○			○	
	사전 활동																	
		피해예상지역 유해화학물질시설 파악	○	○		○				○		●						
		재난쓰레기 발생 대상 점검 및 조치	○	○	○	○				○		●		○			○	
대응																		
	계획 수립																	
		정보교류시스템 확인 및 재설정	○	○	○	○			○	○		●		○			○	
		재난전개 상황 파악	○	○								●						
		피해 상황 파악	○	○								●						
		상황실 실제(대표전화 설치)	○	○								●						
		유해화학물질 노출, 쓰레기발생 실황 파악 및 분석	○	○	○	○			○	○		●						
		유해화학물질 피해시설 파악 및 분석	○	○		○			○	○		●						
		유해화학물질 노출인구 파악 및 대피계획 수립	○	○								●						
		피해지역 유해물질 및 쓰레기처리계획 수립	○	○	○	○			○	○		●		○			○	
		이용동원자원 확보 지원	○	○	○	○				○		●		○			○	
		자원봉사자 상해보험 가입 지원	○	○								●						
	대응 활동																	
		유해물질 유출지연 주민의 대피 이주	○	○	○	○			○	○		●						
		오염지역 환자수술 및 오염지역 출입통제	○	○								●						
		유해물질 처리기관 통보		○								●						
		필요자원 지역배치, 수습 지침	○	○	○	○			○	○		●		○			○	
		공공 공지사항 작성, 공포	○	○								●						
		유해화학물질 제독 및 처리 지원		○								●						
		재난쓰레기, 해양쓰레기, 산업쓰레기, 분뇨처리 지원		○	○	○			○	○		●		○			○	
		폐수정화 등 환경처리 지원		○								●						
		환경복원 지원		○								●		○			○	
		처리 및 활동 지원	○	○	○	○			○	○		●		○			○	
	평가																	
		지원가능 교육 평가	○	○								●						
		보고서 작성	○	○								●						

한도전력공사	한국도로공사	국립공원관리공단	홍수통제소	대한적십자사	재해구호협회	주식회사케이티	지방해양항만청	지방국토관리청	한국전기안전공사	한국가스안전공사	문화체육관광부	기획재정부	고용노동부	외교부	법무부	국방부	경찰청	조달청	서울메트로등	지방유역환경청	지방항공청	한국원자력안전기술공사	한국가스공사	한국철도시설공단	한국철도공사
																○									
																○									
○		○														○									
○		○														○									
○		○																							
○		○														○									
○		○																							
													○									○			
													○		○										
○	○	○										○												○	○
○		○														○									
												○													
	○												○		○									○	○
													○		○										
																○									
○	○	○																						○	○
																○						○			
○		○										○				○									
												○													
○		○										○													
○		○										○				○									

[기능 9] 긴급에너지 수급

업무기능 \ 유관기관			국민안전처	지방자단체	농림수식품부	산업통상자원부	교육부	보건복지부	국토교통부	해양수산부	방송통신위원회	환경부	기상청	산림청	중소기업청	문화재청	한농어촌공사	한국수자원공사
예방																		
	총괄																	
		계획 수립	○	○		●												
		정책 개발	○	○		●												
		지침 제공	○	○		●												
		표준화	○	○		●												
	시스템																	
		시스템 현황 조사	○	○		●												
		시스템 운영 평가	○	○		●												
		시스템 개선	○	○		●												
대비																		
	교육·훈련																	
		전문지식 교육	○	○		●												
		훈련 지원	○	○		●												
	사전 배치																	
		절전사태 등 에너지시설 피해복구 긴급가동반 구성, 운영 지원	○	○		●												
		에너지수급 지원 배치 지원	○	○		●			○	○								
	사전 활동																	
		피해예상지역 에너지저장시설 상황 파악	○	○		●												
		가로등, 신호등 누전 등 에너지안전사고 취약지역 점검 지원		○		●												
대응																		
	계획 수립																	
		정보교류시스템 확인 및 재설정	○	○		●												
		재난전개 상황 파악	○	○		●												
		피해 상황 파악	○	○		●												
		필요에너지 및 긴급에너지 수요처 파악	○	○		●												
		피해지역에서 사용가능한 에너지자원 파악 및 확보 지원	○	○		●												
		에너지 공급, 수요, 가격정보 제공	○	○		●												
		피해지역 자원을 위한 자원동원계획 수립	○	○		●												
	대응 활동																	
		긴급에너지 공급기관 통보	○	○		●												
		필요자원 및 복구될 지역배치, 수송 지원	○	○		●			○	○								
		에너지시설 복구 지원		○		●			○									
		시설복구작업 모니터링		○		●												
		긴급에너지수급활동 지원	○	○		●												
	평가																	
		지원가능 교육 평가	○	○		●												
		보고서 작성	○	○		●												

한도전력공사	한국도로공사	국립공원관리공단	홍수통제소	대한적십자사	재해구호협회	주식회사케이티	지방해양항만청	지방국토관리청	한국전기안전공사	한국가스안전공사	문화체육관광부	기획재정부	고용노동부	외교부	법무부	국방부	경찰청	조달청	서울메트로등	지방유역환경청	지방항공청	한국원자력안전기술공사	한국가스공사	한국철도시설공단	한국철도공사
																○									
																○									
	○											○				○								○	○
																○									
																○									
	○															○								○	○
																○									
												○													

[기능 10] 단기 지역안정(복구비, 위로금 지급)

업무기능 \ 유관기관			국민안전처	지방자치단체	농림수식품부	산업통상자원부	교육부	보건복지부	국토교통부	해양수산부	방송통신위원회	환경부	기상청	산림청	중소기업청	문화재청	한국농어촌공사	한국수자원공사
예방																		
	총괄																	
		계획 수립	●	○														
		정책 개빌	●	○														
		지침 제공	●	○														
		표준화	●	○														
	시스템																	
		시스템 현황 조사	●	○														
		시스템 운영 평가	●	○														
		시스템 개선	●	○														
대비																		
	교육·훈련																	
		전문지식 교육	●	○			○											
		훈련 지원	●	○														
	사전 배치																	
		단기안정실 조직 및 배치	●	○	○										○			
대응																		
	계획 수립																	
		정보교류시스템 확인 및 재설정	●	○		○		○										
		재난전개 상황 파악	●	○														
		피해 상황 파악	●	○														
		재난피해 대상자 파악	●	○														
		단기 지역안정계획 수립	●	○	○										○			
		단기 지역안정자금 대책 수립	●	○											○			
		자원봉사자 상해보험 가입 지원	●	○														
	대응 활동																	
		생활주변 정리 등 자원봉사자 일손돕기 지원	●	○														
		합동수리기동반의 재난지역 무상수리 지원	●	○		○												
		초·중·고등학생 학비면제 및 교재 지원	●	○			○											
		단기 지역안정자금 지원	●	○											○			
		재난피해자 고충처리센터 설치 운영 지원(운적, 정신적 피해 상담)	●	○				○										
		단기 지역안전자금 감독	●	○											○			
		단기 지역안정 및 활동 지원	●	○	○			○										
		지역안정팀 해제	●	○														
	평가																	
		지원가능 교육 평가	●	○														
		보고서 작성	●	○														

한도전력공사	한국도로공사	국립공원관리공단	홍수통제소	대한적십자사	재해구호협회	주식회사케이티	지방해양항만청	지방국토관리청	한국전기안전공사	한국가스안전공사	문화체육관광부	기획재정부	고용노동부	외교부	법무부	국방부	경찰청	조달청	서울메트로등	지방유역환경청	지방항공청	한국원자력안전기술공사	한국가스공사	한국철도시설공단	한국철도공사
				○								○	○												
												○	○												
												○	○												
												○													
												○													
												○													
				○									○												
												○													
				○								○	○												

[기능 11] 재해 수습 홍보

업무기능 \ 유관기관			국민안전처	지방자치단체	농림수식품부	산업통상자원부	교육부	보건복지부	국토교통부	해양수산부	방송통신위원회	환경부	기상청	산림청	중소기업청	문화재청	한국농어촌공사	한국수자원공사
예방																		
	총괄																	
		계획 수립	●	○														
		정책 개발	●	○														
		지침 제공	●	○														
		표준화	●	○														
		대국민 재난 홍보	●	○							○							
	시스템																	
		시스템 현황 조사	●	○														
		시스템 운영 평가	●	○														
		시스템 개선	●	○														
대비																		
	교육·훈련																	
		재난전문지식 교육	●	○														
		재난취약대상 안전점검 홍부	●	○					○									
		재난대응훈련 지원	●	○							○							
	사전 배치																	
		홍보팀 조직 및 배치	●	○														
대응																		
	계획 수립							○										
		정보교류시스템 확인 및 재설정	●	○														
		재난전개 상황 파악	●	○					○		○							
		사전대피 및 대국민 활동요령 방송	●	○							○							
		재난해당지역 방송국에 주의보 발표 및 경계발령	●	○														
		재난피해 상황 파악	●	○														
		피해지역에서 사용가능한 방송시설, 인권파악 및 확보지원	●	○							○							
		홍보정부 수집	●	○							○							
		방송계획 수령	●	○	○	○		○	○		○							
		방송인 배치, 수송지원	●	○							○							
	대응 활동																	
		피해상황, 대응활동, 복구상황 방송 지원	●	○														
		대언론 브리핑 등 언론취재 지원	●	○														
		재난 의연금품 및 자원봉사자 모집 방송 지원	●	○														
		방송내용 모니터링	●	○							○							
		방송시설 및 지원보호, 감독	●	○							○							
		대국민 여론 수령	●	○														
		복구상황 지원 홍보	●	○														
		재난대처시스템 점검 및 보완사항 방송 지원	●	○							○							
		방송인 활동 지원	●	○							○							
	평가																	
		지원가능 교육 평가	●	○														
		보고서 작성	●	○														

한도전력공사	한국도로공사	국립공원관리공단	홍수통제소	대한적십자사	재해구호협회	주식회사케이티	지방해양항만청	지방국토관리청	한국전기안전공사	한국가스안전공사	문화체육관광부	기획재정부	고용노동부	외교부	법무부	국방부	경찰청	조달청	서울메트로등	지방유역환경청	지방항공청	한국원자력안전기술공사	한국가스공사	한국철도시설공단	한국철도공사
											○														
											○														
											○														
				○							○			○											
											○														
																○									
						○																			
				○								○	○	○	○										
											○														
											○														
											○														
											○														

별표 3 제1호나목 중 “소방방재청장”을 “국민안전처장관”으로 한다.

〈21〉 재난구호 및 재난복구 비용 부담기준 등에 관한 규정 일부를 다음과 같이 개정한다.

제8조제2항 중 “행정자치부령”을 “총리령”으로 한다.

제9조제3항 및 제15조 중 “소방방재청장”을 각각 “국민안전처장관”으로 한다.

별표 1 제1호가목의 구호금의 부담액란, 같은 호 나목2)의 부담액란, 같은 표 제2호가목3)의 부담액란, 별표 2 제2호 ①부터 ③까지 외의 부분 및 같은 호 ③ 중 “소방방재청장”을 각각 “국민안전처장관”으로 한다.

〈22〉 재해경감을 위한 기업의 자율활동 지원에 관한 법률 시행령 일부를 다음과 같이 개정한다.

제7조제1항 각 호 외의 부분 중 “소방방재청”을 “국민안전처”로 한다.

제7조제3항 단서, 같은 조 제5항, 제9조제3항, 제10조제7항, 제17조제1항제8호, 제18조제4호, 제21조제5항 각 호 외의 부분 및 같은 항 제3호 중 “행정자치부령”을 각각 “총리령”으로 한다.

제10조제2항, 제11조제1항 각 호 외의 부분, 같은 항 제3호, 제12조제2항, 제13조제1항제3호, 제15조제1항 · 제3항, 제16조제4항 · 제5항, 제21조제5항 각 호 외의 부분 및 제23조 각 호 외의 부분 중 “소방방재청장”을 각각 “국민인전처장관”으로 한다.

〈23〉 재해구호법 시행령 일부를 다음과 같이 개정한다.

제2조제3호 후단을 다음과 같이 한다.

이 경우 구호의 구체적인 방법은 국민안전처장관이 보건복지부장관과 협의하여 총리령으로 정한다.

제2조제4호, 제8조제3항, 제10조, 제18조제3항 각 호 외의 부분, 제19조제1항 · 제3항, 제20조, 제21조제4호, 제23조의2제2항 각 호 외의 부분 및 제23조의3 각 호 외의 부분 중 “소방방재청장”을 각각 “국민안전처장관”으로 한다.

별표 3 제1호가목 1)부터 4)까지 외의 부분 본문 및 같은 호 나목 제1)부터 3)까지 외의 부분 본문 중 “소방방재청장”을 각각 “국민안전처장관”으로 한다.

〈24〉 재해위험 개선사업 및 이주대책에 관한 특별법 시행령 일부를 다음과 같이 개정한다.

제2조제1항 각 호 외의 부분 중 “소방방재청”을 “국민안전처”로 한다.

제2조제1항제4호, 제7조제1항 각 호 외의 부분, 제10조 각 호 외의 부분, 제12조제2항 각 호 외의 부분, 제13조 각 호 외의 부분 전단 · 후단, 제15조 각 호 외의 부분, 제16조 각 호 외의 부분, 제17조제1항 본문, 같은 조 제4항 · 제7항, 제28조제1항 각 호 외의 부분, 같은 항 제6호 각 목 외의 부분 본문, 같은 조 제3항, 제34조 각 호 외의 부분 및 제37조 중 “소방방재청장”을 각각 “국민안전처장관“으로 한다.

제3조제3항제1호 중 “소방방재청장이 지명하는 소방방재청”을 “국민안전처장관이 지명

하는 국민안전처"로 한다.
제4조제5호, 제8조제3항제2호, 제9조제2항 각 호 외의 부분, 제12조제1항제9호, 제14조제8호 및 제15조제12호 중 "행정자치부령"을 각각 "총리령"으로 한다.
〈25〉 저수지·댐의 안전관리 및 재해예방에 관한 법률 시행령 일부를 다음과 같이 개정한다.
제4조제3항 각 호 외의 부분 중 "소방방재청의"를 "국민안전처의"로, "소방방재청장"을 "국민안전처장관"으로 한다.
제4조제3항제1호 및 제5조 중 "소방방재청"을 각각 "국민안전처"로 한다.
제7조제2항, 제9조제2항 각 호 외의 부분, 같은 조 제3항 각 호 외의 부분, 제12조의 제목, 같은 조 제1항 각 호 외의 부분, 같은 조 제2항·제3항, 제13조제3항, 제14조, 제23조제1항 각 호 외의 부분, 같은 조 제4항, 제24조제2항 각 호 외의 부분, 같은 조 제4항·제5항 및 제26조제2항 중 "소방방재청장"을 각각 "국민안전처장관"으로 한다.
제9조제2항 각 호 외의 부분, 같은 조 제3항 각 호 외의 부분, 제11조제1항 각 호 외의 부분, 제14조, 제18조제4항, 제19조제2항 및 제24조제3항·제4항 중 "행정자치부령"을 각각 "총리령"으로 한다.
〈26〉 지진재해대책법 시행령 일부를 다음과 같이 개정한다.
제5조제1항제10호, 같은 조 제2항, 제6조제3호, 같은 조 제4호다목, 제8조의3제2항제2호, 같은 조 제4항, 제9조제6항, 제12조제4항, 제13조제4항, 제16조 각 호 외의 부분 및 같은 조 제1호 중 "소방방재청장"을 각각 "국민안전처장관"으로 한다.
제8조의3제1항 중 "소방방재청 차장"을 "국민안전처차관"으로 한다.
제8조의3제2항제1호, 같은 조 제4항, 제12조제1항 및 제13조제1항 중 "소방방재청"을 각각 "국민안전처"로 한다.
제9조의2제5항·제7항 및 제15조 각 호 외의 부분 중 "행정자치부령"을 각각 "총리령"으로 한다.
별표 1을 다음과 같이 한다.

[별표 1] **재난관리책임기관별**

업무기능 \ 관계기관	국민안전처	지방자치단체	행정자치부	교육부	외교부	국방부	미래창조과학부	문화체육관광부	농림축산식품부	산업통상자원부	보건복지부	환경부	고용노동부	국토교통부	해양수산부	기상청	경찰청	문화재청	산림청	행복중심복합도시건설청	방송통신위원회	지방항공청	지방국토관리청	홍수통제소
1. 지진재해의 예방 및 대비																								
가. 지진재해 경감대책의 강구	○	○	○	○	○	○	○	○	○	○	○	○	○	○	○	○	○	○	○	○	○	○	○	○
나. 소관시설에 대한 비상대체계획의 수립·시행	○	○	○	○		○	○	○	○	○	○			○	○			○		○	○	○		
다. 지질해일로 인한 해안지역의 해안침수예상도와 침수흔적도 등의 제작과 활용	○	○													○	○								
라. 지진방재 교육 및 훈련 홍보	○	○	○	○	○	○	○	○	○	○	○	○	○	○	○	○	○	○	○	○	○	○	○	○
2. 내진대책																								
가. 국가 내진성능의 목표 및 시설물별 허용피해의 목표 설정	○																							
나. 내진등급 분류 기준의 제정과 지진위험지도의 제작 활용	○	○												○	○									
다. 내진설계기준 설정 운영 및 적용실태 확인	○	○			○									○	○								○	
라. 기존 시설물의 내진성능에 대한 평가 및 보강대책	○	○	○	○	○	○	○	○	○	○	○	○	○	○	○	○	○	○	○	○	○	○	○	○
마. 공공시설과 저층 건물 등의 내진대책 강구	○	○	○	○		○	○	○		○	○			○	○		○	○		○		○	○	○
3. 지진 관폭분석·통보·경보 전파 및 대응																								
가 지진관폭시설의 설치와 관리		○										○		○		○								
나. 지진과 지진해일의 관폭 통보		○										○		○		○								
다. 지진해일대응 및 기급지원체계의 구축	○	○	○	○	○	○	○	○	○	○	○	○	○	○	○	○	○	○	○	○	○	○	○	○
라. 지진과 지진해일의 대체 요령 작성 활용	○	○												○	○	○						○	○	○
마. 지진해일을 줄이기 위한 연구와 기술개발	○													○	○	○								
바. 지진재해의 원인 조사 분석 및 피해시설물의 위험도 평가	○	○												○	○							○		

비고: "서울메트로 등"이란 서울메트로, 서울도시철도공사, 인천교통고사, 코레일공항철도주식회사, 서울9호선운영주식회사, 대구도시철도공사, 광주도시철도공사, 대전도시철도공사를 말한다.

조치 사항(제2조 관련)

지방해양항만청	대한적십자사	시·도교육청	한국철도공사	서울메트로등	한국농어촌공사	한국농수산식품유통공사	한국가스공사	한국가스안전공사	한국전기안전공사	한국전력공사	수도권매립지관리공사	한국토지주택공사	한국수자원공사	한국도로공사	인천국제공항공사	한국공항공사	항만공사	한국방송공사	국립공원관리공단	한국산업안전보건공단	한국산업단지공단	부산교통공사	한국철도시설공단	한국시설안전공단	한국원자력연구원	한국원자력안전기술원	**화력법** 제80조에 따른 댐등의 설치자·관리자를 포함한다	**원자력안전법** 제20조에 따른 발전용원자로 사업자	**방송통신발전기본법** 제40조에 따른 재난방송 사업자
○	○	○	○	○	○	○	○	○	○	○	○	○	○	○	○	○	○	○	○	○	○	○	○	○	○	○	○	○	○
○	○	○	○	○	○	○	○	○	○	○	○	○	○	○	○	○	○	○	○	○	○	○	○	○	○	○	○	○	○
			○	○			○	○	○	○				○							○								
			○	○	○		○	○	○	○				○	○	○	○						○	○	○	○	○	○	
○	○	○	○	○	○	○	○	○	○	○	○	○	○	○	○	○	○	○	○	○	○	○	○	○	○	○	○	○	○
○	○	○	○	○	○	○	○	○	○	○	○	○	○	○	○	○	○	○	○	○	○	○	○	○		○	○	○	○
			○		○		○			○													○		○	○		○	
			○		○		○			○													○		○	○			
○	○	○	○	○	○	○	○	○	○	○	○	○	○	○	○	○	○	○	○	○	○	○	○	○	○	○	○	○	○
○	○	○	○	○	○	○	○	○	○	○	○	○	○	○	○	○	○	○	○	○	○	○	○	○	○	○	○	○	○
		○	○	○	○		○	○	○	○	○	○	○	○	○	○	○		○	○	○	○	○	○	○	○	○	○	
			○	○	○		○	○	○	○			○										○	○	○	○	○	○	

〈27〉 초고층 및 지하연계 복합건축물 재난관리에 관한 특별법 시행령 일부를 다음과 같이 개정한다.
제12조제3항 중 "소방방재청장"을 "국민안전처장관"으로 한다.
제14조제4항 중 "행정자치부령"을 "총리령"으로 한다.
〈28〉 풍수해보험법 시행령 일부를 다음과 같이 개정한다.
제3조제2항 각 호 외의 부분, 제4조제1항 전단 · 후단, 같은 조 제2항, 제5조제1항 각 호 외의 부분, 제7조, 제9조제2호, 제11조제1항 각 호 외의 부분 본문 · 단서, 같은 조 제2항, 같은 조 제3항 본문 · 단서, 제14조 각 호 외의 부분, 제15조제2항 각 호 외의 부분, 같은 조 제3항, 제17조제1항 및 제18조 중 "소방방재청장"을 각각 "국민안전처장관"으로 한다.
제5조제1항제2호 중 "소방방재청"을 "국민안전처"로 한다.
제11조제2항 및 제16조제2항제10호 중 "행정자치부령"을 각각 "총리령"으로 한다.
〈29〉 수난구호법 시행령 일부를 다음과 같이 개정한다.
제4조제2항 중 "해양경찰청장이 되고"를 "국민안전처 해양경비안전본부장(이하 "해양경비안전본부장"이라 한다)이 되고"로, "해양경찰청장이 소속 공무원 중에서"를 "해양경비안전본부장이 소속 공무원 중에서"로 한다.
제5조제2항 중 "지방해양경찰청의 청장" 및 "지방해양경찰청장"을 각각 "지방해양경비안전본부장"으로, "해양경찰서의 서장" 및 "해양경찰서장"을 각각 "해양경비안전서장"으로 한다.
제5조제7항, 제24조제4항 및 제34조제2항 전단 중 "해양수산부령"을 각각 "총리령"으로 한다.
제6조제3항제1호 중 "행정자치부"를 "행정자치부"로, "소방방재청"을 "국민안전처"로 한다.
제8조제11호 및 제11조제1항 중 "해양경찰청장"을 각각 "해양경비안전본부장"으로 한다.
제11조제5항 중 "광역구조본부의 장(인천해양경찰서에 두는 지역대책위원회의 경우에는 중앙구조본부의 장을 말한다)"을 "광역구조본부의 장"으로 한다.
제16조제1항제1호 중 "해양경찰서"를 "해양경비안전서"로 하고, 같은 항 제2호 중 "해양경찰청 소속 경찰공무원(이하 "해양경찰관"이라 한다)"을 "국민안전처 소속 경찰공무원"으로 한다.
제17조제1항 각 호 외의 부분, 같은 조 제2항 각 호 외의 부분, 제24조제1항 및 제28조제3호 중 "해양경찰관"을 각각 "국민안전처 소속 경찰공무원"으로 한다.
제17조제1항제2호 · 제3호, 같은 조 제2항제4호, 제24조제2항 · 제3항, 제27조제1항 · 제2항 및 제28조제4호 중 "해양경찰청장"을 각각 "국민안전처장관"으로 한다.
제19조 제목 "(중앙구조본부의 장 또는 소방방재청장이 현장지휘를 할 수 있는 수난)"을 "(중앙구조본부의 장 또는 국민안전처 중앙소방본부장이 현장지휘를 할 수 있는 수난)"

으로 하고, 같은 조 제목 외의 부분 중 "소방방재청장"을 "국민안전처 중앙소방본부장(이하 "중앙소방본부장"이라 한다)"으로 한다.
제33조제1항 중 "소방방재청장"을 "중앙소방본부장"으로 한다.
제34조제2항 전단 중 "해양경찰서(파출소 및 출장소를 포함한다)"를 "해양경비안전서(해양경비안전센터 및 출장소를 포함한다)"로 한다.
제34조제2항 후단 및 제40조 중 "해양경찰서장"을 각각 "해양경비안전서장"으로 한다.
〈30〉 수상레저안전법 시행령 일부를 다음과 같이 개정한다.
제2조제1항제16호, 제3조의3제3항, 제4조제1항・제2항, 제6조제6항, 제7조제8항, 제7조의2제1항 각 호 외의 부분, 제9조제3항・제4항, 제10조제4항, 제11조제1항제2호, 같은 조 제3항, 제12조제2항・제3항, 제14조제5항, 제23조제1항 각 호 외의 부분 본문, 같은 조 제3항・제4항, 같은 조 제5항 후단, 제24조제3항, 제26조제2항・제3항, 제27조제2항・제3항, 제31조제1항 각 호 외의 부분, 같은 조 제2항, 제32조제2항・제3항, 제33조제3항, 제34조제1항제4호, 같은 조 제3항, 제36조제2항・제3항 및 별표 1 제4호의 개인정보의 내용란 중 "해양수산부령"을 각각 "총리령"으로 한다.
제3조제1항, 제3조의3제2항・제3항, 제4조제1항・제2항, 제6조제4항 본문, 같은 조 제5항, 제7조제5항제4호, 제7조의2제1항 각 호 외의 부분, 같은 조 제2항, 제9조제2항 전단, 제10조제2항 전단, 제11조제2항・제3항, 제13조제2항, 제14조제1항, 같은 조 제2항 본문, 같은 조 제3항, 제18조제2항, 제18조의2제3항 각 호 외의 부분, 같은 항 제4호, 제26조제2항, 제31조제1항 각 호 외의 부분, 같은 조 제2항부터 제4항까지, 제34조제1항 각 호 외의 부분, 같은 조 제3항부터 제5항까지, 제37조제1항・제2항, 제39조 각 호 외의 부분, 제39조의2 각 호 외의 부분, 별표 3 제1호가목1)가)・나), 별표 7 제1호 및 별표 10의2 비고 제2호 중 "해양경찰청장"을 각각 "국민안전처장관"으로 한다.
제7조제5항제1호 중 "경찰청, 소방방재청, 해양경찰청"을 "국민안전처, 경찰청"으로 한다.
제19조제2항제4호, 제39조 각 호 외의 부분 및 같은 조 제1호 중 "지방해양경찰청장"을 각각 "지방해양경비안전본부장"으로 한다.
제39조 각 호 외의 부분, 같은 조 제2호 각 목 외의 부분, 제39조의2 각 호 외의 부분, 별표 7 제2호, 같은 표 제3호가목・다목 중 "해양경찰서장"을 각각 "해양경비안전서장"으로 한다.
별표 3 제1호가목2)나) 중 "소방관서"를 "해양경비안전관서 및 소방관서"로 한다.
별표 7 제3호나목 및 다목 중 "해양경찰관서"를 각각 "해양경비안전관서"로 한다.
〈31〉 연안사고 예방에 관한 법률 시행령 일부를 다음과 같이 개정한다.
제3조제2항 중 "해양경찰청 차장"을 "국민안전처 해양경비안전본부장"으로 한다.
제3조제3항 각 호 외의 부분, 같은 조 제6항, 제9조제3항, 제10조제3항 각 호 외의 부분,

제11조제1항 각 호 외의 부분, 같은 조 제2항 ·제3항, 제12조 각 호 외의 부분 및 제13조 각 호 외의 부분 중 "해양경찰청장"을 각각 "국민안전처장관"으로 한다.
제3조제3항제1호 중 "여성가족부, 해양수산부 및 소방방재청"을 "여성가족부 및 해양수산부"로 하고, 같은 항 제2호 중 "해양경찰청"을 "국민안전처"로 하며, 같은 조 제5항제4호를 삭제하고, 같은 조 제6항 중 "해양경찰청 소속 공무원"을 "국민안전처 소속 경찰공무원"으로 한다.
제4조제2항, 같은 조 제3항 각 호 외의 부분, 같은 조 제6항 및 제12조 각 호 외의 부분 중 "지방해양경찰청장"을 각각 "지방해양경비안전본부장"으로 한다.
제4조제3항제1호 · 제2호 및 같은 조 제5항 · 제6항 중 "지방해양경찰청"을 각각 "지방해양경비안전본부"로 한다.
제7조제4호 및 제11조제1항 각 호 외의 부분 중 "해양경찰서장"을 각각 "해양경비안전서장"으로 한다.
제8조 각 호 외의 부분 중 "해양경찰청 및 그 소속기관의 경찰공무원(이하 "해양경찰공무원"이라 한다)"을 "국민안전처 소속 경찰공무원"으로 하고, 같은 조 제1호가목 중 "해양경찰 파출소"를 "해양경비안전센터"로 하며, 같은 호 다목 중 "해양경찰청함정"을 "국민안전처함정"으로 한다.
제9조제2항 중 "해양경찰공무원"을 "국민안전처 소속 경찰공무원"으로 한다.
〈32〉 해양경비법 시행령 일부를 다음과 같이 개정한다.
제2조 각 호 외의 부분, 제3조, 제4조제4항제6호, 같은 조 제5항, 제4조의2제2호, 별표 제1호가목1)부터 3)까지 외의 부분 본문 및 같은 호 나목1)부터 3)까지 외의 부분 중 "해양경찰청장"을 각각 "국민안전처장관"으로 한다. 제4조제1항 중 "해양경찰청"을 "국민안전처"로 하고, 같은 조 제4항 각 호 외의 부분 중 "해양경찰청 경비안전국장"을 "국민안전처 해양경비안전국장"으로 하며, 같은 항 제4호 및 제5호를 각각 다음과 같이 한다.
4. 국민안전처
5. 경찰청
제4조의2제1호 중 "해양경찰청 소속 경찰공무원(이하 "해양경찰관"이라 한다)"을 "국민안전처 소속 경찰공무원"으로 한다.
제4조의3 중 "해양경찰관"을 "국민안전처 소속 경찰공무원"으로 한다.
〈33〉 해양경찰청 소속 경찰공무원 임용에 관한 규정 일부를 다음과 같이 개정한다.
제명 "해양경찰청 소속 경찰공무원 임용에 관한 규정"을 "국민안전처 소속 경찰공무원 임용에 관한 규정"으로 한다.
제1조 및 제8조제1항 중 "해양경찰청"을 각각 "국민안전처"로 한다.
제1조의2 각 호 외의 부분 본문 중 "해양경찰청 소속 경찰공무원(이하 "해양경찰공무원"

이라 한다)"을 "국민안전처 소속 경찰공무원"으로 한다.
제1조의2 각 호 외의 부분 단서, 제3조 각 호 외의 부분, 제4조제1항 본문, 제5조 각 호 외의 부분 본문, 제6조제1항 각 호 외의 부분, 제10조, 별표 2 제목, 별표 3 제목, 별표 5 제목 및 같은 표 비고 제2호 중 "해양경찰공무원"을 각각 "국민안전처 소속 경찰공무원"으로 한다.
제2조제1항 중 "해양경찰청장은 해양경찰교육원장 및 지방해양경찰청장에게"를 "국민안전처장관은 해양경비안전교육원장 및 지방해양경비안전본부장에게"로, "임용권을, 해양경찰연구소장 또는 직할해양경찰서장에게 그 소속 경찰공무원 중 경감 이하의 전보권을 각각 위임할 수 있다"를 "임용권을 위임할 수 있다"로 하고, 같은 조 제2항 중 "해양경찰청장은 해양경찰정비창장에게"를 "국민안전처장관은 해양경비안전정비창장에게"로 하며, 같은 조 제3항 중 "지방해양경찰청장은 해양경찰서장에게"를 "해양경비안전교육원장은 해양경비안전연구센터장에게, 지방해양경비안전본부장은 해양경비안전서장에게"로, "해양경찰서"를 "해양경비안전연구센터 또는 해양경비안전서"로 한다.
제2조제4항 중 "해양경찰교육원장, 지방해양경찰청장 및 해양경찰정비창장"을 "해양경비안전교육원장, 지방해양경비안전본부장 및 해양경비안전정비창장"으로 한다.
제2조제4항 · 제5항, 제5조제1호, 별표 1 인정과목란, 별표 3 비고 제1호 및 별표 5 비고 제3호 중 "해양경찰청장"을 각각 "국민안전처장관"으로 한다.
제4조제2항, 제5조 각 호 외의 부분 본문 및 별표 4 제목 중 "해양경찰간부후보생"을 각각 "국민안전처 소속 경찰간부후보생"으로 한다.
제7조제1항 각 호 외의 부분 중 "국토해양부령"을 "총리령"으로 한다.
제7조제2항제1호 · 제2호 및 제4호를 각각 다음과 같이 하고, 같은 항 제3호를 삭제한다.
1. 국민안전처(소속 기관은 제외한다) 소속 경찰공무원 및 국민안전처 소속 기관의 경감 이상의 경찰공무원의 명부: 국가안전처장관
2. 해양경비안전교육원 · 지방해양경비안전본부 또는 해양경비안전정비창 소속 경위 이하의 경찰공무원의 명부: 해양경비안전교육원장 · 지방해양경비안전본부장 또는 해양경비안전정비창장
4. 해양경비안전연구센터 또는 해양경비안전서 소속 경사 이하의 경찰공무원의 명부: 해양경비안전연구센터장 또는 해양경비안전서장

제7조제3항을 다음과 같이 한다.
③ 제2항에도 불구하고 국민안전처장관, 해양경비안전교육원장 또는 지방해양경비안전본부장이 제8조제3항에 따라 승진심사를 실시하는 경우에는 국민안전처, 해양경비안전교육원 · 해양경비안전연구센터 또는 지방해양경비안전본부 · 해양경비안전서 소속 경위 이하에의 승진대상자명부를 총평정점 순위에 따라 계급별로 통합하여 작성한다.

제8조제2항 및 제3항을 각각 다음과 같이 한다.

② 국민안전처 · 해양경비안전교육원 · 지방해양경비안전본부 또는 해양경비안전정비창 소속 경찰공무원 중 경감 이하에의 승진심사는 국민안전처 · 해양경비안전교육원 · 지방해양경비안전본부 또는 해양경비안전정비창 보통승진심사위원회에서 한다. 다만, 해양경비안전연구센터 또는 해양경비안전서 소속 경찰공무원 중 경위 이하에의 승진심사는 해양경비안전연구센터 또는 해양경비안전서의 보통승진심사위원회에서 한다.

③ 제2항 단서에도 불구하고 국민안전처장관은 승진예정 인원 등을 고려하여 부득이한 경우에는 해양경비안전연구센터 또는 해양경비안전서 소속 경찰공무원 중 경위 이하에의 승진심사를 국민안전처 · 해양경비안전교육원 또는 지방해양경비안전본부의 보통승진심사위원회에서 심사하게 할 수 있다.

제9조 중 "해양경찰청장이 소집"을 "국민안전처장관이 소집"으로, "경찰기관의 장이 해양경찰청장(해양경찰서 보통승진심사위원회 회의의 경우에는 지방해양경찰청장을 말한다)"을 "해양경비안전기관의 장이 국민안전처장관(해양경비안전서 보통승진심사위원회 회의의 경우에는 지방해양경비안전본부장을 말한다)"으로 한다.

경찰청과 그 소속기관 직제

[시행 2014.11.19.] [대통령령 제25755호, 2014.11.19., 일부개정]

행정자치부(사회조직과) 02-2100-4179
경찰청(기획조정과) 02-3150-1151

제1장 총칙

제1조(목적) 이 영은 경찰청과 그 소속기관의 조직과 직무범위 기타 필요한 사항을 규정함을 목적으로 한다.

제2조(소속기관) ① 경찰청장의 관장사무를 지원하기 위하여 경찰청장소속하에 경찰대학·경찰교육원·중앙경찰학교 및 경찰수사연수원을 둔다. 〈개정 2005.12.30., 2007.3.30., 2009.11.23.〉

② 경찰청장의 관장사무를 지원하기 위하여 「책임운영기관의 설치·운영에 관한 법률」 제4조제1항, 동법 시행령 제2조제1항 및 동법 시행령 별표 1의 규정에 의하여 경찰청장소속하에 책임운영기관으로 경찰병원을 둔다. 〈신설 1999.12.28., 2005.7.5., 2005.12.30., 2010.10.22.〉

③ 「경찰법」 제2조제2항의 규정에 의하여 지방경찰청과 경찰서를 둔다. 〈개정 2005.7.5.〉

제2장 경찰청

제3조(직무) 경찰청은 치안에 관한 사무를 관장한다.

제4조(하부조직) ① 경찰청에 생활안전국·수사국·사이버안전국·교통국·경비국·정보국·보안국 및 외사국을 둔다. 〈개정 1999.5.24., 2002.2.25., 2003.12.18., 2006.3.30., 2008.2.29., 2009.11.23., 2013.3.23., 2014.3.11.〉

② 청장밑에 대변인 1명을, 차장밑에 기획조정관·경무인사기획관·감사관 및 정보화장비정책관 각 1명을 둔다. 〈개정 1999.5.24., 2001.12.27., 2005.4.15., 2006.3.30., 2007.3.30., 2008.2.29., 2009.11.23., 2013.3.23.〉

③ 삭제 〈2008.2.29.〉

제5조(대변인) ① 대변인은 경무관으로 보한다. 〈개정 2005.4.15., 2008.2.29.〉

② 대변인은 다음 사항에 관하여 청장을 보좌한다. 〈개정 2005.4.15., 2007.8.22., 2008.2.29., 2011.10.10.〉

1. 주요정책에 관한 대국민 홍보계획의 수립·조정 및 협의·지원
2. 언론보도 내용에 대한 확인 및 정정보도 등에 관한 사항
3. 온라인대변인 지정·운영 등 소셜 미디어 정책소통 총괄·점검 및 평가
4. 청내 업무의 대외 정책발표사항 관리 및 브리핑 지원에 관한 사항
5. 전자브리핑 운영 및 지원에 관한 사항

[제목개정 2008.2.29.]

제5조의2(기획조정관) ① 기획조정관은 치안감으로 보한다. 〈개정 2010.10.22.〉

② 기획조정관은 다음 사항에 관하여 차장을 보좌한다. 〈개정 2010.5.31., 2013.11.5.〉

1. 행정제도, 업무처리절차 및 조직문화의 개선 등 경찰행정 개선업무의 총괄·지원
2. 조직진단 및 평가를 통한 조직과 정원(전투경찰순경은 제외한다)의 관리
3. 정부3.0 관련 과제 발굴·선정, 추진상황 확인·점검 및 관리
4. 주요사업의 진도파악 및 그 결과의 심사평가
5. 주요정책 및 주요업무계획의 수립·종합 및 조정
6. 삭제 〈2010.5.31.〉
7. 경찰위원회의 간사업무에 관한 사항
8. 예산의 편성과 조정 및 결산에 관한 사항
9. 국유재산관리계획의 수립 및 집행
10. 경찰 관련 규제심사 및 규제개선에 관한 사항
11. 법령안의 심사 및 법규집의 편찬·발간
12. 법령질의·회신의 총괄
13. 행정심판업무와 소송사무의 총괄

[본조신설 2009.11.23.]

제5조의3(경무인사기획관) ① 경무인사기획관은 치안감 또는 경무관으로 보한다.

② 경무인사기획관은 다음 사항에 관하여 차장을 보좌한다.

1. 보안 및 관인·관인대장의 관리에 관한 사항
2. 소속 공무원의 복무에 관한 사항
3. 사무관리의 처리·지도 및 제도의 연구·개선
4. 기록물의 분류·수발·통제·편찬 및 기록관 운영과 관련된 기록물의 수집·이관·보존·평가·활용 등에 관한 사항
5. 정보공개 업무

6. 예산의 집행 및 회계 관리
7. 청사의 방호·유지·보수 및 청사관리업체의 지도·감독
8. 경찰박물관의 운영
9. 소속 공무원의 임용·상훈 및 그 밖의 인사 업무
10. 경찰청 소속 공무원단체에 관한 사항
11. 경찰공무원의 채용·승진시험과 교육훈련의 관리
12. 경찰교육기관의 운영에 관한 감독
13. 소속 공무원의 복지제도 기획 및 운영에 관한 사항
14. 그 밖에 청내 다른 국 또는 담당관의 주관에 속하지 아니하는 사항

[본조신설 2013.3.23.]

제6조(감사관) ① 감사관은 고위공무원단에 속하는 일반직공무원 또는 경무관으로 보한다. 〈개정 2010.6.30.〉

② 감사관은 다음 사항에 관하여 차장을 보좌한다. 〈개정 2003.12.18., 2010.10.22.〉

1. 경찰청과 그 소속기관 및 산하단체에 대한 감사
2. 다른 기관에 의한 경찰청과 그 소속기관 및 산하단체에 대한 감사결과의 처리
3. 사정업무
4. 경찰기관공무원(전투경찰순경을 포함한다)에 대한 진정 및 비위사항의 조사·처리
5. 민원업무의 운영 및 지도
6. 경찰 직무수행 과정상의 인권보호 및 개선에 관한 사항
7. 경찰 수사 과정상의 범죄피해자 보호 및 지원에 관한 사항
8. 기타 청장이 감사에 관하여 지시한 사항의 처리

[제7조에서 이동, 종전 제6조는 삭제〈1999.5.24.〉]

제7조(정보화장비정책관) ① 정보화장비정책관은 고위공무원단에 속하는 일반직공무원 또는 경무관으로 보한다. 〈개정 2009.11.23., 2012.6.19., 2013.3.23.〉

② 정보화장비정책관은 다음 사항에 관하여 차장을 보좌한다. 〈개정 1999.5.24., 2000.9.29., 2013.3.23.〉

1. 정보통신업무의 계획수립 및 추진
2. 정보화업무의 종합관리 및 개발·운영
3. 정보통신시설·장비의 운영 및 관리
4. 정보통신보안에 관한 업무
5. 정보통신교육계획의 수립 및 시행
6. 경찰장비의 운영 및 발전에 관한 사항
7. 경찰복제에 관한 계획의 수립 및 연구

[제목개정 2013.3.23.]

[제8조에서 이동, 종전 제7조는 제6조로 이동〈1999.5.24.〉]

제8조 삭제 〈2006.3.30.〉

제8조의2 삭제 〈2013.3.23.〉

제8조의3 삭제 〈2009.11.23.〉

제9조 삭제 〈2009.11.23.〉

제10조 삭제 〈2013.3.23.〉

제11조(생활안전국) ① 국장은 치안감 또는 경무관으로 보한다.

② 국장은 다음 사항을 분장한다. 〈개정 2000.9.29., 2002.2.25., 2004.12.31., 2005.7.5., 2005.11.9., 2006.3.30., 2010.10.22., 2012.6.19., 2013.11.5.〉

1. 범죄예방에 관한 연구 및 계획의 수립
2. 경비업에 관한 연구 및 지도
3. 삭제 〈1999.5.24.〉
4. 112신고제도 기획·운영 및 112종합상황실 운영 총괄
5. 지구대·파출소 외근업무의 기획
6. 풍속·성매매 사범에 관한 지도 및 단속
7. 총포·도검·화약류등의 지도·단속
8. 즉결심판청구업무의 지도
9. 각종 안전사고의 예방에 관한 사항
10. 소년비행방지에 관한 업무
11. 소년범죄의 수사지도
12. 여성·소년에 대한 범죄의 예방에 관한 업무
13. 가출인 및 실종아동등(「실종아동등의 보호 및 지원에 관한 법률」 제2조제2호에 따른 실종아동등을 말한다. 이하 같다)과 관련된 업무의 총괄

13의2. 가정폭력 및 아동학대의 예방 및 피해자 보호에 관한 업무

14. 성폭력 범죄의 수사, 성폭력·성매매의 예방 및 피해자 보호에 관한 업무
15. 실종아동 등 찾기에 관한 업무

[제목개정 2003.12.18.]

제12조(수사국) ① 국장은 치안감 또는 경무관으로 보한다.

② 국장은 다음 사항을 분장한다. 〈개정 2000.9.29., 2006.10.31.〉

1. 경찰수사업무에 관한 기획·지도·조정 및 통제
2. 범죄통계 및 수사자료의 분석
3. 범죄수사의 지도 및 조정

4. 과학수사기법에 관한 기획 및 지도
5. 범죄의 수사에 관한 사항
6. 범죄감식 및 범죄기록의 수집·관리
7. 삭제 〈2010.10.22.〉
8. 삭제 〈2010.10.22.〉
[제목개정 1999.5.24.]

제12조의2(사이버안전국) ① 국장은 치안감 또는 경무관으로 보한다.
② 국장은 다음 사항을 분장한다.
1. 사이버공간에서의 범죄(이하 "사이버범죄"라 한다) 정보의 수집·분석
2. 사이버범죄 신고·상담
3. 사이버범죄 수사에 관한 사항
4. 사이버범죄 예방에 관한 사항
5. 사이버범죄 관련 국제경찰기구 등과의 협력
6. 전자적 증거분석 및 분석기법 연구·개발에 관한 사항
[본조신설 2014.3.11.]
[종전 제12조의2는 제12조의3으로 이동 〈2014.3.11.〉]

제12조의3(교통국) ① 국장은 치안감 또는 경무관으로 보한다.
② 국장은 다음 사항을 분장한다.
1. 도로교통에 관련되는 종합기획 및 심사분석
2. 도로교통에 관련되는 법령의 정비 및 행정제도의 연구
3. 교통경찰공무원에 대한 교육 및 지도
4. 도로교통시설의 관리
5. 자동차운전면허의 관리
6. 도로교통사고의 예방을 위한 홍보·지도 및 단속
7. 도로교통사고조사의 지도
8. 고속도로순찰대의 운영 및 지도
[본조신설 2013.3.23.]
[제12조의2에서 이동 〈2014.3.11.〉]

제13조(경비국) ① 국장은 치안감 또는 경무관으로 보한다. 〈개정 2001.12.27.〉
② 삭제 〈2001.12.27.〉
③ 국장은 다음 사항을 분장한다. 〈개정 2001.12.27., 2005.7.5., 2013.3.23.〉
1. 경비에 관한 계획의 수립 및 지도
2. 경찰부대의 운영·지도 및 감독

3. 청원경찰의 운영 및 지도
4. 민방위업무의 협조에 관한 사항
5. 안전관리 · 재난상황 및 위기상황 관리기관과의 연계체계 구축 · 운영
6. 경찰작전 · 경찰전시훈련 및 비상계획에 관한 계획의 수립 · 지도
7. 중요시설의 방호 및 지도
8. 향토예비군의 무기 및 탄약 관리의 지도
9. 대테러 예방 및 진압대책의 수립 · 지도
10. 전투경찰순경의 복무 및 교육훈련
11. 전투경찰순경의 인사 및 정원의 관리
12. 경호 및 요인보호계획의 수립 · 지도
13. 경찰항공기의 관리 · 운영 및 항공요원의 교육훈련
14. 경찰업무수행과 관련된 항공지원업무
15. 삭제 〈2001.12.27.〉
16. 삭제 〈2001.12.27.〉
17. 삭제 〈2001.12.27.〉
18. 삭제 〈2001.12.27.〉
19. 삭제 〈2001.12.27.〉

④ 삭제 〈2001.12.27.〉

[제목개정 2001.12.27.]

제14조(정보국) ① 정보국에 국장 1인을 두고, 국장밑에 정보심의관을 둔다. 〈개정 2010.10.22.〉

② 국장은 치안감 또는 경무관으로, 정보심의관은 경무관으로 보한다. 〈개정 2010.10.22.〉

③ 국장은 다음 사항을 분장한다. 〈개정 1999.12.28.〉

1. 치안정보업무에 관한 기획 · 지도 및 조정
2. 정치 · 경제 · 노동 · 사회 · 학원 · 종교 · 문화 등 제분야에 관한 치안정보의 수집 · 종합 · 분석 · 작성 및 배포
3. 정책정보의 수집 · 종합 · 분석 · 작성 및 배포
4. 집회 · 시위등 집단사태의 관리에 관한 지도 및 조정
5. 신원조사 및 기록관리

④ 정보심의관은 기획정보업무의 조정에 관하여 국장을 보좌한다. 〈개정 2010.10.22.〉

제15조(보안국) ① 국장은 치안감 또는 경무관으로 보한다.

② 국장은 다음 사항을 분장한다. 〈개정 1999.5.24.〉

1. 보안경찰업무에 관한 기획 및 교육
2. 보안관찰에 관한 업무지도

3. 북한이탈 주민관리 및 경호안전대책 업무
4. 간첩등 보안사범에 대한 수사의 지도·조정
5. 보안관련 정보의 수집 및 분석
6. 남북교류와 관련되는 보안경찰업무
7. 간첩등 중요방첩수사에 관한 업무
8. 중요좌익사범의 수사에 관한 업무

제15조의2(외사국) ① 국장은 치안감 또는 경무관으로 보한다.
② 국장은 다음 사항을 분장한다.
1. 외사경찰업무에 관한 기획·지도 및 조정
2. 재외국민 및 외국인에 관련된 신원조사
3. 외국경찰기관과의 교류·협력
4. 국제형사경찰기구에 관련되는 업무
5. 외사정보의 수집·분석 및 관리
6. 외국인 또는 외국인과 관련된 간첩의 검거 및 범죄의 수사지도
7. 외사보안업무의 지도·조정
8. 국제공항 및 국제해항의 보안활동에 관한 계획 및 지도
[본조신설 2006.3.30.]

제16조(위임규정) 「행정기관의 조직과 정원에 관한 통칙」 제12조제3항 및 제14조제4항의 규정에 의하여 경찰청에 두는 보조기관 또는 보좌기관은 경찰청에 두는 정원의 범위안에서 행정자치부령으로 정한다. 〈개정 2006.12.29., 2008.2.29., 2013.5.6., 2014.11.19.〉
[전문개정 2005.4.15.]

제3장 경찰대학

제17조(직무) 경찰대학(이하 이 장에서 "대학"이라 한다)은 국가치안부문에 종사할 경찰간부가 될 자에게 학술을 연마하고 심신을 단련시키기 위한 교육훈련과 치안에 관한 이론 및 정책연구에 관한 사무를 관장한다.

제18조(학장) ① 대학에 학장 1인을 두되, 학장은 치안정감으로 보한다.
② 학장은 경찰청장의 명을 받아 대학의 사무를 통할하고, 소속공무원을 지휘·감독한다.

제19조(하부조직) 대학에 교수부 및 학생지도부를 두며, 「행정기관의 조직과 정원에 관한 통칙」 제19조제3항의 규정에 의하여 대학에 두는 보조기관 또는 보좌기관은 경찰청의 소속기관(경찰병원은 제외한다)에 두는 정원의 범위안에서 행정자치부령으로 정한다. 〈개

정 2006.12.29., 2008.2.29., 2010.10.22., 2013.5.6., 2014.11.19.〉

[전문개정 2005.4.15.]

제20조(교수부) ① 교수부에 부장 1인을 두되, 부장은 경무관으로 보한다.

② 부장은 다음 사항을 분장한다.

1. 교육계획의 수립과 교육의 실시
2. 학생의 모집·등록 및 입학과 교과과정의 편성
3. 학생의 학점·성적평가·학위 및 학적관리
4. 교재의 편찬과 교육기재의 관리
5. 학칙 및 교육운영위원회에 관한 사항
6. 기타 학사지원업무에 관한 사항

제21조(학생지도부) ① 학생지도부에 부장 1인을 두되, 부장은 경무관으로 보한다.

② 부장은 다음 사항을 분장한다.

1. 학생의 학교내외 생활 및 훈련지도
2. 학생의 상훈 및 징계등 신분에 관한 사항
3. 학생의 급여품 및 대여품의 검수 및 관리
4. 학생의 급식 및 세탁등 후생업무

제22조 삭제 〈2007.3.30.〉

제23조(치안정책연구소) ①「경찰대학설치법」 제12조의 규정에 의하여 대학에 치안정책연구소를 부설한다. 〈개정 2005.7.5., 2007.3.30.〉

② 치안정책연구소에 소장 1인 및 연구관 2인을 두되, 소장은 고위공무원단에 속하는 일반직공무원 또는 경무관으로 보하고, 연구관 2인은 고위공무원단에 속하는 일반직공무원으로 보한다. 〈개정 2006.6.30., 2009.11.23., 2013.12.11.〉

③ 치안정책연구소는 다음 사항을 분장한다. 〈개정 2005.7.5.〉

1. 치안에 관한 이론 및 정책의 연구
2. 치안에 관련되는 국내외 연구기관과의 협조 및 교류
3. 치안에 관한 국내외 자료의 조사·정리 및 출판물의 간행

3의2. 통일과 관련한 치안분야의 연구

3의3. 국가안전보장과 관련된 연구

4. 기타 치안에 관한 교육에 관련되는 학술 및 정책의 연구

④ 소장은 연구소의 사무를 통할하고, 소속공무원을 지휘·감독한다.

⑤ 치안정책연구소의 하부조직·운영 기타 필요한 사항은 학칙으로 정한다. 〈개정 2005.7.5.〉

[제목개정 2005.7.5.]

제24조 삭제 〈2005.7.5.〉

第25條(도서관) ① 대학에 도서관을 둔다.

② 도서관에 도서관장 1인을 두되, 도서관장은 교수·부교수·조교수 또는 5급 중에서 학장이 임명하되, 교수·부교수·조교수는 겸보 할 수 있다. 〈개정 2005.4.15.〉

③ 도서관은 국내외의 도서·기록물·시청각자료등의 수집·보존·분류 및 열람에 관한 사항을 분장한다.

④ 도서관장은 학장의 명을 받아 시설의 설치·유지 및 관리에 관한 사무를 관장하고, 소속공무원을 지휘·감독한다.

第26條 삭제 〈2008.8.7.〉

제4장 경찰교육훈련기관

第27條(직무) ① 경찰교육원은 경찰공무원 및 경찰간부후보생에 대한 교육훈련을 관장한다. 〈개정 2009.11.23.〉

② 중앙경찰학교는 경찰공무원(전투경찰순경을 포함한다)으로 임용될 자(경찰간부후보생을 제외한다)에 대한 교육훈련을 관장한다.

③ 경찰수사연수원은 수사업무에 종사하는 경찰공무원에 대한 전문연수에 관한 사항을 분장한다. 〈신설 2007.3.30.〉

第28條(원장 및 교장) ① 경찰교육원에 원장 1명을 두되, 원장은 치안감으로 보하고, 중앙경찰학교에 교장 1명을 두되, 교장은 치안감으로 보하며, 경찰수사연수원에 원장 1명을 두되, 원장은 경무관으로 보한다. 〈개정 2009.11.23.〉

② 각 원장 및 교장은 경찰청장의 명을 받아 교육원·학교·연수원의 사무를 통할하고, 소속공무원을 지휘·감독한다. 〈개정 2007.3.30., 2009.11.23.〉

[제목개정 2009.11.23.]

第29條(하부조직) 「행정기관의 조직과 정원에 관한 통칙」 제19조제3항에 따라 경찰교육원·중앙경찰학교 및 경찰수사연수원에 두는 보조기관 또는 보좌기관은 경찰청의 소속기관(경찰병원은 제외한다)에 두는 정원의 범위안에서 행정자치부령으로 정한다. 〈개정 2006.12.29., 2007.3.30., 2008.2.29., 2009.11.23., 2010.10.22., 2013.5.6., 2014.11.19.〉

[전문개정 2005.4.15.]

第30條 삭제 〈1998.12.31.〉

제5장 경찰병원

제31조(직무) 경찰병원은 경찰업무를 행하는 기관에 근무하는 공무원 및 그 가족과 경찰교육기관에서 교육을 받고 있는 자와 전투경찰순경의 질병진료에 관한 사무를 관장한다.

제32조 삭제 〈2005.12.30.〉

제33조(하부조직의 설치 등) ① 경찰병원의 하부조직의 설치와 분장사무는 「책임운영기관의 설치・운영에 관한 법률」 제15조제2항의 규정에 의하여 동법 제10조의 규정에 의한 기본운영규정으로 정한다.

② 「책임운영기관의 설치・운영에 관한 법률」 제16조제1항 후단에 따라 경찰병원에 두는 공무원의 종류별・계급별 정원은 이를 종류별 정원으로 통합하여 행정자치부령으로 정하고, 직급별 정원은 같은 법 제16조제2항에 따라 같은 법 제10조에 따른 기본운영규정으로 정한다. 〈개정 2008.2.29., 2009.3.31., 2013.5.6., 2014.11.19.〉

③ 경찰병원에 두는 고위공무원단에 속하는 공무원으로 보하는 직위의 총수는 행정자치부령으로 정한다. 〈신설 2006.6.30., 2008.2.29., 2013.5.6., 2014.11.19.〉

[전문개정 2005.12.30.]

제34조 삭제 〈2005.12.30.〉

제35조 삭제 〈2005.12.30.〉

제36조 삭제 〈2005.12.30.〉

제37조(일반환자의 진료) 경찰병원은 그 업무에 지장이 없는 범위안에서 일반민간환자에 대한 진료를 할 수 있다.

제5장의2 삭제 〈2010.10.22.〉

제37조의2 삭제 〈2010.10.22.〉

제37조의3 삭제 〈2010.10.22.〉

제6장 지방경찰관서

제1절 총칙

제38조(직무) 지방경찰청은 지방에서의 치안에 관한 사무를 수행한다.

제39조(명칭 등) 지방경찰청의 명칭 및 위치는 별표 1과 같고, 그 관할구역은 행정자치부령으로 정한다. 〈개정 2008.2.29., 2013.5.6., 2014.11.19.〉

제40조(지방경찰청장) ① 지방경찰청에 청장 1인을 둔다.

② 지방경찰청장은 경찰청장의 명을 받아 소관사무를 통할하고, 소속공무원을 지휘·감독한다.

③ 서울특별시·부산광역시·인천광역시 및 경기도 지방경찰청장은 치안정감으로, 그 밖의 지방경찰청장은 치안감으로 보한다. 〈개정 2006.10.31., 2012.1.25., 2014.11.4.〉

제41조(지방경찰청 차장) ① 지방경찰청장을 보조하기 위하여 서울특별시·강원도·충청북도·충청남도·전라북도 및 경상북도의 지방경찰청에 차장 각 1명을 두고, 경기도의 지방경찰청에 차장 2명을 둔다. 〈개정 1999.5.24., 2004.12.31., 2007.6.28., 2008.10.15., 2012.1.25., 2013.11.5., 2014.11.4.〉

② 서울특별시지방경찰청 및 경기도지방경찰청의 차장은 치안감으로, 그 외의 지방경찰청 차장은 경무관으로 보한다. 〈개정 2004.12.31.〉

제42조(직할대) ① 지방경찰청장은 행정자치부령이 정하는 범위내에서 차장(지방경찰청에 복수차장을 두는 경우에는 제1차장, 차장을 두지 아니하는 경우에는 지방경찰청장)밑에 직할대를 둘 수 있다. 〈개정 2008.2.29., 2008.10.15., 2013.5.6., 2014.11.19.〉

② 직할대의 장은 특정한 경찰사무에 관하여 지방경찰청장 또는 지방경찰청 차장(복수차장을 두는 경우에는 제1차장)을 보좌한다. 〈개정 2008.10.15.〉

제43조(경찰서) ① 지방경찰청장의 소관사무를 분장하기 위하여 지방경찰청장소속하에 250개 경찰서의 범위안에서 경찰서를 두되, 경찰서의 명칭은 별표 2와 같고, 경찰서의 하부조직, 위치·관할구역 기타 필요한 사항은 행정자치부령으로 정한다. 〈개정 1999.5.24., 1999.12.28., 2000.12.20., 2001.12.27., 2003.12.18., 2005.11.9., 2007.3.30., 2007.6.28., 2007.11.30., 2008.2.29., 2008.4.3., 2008.8.7., 2009.3.18., 2010.5.31., 2010.10.22., 2011.5.4., 2012.11.20., 2013.5.6., 2014.11.19.〉

② 「경찰법」 제17조제1항에 따라 경찰서장은 경무관, 총경 또는 경정으로 보하되, 경찰서장을 경무관으로 보하는 경찰서는 별표 2의2와 같다. 〈신설 2012.11.20.〉

제44조(지구대 등) ① 지방경찰청장은 경찰서장의 소관사무를 분장하기 위하여 행정자치

부령이 정하는 바에 따라 경찰청장의 승인을 얻어 지구대 또는 파출소를 둘 수 있다. 〈개정 1999.5.24., 2004.12.31., 2008.2.29., 2013.5.6., 2014.11.19.〉

② 지방경찰청장은 임시로 필요한 때에는 출장소를 둘 수 있다.

③ 지구대·파출소 및 출장소의 명칭·위치 및 관할구역과 기타 필요한 사항은 지방경찰청장이 정한다. 〈개정 1999.5.24., 2004.12.31.〉

[제목개정 2004.12.31.]

제2절 서울특별시지방경찰청

第45조(하부조직) ① 서울지방경찰청에 경무부·생활안전부·수사부·교통지도부·경비부·정보관리부 및 보안부를 두며, 「행정기관의 조직과 정원에 관한 통칙」 제18조제5항의 규정에 의하여 서울지방경찰청에 두는 보조기관 또는 보좌기관은 경찰청의 소속기관(경찰병원은 제외한다)에 두는 정원의 범위안에서 행정자치부령으로 정한다. 〈개정 2005.4.15., 2006.12.29., 2008.2.29., 2010.10.22., 2013.5.6., 2014.11.19.〉

② 제42조의 규정에 의하여 서울지방경찰청에 두는 직할대중 101경비단장 및 기동단장은 경무관으로 보한다.

第46조(경무부) ① 경무부에 부장 1인을 두되, 부장은 경무관으로 보한다.

② 부장은 다음 사항을 분장한다. 〈개정 1999.5.24., 2009.11.23.〉

1. 보안
2. 관인 및 관인대장의 관수
3. 기록물의 분류·수발·통제·편찬 및 기록관 운영과 관련된 기록물의 수집·이관·보존·평가·활용 등에 관한 사항
4. 소속공무원의 복무·보수·원호 및 사기진작
5. 예산의 집행·회계·결산 및 국유재산관리
6. 삭제 〈2003.12.18.〉
7. 소속기관의 조직 및 정원의 관리(전투경찰순경을 제외한다)
8. 치안행정협의회에 관한 사항
9. 법제업무
10. 경찰장비의 발전 및 운영에 관한 계획의 수립·조정
11. 경찰장비 운영·보급 및 지도
12. 소속공무원의 임용·교육훈련·상훈 기타 인사업무
13. 정보화시설 및 통신시설·장비의 운영

14. 행정정보화 및 사무자동화에 관한 사항
15. 통신보안에 관한 사항
16. 기타 청내 다른 부 또는 담당관 및 직할대의 주관에 속하지 아니하는 사항

제47조(생활안전부) ① 생활안전부에 부장 1인을 두되, 부장은 경무관으로 보한다. 〈개정 2003.12.18.〉

② 부장은 다음 사항을 분장한다. 〈개정 2000.9.29., 2002.2.25., 2004.12.31., 2005.7.5., 2005.11.9., 2006.3.30., 2010.10.22., 2012.6.19., 2013.11.5.〉

1. 범죄예방에 관한 연구 및 계획의 수립
2. 경비업에 관한 지도 및 감독
3. 삭제 〈1999.5.24.〉
4. 112신고제도 및 112종합상황실의 운영·관리
5. 지구대·파출소 외근업무의 기획
6. 풍속·성매매 사범에 관한 지도 및 단속
7. 총포·도검·화약류등의 지도 및 단속
8. 즉결심판청구업무의 지도
9. 각종 안전사고의 예방에 관한 사항
10. 소년비행방지에 관한 업무
11. 소년범죄의 수사 및 지도
12. 여성·소년에 대한 범죄의 예방에 관한 업무
13. 가출인 및 실종아동등과 관련된 업무의 총괄
14. 가정폭력 및 아동학대의 예방 및 피해자 보호에 관한 업무
15. 성폭력 범죄의 수사, 성폭력·성매매의 예방 및 피해자 보호에 관한 업무

[제목개정 2003.12.18.]

제48조(수사부) ① 수사부에 부장 1인을 두되, 부장은 경무관으로 보한다. 〈개정 1999.5.24.〉

② 부장은 다음 사항을 분장한다. 〈개정 1999.12.28., 2006.10.31.〉

1. 범죄수사의 지도
2. 수사에 관한 민원의 처리
3. 유치장 관리의 지도 및 감독
4. 범죄수법의 조사·연구 및 공조
5. 범죄의 수사에 관한 사항
6. 범죄감식 및 감식자료의 수집·관리
7. 광역수사대 운영에 관한 사항

[제목개정 1999.5.24.]

第49조(교통지도부) ① 교통지도부에 부장 1인을 두되, 부장은 경무관으로 보한다.

② 부장은 다음 사항을 분장한다. 〈개정 1999.12.28., 2002.2.25.〉

1. 교통안전과 소통에 관한 계획의 수립 및 지도·단속
2. 교통안전을 위한 민간협력조직의 운영에 관한 지도
3. 교통시설에 관한 계획의 수립 및 지도·단속
4. 자동차운전면허관련 행정처분, 행정심판, 행정소송 및 자동차운전전문학원(일반학원을 포함한다)의 지도·감독
5. 도로교통사고조사의 지도

第50조(경비부) ① 경비부에 부장 1인을 두되, 부장은 경무관으로 보한다.

② 부장은 다음 사항을 분장한다.

1. 경비에 관한 계획의 수립 및 지도
2. 경찰부대의 운영에 관한 지도 및 감독
3. 민방위업무의 협조에 관한 사항
4. 청원경찰의 운영 및 지도
5. 경호경비에 관한 사항
6. 경찰작전과 비상계획의 수립 및 집행
7. 전투경찰순경의 복무·교육훈련
8. 전투경찰순경의 인사관리 및 정원의 관리
9. 중요시설의 방호 및 지도
10. 삭제 〈2012.6.19.〉

第51조(정보관리부) ① 정보관리부에 부장 1인을 두되, 부장은 경무관으로 보한다.

② 부장은 다음 사항을 분장한다. 〈개정 1999.12.28.〉

1. 정치·경제·노동·사회·학원·종교·문화 등 제분야에 관한 치안정보의 수집·종합·분석·작성 및 배포
2. 신원조사에 관한 사항
3. 정책정보의 수집·종합·분석·작성 및 배포

第52조(보안부) ① 보안부에 부장 1인을 두되, 부장은 경무관으로 보한다.

② 부장은 다음 사항을 분장한다. 〈개정 2007.11.30., 2010.10.22.〉

1. 방첩계몽 및 관련단체와의 협조
2. 간첩등 보안사범에 대한 수사 및 그에 대한 지도·조정
3. 보안 관련 정보의 수집·분석 및 관리

3의2. 외사경찰업무에 관한 기획·지도 및 외국경찰기관과의 교류·협력

4. 외사정보의 수집·분석 및 외사보안업무의 계획·지도

5. 외국인 또는 외국인과 관련된 범죄의 수사 및 지도
6. 삭제 〈2007.11.30.〉

제2절의2 부산광역시 및 인천광역시의 지방경찰청 〈개정 2014.11.4.〉

제52조의2(하부조직) 부산광역시 및 인천광역시의 지방경찰청에 제1부·제2부·제3부를 두며, 「행정기관의 조직과 정원에 관한 통칙」 제18조제5항에 따라 준용되는 「행정기관의 조직과 정원에 관한 통칙」 제12조제3항 및 제14조제4항에 따라 부산광역시 및 인천광역시의 지방경찰청에 두는 보조기관 또는 보좌기관은 경찰청의 소속기관(경찰병원은 제외한다)에 두는 정원의 범위에서 행정자치부령으로 정한다. 〈개정 2013.5.6., 2014.11.4., 2014.11.19.〉

[본조신설 2012.1.25.]

제52조의3(제1부) ① 제1부에 부장 1명을 두며, 부장은 경무관으로 보한다.

② 부장은 제46조제2항·제49조제2항 및 제50조제2항에 규정된 사항을 분장한다.

[본조신설 2012.1.25.]

제52조의4(제2부) ① 제2부에 부장 1명을 두며, 부장은 경무관으로 보한다.

② 부장은 제47조제2항 및 제48조제2항에 규정된 사항을 분장한다.

[본조신설 2012.1.25.]

제52조의5(제3부) ① 제3부에 부장 1명을 두며, 부장은 경무관으로 보한다.

② 부장은 제51조제2항 및 제52조제2항에 규정된 사항을 분장한다.

[본조신설 2012.1.25.]

제2절의3 대구광역시·광주광역시·대전광역시·울산광역시·전라남도 및 경상남도의 지방경찰청 〈개정 2014.11.4.〉

제52조의6(하부조직) 대구광역시·광주광역시·대전광역시·울산광역시·전라남도 및 경상남도의 지방경찰청에 제1부 및 제2부를 두고, 「행정기관의 조직과 정원에 관한 통칙」 제18조제5항에 따라 준용되는 「행정기관의 조직과 정원에 관한 통칙」 제12조제3항 및 제14조제4항에 따라 대구광역시·광주광역시·대전광역시·울산광역시·전라남도 및 경상남도의 지방경찰청에 두는 보조기관 또는 보좌기관은 경찰청의 소속기관(경찰병원은 제외한다)에 두는 정원의 범위에서 행정자치부령으로 정한다. 〈개정 2014.11.4., 2014.11.19.〉

[본조신설 2013.11.5.]

제52조의7(제1부) ① 제1부에 부장 1명을 두며, 부장은 경무관으로 보한다.

② 부장은 제46조제2항·제51조제2항 및 제52조제2항에 규정된 사항을 분장한다.

[본조신설 2013.11.5.]

제52조의8(제2부) ① 제2부에 부장 1명을 두며, 부장은 경무관으로 보한다.

② 부장은 제47조제2항·제48조제2항·제49조제2항 및 제50조제2항에 규정된 사항을 분장한다.

[본조신설 2013.11.5.]

제3절 경기도지방경찰청

제53조(하부조직) 경기도지방경찰청의 제1차장 밑에 제1부·제2부·제3부를 두고, 제2차장 밑에 과단위 보조기관을 두며, 「행정기관의 조직과 정원에 관한 통칙」 제18조제5항의 규정에 의하여 경기지방경찰청에 두는 보조기관 또는 보좌기관은 경찰청의 소속기관(경찰병원은 제외한다)에 두는 정원의 범위안에서 행정자치부령으로 정한다. 〈개정 2006.12.29., 2008.2.29., 2008.10.15., 2010.10.22., 2013.5.6., 2014.11.19.〉

[전문개정 2005.4.15.]

제53조의2(복수차장의 운영) ① 경기도지방경찰청에 두는 차장은 제1차장 및 제2차장으로 하며, 경기도지방경찰청장이 부득이한 사유로 그 직무를 수행할 수 없는 때에는 제1차장, 제2차장의 순으로 그 직무를 대행한다.

② 제1차장은 행정자치부령으로 정하는 경기북부지역 외의 지역에 대하여 제46조제2항, 제47조제2항, 제48조제2항, 제49조제2항, 제50조제2항, 제51조제2항 및 제52조제2항의 사무에 관하여 경기도지방경찰청장을 보조하고, 제46조제2항제5호부터 제10호까지의 사무는 행정자치부령으로 정하는 경기북부지역에 대하여도 제1차장이 경기도지방경찰청장을 보조한다. 〈개정 2013.5.6., 2014.11.19.〉

③ 제2차장은 행정자치부령으로 정하는 경기도 북부지역에 대하여 제46조제2항(제5호부터 제10호까지의 사무는 제외한다), 제47조제2항, 제48조제2항, 제49조제2항, 제50조제2항, 제51조제2항 및 제52조제2항의 사무에 관하여 경기도지방경찰청장을 보조한다. 〈개정 2013.5.6., 2014.11.19.〉

④ 경기도지방경찰청장은 새로운 업무의 발생, 업무량의 증감 등에 효율적으로 대처하기 위하여 일시적으로 각 차장이 담당하는 사무의 일부를 조정하여 수행하게 할 수 있다.

[본조신설 2008.10.15.]

第54條(제1부) ① 제1부에 부장 1인을 두되, 부장은 경무관으로 보한다.

② 부장은 제46조제2항 · 제49조제2항 및 제50조제2항에 규정된 사항을 분장한다. 〈개정 2004.12.31., 2008.10.15.〉

第55條(제2부) ① 제2부에 부장 1인을 두되, 부장은 경무관으로 보한다.

② 부장은 제47조제2항 및 제48조제2항에 규정된 사항을 분장한다. 〈개정 2004.12.31., 2008.10.15.〉

第56條(제3부) ①제3부에 부장 1인을 두되, 부장은 경무관으로 보한다.

②부장은 제51조제2항 및 제52조제2항에 규정된 사항을 분장한다.

第56條의2 삭제 〈2008.10.15.〉

제4절 기타 지방경찰청

第57條(하부조직) 「행정기관의 조직과 정원에 관한 통칙」 제18조제5항의 규정에 의하여 그 밖의 지방경찰청에 두는 보조기관 또는 보좌기관은 경찰청의 소속기관(경찰병원은 제외한다)에 두는 정원의 범위안에서 행정자치부령으로 정한다. 〈개정 2006.12.29., 2008.2.29., 2010.10.22., 2013.5.6., 2014.11.19.〉

[전문개정 2005.4.15.]

제7장 공무원의 정원

第58條(경찰청에 두는 공무원의 정원) ① 경찰청에 두는 공무원의 정원은 별표 3과 같다. 다만, 필요한 경우에는 별표 3에 따른 총정원의 3퍼센트를 넘지 아니하는 범위 안에서 행정자치부령으로 정원을 따로 정할 수 있다. 〈개정 1999.5.24., 2006.12.29., 2008.2.29., 2013.5.6., 2014.11.19.〉

② 경찰청에 두는 공무원의 직급별 정원은 행정자치부령으로 정하되, 총경의 정원은 41명을, 4급 공무원의 정원은 2인을 각각 그 상한으로 하고, 4급 또는 5급 공무원의 정원은 5급 공무원 정원(4급 또는 5급 공무원의 정원을 포함한다)의 3분의 1을 그 상한으로 한다. 〈개정 2006.12.29., 2008.2.29., 2010.10.22., 2013.5.6., 2013.11.5., 2014.3.11., 2014.11.19.〉

③ 삭제 〈2009.5.29.〉

第59條(소속기관에 두는 공무원의 정원) ① 경찰청의 소속기관(경찰병원은 제외한다)에 두는 공무원의 정원은 별표 4와 같다. 다만, 필요한 경우에는 별표 4에 따른 총정원의 3퍼센트를 넘지 아니하는 범위 안에서 행정자치부령으로 정원을 따로 정할 수 있다. 〈개정

1999.5.24., 1999.12.28., 2005.12.30., 2006.12.29., 2008.2.29., 2010.10.22., 2013.5.6., 2014.11.19.〉

② 경찰청의 소속기관(경찰병원은 제외한다)에 두는 공무원의 직급별 정원은 행정자치부령으로 정하되, 총경의 정원은 465명을 그 상한으로 하고, 4급 또는 5급 공무원의 정원은 5급 공무원 정원(4급 또는 5급 공무원의 정원을 포함한다)의 100분의 15를 그 상한으로 한다. 〈개정 2006.12.29., 2007.6.28., 2007.11.30., 2008.2.29., 2008.8.7., 2009.3.18., 2009.5.29., 2010.6.30., 2010.10.22., 2011.5.4., 2012.9.21., 2012.11.20., 2013.5.6., 2013.11.5., 2013.12.11., 2014.3.11., 2014.11.19.〉

③ 소속기관별 공무원의 정원은 경찰청의 소속기관에 두는 정원의 범위안에서 경찰청장이 따로 정한다. 〈개정 1999.5.24., 2006.12.29.〉

④ 제3항 및 별표 4에 따라 경찰대학에 두는 공무원의 정원 중 고위공무원단에 속하는 일반직공무원 1명과 경찰교육원 및 중앙경찰학교에 두는 「공무원교육훈련법」 제5조제1항에 따른 교수요원의 정원 중 3분의 1의 범위에서 필요한 인원은 임기제공무원으로 임용할 수 있다. 〈개정 2009.5.29., 2009.11.23., 2013.12.11.〉

⑤ 제1항에 따른 정원 외에 별표 4의4에 따른 정원을 경찰청의 소속기관에 둔다. 〈신설 2009.5.29.〉

[대통령령 제21514호(2009.5.29.) 부칙 제2조의 규정에 의하여 이 조 제5항은 2015년 12월 31일까지 유효함]

제60조(개방형직위에 대한 특례) 국장급 1개 직위는 임기제공무원으로 보할 수 있다.

[전문개정 2013.12.11.]

부칙 〈제25755호, 2014.11.19.〉

제1조(시행일) 이 영은 공포한 날부터 시행한다.

제2조(기능 이관에 따른 공무원의 이체) 수사 및 정보에 관한 사무(해상에서 발생한 사건의 수사 및 정보에 관한 사무는 제외한다)의 이관에 따라 이 영 시행 당시 해양경찰청 소속 공무원 505명(3급 또는 4급 이하 3명, 총경 이하 502명)은 경찰청 소속 공무원으로 보아 이를 경찰청으로 이체한다.

행정자치부와 그 소속기관 직제

[시행 2014.11.19.] [대통령령 제25751호, 2014.11.19., 제정]

행정자치부(조직기획과) 02-2100-3493

제1장 총칙

제1조(목적) 이 영은 행정자치부와 그 소속기관의 조직과 직무범위, 그 밖에 필요한 사항을 규정함을 목적으로 한다.

제2조(소속기관) ① 행정자치부장관의 관장 사무를 지원하기 위하여 행정자치부장관 소속으로 지방행정연수원·국가기록원·정부청사관리소 및 정부통합전산센터를 둔다.

② 행정자치부의 소관 사무를 분장하기 위하여 행정자치부장관 소속으로 이북5도를 둔다.

③ 행정자치부장관의 관장 사무를 지원하기 위하여 「책임운영기관의 설치·운영에 관한 법률」 제4조제1항, 같은 법 시행령 제2조제1항 및 별표 1에 따라 행정자치부장관 소속의 책임운영기관으로 국립과학수사연구원을 둔다.

제2장 행정자치부

제3조(직무) 행정자치부는 국무회의의 서무, 법령 및 조약의 공포, 정부조직과 정원, 상훈, 정부혁신, 행정능률, 전자정부, 개인정보보호, 정부청사의 관리, 지방자치제도, 지방자치단체의 사무지원·재정·세제, 낙후지역 등 지원, 지방자치단체 간 분쟁조정, 선거·국민투표의 지원 및 국가의 행정사무로서 다른 중앙행정기관의 소관에 속하지 아니하는 사무를 관장한다.

제4조(하부조직) ① 행정자치부에 운영지원과·창조정부조직실·전자정부국·지방행정실 및 지방재정세제실을 둔다.

② 장관 밑에 대변인 1명 및 장관정책보좌관 3명을 두고, 차관 밑에 기획조정실장·의정관·감사관 및 인사기획관 각 1명을 둔다.

제5조(대변인) ① 대변인은 고위공무원단에 속하는 일반직공무원으로 보한다.

② 대변인은 다음 사항에 관하여 장관을 보좌한다.

1. 주요 정책에 관한 대국민 홍보계획(온라인 홍보계획을 포함한다)의 수립 · 조정 및 집행
2. 정책 홍보와 관련된 각종 정보 및 상황의 관리
3. 부 내 업무의 대외 발표 사항의 관리
4. 언론취재의 지원 및 보도 내용의 분석 · 대응
5. 온라인대변인 지정 · 운영 등 소셜 미디어 정책소통 총괄 · 점검 및 평가

제6조(장관정책보좌관) ① 장관정책보좌관 중 1명은 고위공무원단에 속하는 별정직공무원으로, 2명은 3급 상당 또는 4급 상당 별정직공무원으로 보한다. 다만, 특별한 사유가 있는 경우에는 고위공무원단에 속하는 일반직공무원 또는 4급 이상 일반직공무원으로 대체할 수 있다.

② 장관정책보좌관은 다음 사항에 관하여 장관을 보좌한다.

1. 행정자치부장관이 지시한 사항의 연구 · 검토
2. 정책과제와 관련된 전문가 · 이해관계자 및 일반국민 등의 국정참여의 촉진과 의견수렴
3. 관계 부처 정책보좌업무 수행기관과의 업무협조
4. 행정자치부장관의 소셜 미디어 메시지 기획 · 운영

제7조(기획조정실장) ① 기획조정실장 밑에 정책기획관 · 국제행정협력관 및 비상안전기획관 각 1명을 둔다.

② 기획조정실장 · 정책기획관 및 국제행정협력관은 고위공무원단에 속하는 일반직공무원으로, 비상안전기획관은 고위공무원단에 속하는 임기제공무원으로 보한다.

③ 기획조정실장은 다음 사항에 관하여 차관을 보좌한다.

1. 부 내 정책연구 및 정책 관련 동향 관리
2. 부 내 정책의 연계와 통합에 관한 사항
3. 부 내 현안 사항과 제도개선 과제의 발굴 · 추진
4. 부 내 성과평가와 역량평가 제도의 운영 · 개선 및 총괄
5. 부 내 성과관리계획의 수립 및 정부업무평가 관리 등 대외평가 총괄
6. 부 내 민원제도 개선 및 민원업무(국민신문고 및 국민제안 업무를 포함한다)의 총괄
7. 부 내 고객만족행정의 추진 및 고객관리시스템의 운영 · 개선
8. 부 내 각종 정책과 계획의 수립 · 종합 · 조정 및 주요 현안의 관리
9. 예산의 편성 · 집행 · 조정 및 성과관리
10. 국회 및 정당과의 업무 협조
11. 부 내 행정관리 및 조직관리에 관한 사항
12. 부 내 정부3.0 관련 과제 발굴 · 선정, 추진상황 확인 · 점검 및 관리
13. 행정자치부 산하기관 현황의 관리
14. 국립과학수사연구원 업무의 운영 지원

15. 소관 법령의 관리 및 소송사무의 총괄
16. 법령 · 조약의 공포 및 관보의 발간
17. 국무회의 및 차관회의 안건의 검토 및 총괄 · 조정
18. 부 내 규제개혁 업무의 총괄 · 조정
19. 국가기록원 업무의 지원
20. 부 내 정보화 계획의 총괄 · 조정 및 추진
21. 부 내 정보화 예산(범정부 차원의 정보화 예산은 제외한다)의 사전 검토 및 조정
22. 부 내 정보자원 · 정보보안 및 개인정보보호에 관한 사항
23. 부 내 업무관리시스템 등 정보기술을 이용한 업무처리방식의 개선에 관한 사항
24. 부 내 통계업무의 총괄 · 조정
25. 정부혁신 등 공공행정 분야 국제협력 활동 기획 · 추진 및 홍보
26. 정부혁신 등 공공행정 분야 행정발전 경험의 수출모델 연구 · 개발 및 보급
27. 민간과의 협력을 통한 외국 정부 · 기관에 대한 정책자문
28. 행정자치부 관련 국제기구 및 외국과의 협력 추진에 관한 사항
29. 지방자치단체의 국제협력업무 연구 · 지원
30. 다른 중앙행정기관의 국제협력 사업 관련 통역 · 번역 업무 지원
31. 국가비상사태에 대비한 제반계획의 수립
32. 비상 시 정부기관의 소산(疏散) · 이동계획 및 정부청사 방호계획의 수립
33. 정부연습계획의 수립 및 실시
34. 직장예비군 및 민방위대의 관리
35. 행정자치부 소관 국가중요시설의 관리
36. 산하기관 비상대비업무의 지도 · 감독
37. 국가 중요 보안 목표시설의 보안 관리
38. 안전관리 · 재난상황 및 위기상황 관리기관과의 연계체계 구축 · 운영

④ 정책기획관은 제3항제8호부터 제24호까지 및 그 밖에 기획조정실장이 명하는 사항에 관하여 기획조정실장을 보좌한다.

⑤ 국제행정협력관은 제3항제25호부터 제30호까지 및 그 밖에 기획조정실장이 명하는 사항에 관하여 기획조정실장을 보좌한다.

⑥ 비상안전기획관은 제3항제31호부터 제38호까지 및 그 밖에 기획조정실장이 명하는 사항에 관하여 기획조정실장을 보좌한다.

제8조(의정관) ① 의정관은 고위공무원단에 속하는 일반직공무원으로 보한다.

② 의정관은 다음 사항에 관하여 차관을 보좌한다.

1. 국새, 대통령 직인 및 국무총리 직인과 관인대장의 관리

2. 국무회의·차관회의의 운영 및 국무위원·차관단과 관련된 행사
3. 정부 의전행사 및 관련 제도의 개선
4. 국가 상징의 관리 및 제도개선
5. 국경일 및 법정기념일 제도의 운영
6. 전직대통령 예우 및 기념사업에 관한 사항
7. 정부포상계획의 수립·집행 및 정부포상제도의 연구·개선
8. 포상 기록·통계 및 상훈포탈시스템의 관리
9. 대통령 친수(親授) 및 국무총리 전수(傳授) 포상·행사에 관한 사항
10. 국회와의 연락 업무

제9조(감사관) ① 감사관은 고위공무원단에 속하는 일반직공무원으로 보한다.

② 감사관은 다음 사항에 관하여 차관을 보좌한다.

1. 지방자치단체에 대한 감사제도의 운영·조정
2. 행정자치부 자체감사(일상감사를 포함한다) 및 다른 기관에 의한 행정자치부에 대한 감사 결과의 처리
3. 지방자치단체에 대한 정부합동감사·부분감사
4. 행정자치부 청렴시책·행동강령의 수립·운영 및 점검
5. 행정자치부 소속 공무원의 재산등록·선물신고 및 취업제한에 관한 업무
6. 행정자치부 소속 공무원에 대한 징계 의결 요구
7. 주민감사청구제도의 운영
8. 전산기법을 활용한 감사체계의 구축·운영
9. 행정자치부·지방자치단체에 대한 공직기강·직무감찰 업무에 관한 종합계획의 수립·조정 및 추진
10. 행정자치부·지방자치단체 소속 공무원의 비위 관련 진정민원, 사정기관의 첩보, 언론보도 및 행정자치부장관·차관 지시사항 등의 조사·처리
11. 행정자치부·지방자치단체에 대한 공직기강·직무감찰 및 기동감찰반 운영

제10조(인사기획관) ① 인사기획관은 고위공무원단에 속하는 일반직공무원으로 보한다.

② 인사기획관은 다음 사항에 관하여 차관을 보좌한다.

1. 행정자치부 소속 공무원의 인사에 관한 계획의 수립 및 인사 운영에 관한 사항
2. 행정자치부 소속 공무원의 채용·승진·전보 등 임용에 관한 사항
3. 행정자치부 소속 공무원과 지방자치단체 소속 공무원 간의 인사교류에 관한 사항
4. 행정자치부 산하기관의 임원 인사에 관한 사항 및 인사 운영의 지원
5. 행정자치부 소속 공무원의 교육훈련, 상훈, 징계, 근무평정 및 성과상여금 지급에 관한 사항

제11조(운영지원과) ① 운영지원과장은 3급 또는 4급으로 보한다.

② 운영지원과장은 다음 사항을 분장한다.

1. 보안·복무
2. 부 내 자원봉사활동, 후생복지, 여성정책 업무 및 각종 행사 등의 후원명칭 사용
3. 부 내 공무원단체에 관한 사항
4. 관인 및 관인대장의 관리
5. 정보공개, 기록물의 관리 및 기록관 운영에 관한 사항
6. 행정자치부 소속 공무원의 급여·연금에 관한 사항
7. 자금의 운용·회계 및 결산
8. 물품·용역·공사 등의 계약에 관한 사항
9. 행정자치부 소관 국유재산 및 물품의 관리
10. 그 밖에 부 내 다른 부서의 소관에 속하지 아니하는 사항

제12조(창조정부조직실) ① 창조정부조직실에 실장 1명을 두고, 실장 밑에 창조정부기획관·조직정책관 및 제도정책관 각 1명을 둔다.

② 실장·창조정부기획관·조직정책관 및 제도정책관은 고위공무원단에 속하는 일반직 공무원으로 보한다

③ 실장은 다음 사항을 분장한다.

1. 행정기관 간 및 정부와 민간 간의 개방·공유·협업·소통을 통하여 국민 맞춤형 서비스를 제공하는 투명하고 유능한 정부(이하 "정부3.0"이라 한다)에 관한 법령의 제정·개정 및 종합계획의 수립·추진
2. 정부3.0 관련 범정부적 네트워크의 구축 및 협의체 운영
3. 정부3.0 추진위원회의 업무지원 및 실무 수행을 위한 정부3.0 지원단 운영
4. 행정개혁에 관한 국제기구 및 외국정부와의 교류·협력
5. 정부3.0 관련 과제 발굴·선정, 추진상황 확인·점검 및 성과 관리
6. 정부3.0 관련 교육·홍보, 변화관리 및 우수사례 발굴·확산
7. 지식행정제도의 운영·대외협력 및 정부통합지식행정시스템의 운영·개선
8. 행정의 효율성 향상을 위한 행정기관 간 협업제도 운영·개선 및 협업시스템의 구축·운영
9. 행정기관 등의 협업행정 지원에 관한 사항
10. 협업과제 중 시스템 연계·통합 및 정보공유 관련 부처 간 업무조정 및 지원
11. 정책연구용역 관리제도 및 시스템의 운영·개선
12. 업무관리시스템 및 정부전자문서유통시스템의 운영·개선
13. 공공기관의 정보공개 및 원문정보공개 관련 제도 및 정책의 수립

14. 공공기관의 정보공개 운영실태 관련 개선권고 등에 관한 사항
15. 정보공개 및 원문정보공개 시스템 운영에 관한 사항
16. 행정정보(「전자정부법」 제2조제6호의 행정정보를 말하며, 이하 이 조에서 같다)의 관리·공유·개방·활용 등에 관한 제도·정책의 연구·개선 및 기본계획의 수립·총괄·조정
17. 행정정보 데이터베이스 관련 정책의 수립·추진 및 점검
18. 행정정보 데이터베이스 구축 및 품질관리·표준화에 관한 사항
19. 행정정보 관련 대용량의 정형 또는 비정형의 데이터세트(이하 "빅데이터"라 한다)에 관한 제도·정책 및 기본계획의 수립·시행
20. 행정정보 관련 빅데이터 기반 구축·운영 및 활용
21. 공공데이터 개방 및 이용 활성화 정책의 수립·집행 및 총괄·조정
22. 공공데이터전략위원회 및 공공데이터제공분쟁조정위원회의 운영에 관한 사항
23. 공공데이터 개방·활용 및 이용 관련 기반 조성에 관한 사항
24. 정부의 조직 및 정원 관리에 관한 종합계획의 수립·조정
25. 조직개편·기능조정 등에 따른 행정기관 간 인력재배치 및 다수 중앙행정기관 관련 직제·기능의 총괄·조정
26. 행정기관의 조직과 정원 운영에 대한 총괄·조정·관리 및 관련 법령에 대한 협의
27. 중앙행정기관의 총액인건비제도 운영의 지원
28. 책임운영기관의 조직·정원 및 제도 관리
29. 공무원 총정원제도의 운영·총괄 및 중기인력운영계획의 수립
30. 별도정원의 승인·관리 및 제도의 개선
31. 전문임기제공무원의 정원 관리
32. 행정기관 등의 조직·기능 및 인력 운영에 관한 분석·진단 및 평가, 정원감사에 관한 사항
33. 조직모형, 조직정책 등의 개발·운영·지원에 관한 사항
34. 「국가공무원법」 제22조의2에 따른 직무분석 실시대상 직위 및 방법 등에 대한 협의
35. 「국가공무원법」 제23조에 따른 직위의 정급을 실시하는 경우 등에 대한 협의
36. 정부기능분류 모델의 관리·개선
37. 정부위원회의 관리 및 정비 총괄
38. 특별지방행정기관의 조직 및 정원 관리
39. 행정권한의 위임·위탁 및 민간위탁에 관한 사항
40. 중앙행정기관의 무기계약(無期契約) 및 기간제 근로자 현황 관리
41. 행정제도 개선에 관한 종합계획의 수립·총괄·조정 및 행정기관의 행정문화 개선

42. 행정제도 개선 과제의 발굴·개선 및 사후관리 등에 관한 사항
43. 부내 공무원 제안제도 및 국민제안제도의 운영·개선
44. 생활공감정책의 추진 및 소관 생활공감정책 관련 모니터단의 구성·운영 및 지원
45. 행정관리 역량평가에 관한 사항
46. 문서·관인 및 정책실명제 등 행정업무의 효율적 운영을 위한 제도에 관한 사항
47. 공용차량관리제도의 운영
48. 행정절차제도의 운영 및 개선
49. 민원제도 및 서비스에 관한 기본계획의 수립·시행
50. 민원행정 개선 과제의 발굴·개선 및 행정기관의 민원처리 우수사례의 발굴·확산
51. 민원사무 처리 상황, 운영실태의 확인·점검 및 평가
52. 통합전자민원창구 관리·운영 및 전자민원 공통기반서비스의 개발·보급에 관한 사항
53. 수혜자 맞춤형 행정서비스 제공에 관한 사항
54. 개인정보보호 관련 정책의 수립·총괄 및 조정
55. 개인정보보호 기본계획의 수립 및 시행계획 작성지침 시달
56. 개인정보보호 관리실태 점검 및 법령 위반자에 대한 시정조치 등에 관한 사항
57. 개인정보 침해신고의 처리, 피해 구제 및 개인정보분쟁조정위원회의 운영에 관한 사항
58. 「개인정보 보호법」 제34조에 따른 개인정보 유출 통지 제도 운영, 유출 방지대책 수립 및 사후 조치에 관한 사항
59. 신기술에 대응하는 개인정보보호 관련 대책의 연구 및 국제협력에 관한 사항
60. 개인정보보호에 대한 교육·홍보 및 기술지원에 관한 사항
61. 개인정보처리자의 개인정보보호 자율규제 촉진에 관한 사항
62. 개인정보의 안전성 확보를 위한 보호조치 및 홈페이지 회원가입 시 주민번호 대체수단의 이용 활성화에 관한 사항
63. 개인정보보호 인력 양성에 관한 시책의 수립·추진
64. 영상정보처리기기의 설치·운영 제도에 관한 사항
65. 개인정보 영향평가, 개인정보보호 수준진단 및 인증마크 제도 운영

④ 창조정부기획관은 제3항제1호부터 제23호까지 및 그 밖에 실장이 명하는 사항에 관하여 실장을 보좌한다.

⑤ 조직정책관은 제3항제24호부터 제40호까지 및 그 밖에 실장이 명하는 사항에 관하여 실장을 보좌한다.

⑥ 제도정책관은 제3항제41호부터 제65호까지 및 그 밖에 실장이 명하는 사항에 관하여 실장을 보좌한다.

제13조(전자정부국) ① 전자정부국에 국장 1명을 두고, 국장 밑에 정보공유정책관 1명을 둔다.

② 국장 및 정보공유정책관은 고위공무원단에 속하는 일반직공무원으로 보한다.

③ 국장은 다음 사항을 분장한다.

1. 전자정부 관련 정책의 수립 · 조정
2. 정보화책임관 협의회의 운영 및 전자정부의 총괄 · 조정에 관한 사항
3. 전자정부 관련 재원의 조달 · 지원 및 사업 추진에 관한 사항
4. 전자정부 표준화 정책에 관한 사항
5. 전자정부와 관련한 국제교류 · 국제협력에 관한 사항
6. 전자정부 수출 관련 업무의 총괄 · 조정에 관한 사항
7. 전자정부 수출 및 해외진출 촉진에 관한 사항
8. 「국가정보화 기본법」에 따른 한국정보화진흥원 등 전자정부 관련 전문기관의 관리, 운영 지원에 관한 사항
9. 전자정부 사업의 평가, 성과분석에 관한 사항
10. 전자정부 인력개발 정책의 수립 · 추진
11. 전자정부 중복투자 방지에 관한 사항
12. 전자정부 공동활용 응용 소프트웨어의 개발 · 보급 및 유지관리에 관한 사항
13. 전자정부 공통서비스 및 공통 기반의 구축 · 지원
14. 지역정보화 정책 · 사업의 추진 및 지원에 관한 사항
15. 지역정보화 관련 법인 · 단체의 육성 등에 관한 사항
16. 전자정부서비스의 구축 · 운영 관련 정책 및 대표 포털시스템의 구축 · 운영에 관한 사항
17. 정보화마을의 기획 · 개선 및 미래의 지역정보공동체 조성에 관한 사항
18. 정보통신 신기술을 활용한 전자정부 추진에 관한 사항
19. 행정공간정보체계의 구축, 응용서비스의 개발 · 확산 및 이용에 관한 사항
20. 업무효율성 향상을 위한 스마트워크(smart work)에 관한 사항
21. 전자정부 정보자원 관리 및 통합에 관한 사항
22. 전자정부 관련 제품의 도입 · 발주 기준에 관한 사항
23. 전자정부 관련 제품(「국가정보화 기본법」 제38조제1항에 따라 성능과 신뢰도에 관한 기준이 고시된 정보보호시스템은 제외한다)의 시험 · 평가에 관한 사항
24. 전자정부 클라우드 서비스 활성화 정책 수립 및 기반조성
25. 전자정부 정보기술아키텍처(EA)의 도입 · 확산 및 정보시스템의 감리에 관한 사항
26. 행정기관의 정보통신망 및 정보통신서비스에 관한 사항
27. 지방자치단체 영상정보 통합관제센터 구축 · 지원에 관한 사항
28. 정부통합전산센터 업무의 지원

29. 행정전자인증에 관한 정책의 수립·총괄 및 조정에 관한 사항
30. 전자정부 대민서비스 관련 보안정책의 수립 및 사이버침해사고의 예방·대응에 관한 사항
31. 전자정부 대민서비스 관련 소프트웨어 개발보안에 관한 사항
32. 전자정부 대민서비스 관련 정보보호 기관·단체의 육성·지원 및 신기술 도입 등에 관한 사항
33. 행정자치부 소관 주요 정보통신 기반시설 보호정책 및 관련 제도의 운영에 관한 사항
34. 행정기관 전자문서의 진본성 확보 및 검증체계의 수립·추진
35. 행정기관 정보보호 인력 양성에 관한 시책의 수립·추진
36. 전자정부 플랫폼(Platform) 구축 및 이용제도에 관한 사항
37. 행정정보 공유 관련 기본계획 수립 및 평가
38. 행정정보 공유에 관한 법령 및 제도 개선
39. 행정정보 공유를 위한 기관 간 협의·조정
40. 행정정보 공유 활성화에 관한 사항
41. 행정정보 공동이용에 따른 정보보안·개인정보보호 조치에 관한 사항
42. 행정정보 목록 관리 및 공동이용 행정정보 현황조사에 관한 사항
43. 정책정보 등 행정정보 공동이용·유통 기반 구축 계획의 수립 및 시행
44. 행정정보 표준화, 품질관리 등 공동이용을 위한 관리체계 마련 등에 관한 사항
45. 「전자정부법」 제37조에 따른 행정정보 공동이용센터 운영 및 관련 시책 추진

④ 정보공유정책관은 제3항제21호부터 제45호까지 및 그 밖에 국장이 명하는 사항에 관하여 국장을 보좌한다.

제14조(지방행정실) ① 지방행정실에 실장 1명을 두고, 실장 밑에 지방행정정책관·자치제도정책관 및 지역발전정책관 각 1명을 둔다.

② 실장·지방행정정책관·자치제도정책관 및 지역발전정책관은 고위공무원단에 속하는 일반직공무원으로 보한다.

③ 실장은 다음 사항을 분장한다.

1. 지방자치 지원행정의 종합·조정 및 여론의 수렴, 국가와 지방자치단체 간 국정협력의 지원
2. 지방행정 정책에 관한 국제 교류·협력
3. 지방자치단체 소속 국가공무원의 임용·제청, 국가와 지방자치단체 간 공무원 인사교류의 협의·조정 및 지방자치단체 인사 운영에 대한 지원·권고
4. 통일에 대비한 자치행정제도에 관한 사항 및 이북5도에 대한 지도·감독
5. 지방자치단체 간 분쟁의 조정 및 지방자치단체 간 협력제도의 운영·발전

6. 지방자치단체의 정부3.0 업무 총괄·지원
7. 지방자치단체의 정부3.0 관련 과제 발굴, 우수사례 확산·전파 및 교육·홍보
8. 지방자치단체 평가 관련 제도의 개선 및 운영 총괄
9. 지방자치단체의 조직문화 및 행정서비스 개선의 지원
10. 지방자치단체의 생산성 제고 지원
11. 지방행정종합정보시스템의 구축·운영
12. 비영리민간단체 지원에 관한 사항
13. 자원봉사 진흥 및 자원봉사 관련 법·제도의 운영에 관한 사항
14. 기부금품 모집에 대한 제도의 개선 등에 관한 사항
15. 주민생활서비스 전달체계의 개선 및 주민생활 통합정보시스템의 구축·운영
16. 국민운동단체의 육성·지원 및 관련 제도의 운영
17. 직능경제인 단체의 육성·지원 및 관련 제도의 운영
18. 지방자치단체 외국인 주민의 정착 지원
19. 과거사·민주화 관련 위원회 및 기념사업에 대한 지원·협조
20. 공무원단체 관련 기본정책의 수립·시행 및 관련 제도에 관한 조사·연구
21. 공무원단체에 대한 협력·지원에 관한 사항
22. 공무원단체 운영 현황의 파악 및 대응
23. 공무원직장협의회에 관한 사항
24. 그 밖에 공무원단체에 관한 사항
25. 지방자치제도의 총괄 기획 및 연구·개선
26. 지방분권과 관련된 업무의 총괄·조정
27. 지방자치단체의 조직 및 정원에 관한 제도의 입안·연구 및 조직 정책의 기획·총괄
28. 지방자치단체 기준인건비 제도의 기획·운영 및 중기기본인력운영계획의 수립·지원
29. 지방자치단체 조직의 분석·진단 및 기능분류모델(BRM)의 개발·관리
30. 지방자치단체의 폐치·분합·명칭 변경·관할구역 조정 및 지방행정체제 개편 연구
31. 주민자치센터 운영의 지원 및 발전방안 연구
32. 주민등록제도의 개선·지원
33. 주민등록 정보화사업 추진 및 주민등록전산정보센터의 운영·관리
34. 인감제도의 연구·개선 및 전산 시스템의 관리·운영
35. 행정사 제도의 연구·개선 및 운영·지원
36. 공직선거 및 국민투표의 지원, 주민소환·주민소송·주민투표제도의 운영 및 제도개선에 관한 사항
37. 지방의회제도의 연구·개선 및 운영 지원

38. 지방자치단체가 수행하는 조례·규칙의 심사 및 운영에 대한 지원
39. 사무구분체계의 개선 및 사무배분에 관한 연구·지원
40. 지방공무원의 인사·보수·교육훈련·후생복지제도의 연구·개선 및 운영 지원
41. 지방공무원 복무·징계제도(공무원노조 및 직장협의회 분야는 제외한다)의 연구·개선
42. 지방자치단체 인사정보시스템의 관리 및 지방공무원 인사 통계의 작성·유지
43. 대한지방행정공제회의 지도·지원 및 관리
44. 지방자치단체 균형인사 정책의 평가·지원 등에 관한 사항
45. 지방자치단체의 지역경제 활성화 및 지방물가관리 정책의 지원
46. 지역경제의 분석 및 지역경제동향·통계와 관련된 사항
47. 한국지역진흥재단의 운영 지원
48. 행정자치부 소관 일자리창출 총괄 지원
49. 지역고용증대 및 실업대책의 지원
50. 지역공동체 일자리사업 등 지역일자리사업의 추진 및 평가에 관한 사항
51. 마을기업 육성 및 향토 핵심자원에 관한 사항
52. 지방자치단체에 대한 규제의 발굴·정비
53. 지방자치단체가 고유하게 수행하는 기업행정 애로사항 관련 사무의 지원
54. 새마을금고 제도의 운영 및 관리·감독
55. 새마을금고의 서민금융지원 및 지역사회공헌사업 추진 지원
56. 국가와 지방자치단체 간 지역개발계획의 기획·지원
57. 특수상황지역 및 서해 5도 특별 지원 등 저발전 지역개발사업의 기획·지원
58. 비무장지대(DMZ) 일원 초광역개발사업 종합계획의 수립·추진
59. 주한미군 공여구역 주변지역 및 평택지역 등 특수지역에 대한 지원
60. 지방자치단체가 관리하는 도로의 정비 및 구조개선사업의 추진
61. 지역공동체 활성화 모델 기획·연구 및 지원
62. 지역공동체 사업 기획 및 추진
63. 행정자치부 소관 새마을운동 해외사업의 지원
64. 새마을운동 단체의 육성 및 지원·관리
65. 행정자치부 소관 저탄소 녹색성장 관련 추진사업의 총괄 및 지방자치단체의 저탄소 녹색성장 관련 사업의 협력·지원
66. 온천의 개발·이용 및 관리에 관한 사항
67. 공중화장실 제도, 옥외 광고물 제도의 운영 및 종합개선대책의 추진
68. 도심 생활여건 개선사업의 지원
69. 자전거이용 활성화 정책의 추진 및 제도개선

70. 생활형 국가 자전거도로 등 자전거 이용시설의 확충·정비
71. 자전거 축전(祝典)·안전교육 등 자전거 이용 문화의 확산

④ 지방행정정책관은 제3항제1호부터 제24호까지 및 그 밖에 실장이 명하는 사항에 관하여 실장을 보좌한다.

⑤ 자치제도정책관은 제3항제25호부터 제44호까지 및 그 밖에 실장이 명하는 사항에 관하여 실장을 보좌한다.

⑥ 지역발전정책관은 제3항제45호부터 제71호까지 및 그 밖에 실장이 명하는 사항에 관하여 실장을 보좌한다.

제15조(지방재정세제실) ① 지방재정세제실에 실장 1명을 두고, 실장 밑에 지방재정정책관 및 지방세제정책관 각 1명을 둔다.

② 실장·지방재정정책관 및 지방세제정책관은 고위공무원단에 속하는 일반직공무원으로 보한다.

③ 실장은 다음 사항을 분장한다.

1. 지방재정정책의 총괄·조정 및 지방재정제도의 기획·관리·연구·개선
2. 국가와 지방자치단체 간의 재원 배분에 관한 사항
3. 지방자치단체에 지원한 국고보조금의 교부 및 집행실적 관리에 관한 사항
4. 지방재정부담심의위원회의 운영 및 지원에 관한 사항
5. 성과중심의 지방자치단체 예산의 편성·운용 지원 및 지방재정 통계·정보화 총괄
6. 지방재정 분석·진단·공시제도의 운영 총괄 및 재정건전화에 관한 사항
7. 지방자치단체 채권·채무·기금 및 금고 제도의 운영
8. 「지방자치단체 기금관리기본법」에 따른 지역상생발전기금의 관리 및 개선
9. 자치복권의 발행 및 한국지방재정공제회의 관리 및 운영·지도
10. 지방재정전략회의 및 지방재정 정책자문회의의 관리·운영 및 지도
11. 지방자치단체 출연연구원의 운영 지원
12. 지방재정 관련 국제협력 업무의 총괄
13. 지방재정 위기경보체계의 구축·운영 및 위기관리대책의 시행에 관한 사항
14. 지방재정의 점검·관리 및 효율화에 관한 사항
15. 지방재정조정제도의 연구·개선 및 운영
16. 지방교부세 제도의 연구·개선 총괄
17. 지방교부세의 산정·배정 및 운영
18. 광역자치단체와 기초자치단체 간의 재정조정제도의 운영 지원
19. 지방자치단체의 예산회계·재무회계·결산 및 계약제도의 운영
20. 지방자치단체의 공유재산 및 물품 관리에 관련된 사항

21. 지방공기업 관련 제도의 운영 및 경영 지원에 관련된 사항
22. 지방공기업의 경영평가 · 진단에 관련된 사항
23. 지방세제에 관한 중장기 정책의 수립 · 연구 및 세제 개편의 총괄
24. 지방세 확충 방안의 연구 · 개선
25. 지방세 관련 교육 및 외국의 지방세 제도에 관한 연구
26. 지방세의 중과세 · 비과세 · 감면 · 구제 제도 및 지방세 세목별 제도의 연구 · 개선 총괄
27. 지방세와 관련된 지방자치단체 조례의 제정 · 개정에 대한 지원
28. 지방세와 관련된 법령의 운영, 질의 회신 및 세무 상담
29. 지방세정의 운영 기획 및 운영 기준의 마련
30. 지방세 과세표준 정책의 수립 및 운영
31. 개인지방소득세 및 법인지방소득세 관련 제도의 기획 · 입안 및 조정
32. 지방세특례제한에 관한 기본계획 수립 및 통보
33. 종합부동산세 과세자료 전담기구 운영
34. 부동산 과세자료 관련 정보 및 통계의 생산 · 관리
35. 지방세 통계 분석 및 지방세 정보화 총괄
36. 지방세 관련 새로운 세원의 발굴 · 조사 및 연구
37. 지방세입 납부체계의 연구 · 개선
38. 지방세 징수제도 및 업무개선 등 총괄
39. 지방세 과세자료 관리 제도의 운영
40. 지방세외수입 제도의 연구 · 개선 및 운영
41. 지방세외수입금 징수에 관한 제도 및 운영 총괄
42. 지방세외수입 통계 관리 · 분석 및 정보화 총괄
43. 위치(구역)찾기 고도화 업무의 총괄 및 조정
44. 도로명주소사업의 총괄 및 조정
45. 도로명주소 안내시설의 구축 · 유지 및 관리 지원
46. 도로명주소 정보화, 전자지도 통합 및 공간정보 보안 관리에 관한 사항

④ 지방재정정책관은 제3항제1호부터 제22호까지 및 그 밖에 실장이 명하는 사항에 관하여 실장을 보좌한다.

⑤ 지방세제정책관은 제3항제23호부터 제46호까지 및 그 밖에 실장이 명하는 사항에 관하여 실장을 보좌한다.

제16조(위임규정) 「행정기관의 조직과 정원에 관한 통칙」 제12조제3항 및 제14조제4항에 따라 행정자치부에 두는 보좌기관 또는 보조기관은 행정자치부에 두는 정원의 범위에서 행정자치부령으로 정한다.

제3장 지방행정연수원

제17조(직무) 지방행정연수원(이하 "연수원"이라 한다)은 정부의 공무원교육훈련에 관한 정책과 지침에 따라 행정자치부 소속 공무원, 자치행정분야 직무에 종사하는 공무원, 지방자치단체에 근무하는 공무원 및 자치행정 관련 민간종사자의 교육훈련에 관한 사무를 관장한다.

제18조(원장) ① 연수원에 원장 1명을 둔다.

② 원장은 고위공무원단에 속하는 일반직공무원으로 보한다.

③ 원장은 행정자치부장관의 명을 받아 소관 사무를 총괄하고, 소속 공무원을 지휘・감독한다.

제19조(하부조직) ① 연수원에 기획부 및 교수부를 둔다.

② 「행정기관의 조직과 정원에 관한 통칙」 제12조제3항 및 제14조제4항에 따라 연수원에 두는 보좌기관 또는 보조기관은 행정자치부의 소속기관(국립과학수사연구원은 제외한다)에 두는 정원의 범위에서 행정자치부령으로 정한다.

제20조(기획부) ① 기획부에 부장 1명을 두고, 부장은 고위공무원단에 속하는 일반직공무원으로 보한다.

② 부장은 다음 사항을 분장한다.

1. 보안・문서・관인・인사・복무의 관리 및 감사
2. 예산의 편성・집행・결산, 재산 및 물품의 관리
3. 청사 및 시설의 유지, 방호 관리
4. 주요사업계획의 수립・조정 및 기획・홍보에 관한 사항
5. 조직 및 정원의 관리
6. 교육훈련기법 등의 연구・개발
7. 지방공무원교육원에 대한 지원・협력 및 민・관 교육기관과의 교류・협력
8. 외국공무원 교육, 국제기구 및 외국 교육기관과의 교류・협력
9. 외국어 교육 및 그 밖에 원장이 지정하는 교육과정의 운영

제21조(교수부) ① 교수부에 부장 1명을 두고, 부장은 고위공무원단에 속하는 일반직공무원으로 보한다.

② 부장은 다음 사항을 분장한다.

1. 교육훈련계획의 수립・조정 및 심사평가
2. 교육프로그램의 연구・개발
3. 교육생 선발・등록 및 학적관리
4. 교육생의 생활지도

5. 교재의 편찬 · 발간
6. 교육훈련실적의 유지 및 통계관리
7. 교육훈련보조자료 및 시청각 기자재의 관리 · 운영
8. 교수요원의 관리 및 외부강사 · 지도교수의 선정 · 관리
9. 교육훈련 전산프로그램의 운영 · 관리
10. 교육훈련평가계획의 수립, 시험의 출제 및 채점관리
11. 교육훈련 운영에 대한 분석 · 평가
12. 장기 · 기본 · 전문 · 사이버교육 등 교육훈련과정의 운영
13. 특별교육과정의 운영
14. 전임교수의 관리 · 운영

제4장 국가기록원

제22조(직무) 국가기록원(이하 "기록원"이라 한다)은 기록물관리에 관한 기본정책의 수립 및 제도개선, 공공기록물의 효율적인 수집 · 보존 · 평가 및 활용에 관한 사무를 관장한다.

제23조(원장) ① 기록원에 원장 1명을 둔다.

② 원장은 고위공무원단에 속하는 일반직공무원으로 보한다.

③ 원장은 행정자치부장관의 명을 받아 소관 사무를 총괄하고, 소속 공무원을 지휘 · 감독한다.

제24조(하부조직) ① 기록원에 기록정책부 · 기록관리부 및 기록정보서비스부를 둔다.

② 「행정기관의 조직과 정원에 관한 통칙」 제12조제3항 및 제14조제4항에 따라 기록원에 두는 보좌기관 또는 보조기관은 행정자치부의 소속기관(국립과학수사연구원은 제외한다)에 두는 정원의 범위에서 행정자치부령으로 정한다.

제25조(기록정책부) ① 기록정책부에 부장 1명을 두고, 부장은 고위공무원단에 속하는 일반직공무원으로 보한다.

② 부장은 다음 사항을 분장한다.

1. 보안, 관인의 관리, 문서의 분류 · 수발 · 심사 및 관리
2. 기록원 소속 공무원의 임용 · 복무 및 그 밖의 인사사무
3. 예산편성 및 집행의 총괄 · 조정
4. 자체감사
5. 회계 · 용도 · 결산과 재산 및 물품관리
6. 기록물관리에 관한 국내외 교류 · 협력

7. 다른 기록물관리기관과의 연계 · 협조
8. 기록물관리에 관한 기본정책의 수립 및 제도개선
9. 기록물관리체계의 개선에 관한 종합계획의 수립 및 총괄 · 조정
10. 기록관리개선 과제의 발굴 및 추진계획의 수립 · 운영
11. 국가기록관리위원회의 운영
12. 주요업무계획의 수립 · 조정 · 평가 및 홍보
13. 기록원 내의 조직진단 및 평가를 통한 조직과 정원의 관리
14. 기록물관리 절차에 관한 개선의 총괄 및 고도화
15. 기록물관리 표준화 정책 수립 및 기록물관리 표준의 개발 · 운영
16. 기록물관리 전문인력 수급계획의 수립 · 운영 및 기록물관리 업무 종사자에 대한 교육 · 훈련
17. 기록물관리에 관한 지도 · 지원 · 확인 · 점검 및 평가
18. 기록물관리 관련 통계의 관리에 관한 총괄 · 지원

제26조(기록관리부) ① 기록관리부에 부장 1명을 두고, 부장은 고위공무원단에 속하는 일반직 또는 연구직공무원으로 보한다.

② 부장은 다음 사항을 분장한다.

1. 기록물의 수집 · 평가 · 폐기 정책 기획 및 수집 · 평가 · 폐기 업무의 총괄 · 조정
2. 기록물의 생산현황 관리 및 수집 · 이관
3. 정부기관의 보존대상 기록물의 수집 · 관리
4. 기록물 분류 · 관리기준 운영
5. 비밀기록물의 수집 및 생산 · 재분류 · 해제 현황 관리
6. 시청각기록물 · 정부간행물 및 행정박물의 수집 · 관리
7. 중요 기록물의 국가기록물 지정 · 관리 · 해제 및 유출된 기록물의 회수 · 관리
8. 국내외 소재 주요 기록정보자료 및 민간기록물의 수집 · 관리
9. 공공기관 기록물의 수집 · 관리
10. 기록물의 보존정책 기획 및 보존업무의 총괄 · 조정
11. 기록물 보존시설 · 장비 · 환경기준의 수립 및 점검 · 관리
12. 기록물의 서고배치 · 점검 및 보존시설 관리
13. 기록물관리기관에 대한 보안 · 재난대책 기준 마련 및 관리
14. 기록물 보존기술의 연구개발 · 보급
15. 훼손된 기록물의 복원 · 복제
16. 기록물 보존용품의 인증 관리
17. 기록물평가심의회의 운영에 관한 사항

제27조(기록정보서비스부) ① 기록정보서비스부에 부장 1명을 두고, 부장은 고위공무원단에 속하는 일반직 또는 연구직공무원으로 보한다.

② 부장은 다음 사항을 분장한다.

1. 기록물 활용정책의 기획 및 활용업무의 총괄 · 소성
2. 소장 기록물의 기술 · 재분류 및 편찬
3. 기록물공개심의회의 운영에 관한 사항
4. 소장 기록물의 공개 심의 및 비공개 기록물의 재분류
5. 기록물 정보화에 관한 정책 · 기획 · 예산의 수립 · 총괄
6. 전자기록물 관리체계의 구축 · 운영
7. 기록관 및 영구기록물관리기관 기록관리시스템의 개발 · 운영 및 확산
8. 국가기록물 통합검색서비스의 구축 및 운영
9. 고객맞춤형 기록정보서비스 운영계획의 수립 및 추진
10. 기록문화 확산을 위한 정책 개발 및 추진
11. 국가기록 전시관 및 열람실의 운영

제28조(대통령기록관) ① 대통령기록물 관리에 관한 사무를 관장하기 위하여 원장 소속으로 대통령기록관을 둔다.

② 대통령기록관에 관장 1명을 둔다.

③ 관장은 고위공무원단에 속하는 일반직 · 연구직 또는 임기제공무원으로 보한다.

④ 관장은 원장의 명을 받아 다음 사무를 총괄하고, 소속 공무원을 지휘 · 감독한다.

1. 인사 · 예산 · 회계 등 지원 사무
2. 대통령기록물 관련 교육 · 홍보 시설 및 프로그램의 운영
3. 대통령기록물의 관리에 관한 기본계획 및 제도 총괄
4. 통합 대통령기록관 건립 · 운영에 관한 사항
5. 대통령기록물의 현황 점검 및 이관
6. 전직대통령 관련 기록물의 조사 및 수집
7. 대통령기록관리전문위원회의 운영에 관한 사항
8. 소장 대통령기록물의 분류 · 정리 · 기술(記述)
9. 대통령기록물 검색 도구의 개발
10. 대통령기록물 보존가치의 재평가 및 폐기제도의 운영
11. 대통령기록물의 과학적 보존 · 관리 및 복원
12. 대통령기록물의 장기보존 기술 연구
13. 대통령기록물 전자관리시스템의 구축 및 기술 지원
14. 대통령지정기록물의 관리

15. 전직대통령의 대통령기록물 열람 지원
16. 국내외 대통령 관련 단체 및 기관과의 교류・협력
17. 대통령기록물 공개제도의 운영 및 비공개 대통령기록물의 재분류
18. 대통령기록물 연구사업의 기획・운영 및 연구 지원

⑤「행정기관의 조직과 정원에 관한 통칙」 제12조제3항 및 제14조제4항에 따라 대통령기록관에 두는 보좌기관 또는 보조기관은 행정자치부의 소속기관(국립과학수사연구원은 제외한다)에 두는 정원의 범위에서 행정자치부령으로 정한다.

제29조(나라기록관) ① 기록원의 사무를 분장하기 위하여 원장 소속으로 나라기록관을 둔다.

② 나라기록관에 관장 1명을 둔다.

③ 관장은 4급 또는 연구관으로 보한다. 다만,「행정기관의 조직과 정원에 관한 통칙」 제27조제3항에 따라 상호이체하여 배정・운영하는 3급 또는 4급으로 보할 수 있다.

④ 관장은 원장의 명을 받아 소관 사무를 총괄하고, 소속 공무원을 지휘・감독한다.

⑤「행정기관의 조직과 정원에 관한 통칙」 제12조제3항 및 제14조제4항에 따라 나라기록관에 두는 보좌기관 또는 보조기관은 행정자치부의 소속기관(국립과학수사연구원은 제외한다)에 두는 정원의 범위에서 행정자치부령으로 정한다.

제30조(역사기록관) ① 기록원의 사무를 분장하기 위하여 원장 소속으로 역사기록관을 둔다.

② 역사기록관에 관장 1명을 둔다.

③ 관장은 4급 또는 연구관으로 보한다.

④ 관장은 원장의 명을 받아 소관 사무를 총괄하고, 소속 공무원을 지휘・감독한다.

⑤「행정기관의 조직과 정원에 관한 통칙」 제12조제3항 및 제14조제4항에 따라 역사기록관에 두는 보좌기관 또는 보조기관은 행정자치부의 소속기관(국립과학수사연구원은 제외한다)에 두는 정원의 범위에서 행정자치부령으로 정한다.

제31조(서울기록정보센터) ① 기록원의 사무를 분장하기 위하여 원장 소속으로 서울기록정보센터를 둔다.

② 서울기록정보센터장은 5급 또는 연구관으로 보한다.

제32조(전문위원) 원장은 필요하다고 인정할 때에는 학식과 경험이 풍부한 사람 중에서 5명 이내의 전문위원을 위촉할 수 있다.

제5장 정부청사관리소

제33조(직무) 정부청사관리소(이하 "관리소"라 한다)는 정부청사의 수급계획과 건축사업의 기본계획 및 공사시행, 청사관리제도의 조사・연구, 공무원 통근차량의 임차・운영, 정부

청사 방호·방화업무 수행 및 정부서울청사·정부과천청사·정부대전청사·정부세종청사·정부광주지방합동청사·정부제주지방합동청사·정부대구지방합동청사·정부경남지방합동청사·정부춘천지방합동청사 및 정부고양지방합동청사의 보수·유지·관리에 관한 사무를 관장한다.

제34조(소장) ① 관리소에 소장 1명을 두고, 소장 밑에 청사기획관 1명을 둔다.

② 소장 및 청사기획관은 고위공무원단에 속하는 일반직공무원으로 보한다.

③ 소장은 행정자치부장관의 명을 받아 소관 사무를 총괄하고, 소속 공무원을 지휘·감독한다.

④ 청사기획관은 정부청사 건축사업의 계획·시공 및 정부청사 관리의 기술적 사항에 관하여 소장을 보좌한다.

제35조(하부조직) 「행정기관의 조직과 정원에 관한 통칙」 제12조제3항 및 제14조제4항에 따라 관리소에 두는 보좌기관 또는 보조기관은 행정자치부의 소속기관(국립과학수사연구원은 제외한다)에 두는 정원의 범위에서 행정자치부령으로 정한다.

제36조(과천청사관리소, 대전청사관리소 및 세종청사관리소) ① 정부과천청사, 정부대전청사 및 정부세종청사의 보수·유지·관리에 관한 관리소의 사무를 분장하기 위하여 관리소 소장 소속으로 과천청사관리소, 대전청사관리소 및 세종청사관리소를 둔다.

② 과천청사관리소, 대전청사관리소 및 세종청사관리소에 소장 각 1명을 둔다.

③ 소장은 고위공무원단에 속하는 일반직공무원으로 보한다.

④ 소장은 관리소 소장의 명을 받아 소관 사무를 총괄하고, 소속 공무원을 지휘·감독한다.

⑤ 「행정기관의 조직과 정원에 관한 통칙」 제12조제3항 및 제14조제4항에 따라 과천청사관리소, 대전청사관리소 및 세종청사관리소에 두는 보좌기관 또는 보조기관은 행정자치부의 소속기관(국립과학수사연구원은 제외한다)에 두는 정원의 범위에서 행정자치부령으로 정한다.

제37조(광주청사관리소, 제주청사관리소, 대구청사관리소 및 경남청사관리소) ① 정부광주지방합동청사, 정부제주지방합동청사, 정부대구지방합동청사 및 정부경남지방합동청사의 보수·유지·관리에 관한 관리소의 사무를 분장하기 위하여 관리소 소장 소속으로 광주청사관리소, 제주청사관리소, 대구청사관리소 및 경남청사관리소를 둔다.

② 광주청사관리소, 제주청사관리소, 대구청사관리소 및 경남청사관리소에 소장 각 1명을 둔다.

③ 소장은 4급으로 보한다.

④ 소장은 관리소 소장의 명을 받아 소관 사무를 총괄하고, 소속 공무원을 지휘·감독한다.

제38조(춘천지소 및 고양지소) ① 정부춘천지방합동청사 및 정부고양지방합동청사의 보수·유지·관리에 관한 관리소의 사무를 분장하기 위하여 관리소 소장 소속으로 춘천지

소 및 고양지소를 둔다.

② 춘천지소 및 고양지소에 지소장 각 1명을 둔다.

③ 지소장은 5급으로 보한다.

제6장 정부통합전산센터

제39조(직무) 정부통합전산센터는 다음 사항을 관장한다.

1. 정부통합전산센터 내 정보시스템과 부대설비의 구축 및 운영·관리
2. 정부통합전산센터 내 정보시스템(각 중앙행정기관에서 이전받은 정보시스템의 경우에는 하드웨어와 그 운영에 필수적인 사항으로 한정한다)의 보호·보안 및 장애·재해 복구
3. 중앙행정기관 사이버침해사고 대응센터 운영
4. 정부 온라인 원격근무시스템의 운영
5. 정부통합전산센터 소관의 정보자원에 대한 관리계획의 수립 및 유지·보수
6. 행정기관 간 상호연계 및 공동이용을 위한 국가정보통신망 구축·운영
7. 국가정보통신망 고도화 추진 및 기술 지원
8. 행정기관 도메인 이름 및 할당받은 아이피(IP)주소 등 운영·관리
9. 입주기관이 요청하는 하드웨어 및 소프트웨어의 발주·개발·운영 및 기술적 사항에 대한 지원
10. 정부통합전산센터 소관의 공통기반서비스의 개발·관리
11. 정부통합전산센터 소관의 하드웨어·소프트웨어에 대한 정보자원 통합 추진
12. 정부통합전산센터 소관의 업무연속성계획의 수립 및 시행
13. 정부통합전산센터 재해복구시스템의 구축·운영 및 주요 데이터 백업·소산(消散) 관리
14. 정부통합전산센터 발전계획의 수립 및 시행
15. 정부통합전산센터를 활용한 정보통신산업 발전방안의 수립 및 시행
16. 중앙행정기관의 하드웨어 및 소프트웨어 통합 지원
17. 그 밖에 각 중앙행정기관이 요청하는 정보시스템의 구축·운영에 대한 지원

제40조(센터장) ① 정부통합전산센터에 센터장 1명을 두고, 센터장 밑에 운영기획관 1명을 둔다.

② 센터장 및 운영기획관은 고위공무원단에 속하는 일반직공무원으로 보한다.

③ 센터장은 행정자치부장관의 명을 받아 소관 사무를 총괄하고, 소속 공무원을 지휘·

감독한다.

④ 운영기획관은 정부통합전산센터 발전계획 및 운영정책의 수립, 정보자원 관리계획 및 통합 등에 관하여 센터장을 보좌한다.

제41조(하부조직) 「행징기관의 조직과 정원에 관한 통칙」 제12조제3항 및 제14조제4항에 따라 정부통합전산센터에 두는 보좌기관 또는 보조기관은 행정자치부의 소속기관(국립과학수사연구원은 제외한다)에 두는 정원의 범위에서 행정자치부령으로 정한다.

제42조(광주정부통합전산센터) ① 정보시스템의 구축·운영관리 및 보호·보안과 장애·재해복구 등에 관한 사무를 관장하기 위하여 정부통합전산센터장 소속으로 광주정부통합전산센터(이하 "광주센터"라 한다)를 둔다.

② 광주센터에 센터장 1명을 둔다.

③ 센터장은 고위공무원단에 속하는 일반직공무원으로 보한다.

④ 센터장은 정부통합전산센터장의 명을 받아 소관 사무를 총괄하고, 소속 공무원을 지휘·감독한다.

⑤ 「행정기관의 조직과 정원에 관한 통칙」 제12조제3항 및 제14조제4항에 따라 광주센터에 두는 보좌기관 또는 보조기관은 행정자치부의 소속기관(국립과학수사연구원은 제외한다)에 두는 정원의 범위에서 행정자치부령으로 정한다.

제7장 이북5도

제43조(직무) 이북5도는 「이북5도에 관한 특별조치법」 제4조에 따른 사무를 관장한다.

제8장 국립과학수사연구원

제44조(직무) ① 국립과학수사연구원(이하 이 장에서 "연구원"이라 한다)은 범죄수사에 관한 법의학·법화학·이공학분야 등에 대한 과학적 조사·연구·분석·감정 및 교육훈련에 관한 사항을 관장한다.

② 연구원은 국가기관 또는 지방자치단체의 요청에 응하여 범죄수사 및 사건사고에 필요한 해석 및 감정을 할 수 있다.

제45조(하부조직의 설치 등) ① 연구원 하부조직의 설치와 분장사무는 「책임운영기관의 설치·운영에 관한 법률」 제15조제2항에 따라 같은 법 제10조에 따른 기본운영규정으로 정한다.

② 「책임운영기관의 설치・운영에 관한 법률」 제16조제1항 후단에 따라 연구원에 두는 공무원의 종류별・계급별 정원은 이를 종류별 정원으로 통합하여 행정자치부령으로 정하고, 직급별 정원은 같은 법 시행령 제16조제2항에 따라 같은 법 제10조에 따른 기본운영규정으로 정한다.

③ 연구원에 두는 고위공무원단에 속하는 공무원으로 보하는 직위의 총수는 행정자치부령으로 정한다.

제9장 공무원의 정원

제46조(행정자치부에 두는 공무원의 정원) ① 행정자치부에 두는 공무원의 정원은 별표 1과 같다. 다만, 필요한 경우에는 별표 1에 따른 총정원의 3퍼센트를 넘지 아니하는 범위에서 행정자치부령으로 정원을 따로 정할 수 있다.

② 행정자치부에 두는 정원의 직급별 정원은 행정자치부령으로 정한다. 이 경우 4급 공무원의 정원(3급 또는 4급 공무원 정원을 포함한다)은 56명을, 3급 또는 4급 공무원 정원은 4급 공무원의 정원(3급 또는 4급 공무원 정원을 포함한다)의 3분의 1을 각각 그 상한으로 하고, 4급 또는 5급 공무원 정원은 5급 공무원의 정원(4급 또는 5급 공무원 정원을 포함한다)의 3분의 1을 그 상한으로 한다.

제47조(전직대통령 비서관 등의 정원) ① 「전직대통령 예우에 관한 법률」 제6조에 따른 전직대통령의 비서관, 서거한 전직대통령의 배우자의 비서관, 전직대통령의 운전기사 및 서거한 전직대통령의 배우자의 운전기사의 정원은 행정자치부 소관 정원으로 하되, 그 수는 별표 2와 같다.

② 전직대통령의 비서관 및 서거한 전직대통령의 배우자의 비서관은 고위공무원단에 속하는 별정직공무원으로 보한다.

제48조(소속기관에 두는 공무원의 정원) ① 행정자치부의 소속기관(국립과학수사연구원은 제외한다)에 두는 공무원의 정원은 별표 3과 같다. 다만, 필요한 경우에는 별표 3에 따른 총정원의 3퍼센트를 넘지 아니하는 범위에서 행정자치부령으로 정원을 따로 정할 수 있다.

② 행정자치부의 소속기관(국립과학수사연구원은 제외한다)에 두는 공무원의 소속기관별・직급별 정원은 행정자치부령으로 정한다. 이 경우 4급 공무원의 정원(3급 또는 4급 공무원 정원을 포함한다)은 63명을, 3급 또는 4급 공무원 정원은 4급 공무원의 정원(3급 또는 4급 공무원 정원을 포함한다)의 100분의 15를 각각 그 상한으로 하고, 4급 또는 5급 공무원 정원은 5급 공무원의 정원(4급 또는 5급 공무원 정원을 포함한다)의 100분의 15를 그 상한으로 한다.

제49조(개방형직위에 대한 특례) 실·국장급 3개 직위는 임기제공무원으로 보할 수 있다.

부칙 〈제25751호, 2014.11.19.〉

제1조(시행일) 이 영은 공포한 날부터 시행한다. 다만, 부칙 제5조에 따라 개정되는 대통령령 중 이 영 시행 전에 공포되었으나 시행일이 도래하지 아니한 대통령령을 개정한 부분은 각각 해당 대통령령의 시행일부터 시행한다.

제2조(다른 법령의 폐지) 행정자치부와 그 소속기관 직제를 폐지한다.

제3조(기능 이관에 따른 공무원의 이체) ① 안전 및 재난에 관한 정책의 수립·총괄·조정, 비상대비·민방위 제도에 관한 사무의 이관에 따라 이 영 시행 당시 행정자치부 소속 공무원 138명(고위공무원단 4명, 3급 또는 4급 이하 129명, 전문경력관 5명)은 국민안전처 소속 공무원으로 보아 이를 국민안전처로 이체한다.

② 공무원의 인사·윤리·복무·연금에 관한 사무의 이관에 따라 이 영 시행 당시 행정자치부 소속 공무원 431명(정무직 3명, 별정직 1명, 고위공무원단 13명, 3급 또는 4급 이하 400명, 전문경력관 11명, 임기제 3명)은 인사혁신처 소속 공무원으로 보아 이를 인사혁신처로 이체한다.

제4조(소속 공무원에 관한 경과조치) 이 영 시행 당시 종전의 행정자치부 소속 공무원(부칙 제3조에 따라 국민안전처 및 인사혁신처로 이체하는 공무원은 제외한다)은 행정자치부 소속 공무원으로 본다.

제5조(다른 법령의 개정) ① 경제관계장관회의 규정 일부를 다음과 같이 개정한다.

제1조 중 "「정부조직법」 제19조제3항"을 "「정부조직법」 제19조제3항 및 제4항"으로 한다.

제5조제2항 중 "미래창조과학부장관·교육부장관·행정자치부장관"을 "교육부장관·미래창조과학부장관·행정자치부장관"으로 한다.

② 공공기관의 운영에 관한 법률 시행령 일부를 다음과 같이 개정한다.

제11조제1항제2호를 다음과 같이 하고, 같은 항에 제4호를 다음과 같이 신설한다.

2. 행정자치부차관

4. 인사혁신처장

제24조제2항 중 "행정자치부"를 "인사혁신처"로 한다.

③ 공공자금관리기금법 시행령 일부를 다음과 같이 개정한다.

제2조제1항 중 "행정자치부장관"을 "행정자치부장관"으로 한다.

④ 관세법 시행령 일부를 다음과 같이 개정한다.

별표 3 제35호의 과세자료제출기관란 및 같은 표 제36호의 과세자료제출기관란 중 "행정자치부"를 각각 "행정자치부"로 한다.
⑤ 국가를 당사자로 하는 계약에 관한 법률 시행령 일부를 다음과 같이 개정한다.
제76조의5제2항제1호 본문 중 "행정자치부"를 "행정자치부"로 한다.
⑥ 국가회계법 시행령 일부를 다음과 같이 개정한다.
제2조제1항제3호 중 "행정자치부"를 "행정자치부"로, "행정자치부장관"을 "행정자치부장관"으로 한다.
⑦ 국세기본법 시행령 일부를 다음과 같이 개정한다.
제55조의4제1항 중 "행정자치부장관"을 "행정자치부장관"으로 한다.
⑧ 국유재산법 시행령 일부를 다음과 같이 개정한다.
제17조제1항제5호를 다음과 같이 한다.
5. 행정자치부차관
⑨ 농어촌특별세법 시행령 일부를 다음과 같이 개정한다.
제4조제1항제4호 및 같은 조 제6항제6호 중 "행정자치부장관"을 각각 "행정자치부장관"으로 한다.
제10조제1항 중 "행정자치부장관"을 "행정자치부장관"으로 한다.
⑩ 독립공채상환에관한특별조치법시행령 일부를 다음과 같이 개정한다.
제4조제2항제2호 중 "행정자치부장관"을 "행정자치부장관"으로 한다.
⑪ 물품관리법 시행령 일부를 다음과 같이 개정한다.
제8조제1항 중 "행정자치부장관"을 "행정자치부장관"으로 한다.
⑫ 법인세법 시행령 일부를 다음과 같이 개정한다.
제57조제1항제1호 본문 및 같은 항 제3호 중 "행정자치부장관"을 각각 "행정자치부장관"으로 한다.
⑬ 복권 및 복권기금법 시행령 일부를 다음과 같이 개정한다.
제11조제2호를 다음과 같이 한다.
2. 행정자치부
⑭ 부담금관리 기본법 시행령 일부를 다음과 같이 개정한다.
제6조제1항 중 "행정자치부"를 "행정자치부"로 한다.
⑮ 사회기반시설에 대한 민간투자법 시행령 일부를 다음과 같이 개정한다.
제3조제1항제2호 및 제3호를 각각 다음과 같이 한다.
2. 교육부차관
3. 미래창조과학부장관이 지명하는 미래창조과학부차관
별표 1 제1호가목 중 "국무총리실장"을 "국무조정실장 · 국무총리비서실장"으로, "교육과학기술부장관"을 "교육부장관 · 미래창조과학부장관"으로, "외교부장관"을 "외교부장관"

으로, “행정안전부장관”을 “행정자치부장관 · 국민안전처장관 · 인사혁신처장”으로, “농림수산식품부장관 · 지식경제부장관”을 “농림축산식품부장관 · 산업통상자원부장관”으로, “국토해양부장관”을 “국토교통부장관 · 해양수산부장관”으로, “식품의약품안전청장 · 해양경찰청장”을 “식품의약품안전처장”으로 하고, 같은 표 제2호가목 중 “국무총리실장”을 “국무조정실장 · 국무총리비서실장”으로, “행정안전부장관”을 “행정자치부장관 · 국민안전처장관 · 인사혁신처장”으로, “외교부장관”을 “외교부장관”으로, “교육과학기술부장관”을 “교육부장관 · 미래창조과학부장관”으로, “농림수산식품부장관 · 지식경제부장관”을 “농림축산식품부장관 · 산업통상자원부장관”으로, “식품의약품안전청장”을 “식품의약품안전처장”으로, “국토해양부장관”을 “국토교통부장관 · 해양수산부장관”으로, “중소기업청장 · 해양경찰청장”을 “중소기업청장”으로 하며, 같은 표 제3호가목 중 “국무총리실장”을 “국무조정실장 · 국무총리비서실장”으로, “행정안전부장관 · 교육과학기술부장관”을 “행정자치부장관 · 국민안전처장관 · 인사혁신처장 · 교육부장관 · 미래창조과학부장관”으로, “외교부장관”을 “외교부장관”으로, “농림수산식품부장관 · 지식경제부장관”을 “농림축산식품부장관 · 산업통상자원부장관”으로, “식품의약품안전청장”을 “식품의약품안전처장”으로, “국토해양부장관”을 “국토교통부장관 · 해양수산부장관”으로, “중소기업청장 · 해양경찰청장 · 소방방재청장”을 “중소기업청장”으로 하고, 같은 표 제4호 중 “국무총리실장”을 “국무조정실장 · 국무총리비서실장”으로, “행정안전부장관 · 교육과학기술부장관”을 “행정자치부장관 · 국민안전처장관 · 인사혁신처장 · 교육부장관 · 미래창조과학부장관”으로, “외교부장관”을 “외교부장관”으로, “농림수산식품부장관 · 지식경제부부장관”을 “농림축산식품부장관 · 산업통상자원부장관”으로, “식품의약품안전청장”을 “식품의약품안전처장”으로, “국토해양부장관”을 “국토교통부장관 · 해양수산부장관”으로, “중소기업청장 · 해양경찰청장 · 소방방재청장”을 “중소기업청장”으로 한다.

〈16〉 상속세 및 증여세법 시행령 일부를 다음과 같이 개정한다.

제82조 중 “행정자치부장관”을 “행정자치부장관”으로 한다.

〈17〉 소득세법 시행령 일부를 다음과 같이 개정한다.

제80조제1항제5호 각 목 외의 부분 본문, 같은 호 바목, 같은 조 제2항제2호, 같은 조 제3항 및 같은 조 제4항 각 호 외의 부분 중 “행정자치부장관”을 각각 “행정자치부장관”으로 한다.

〈18〉 시 · 도경제협의회규정 일부를 다음과 같이 개정한다.

제3조제2항 중 “미래창조과학부장관이 지명하는 미래창조과학부차관, 교육부차관, 행정자치부장관이 지명하는 행정자치부차관”을 “교육부차관, 미래창조과학부장관이 지명하는 미래창조과학부차관, 행정자치부차관”으로 한다.

제6조제2항 중 “행정자치부”를 “행정자치부”로 한다.

제7조제2항 중 “행정자치부”를 각각 “행정자치부”로 한다.
〈19〉 예산성과금 규정 일부를 다음과 같이 개정한다.
제7조제2항제1호 중 “행정자치부장관”을 “행정자치부장관”으로 한다.
〈20〉 종합부동산세법 시행령 일부를 다음과 같이 개정한다.
제2조 각 호 외의 부분 중 “행정자치부장관”을 “행정자치부장관”으로 한다.
제9조제1항 및 제4항 중 “행정자치부장관”을 각각 “행정자치부장관”으로 한다.
제17조제1항 각 호 외의 부분, 같은 조 제2항 각 호 외의 부분, 같은 조 제3항, 같은 조 제4항 각 호 외의 부분 및 같은 조 제5항부터 제7항까지 중 “행정자치부장관”을 각각 “행정자치부장관”으로 한다.
〈21〉 중장기전략위원회 규정 일부를 다음과 같이 개정한다.
제3조제1항제1호 중 “미래창조과학부장관, 교육부장관”을 “교육부장관, 미래창조과학부장관”으로, “행정자치부장관”을 “행정자치부장관”으로 한다.
〈22〉 특정조달을 위한 국가를 당사자로 하는 계약에 관한 법률 시행령 특례규정 일부를 다음과 같이 개정한다.
제42조제1호나목 중 “행정자치부장관”을 “행정자치부장관”으로 한다.
별표 1 제1호 중 “미래창조과학부(방송통신진흥·융합과 전파관리를 위한 조달의 경우는 제외한다), 교육부”를 “교육부, 미래창조과학부(방송통신·융합과 전파관리를 위한 조달의 경우는 제외한다)”로, “행정자치부”를 “행정자치부”로, “법제처”를 “국민안전처, 인사혁신처, 법제처”로 한다.
별표 4 제1호 중 “미래창조과학부, 교육부”를 “교육부, 미래창조과학부”로, “행정자치부”를 “행정자치부”로, “법제처”를 “국민안전처, 인사혁신처, 법제처”로, “경찰청, 소방방재청”을 “경찰청”으로, “기상청, 해양경찰청”을 “기상청”으로 하고, 같은 표 [주3] 중 “경찰청 및 해양경찰청”을 “국민안전처와 경찰청”으로 한다.
별표 5 제1호 중 “미래창조과학부, 교육부”를 “교육부, 미래창조과학부”로, “행정자치부”를 “행정자치부”로, “법제처”를 “국민안전처, 인사혁신처, 법제처”로, “경찰청, 소방방재청”을 “경찰청”으로, “특허청, 기상청 및 해양경찰청”을 “특허청 및 기상청”으로 하고, 같은 표 [주3] 중 “경찰청 및 해양경찰청”을 “국민안전처와 경찰청”으로 한다.
별표 7 제1호 중 “미래창조과학부, 교육부”를 “교육부, 미래창조과학부”로, “행정자치부”를 “행정자치부”로, “법제처”를 “국민안전처, 인사혁신처, 법제처”로, “중소기업청, 해양경찰청, 소방방재청”을 “중소기업청”으로 하고, 같은 표 비고 제3호 중 “경찰청과 해양경찰청”을 “국민안전처와 경찰청”으로 한다.
〈23〉 국가통계위원회 규정 일부를 다음과 같이 개정한다.
제3조제2항제1호 중 “미래창조과학부장관·교육부장관·행정자치부장관”을 “교육부장관

·미래창조과학부장관·행정자치부장관"으로 한다.
〈24〉 과학기술기본법 시행령 일부를 다음과 같이 개정한다.
제9조의2제1항 중 "미래창조과학부장관, 교육부장관, 국방부장관, 행정자치부장관"을 "교육부장관, 미래창조과학부장관, 국방부장관"으로, "해양수산부장관"을 "해양수산부장관, 국민안전처장관"으로 한다.
제44조제1항 각 호 외의 부분 중 "미래창조과학부장관 또는 교육부장관(교육부장관의 경우에는 기관등에 한정한다. 이하 이 조에서 같다)"을 "교육부장관(교육부장관의 경우에는 기관등에 한정한다. 이하 이 조에서 같다) 또는 미래창조과학부장관"으로 한다.
제44조제2항부터 제4항까지 및 같은 조 제5항 각 호 외의 부분 중 "미래창조과학부장관 또는 교육부장관"을 각각 "교육부장관 또는 미래창조과학부장관"으로 한다.
〈25〉 과학기술분야 정부출연연구기관 등의 설립·운영 및 육성에 관한 법률 시행령 일부를 다음과 같이 개정한다.
제26조제3항제4호 중 "미래창조과학부장관 및 교육부장관"을 "교육부장관 및 미래창조과학부장관"으로 한다.
〈26〉 광주과학기술원법 시행령 일부를 다음과 같이 개정한다.
제29조제1항 및 제2항 중 "미래창조과학부장관과 교육부장관"을 각각 "교육부장관과 미래창조과학부장관"으로 한다.
〈27〉 국가연구개발사업의 관리 등에 관한 규정 일부를 다음과 같이 개정한다.
제13조제6항제1호 중 "미래창조과학부, 교육부"를 "교육부, 미래창조과학부"로 한다.
제26조제5항제1호 중 "미래창조과학부, 교육부, 행정자치부"를 "교육부, 미래창조과학부, 행정자치부"로, "국가정보원, 식품의약품안전처, 방위사업청, 소방방재청"을 "국민안전처, 국가정보원, 식품의약품안전처, 방위사업청"으로 한다.
〈28〉 국가정보화 기본법 시행령 일부를 다음과 같이 개정한다.
제12조제1항 중 "행정자치부"를 "행정자치부"로 한다.
제12조제1항, 제15조제3항, 제28조제1항 및 제3항 중 "행정자치부장관"을 각각 "행정자치부장관"으로 한다.
〈29〉 국가초고성능컴퓨터 활용 및 육성에 관한 법률 시행령 일부를 다음과 같이 개정한다.
제5조제1항제2호 및 제3호를 각각 다음과 같이 한다.
2. 교육부
3. 미래창조과학부
〈30〉 국제과학비즈니스벨트 조성 및 지원에 관한 특별법 시행령 일부를 다음과 같이 개정한다.
제2조제1항제2호부터 제4호까지를 각각 다음과 같이 한다.

2. 교육부차관
3. 미래창조과학부장관이 지명하는 미래창조과학부차관
4. 행정자치부차관

〈31〉 기술사법 시행령 일부를 다음과 같이 개정한다.
제3조제1항 중 "미래창조과학부, 행정자치부"를 "미래창조과학부"로, "소방방재청"을 "국민안전처"로 한다.
제4조의2제4항제1호 중 "미래창조과학부, 교육부"를 "교육부, 미래창조과학부"로 한다.
〈32〉 기초연구진흥 및 기술개발지원에 관한 법률 시행령 일부를 다음과 같이 개정한다.
제4조제1항제4호가목·나목 및 라목을 각각 다음과 같이 한다.

가. 교육부
  1) 대학연구실의 기본운영을 위한 재정(財政)의 확보 및 제도의 마련
  2) 대학의 연구비 확대를 위한 학술연구조성비 등 연구 재원(財源)의 확충
  3) 연구교수제도, 연구휴가제도, 객원교수제도 및 객원연구원제도 등을 실시하기 위한 시책의 발전
  4) 대학의 우수연구인력 양성 방안
  5) 대학부설연구소의 육성 지원과 연구환경 조성 및 연구기반 구축

나. 미래창조과학부
  1) 기초연구사업의 효율적 추진을 위한 제도의 발전과 재원의 확충
  2) 연구시설의 확충을 위한 재정(財政)의 확보 및 제도의 마련
  3) 학계, 산업계 및 연구기관 간의 협력과 국제교류 촉진 등에 관한 제도의 발전
  4) 우수연구집단의 육성 지원과 연구환경 조성 및 연구기반 구축
  5) 기초연구를 촉진시키기 위한 연구기기, 연구장비 및 연구소재의 확충 및 제도의 발전
  6) 방사광가속기(放射光加速器), 핵융합 연구장치 등 대형 연구시설의 운영 및 공동이용 지원 등
  7) 국립·공립연구기관의 기초연구활동 장려 및 지원 등
  8) 과학기술분야 연구인력의 양성, 활용 및 처우개선 방안

라. 국민안전처
  1) 방재산업 및 재난안전 관련 기초연구의 진흥
  2) 방재산업 및 재난안전 관련 국공립연구기관의 기초연구활동 장려 및 지원 등

〈33〉 뇌연구 촉진법 시행령 일부를 다음과 같이 개정한다.
제2조제1항 중 "미래창조과학부장관, 교육부장관"을 "교육부장관, 미래창조과학부장관"으로 한다.

제10조제2항제1호 중 “미래창조과학부, 교육부”를 “교육부, 미래창조과학부”로 한다.
〈34〉 대구경북과학기술원법 시행령 일부를 다음과 같이 개정한다.
제28조제1항 및 제2항 중 “미래창조과학부장관과 교육부장관”을 각각 “교육부장관과 미래창조과학부장관”으로 한다.
〈35〉 비파괴검사기술의 진흥 및 관리에 관한 법률 시행령 일부를 다음과 같이 개정한다.
제4조를 삭제한다
〈36〉 생명공학육성법시행령 일부를 다음과 같이 개정한다.
제5조제2항제2호 및 제3호를 각각 다음과 같이 한다.
2. 교육부
3. 미래창조과학부
〈37〉 여성과학기술인 육성 및 지원에 관한 법률 시행령 일부를 다음과 같이 개정한다.
제6조제2항 중 “미래창조과학부 · 교육부 · 행정자치부”를 “교육부 · 미래창조과학부 · 행정자치부”로 한다.
〈38〉 연구개발특구의 육성에 관한 특별법 시행령 일부를 다음과 같이 개정한다.
제8조제2항제3호를 다음과 같이 한다.
3. 행정자치부차관
〈39〉 우정사업 운영에 관한 특례법 시행령 일부를 다음과 같이 개정한다.
제3조 중 “행정자치부장관 및 미래창조과학부장관”을 “미래창조과학부장관 및 행정자치부장관”으로 한다.
제10조의7제2항 단서, 제13조제5항 및 별표 제3호 중 “행정자치부장관”을 각각 “인사혁신처장”으로 한다.
〈40〉 우주개발 진흥법 시행령 일부를 다음과 같이 개정한다.
제4조제1항제2호 및 제3호를 각각 다음과 같이 한다.
2. 국토교통부장관이 지명하는 국토교통부차관 1명
3. 국민안전처차관
〈41〉 전기통신사업법 시행령 일부를 다음과 같이 개정한다.
제16조제1항제5호를 다음과 같이 한다.
5. 행정자치부
제53조제5항 단서 중 “경찰 및 해양경찰”을 “경찰(국민안전처 소속 경찰공무원을 포함한다)”로 한다.
〈42〉 정보통신기반 보호법 시행령 일부를 다음과 같이 개정한다.
제2조제6호를 다음과 같이 한다.
6. 행정자치부차관

〈43〉 정보통신망 이용촉진 및 정보보호 등에 관한 법률 시행령 일부를 다음과 같이 개정한다.
제65조제1항 및 제3항 중 "행정자치부장관"을 각각 "행정자치부장관"으로 한다.
〈44〉 정보통신 진흥 및 융합 활성화 등에 관한 특별법 시행령 일부를 다음과 같이 개정한다.
제4조제1항제3호를 다음과 같이 한다.
3. 행정자치부장관
제31조제1항제5호 및 같은 조 제2항 중 "행정자치부장관"을 각각 "행정자치부장관"으로 한다.
제32조제1항 각 호 외의 부분 전단, 같은 조 제2항 전단 및 같은 조 제3항제4호 중 "행정자치부장관"을 각각 "행정자치부장관"으로 한다.
〈45〉 지식재산 기본법 시행령 일부를 다음과 같이 개정한다.
제3조제2호 · 제3호 및 제7호를 각각 다음과 같이 한다.
2. 교육부
3. 미래창조과학부
7. 행정자치부
〈46〉 창조경제 민관협의회 등의 설치 및 운영에 관한 규정 일부를 다음과 같이 개정한다.
제3조제1항제1호 중 "미래창조과학부장관, 교육부장관"을 "교육부장관, 미래창조과학부장관"으로 한다.
제6조제2항 전단 중 "미래창조과학부, 교육부"를 "교육부, 미래창조과학부"로, "행정자치부"를 "행정자치부"로 한다.
〈47〉 한국과학기술원 학사규정 일부를 다음과 같이 개정한다.
제15조제1항 및 제2항 중 "미래창조과학부장관과 교육부장관"을 각각 "교육부장관과 미래창조과학부장관"으로 한다.
〈48〉 과학교육진흥법시행령 일부를 다음과 같이 개정한다.
제2조제3항제1호 중 "미래창조과학부 · 교육부"를 "교육부 · 미래창조과학부"로 한다.
〈49〉 교육공무원임용령 일부를 다음과 같이 개정한다.
제7조의3제3항 및 제5항 중 "행정자치부장관"을 각각 "인사혁신처장"으로 한다.
제7조의4제1항 후단 중 "행정자치부장관"을 "행정자치부장관"으로 한다.
〈50〉 교육공무원 징계령 일부를 다음과 같이 개정한다.
제4조제2항 중 "행정자치부 제1차관, 문화체육관광부 제1차관"을 "문화체육관광부 제1차관, 인사혁신처차장"으로 한다.
〈51〉 교육국제화특구의 지정 · 운영 및 육성에 관한 특별법 시행령 일부를 다음과 같이 개정한다.
제7조제2항 중 "행정자치부차관"을 "행정자치부차관"으로 한다.
〈52〉 국립대학법인 인천대학교 설립・운영에 관한 법률 시행령 일부를 다음과 같이 개정한다.
제8조제2항 각 호 외의 부분 중 "행정자치부장관"을 "행정자치부장관"으로 한다.
〈53〉 국립학교 설치령 일부를 다음과 같이 개정한다.
제18조제1항 본문 및 단서 중 "해양수산부장관 또는 교육부장관"을 각각 "교육부장관 또는 해양수산부장관"으로 한다.
〈54〉 동북아역사재단 설립・운영에 관한 법률 시행령 일부를 다음과 같이 개정한다.
제2조제1호 중 "행정자치부차관"을 "행정자치부차관"으로 한다.
〈55〉 사료의 수집・편찬 및 한국사의 보급 등에 관한 법률 시행령 일부를 다음과 같이 개정한다.
제10조제3항제1호 중 "행정자치부 국가기록원장"을 "행정자치부 국가기록원장"으로 한다.
〈56〉 인적자원개발 기본법 시행령 일부를 다음과 같이 개정한다.
제5조제1항 중 "행정자치부장관"을 "행정자치부장관"으로, "국무조정실장"을 "국무조정실장・인사혁신처장"으로 한다.
〈57〉 자격기본법 시행령 일부를 다음과 같이 개정한다.
제19조제2항제1호 중 "미래창조과학부・교육부"를 "교육부・미래창조과학부"로 한다.
〈58〉 장애인 등에 대한 특수교육법 시행령 일부를 다음과 같이 개정한다.
제6조제3항 중 "행정자치부"를 "행정자치부"로 한다.
〈59〉 지방교육행정기관 및 공립의 각급 학교에 두는 국가공무원의 정원에 관한 규정 일부를 다음과 같이 개정한다.
제3조제1항 및 제2항 중 "교육과학기술부장관"을 각각 "교육부장관"으로 한다.
제3조제3항 중 "교육과학기술부령"을 "교육부령"으로 한다.
〈60〉 지방대학 및 지역균형인재 육성에 관한 법률 시행령 일부를 다음과 같이 개정한다.
제6조제1항 중 "국토교통부"를 "국토교통부, 인사혁신처"로 한다.
〈61〉 평생교육법 시행령 일부를 다음과 같이 개정한다.
제5조제1항 중 "행정자치부차관"을 "행정자치부차관"으로 한다.
〈62〉 학교폭력예방 및 대책에 관한 법률 시행령 일부를 다음과 같이 개정한다.
제4조제2항 중 "미래창조과학부, 교육부"를 "교육부, 미래창조과학부"로, "행정자치부"를 "행정자치부"로, "여성가족부"를 "여성가족부, 국민안전처"로 한다.
〈63〉 한국연구재단법 시행령 일부를 다음과 같이 개정한다.
제3조제1항제8호, 제6조 및 제7조제6항 중 "미래창조과학부장관과 교육부장관"을 각각

"교육부장관과 미래창조과학부장관"으로 한다.
제7조제2항 각 호 외의 부분 중 "미래창조과학부장관 또는 교육부장관"을 "교육부장관 또는 미래창조과학부장관"으로 한다.
제7조제2항제1호 중 "미래창조과학부 또는 교육부"를 "교육부 또는 미래창조과학부"로 한다.
제7조제6항 중 "미래창조과학부와 교육부"를 "교육부와 미래창조과학부"로 한다.
〈64〉 국립외교원법 시행령 일부를 다음과 같이 개정한다.
제5조제3항 전단 및 제6조제3항 중 "행정자치부장관"을 각각 "인사혁신처장"으로 한다.
〈65〉 국제개발협력기본법 시행령 일부를 다음과 같이 개정한다.
제2조제1항제1호 · 제2호 및 제4호를 각각 다음과 같이 한다.
1. 교육부장관
2. 미래창조과학부장관
4. 행정자치부장관
〈66〉 국제연합 평화유지활동 참여에 관한 법률 시행령을 다음과 같이 개정한다.
제5조제1항제3호를 다음과 같이 한다.
3. 행정자치부차관
〈67〉 외무공무원임용령 일부를 다음과 같이 개정한다.
제14조의2, 제18조의3제2항, 제18조의4제1항제3호, 같은 조 제3항 단서, 같은 조 제6항, 제24조의3제4항, 제24조의4제3항, 같은 조 제5항제3호, 제26조제4항 단서 및 제34조제2항제3호 중 "행정자치부장관"을 각각 "인사혁신처장"으로 한다.
제32조의2제5항 중 "행정자치부장관"을 "행정자치부장관 및 인사혁신처장"으로 한다.
별표 2의2 비고 제2호 후단 중 "행정자치부장관"을 "인사혁신처장"으로 한다.
〈68〉 재외공관 공증법 시행령 일부를 다음과 같이 개정한다.
별표 2 제1호의 관계부처란을 다음과 같이 한다.

행정자치부

〈69〉 재외공관주재관 임용령 일부를 다음과 같이 개정한다.
제5조제4항제3호 중 "행정자치부"를 "행정자치부 · 인사혁신처"로 한다.
제5조제5항 및 같은 조 제6항 전단 · 후단 중 "행정자치부장관"을 각각 "인사혁신처장"으로 한다.
제10조의2제3항 본문 중 "행정자치부장관"을 "행정자치부장관"으로 한다.
〈70〉 한국국제교류재단법시행령 일부를 다음과 같이 개정한다.

제5조제2항 중 "행정자치부장관"을 "행정자치부장관"으로 한다.

〈71〉 한국국제협력단법 시행령 일부를 다음과 같이 개정한다.

제3조제3항 단서 중 "행정자치부장관"을 "행정자치부장관"으로 한다.

〈72〉 해외긴급구호에 관한 법률 시행령 일부를 다음과 같이 개정한다.

제5조제1항제3호 및 제7호를 각각 다음과 같이 하고, 같은 항 제8호를 삭제한다.

3. 행정자치부차관

7. 국민안전처차관

제6조제1호 중 "행정자치부장관"을 "행정자치부장관"으로 하고, 같은 조 제6호 중 "해양경찰청장"을 "국민안전처장관"으로 한다.

제7조제1항제2호 중 "소방방재청장 및 해양경찰청장"을 "국민안전처장관"으로 한다.

〈73〉 6·25전쟁 납북피해 진상규명 및 납북피해자 명예회복에 관한 법률 시행령 일부를 다음과 같이 개정한다.

제2조제1항제1호 중 "행정자치부장관"을 "행정자치부장관"으로 한다.

〈74〉 북한이탈주민의 보호 및 정착지원에 관한 법률 시행령 일부를 다음과 같이 개정한다.

제2조 중 "행정자치부"를 "행정자치부"로 한다.

제36조제3항 중 "행정자치부장관"을 "인사혁신처장"으로 한다.

제36조제3항 및 제4항 중 "행정자치부장관등"을 각각 "인사혁신처장 등"으로 한다.

제37조의2제1항 및 제43조 중 "행정자치부장관"을 각각 "행정자치부장관"으로 한다.

〈75〉 검사의 사법경찰관리에 대한 수사지휘 및 사법경찰관리의 수사준칙에 관한 규정 일부를 다음과 같이 개정한다.

제107조 중 "대검찰청, 경찰청 및 해양경찰청"을 "국민안전처, 대검찰청 및 경찰청"으로 한다.

〈76〉 국가보안유공자 상금지급 등에 관한 규정 일부를 다음과 같이 개정한다.

제3조제1항 중 "해양경찰서장"을 "해양경비안전서장"으로 한다.

제4조제2항 중 "행정자치부"를 "행정자치부"로 한다.

〈77〉 범죄피해자 보호법 시행령 일부를 다음과 같이 개정한다.

제13조제2항제1호 중 "행정자치부차관"을 "행정자치부차관"으로 한다.

제15조제4항제1호 중 "행정자치부"를 "행정자치부"로 한다.

〈78〉 법교육지원법 시행령 일부를 다음과 같이 개정한다.

제12조제2항 중 "행정자치부"를 "행정자치부"로 한다.

〈79〉 변호사법 시행령 일부를 다음과 같이 개정한다.

제8조제2호다목을 다음과 같이 한다.

다. 「정부조직법」 제22조의2제1항 및 「국민안전처와 그 소속기관 직제」 제2장·제8장

에 따른 국민안전처, 지방해양경비안전관서

〈80〉 재한외국인 처우 기본법 시행령 일부를 다음과 같이 개정한다.

제7조제1항 중 "미래창조과학부장관, 교육부장관"을 "교육부장관, 미래창조과학부장관"으로, "행정자치부장관"을 "행정자치부장관"으로 한다.

〈81〉 친일반민족행위자 재산의 국가귀속에 관한 특별법 시행령 일부를 다음과 같이 개정한다.

제11조제2항 전단 중 "행정자치부"를 "행정자치부"로 한다.

〈82〉 특정범죄신고자등보호법시행령 일부를 다음과 같이 개정한다.

제6조제4항 중 "해양경찰청장"을 "국민안전처장관"으로, "지방경찰청장"을 "지방경찰청장(지방해양경비안전본부장을 포함한다. 이하 같다)"으로, "해양경찰서장"을 "해양경비안전서장"으로 한다.

〈83〉 2015경북문경세계군인체육대회 지원법 시행령 일부를 다음과 같이 개정한다.

제10조제1항제1호 중 "미래창조과학부, 교육부"를 "교육부, 미래창조과학부"로, "행정자치부"를 "행정자치부"로 한다.

〈84〉 국방개혁에 관한 법률 시행령 일부를 다음과 같이 개정한다.

제4조제1항제2호・제3호・제7호 및 제13호를 각각 다음과 같이 한다.

2. 교육부차관
3. 미래창조과학부차관
7. 행정자치부차관
13. 국민안전처 해양경비안전본부장

제17조제2항 중 "해양경찰청으로"를 "국민안전처로"로 한다.

제17조제3항 중 "행정안전부・경찰청・해양경찰청"을 "행정자치부・국민안전처・경찰청"으로 한다.

〈85〉 군 공항 이전 및 지원에 관한 특별법 시행령 일부를 다음과 같이 개정한다.

제13조제1항 전단 및 같은 조 제2항 중 "행정자치부장관"을 각각 "행정자치부장관"으로 한다.

〈86〉 군법무관임용법시행령 일부를 다음과 같이 개정한다.

제3조제2항 중 "행정안전부장관"을 "인사혁신처장"으로 한다.

〈87〉 군보건의료에 관한 법률 시행령 일부를 다음과 같이 개정한다.

제4조제1항제3호를 다음과 같이 한다.

3. 행정자치부장관

〈88〉 군사기지 및 군사시설 보호법 시행령 일부를 다음과 같이 개정한다.

제15조제1항제1호 중 "행정자치부"를 "행정자치부"로 한다.

〈89〉 군용항공기 비행안전성 인증에 관한 법률 시행령 일부를 다음과 같이 개정한다.
제2조 중 "경찰청, 해양경찰청"을 "국민안전처(해양경비안전본부 및 지방해양경비안전관서에 한한다), 경찰청"으로 한다.
〈90〉 군인 및 군무원의 해외파견근무수당 지급규정 일부를 다음과 같이 개정한다.
제3조제2항 후단 중 "행정자치부장관"을 "인사혁신처장"으로 한다.
별표 2 제2호나목 중 "행정안전부장관"을 각각 "인사혁신처장"으로 한다.
〈91〉 군인사법 시행령 일부를 다음과 같이 개정한다.
제25조의2제1항제2호 중 "행정자치부장관"을 "인사혁신처장"으로 한다.
〈92〉 군인연금법 시행령 일부를 다음과 같이 개정한다.
제39조제1항제2호 및 제3호 중 "행정자치부장관"을 각각 "인사혁신처장"으로 한다.
〈93〉 상이기장령 일부를 다음과 같이 개정한다.
제5조 단서 중 "행정자치부장관"을 "행정자치부장관"으로 한다.
〈94〉 수도방위사령부령 일부를 다음과 같이 개정한다.
제7조 후단 중 "행정자치부장관"을 "행정자치부장관"으로 한다.
〈95〉 주한미군기지 이전에 따른 평택시 등의 지원 등에 관한 특별법 시행령 일부를 다음과 같이 개정한다.
제7조제1항부터 제4항까지, 제8조제3항, 같은 조 제4항 각 호 외의 부분, 같은 조 제5항, 제10조제1항 단서, 같은 조 제2항 및 제24조 중 "행정자치부장관"을 각각 "행정자치부장관"으로 한다.
〈96〉 징발법 시행령 일부를 다음과 같이 개정한다.
제16조제3항 중 "행정자치부"를 "행정자치부"로 한다.
〈97〉 통합방위법 시행령 일부를 다음과 같이 개정한다.
제3조제2항제6호를 다음과 같이 하고, 같은 항 제7호를 삭제한다.
6. 지방해양경비안전본부장
제8조제1항제6호를 다음과 같이 한다.
6. 지방해양경비안전본부장 또는 해양경비안전서장
제23조제1항제4호 및 제5호 중 "해양경찰"을 각각 "국민안전처 소속 경찰공무원"으로 한다.
제23조제3항 중 "지방해양경찰청장"을 "지방해양경비안전본부장"으로 한다.
제25조제7항 중 "행정자치부장관, 국가정보원장, 경찰청장, 해양경찰청장"을 "행정자치부장관, 국민안전처장관, 국가정보원장 및 경찰청장"으로 한다.
제31조제1항을 삭제하고, 같은 조 제2항 중 "지방해양경찰청장(해양경찰청 직할 해양경찰서장을 포함한다)"을 "지방해양경비안전본부장"으로 한다.
〈98〉 향토예비군 설치법 시행령 일부를 다음과 같이 개정한다.

제7조제1항 전단 중 "경찰청장·소방방재청장 및 해양경찰청장"을 "국민안전처장관 및 경찰청장"으로 한다.
〈99〉 공직자 등의 병역사항 신고 및 공개에 관한 법률 시행령 일부를 다음과 같이 개정한다.
제3조제20호 중 "행정자치부"를 "행정자치부"로 한다.
제13조제2항 중 "행정자치부장관"을 "행정자치부장관"으로 한다.
〈100〉 병역법 시행령 일부를 다음과 같이 개정한다.
제2조제1항제2호, 제41조제1항, 제43조제1항부터 제3항까지, 같은 조 제5항, 제44조, 제45조제1항, 제46조제1항·제2항 및 제169조제4항 중 "소방방재청장·경찰청장 또는 해양경찰청장"을 각각 "국민안전처장관 또는 경찰청장"으로 한다.
제7조제1항·제5항, 제143조제1항·제2항, 제143조의2제1항 각 호 외의 부분 및 같은 조 제2항 중 "행정자치부장관"을 각각 "행정자치부장관"으로 한다.
제42조제1항 및 제2항 중 "경찰청장 또는 해양경찰청장"을 각각 "국민안전처장관 또는 경찰청장"으로 한다.
제123조제1항 중 "행정자치부장관"을 "인사혁신처장"으로 한다.
제169조의2제1항 중 "행정자치부"를 "행정자치부"로 한다.
〈101〉 1980년해직공무원의보상등에관한특별조치법시행령 일부를 다음과 같이 개정한다.
제3조 각 호 외의 부분, 제5조제1항 각 호 외의 부분 전단, 제6조제1항·제2항, 제7조제3항, 제8조제7항 본문, 제9조제1항, 제11조제5항 전단, 제12조제1항 후단 및 같은 조 제2항·제3항 중 "행정자치부장관"을 각각 "인사혁신처장"으로 한다.
별지 제4호 서식 중 "행정자치부장관"을 "인사혁신처장"으로 한다.
〈102〉 5·18민주화운동 관련자 보상 등에 관한 법률 시행령 일부를 다음과 같이 개정한다.
제2조제1항 중 "행정자치부장관"을 "행정자치부장관"으로 한다.
제5조제2항 및 제7조 후단 중 "행정자치부"를 각각 "행정자치부"로 한다.
〈103〉 각종 기념일 등에 관한 규정 일부를 다음과 같이 개정한다.
별표 제4호·제23호·제26호·제28호·제36호 및 제39호의 주관 부처란 중 "행정자치부"를 각각 "행정자치부"로 한다.
〈104〉 개방형 직위 및 공모 직위의 운영 등에 관한 규정 일부를 다음과 같이 개정한다.
제3조제3항부터 제5항까지, 제4조제4항제2호, 제5조제1항제1호·제2호, 같은 조 제4항, 제6조제1항 각 호 외의 부분, 같은 조 제2항·제6항, 제7조제2항, 제9조제2항 단서, 제11조제1항제4호, 제13조제3항·제4항, 제14조제4항 각 호 외의 부분, 제16조제3항, 제20조제1항제4호, 제21조제1항·제5항, 제23조제2항 및 제27조제1항·제2항 중 "행정자치부장관"을 각각 "인사혁신처장"으로 한다.

제21조제4항 각 호 외의 부분 전단 및 같은 조 제6항 중 "행정자치부"를 각각 "인사혁신처"로 한다.

〈105〉 개인정보 보호법 시행령 일부를 다음과 같이 개정한다.

제11조제1항, 같은 조 제2항 전단·후난, 같은 조 제3항, 제12조제1항, 제13조제1항 각 호 외의 부분, 같은 조 제2항, 같은 조 제3항 후단, 제14조, 제16조제2항, 제27조, 제30조제2항·제3항, 제32조제3항, 제34조제1항 전단, 같은 조 제2항·제3항, 제37조제1항 각 호 외의 부분, 같은 조 제2항 각 호 외의 부분, 같은 조 제3항 각 호 외의 부분 본문, 같은 조 제4항 각 호 외의 부분 전단, 같은 조 제5항 각 호 외의 부분 본문, 같은 조 제6항 각 호 외의 부분 본문, 같은 조 제7항, 제38조제2항 각 호 외의 부분, 같은 조 제3항, 제40조의2 제2항, 같은 조 제3항 본문, 제41조제2항 전단·후단, 제48조제2항, 제50조제2항, 제58조제2항 본문, 제59조, 제60조제2항, 제61조제1항 각 호 외의 부분, 같은 조 제2항·제3항, 제62조제1항 각 호 외의 부분, 같은 조 제2항·제3항, 제62조의2제1항 각 호 외의 부분 및 제62조의3 중 "행정자치부장관"을 각각 "행정자치부장관"으로 한다.

제15조 각 호 외의 부분, 제34조제1항 전단, 제37조제2항 각 호 외의 부분, 같은 항 제4호, 같은 조 제6항 각 호 외의 부분 본문, 제41조제1항 각 호 외의 부분, 같은 조 제4항, 제42조제2항, 제43조제1항·제3항, 제44조제1항·제2항 및 제45조제2항 중 "행정자치부령"을 각각 "행정자치부령"으로 한다.

별표 1 제6호 중 "행정자치부장관"을 "행정자치부장관"으로 한다.

별표 2 제1호나목1)부터 4)까지 외의 부분 본문 및 같은 호 다목1)부터 3)까지 외의 부분 본문 중 "행정자치부장관"을 각각 "행정자치부장관"으로 한다.

〈106〉 개인정보 보호위원회 규정 일부를 다음과 같이 개정한다.

제7조제2항제1호바목 중 "행정자치부장관"을 "행정자치부장관"으로 한다.

제10조제3항 중 "행정자치부"를 "행정자치부"로 한다.

〈107〉 거창사건등관련자의명예회복에관한특별조치법시행령 일부를 다음과 같이 개정한다.

제2조제1항 중 "행정자치부장관"을 "행정자치부장관"으로 한다.

〈108〉 고위공무원단 인사규정 일부를 다음과 같이 개정한다.

제2조제1호, 제5조제2항 각 호 외의 부분, 같은 조 제3항, 제8조제1항부터 제3항까지, 제9조제1항제4호, 같은 조 제4항 후단, 제9조의2제1항제6호, 같은 조 제2항 각 호 외의 부분 단서, 같은 조 제3항, 제10조제1항·제2항, 같은 조 제3항 전단, 제14조제1항제5호가목, 제14조의3제1항, 같은 조 제2항 후단, 제14조의5제2항제2호, 제15조의2제1항제1호, 같은 항 제2호 각 목 외의 부분, 제15조의3제1항·제2항, 제15조의4, 제17조제1항, 제23조제2항, 제24조제1항 본문, 같은 조 제2항·제6항, 제26조제2항·제5항 및 제27조제5항 중 "행정자치부장관"을 각각 "인사혁신처장"으로 한다.

제15조의2제1항 각 호 외의 부분 중 “행정자치부 제1차관”을 “인사혁신처장”으로 한다.
제15조의2제1항제1호 중 “행정자치부”를 “인사혁신처”로 한다.
별지 제1호 서식 중 “행정자치부장관”을 “인사혁신처장”으로 한다.
〈109〉 공공기관의 정보공개에 관한 법률 시행령 일부를 다음과 같이 개정한다.
제4조제3항, 제20조제1항, 제27조 및 제28조제3항·제4항 중 “행정자치부장관”을 각각 “행정자치부장관”으로 한다.
제15조제2항제3호 및 제17조제1항 본문 중 “행정자치부령”을 각각 “행정자치부령”으로 한다.
제20조제2항 중 “행정자치부 제1차관”을 “행정자치부 차관”으로 한다.
제24조 중 “행정자치부 창조정부기획관”을 “행정자치부 창조정부기획관”으로 한다.
〈110〉 공공기록물 관리에 관한 법률 시행령 일부를 다음과 같이 개정한다.
제10조제1항제4호 중 “지방해양경찰청”을 “지방해양경비안전본부”로 한다.
제10조제1항제10호 각 목 외의 부분, 제23조제4항, 제24조제1항, 제25조제3항 본문·단서, 제32조제5항, 제36조제4항, 제38조제3항, 제39조제2항, 제40조제4항, 제42조제1항 단서, 제48조제3항, 제49조제2항, 제71조제1항, 같은 조 제2항 전단, 제73조제5항, 제78조제1항제2호 각 목 외의 부분, 같은 조 제3항·제5항, 제78조의2, 제81조제2항·제5항, 제82조 및 제83조제4항 중 “행정자치부령”을 각각 “행정자치부령”으로 한다.
제11조제1항 본문 중 “대검찰청·고등검찰청·지방검찰청, 방위사업청, 경찰청 및 지방경찰청, 해양경찰청 및 지방해양경찰청”을 “국민안전처 및 지방해양경비안전본부, 대검찰청·고등검찰청·지방검찰청, 방위사업청, 경찰청 및 지방경찰청”으로 한다.
제25조제2항 본문, 제55조제2항, 제78조제1항제2호 각 목 외의 부분 및 같은 조 제3항·제5항·제6항 중 “행정자치부장관”을 각각 “행정자치부장관”으로 한다.
〈111〉 공공데이터의 제공 및 이용 활성화에 관한 법률 시행령 일부를 다음과 같이 개정한다.
제2조제1항제1호 중 “미래창조과학부장관, 교육부장관, 행정자치부장관”을 “교육부장관, 미래창조과학부장관, 행정자치부장관”으로 한다.
제2조제1항제4호, 제8조제1항, 같은 조 제2항 각 호 외의 부분, 같은 조 제3항부터 제5항까지, 제9조제1항, 제10조제1항, 같은 조 제2항제6호, 제11조 본문, 제13조제2항, 제15조제1항부터 제3항까지, 제16조제2항 본문, 같은 조 제3항·제4항, 제17조제1항제5호, 같은 조 제2항·제3항, 제18조 본문, 제19조, 제20조제2항, 제29조제1항 각 호 외의 부분 및 같은 조 제2항 각 호 외의 부분 중 “행정자치부장관”을 각각 “행정자치부장관”으로 한다.
제4조제2항제1호 중 “행정자치부차관”을 “행정자치부차관”으로 한다.
제4조제4항 중 “행정자치부”를 “행정자치부”로 한다.

제20조제1항, 제21조 및 제22조제2항 중 "행정자치부령"을 각각 "행정자치부령"으로 한다.
별표 제1호나목1)부터 4)까지 외의 부분 본문 중 "행정자치부장관"을 "행정자치부장관"으로 한다.

〈112〉 공무국외여행규정 일부를 다음과 같이 개정한다.

제2조제3항, 제4조제2항, 제8조제1항, 같은 조 제2항 단서, 같은 조 제4항 · 제5항 및 제10조제3항 중 "행정자치부장관"을 각각 "인사혁신처장"으로 한다.

제8조제2항 본문 중 "행정자치부"를 "인사혁신처"로 한다.

〈113〉 공무원고충처리규정 일부를 다음과 같이 개정한다.

제3조의2제1항 중 "행정자치부장관 또는 해양수산부장관"을 "행정자치부장관 또는 국민안전처장관"으로 한다.

〈114〉 공무원 교육훈련법 시행령 일부를 다음과 같이 개정한다.

제2조제1항, 제4조의 제목, 같은 조 제1항, 같은 조 제2항 각 호 외의 부분, 같은 조 제3항, 제5조의2, 제8조제2항 본문 · 단서, 제9조제1항 · 제2항, 제11조의3제3항 전단, 제11조의4제1항, 제14조제2항부터 제4항까지, 제15조제1항 · 제2항, 제16조, 제16조의2, 제25조제2항, 제26조, 제30조제1항, 제31조제1항 각 호 외의 부분 본문, 제32조 각 호 외의 부분 본문, 같은 조 제6호, 제32조의4제2항, 제32조의5 각 호 외의 부분, 제33조제1항, 같은 조 제2항제4호, 같은 조 제3항, 같은 조 제4항 각 호 외의 부분, 같은 조 제5항 각 호 외의 부분, 제33조의3제1항, 제34조제1항 각 호 외의 부분, 제35조제2항부터 제4항까지, 제36조제1항 각 호 외의 부분, 같은 조 제2항, 제37조제1항, 같은 조 제2항 전단 · 후단, 같은 조 제3항, 제38조제1항 각 호 외의 부분, 같은 조 제2항 전단 · 후단, 제39조제1항 · 제2항, 제41조 및 제42조제2항부터 제4항까지 중 "행정자치부장관"을 각각 "인사혁신처장"으로 한다.

별표 1 제2호나목 단서 중 "행정자치부장관"을 "인사혁신처장"으로 한다.

별표 3 제1호, 같은 표 제2호다목 단서, 같은 호 라목 및 같은 표 제3호 중 "행정자치부장관"을 각각 "인사혁신처장"으로 한다.

〈115〉 공무원보수규정 일부를 다음과 같이 개정한다.

제3조제1항부터 제4항까지, 제3조의2, 제10조제2항, 제11조제3항, 제15조제10호, 제16조제3항 단서, 같은 조 제7항, 제19조의2제2항, 제21조제3항, 제32조제1항, 같은 조 제2항 후단, 제36조제2항 각 호 외의 부분 단서, 같은 항 제4호, 같은 조 제3항 각 호 외의 부분 본문, 같은 항 제4호, 같은 조 제4항 본문 · 단서, 같은 조 제5항 단서, 같은 조 제6항, 제36조의2제1항 각 호 외의 부분 단서, 같은 항 제3호, 같은 조 제3항 · 제4항, 제37조제1항제4호, 제37조의2, 제39조제3항, 제39조의2제5항, 제40조 본문, 제41조 단서, 제50조, 제54조제3항, 제55조 단서, 제58조제2항, 제59조제1항 전단, 제65조 본문 · 단서, 제67조, 제68조제2항 단서, 제70조제3항 및 제74조제2항 · 제3항 · 제5항 중 "행정자치부장관"을 각각

"인사혁신처장"으로 한다.
별표 12 비고 제1호 각 목 외의 부분 중 "행정자치부장관"을 "인사혁신처장"으로 한다.
별표 15 제1호의 초임호봉란 각 목 외의 부분 중 "행정자치부장관"을 "인사혁신처장"으로 한다.
별표 16 제2호나목 2)·3), 같은 호 다목3)의 경력란 및 같은 표 비고 제1호·제2호 중 "행정자치부장관"을 각각 "인사혁신처장"으로 한다.
별표 17 제1호나목2)나)·다) 및 같은 목 3)가)의 경력란, 같은 표 제2호나목1)라), 같은 목 2)나), 같은 목3)가)의 경력란 및 같은 표 제3호가목·나목 중 "행정자치부장관"을 각각 "인사혁신처장"으로 한다.
별표 19 제1호나목2)나)·다) 및 같은 목 3)가)의 경력란, 같은 표 제2호나목1)라), 같은 목 2)나) 및 같은 목 3)가)의 경력란, 제3호가목 및 나목 중 "행정자치부장관"을 각각 "인사혁신처장"으로 한다.
별표 22 제3호다목2) 및 같은 호 라목 3)·4)·8)의 경력란, 같은 표 비고 제1호 및 제4호 중 "행정자치부장관"을 각각 "인사혁신처장"으로 한다.
별표 27 다목의 경력란 중 "행정자치부장관"을 "인사혁신처장"으로 한다.
별표 30의 기관명란 중 "행정자치부"를 "행정자치부, 국민안전처, 인사혁신처"로 한다.
별표 32의 구분란 중 "법제처장, 국가보훈처장 및 식품의약품안전처장"을 "인사혁신처장, 법제처장, 국가보훈처장 및 식품의약품안전처장"으로 한다.
별표 33 제2호 비고 및 같은 표 제3호가목 비고 제2호 본문 중 "행정자치부장관"을 각각 "인사혁신처장"으로 한다.
별표 34의 비고 중 "행정자치부장관"을 "인사혁신처장"으로 한다.
〈116〉 공무원 성과평가 등에 관한 규정 일부를 다음과 같이 개정한다.
제6조제1항·제2항, 제14조제1항, 제17조제3항, 제20조제5항, 제22조의2제5항, 제26조제2항, 제27조제2항, 제29조제4항 및 제30조제6항 중 "행정자치부장관"을 각각 "인사혁신처장"으로 한다.
〈117〉 공무원 수당 등에 관한 규정 일부를 다음과 같이 개정한다.
제3조 본문·단서, 제7조제4항 본문, 제7조의2제2항제5호, 같은 조 제6항, 제10조제3항제6호, 같은 조 제11항, 제11조의3제7항, 제15조제4항제3호, 같은 조 제6항·제9항, 제18조의5제5항, 제22조제2항, 제22조의2제3항, 제23조제1항 전단 및 같은 조 제2항 중 "행정자치부장관"을 각각 "인사혁신처장"으로 한다.
제12조제3항을 다음과 같이 한다.
③ 제1항의 특수지근무수당의 지급대상인 지역과 그 등급별 구분은 재외공무원의 경우에는 외교부령으로, 재외공무원 외의 공무원의 경우에는 별표 7의2의 특수지근무수당 지

급대상 지역등급 구분기준표에 따라 경찰공무원은 총리령 또는 행정자치부령으로, 국립교육기관·교육행정기관 및 교육연구기관 소속 교육공무원은 교육부령으로, 교육감이 맡아 주관하는 교육기관·교육행정기관 및 교육연구기관 소속 교육공무원은 특별시·광역시·도 또는 특별자치도(이하 "시·도"라 한다) 조례로, 그 밖의 공무원은 총리령으로 각각 정하며, 특수지근무수당의 지급대상인 근무환경이 특수한 기관과 그 등급별 구분은 해당 기관의 특수성과 다른 기관과의 형평을 고려하여 경찰공무원의 경우에는 총리령 또는 행정자치부령으로, 그 밖의 공무원인 경우에는 총리령으로 각각 정한다.

별표 2의4 비고 제1호 중 "행정자치부장관"을 "인사혁신처장"으로 한다.

별표 5 제2호의 비고란 제2호 단서 중 "행정자치부장관"을 "인사혁신처장"으로 한다.

별표 6 비고 제3호 중 "행정자치부장관"을 "인사혁신처장"으로 한다.

별표 7 제2호의 비고란 중 "행정자치부장관"을 "인사혁신처장"으로 한다.

별표 7의2 제3호의 비고 제1호 단서 중 "행정자치부장관"을 "인사혁신처장"으로 한다.

별표 9 제1호의 갑종란 바목, 같은 호의 을종란 다목 및 같은 표 제6호의 갑종란 다목 중 "해양경찰청"을 각각 "국민안전처"로 한다.

별표 9 제6호의 을종란 자목 중 "해양경찰청 정비창"을 "해양경비안전정비창"으로 하고, 같은 란 파목 중 "행정자치부장관"을 "인사혁신처장"으로 한다.

별표 10의2 비고 중 "행정자치부장관"을 "인사혁신처장"으로 한다.

별표 11 제1호의 지급액 및 지급방법란의 나)(2) 및 같은 표 제3호바목의 지급대상란의 1) 중 "행정자치부"를 각각 "행정자치부"로 한다.

별표 11 제2호가목의 지급대상란의 4) 중 "행정자치부 국립과학수사연구원"을 "국립과학수사연구원"으로 한다.

별표 11 제3호가목3)의 지급액 및 지급방법란의 가)(2), 같은 목 4)의 지급액 및 지급방법란의 가)(2), 같은 호 라목의 지급대상란의 1), 같은 목 2)의 지급액 및 지급방법란의 나), 같은 호 바목17)의 지급액 및 지급방법란의 가)·나) 및 같은 표 제4호가목의 지급액 및 지급방법란의 (가산금 및 환율변경에 따른 조정)의 나)(2)(나)부터 (라)까지 중 "행정자치부장관"을 각각 "인사혁신처장"으로 한다.

별표 11 제3호가목의 지급대상란의 1) 중 "관세청·문화재청·해양경찰청"을 "국민안전처·관세청·문화재청"으로 한다.

별표 11 제3호가목의 지급대상란의 2), 같은 목 2)의 지급액 및 지급방법란의 가)(3) 표 외의 부분, 같은 란의 나)(2)·(3) 및 같은 호 나목의 지급대상란의 4) 중 "해양경찰청"을 각각 "국민안전처"로 한다.

별표 11 제3호바목의 지급대상란의 2)가)부터 다) 외의 부분 중 "경찰청 및 해양경찰청"을 "국민안전처 및 경찰청"으로 한다.

별표 11 제3호바목의 지급대상란의 6)나) 중 "해양수산부의 해상교통관제센터에서 근무하는"을 "해상교통관제센터에서 근무하는 해양수산부 또는 국민안전처 소속"으로 하고, 같은 목 6)의 지급액 및 지급방법란의 (가산금)의 (2) 중 "해양수산부 소속 해상교통관제사"를 "해양수산부 또는 국민안전처 소속 해상교통관제사"로 한다.
별표 11 제3호바목의 지급대상란의 11) 중 "소방방재청, 산림청 및 해양경찰청"을 "국민안전처 및 산림청"으로 한다.
별표 13 비고 중 "행정자치부장관"을 "인사혁신처장"으로 한다.
별표 15 비고 제4호 및 비고 제7호 중 "행정자치부장관"을 각각 "인사혁신처장"으로 한다.
〈118〉 공무원 여비 규정 일부를 다음과 같이 개정한다.
제8조의2제2항 단서, 같은 조 제3항부터 제5항까지, 제12조제3항 본문·단서, 같은 조 제4항 단서, 같은 조 제5항, 제16조제3항, 제17조제1항 단서, 제18조제1항 단서, 제23조제1항, 제27조제1항, 제29조제1항부터 제4항까지 및 제31조제2항 중 "행정자치부장관"을 각각 "인사혁신처장"으로 한다.
제27조제3항 중 "법무부장관·경찰청장·해양경찰청장 및 소방방재청장"을 "법무부장관·국민안전처장관 및 경찰청장"으로 한다.
별표 1 제1호나목 중 "법제처장"을 "인사혁신처장, 법제처장"으로 한다.
별표 2 비고 제1호의2, 제2호 및 같은 비고 제4호 단서 중 "행정자치부장관"을 각각 "인사혁신처장"으로 한다.
별표 3 비고 중 "행정자치부장관"을 "인사혁신처장"으로 한다.
별표 4 비고 제1호의2 및 제4호 중 "행정자치부장관"을 각각 "인사혁신처장"으로 한다.
〈119〉 공무원연금법 시행령 일부를 다음과 같이 개정한다.
제2조제4호, 제3조의2제1항 단서, 같은 조 제2항 각 호 외의 부분 후단, 제3조의3제4항, 제13조제1항 각 호 외의 부분, 같은 조 제2항, 제16조, 제20조제2항 각 호 외의 부분, 제20조의3, 제21조제2항, 제26조의2제2항, 제33조의3제1호·제2호, 제39조의2제2호, 제39조의3제1항·제2항, 제48조제2항·제3항, 제65조의3제1항, 제72조제1항제1호, 같은 조 제2항, 같은 조 제6항 각 호 외의 부분 단서, 같은 조 제7항, 제74조제3항, 제75조제2항, 제76조제1항, 같은 조 제2항 각 호 외의 부분, 제76조의2, 제77조제2항제1호, 제77조의2제1항제4호, 같은 조 제3항부터 제5항까지, 제82조제2항, 제83조의2제2항, 제83조의7제2항, 제84조제2항, 제94조제2항, 제96조의2, 제97조, 제98조의2 각 호 외의 부분 및 제99조 중 "행정자치부장관"을 각각 "인사혁신처장"으로 한다.
제20조제2항제2호, 같은 조 제6항 단서, 제65조의3제3항 단서, 제66조제1항제2호, 제82조제2항, 제83조의7제2항 및 제94조제2항 중 "행정자치부"를 각각 "인사혁신처"로 한다.
제29조제2항 및 제45조제2항 중 "행정자치부령"을 각각 "총리령"으로 한다.

제78조제1호 중 "국방부 · 행정자치부 및 보건복지부"를 "국방부 · 보건복지부 및 인사혁신처"로 한다.
별표 2 비고 중 "행정자치부장관"을 "인사혁신처장"으로 한다.
〈120〉 공무원의 구분 변경에 따른 전직임용 등에 관한 특례규정 일부를 다음과 같이 개정한다.
제3조제2항 · 제4항, 제4조, 제5조제2항제3호, 같은 조 제3항 단서, 제7조, 제9조제2항제2호, 같은 조 제3항, 제10조제1항, 같은 조 제3항제1호 후단, 같은 조 제5항 및 제17조제2항 각 호 외의 부분 단서 중 "행정자치부장관"을 각각 "인사혁신처장"으로 한다.
별표 1 비고 중 "행정자치부장관"을 "인사혁신처장"으로 한다.
〈121〉 공무원 인사기록 · 통계 및 인사사무 처리 규정 일부를 다음과 같이 개정한다.
제6조제3항, 제6조의2제4항, 제8조제2항, 제9조제4항, 제20조의2제2항, 제27조제3항, 제28조, 제31조, 제33조제4항, 제34조제2항 본문 · 단서, 제36조, 제37조 및 제38조제1항 · 제2항 중 "행정자치부장관"을 각각 "인사혁신처장"으로 한다.
제29조 중 "행정자치부장관"을 "행정자치부장관"으로 한다.
〈122〉 공무원임용령 일부를 다음과 같이 개정한다.
제2조제3호나목, 제22조의4제3항 각 호 외의 부분 후단, 제22조의5제2항 후단 및 제42조의2제1호 중 "행정자치부장관"을 "행정자치부장관"으로 한다.
제2조제3호라목1) · 2), 제8조제2항 · 3항, 제10조, 제10조의3제1항부터 제3항까지, 제13조제2항, 제16조제1항 각 호 외의 부분 단서, 같은 항 제4호 후단, 같은 항 제5호, 같은 항 제9호 후단, 같은 항 제11호 후단, 같은 항 제13호 후단, 같은 조 제5항, 같은 조 제6항 단서, 제18조제1항 단서, 같은 조 제2항, 제22조제1항, 제22조의2, 제22조의3제1항제1호 · 제2호, 같은 조 제2항 단서, 같은 조 제3항부터 제6항까지, 같은 조 제10항부터 제12항까지, 제22조의4제2항, 같은 조 제5항 전단 · 후단, 제22조의5제5항, 제24조제2항, 제30조제4호 · 제5호, 제31조제6항 전단, 같은 조 제7항제1호가목, 같은 항 제2호가목, 같은 조 제9항, 제34조제2항 각 호 외의 부분 후단, 같은 조 제7항제2호, 같은 조 제8항, 제34조의3제4항, 제35조의2제1항제1호, 제35조의3제3항, 제35조의4제3항 각 호 외의 부분 단서, 같은 조 제8항, 제41조제3항제3호, 제41조제6항, 같은 조 제7항 각 호 외의 부분 본문, 같은 항 제1호 · 제2호, 같은 조 제8항, 제41조의2제4항 · 제8항 · 제9항 · 제10항, 제42조제2항 후단, 제42조의2 각 호 외의 부분 단서, 제43조의2제3항, 제43조의3제2항 본문, 같은 조 제4항, 제45조의2제2항, 제45조의3제1호나목, 제46조, 제48조제1항 전단 · 후단, 같은 조 제2항 후단, 같은 조 제4항, 제49조의2제4항, 제49조의3제1항, 제50조제2항제8호, 제51조제1항 각 호 외의 부분, 같은 조 제2항부터 제6항까지, 같은 조 제7항 후단, 같은 조 제8항, 제54조제1항, 제57조제3항부터 제5항까지, 제57조의3제4항, 제57조의5제3항 · 제4항 및 제57조의6

중 “행정자치부장관”을 각각 “인사혁신처장”으로 한다.
제22조제3항제2호 중 “행정자치부”를 “행정자치부”로 한다.
제41조제3항 각 호 외의 부분을 다음과 같이 한다.
제1항제1호부터 제3호까지 및 제5호에 따라 소속 공무원을 파견하려면 파견받을 기관의 장이 미리 요청하여야 하며, 다음 각 호의 어느 하나에 해당하는 경우에는 인사혁신처장과 협의하여야 한다. 다만, 제1항제1호에 따라 파견을 요청하는 경우에는 파견받을 기관의 장이 주무부장관(중앙행정기관의 장인 청장을 포함한다)과 협의를 거쳐야 하고, 제9항에 따라 협의된 파견기간의 범위에서 6급 이하 공무원의 파견기간을 연장하거나 6급 이하 공무원의 파견기간이 끝난 후 그 파견자를 교체하는 경우에는 인사혁신처장과의 협의를 생략할 수 있다.
제41조제9항을 다음과 같이 신설한다.
⑨ 인사혁신처장은 제3항에 따라 파견의 협의를 하는 경우에는「행정기관의 조직과 정원에 관한 통칙」제24조의2에 따라 별도정원의 직급·규모 등에 대하여 행정자치부장관과 미리 협의하여야 한다.
제42조제1항 후단을 다음과 같이 한다.
이 경우 소속 장관은 미리 인사혁신처장과 협의하여야 하며, 인사혁신처장은「행정기관의 조직과 정원에 관한 통칙」제24조의2에 따라 행정자치부장관과 협의한 별도정원의 범위에서 협의하여야 한다.
제45조제3항제2호의2 중 “행정자치부·교육부”를 “교육부·행정자치부”로 한다.
별표4의2 제1호의 비고 제2호, 같은 표 제2호의 비고 제2호, 같은 표 제3호의 비고 제2호 중 “행정자치부장관”을 각각 “인사혁신처장”으로 한다.
대통령령 제25137호 공무원임용령 일부개정령 제43조의3제3항, 같은 조 제4항 본문·단서, 같은 조 제6항 및 부칙 제2조의 개정규정 중 “행정자치부장관”을 각각 “인사혁신처장”으로 한다.
대통령령 제25415호 공무원임용령 일부개정령 제10조의3제2항제4호, 같은 조 제4항 본문·단서, 같은 조 제6항 후단, 같은 조 제7항부터 9항까지 및 부칙 제2조의 개정규정 중 “행정자치부장관”을 각각 “인사혁신처장”으로 한다.
〈123〉 공무원임용시험령 일부를 다음과 같이 개정한다.
제2조제2항, 제3조제1항 각 호 외의 부분 본문·단서, 같은 조 제4항, 제8조제1항 본문, 같은 조 제3항, 제12조 각 호 외의 부분 단서, 제13조제1항 각 호 외의 부분 후단, 제16조제2항, 제19조제1항, 제20조의3제3항, 제20조의4제1항, 제23조제4항 전단, 제23조의3제4항 전단, 제25조제4항 전단, 제26조제3항, 제27조제2항 각 호 외의 부분, 같은 조 제4항 후단, 제29조제1항 각 호 외의 부분 단서, 같은 항 제1호·제1호의2·제4호, 같은 조 제8항 단

서, 제30조제1항제4호 단서, 같은 조 제4항, 제35조제3항, 제41조 전단, 제42조제1항, 제43조제1항 단서, 같은 조 제2항 전단, 제48조, 제49조제1항 · 제2항, 제49조의2제1항 · 제2항, 제51조제1항제6호, 같은 조 제6항 및 제53조 각 호 외의 부분 중 "행정자치부장관"을 각각 "인사혁신처장"으로 한다.

별표 3 비고 제1호 · 제2호 중 "행정자치부장관"을 각각 "인사혁신처장"으로 한다.

별표 3의2 제2호의 비고 제1호 · 제2호 중 "행정자치부장관"을 각각 "인사혁신처장"으로 한다.

별표 4 비고 중 "행정자치부장관"을 "인사혁신처장"으로 한다.

대통령령 제25648호 공무원임용시험령 일부개정령 제20조의4제1항 각 호 외의 부분 및 별표 3의2 제2호의 비고 제1호 · 제2호의 개정규정 중 "행정자치부장관"을 "인사혁신처장"으로 한다.

〈124〉 공무원제안규정 일부를 다음과 같이 개정한다.

제2조제6호 · 제7호, 제13조, 제14조, 제15조 전단 · 후단, 제16조제3항, 제17조제5항 · 제6항, 제18조 각 호 외의 부분, 제19조제2항, 제21조제1항, 제23조, 제28조제1항 · 제2항, 제29조제1항 · 제2항, 제30조제1항 · 제2항 및 제31조제2항 후단 중 "행정자치부장관"을 각각 "행정자치부장관"으로 한다.

제9조제3항, 제20조제3항 및 제29조제1항 중 "행정자치부령"을 각각 "행정자치부령"으로 한다.

〈125〉 공무원 징계령 일부를 다음과 같이 개정한다.

제4조제1항 전단 중 "위원장 1명과 부위원장 1명"을 "위원장 1명"으로 한다.

제4조제4항을 다음과 같이 한다.

④ 중앙징계위원회의 위원장은 인사혁신처장이 된다.

제6조제2항 중 "행정자치부장관"을 "인사혁신처장"으로 한다.

제14조 중 "부위원장, 위원장"을 "위원장"으로 한다.

〈126〉 공무원 채용 신체검사 규정 일부를 다음과 같이 개정한다.

제4조 단서 중 "행정자치부장관"을 "인사혁신처장"으로 한다.

별지 서식의 유의사항 및 작성방법란 [응시자] 제1호가목 중 "행정자치부"를 "인사혁신처"로 한다.

〈127〉 공무원채용후보자장학규정 일부를 다음과 같이 개정한다.

제1조 중 "행정자치부장관 · 경찰청장 또는 해양경찰청장"을 "국민안전처장관 · 인사혁신처장 또는 경찰청장"으로 한다.

제2조 중 "행정자치부장관"을 "인사혁신처장"으로, "경찰청장 또는 해양경찰청장"을 "국민안전처장관 또는 경찰청장"으로 한다.

〈128〉 공무원 후생복지에 관한 규정 일부를 다음과 같이 개정한다.
제3조제2항 각 호 외의 부분, 같은 조 제3항, 제7조제3항, 제10조제3항, 제13조제1항 · 제2항, 제14조제1항 · 제2항, 제17조제1항 · 제2항, 제19조제1항 · 제2항 · 제4항 · 제5항, 제20조제1항 · 제2항, 같은 조 제3항 단서, 같은 조 제4항부터 제6항까지, 제22조제1항, 같은 조 제2항 전단, 제23조제1항 및 같은 조 제2항 전단 중 "행정자치부장관"을 각각 "인사혁신처장"으로 한다.
〈129〉 공용차량 관리 규정 일부를 다음과 같이 개정한다.
제4조제3항, 제5조제2항, 제6조제2항, 제10조제2항 단서, 같은 조 제3항 · 제4항, 제11조제1항 및 제12조제1항 · 제2항 중 "행정자치부장관"을 각각 "행정자치부장관"으로 한다.
〈130〉 공유재산 및 물품 관리법 시행령 일부를 다음과 같이 개정한다.
제2조제2호, 제7조제5항, 제11조의2제1항, 제13조제1항 전단, 제21조제3항, 제22조제4항, 제27조제2항 단서, 제38조제1항제29호, 제44조제1항, 제52조제2항, 제54조제3항 각 호 외의 부분, 제57조제1항부터 제3항까지, 제58조제1항, 제59조제1항 · 제2항, 같은 조 제3항 전단, 같은 조 제4항, 제61조제2항, 제65조제2항 후단, 제67조제1항, 같은 조 제2항 후단, 제68조제3호, 제85조의2제6항 후단, 제86조제1항제3호, 같은 조 제2항 · 제4항 및 제91조의2제1항 각 호 외의 부분 중 "행정자치부장관"을 각각 "행정자치부장관"으로 한다.
〈131〉 공중화장실 등에 관한 법률 시행령 일부를 다음과 같이 개정한다.
제4조제4항 및 같은 조 제5항 단서 중 "행정자치부령"을 각각 "행정자치부령"으로 한다.
제5조제3항 및 제11조의4 각 호 외의 부분 중 "행정자치부장관"을 각각 "행정자치부장관"으로 한다.
별표 제14호 단서 중 "행정자치부령"을 "행정자치부령"으로 한다.
〈132〉 공직자윤리법 시행령 일부를 다음과 같이 개정한다.
제3조의2제2항, 제20조제2항, 제24조제5항, 제27조의6제2항 단서, 제29조제1항 단서 및 제33조제3항 · 제4항 중 "행정자치부장관"을 각각 "인사혁신처장"으로 한다.
제4조의3제2항에 제2호의2를 다음과 같이 신설하고, 같은 항 제5호를 삭제한다.
2의2. 국민안전처장관이 정하는 지방해양경비안전본부 소속 공무원은 소속 지방해양경비안전본부
제14조제2항 중 "국세청장, 경찰청장 또는 해양경찰청장"을 "국민안전처장관, 국세청장 또는 경찰청장"으로 한다.
제16조제2항 중 "행정자치부 제2차관"을 "인사혁신처장"으로 한다.
제20조제2항 중 "행정자치부"를 "인사혁신처"로 한다.
제29조제1항 본문, 제33조의2, 제34조제1항, 제35조의2제1항 및 제38조 중 "행정자치부령"을 각각 "총리령"으로 한다.

〈133〉 공직후보자 등에 관한 정보의 수집 및 관리에 관한 규정 일부를 다음과 같이 개정한다.
제2조제1항, 같은 조 제2항 본문, 같은 조 제3항 전단 · 후단, 제3조 각 호 외의 부분, 제3조의2, 제3조의3제1항 · 제2항, 제5조제1항 · 제2항, 같은 조 제3항 각 호 외의 부분, 제6조제1항 본문 · 단서, 같은 조 제2항 본문 · 단서, 같은 조 제3항 전단 · 후단, 같은 조 제4항, 제7조 전단 · 후단, 제8조 전단 · 후단, 제9조제1항 · 제2항, 제10조제1항부터 제4항까지, 제10조의2제1항, 제10조의3 및 제11조 중 "행정자치부장관"을 각각 "인사혁신처장"으로 한다.
제2조제3항 전단 중 "행정자치부"를 "인사혁신처"로 한다.
〈134〉 과거사 관련 권고사항 처리 등에 관한 규정 일부를 다음과 같이 개정한다.
제3조제1항 각 호 외의 부분, 같은 조 제2항, 제5조제1항 각 호 외의 부분, 같은 조 제3항, 같은 조 제5항제2호, 제6조제5항 및 제8조제1항 중 "행정자치부장관"을 각각 "행정자치부장관"으로 한다.
제3조제2항 중 "행정자치부차관 중 행정자치부장관이 지명하는 자 1명"을 "행정자치부차관"으로 한다.
제4조제2항 중 "행정자치부차관 중 행정자치부장관이 지명하는 자가"를 "행정자치부차관이"로 한다.
〈135〉 관보규정 일부를 다음과 같이 개정한다.
제2조, 제3조제2항, 제10조제4호, 제11조, 제12조제1항 전단, 같은 조 제3항, 제13조, 제14조의2 및 제15조제1항 중 "행정자치부장관"을 각각 "행정자치부장관"으로 한다.
제15조제3항 · 제4항 및 제17조 중 "행정자치부령"을 각각 "행정자치부령"으로 한다.
〈136〉 국가공무원 명예퇴직수당 등 지급 규정 일부를 다음과 같이 개정한다.
제3조제2항, 제5조 단서, 제7조의2제1항 각 호 외의 부분 후단, 제9조의5, 제10조제1항 · 제2항 및 제13조 중 "행정자치부장관"을 각각 "인사혁신처장"으로 한다.
〈137〉 국가공무원 복무규정 일부를 다음과 같이 개정한다.
제2조제3항, 제5조제3항 및 제8조의2제4항 중 "행정자치부령"을 각각 "총리령"으로 한다.
제8조의3제1항 본문, 같은 조 제2항, 제9조제3항, 제10조제1항 후단, 같은 조 제4항, 제15조제1항 단서, 제16조제6항 후단 및 제23조 단서 중 "행정자치부장관"을 "인사혁신처장"으로 한다.
제8조의3제1항 단서 중 "행정자치부"를 "인사혁신처"로 한다.
별표 3 제2호가목 계산식 외의 부분 중 "행정자치부장관"을 "인사혁신처장"으로 한다.
〈138〉 국가공무원총정원령 일부를 다음과 같이 개정한다.
제3조 중 "행정자치부장관"을 "행정자치부장관"으로 한다.

〈139〉 국가안전보장회의 운영 등에 관한 규정 일부를 다음과 같이 개정한다.
제2조 중 "행정자치부장관"을 "행정자치부장관, 국민안전처장관"으로 한다.
〈140〉 국가장법 시행령 일부를 다음과 같이 개정한다.
제2조제6항 중 "행정자치부 의정관"을 "행정자치부 의정관"으로 한다.
제5조제3항 중 "행정자치부장관"을 "행정자치부장관"으로 한다.
〈141〉 국무회의 규정 일부를 다음과 같이 개정한다.
제3조제4항 본문 중 "행정자치부"를 "행정자치부"로 한다.
제3조제5항 본문 및 제11조제2항 중 "행정자치부장관"을 각각 "행정자치부장관"으로 한다.
제7조제1항 중 "각 부"를 "각 부·처"로 한다.
제8조제1항 본문 중 "국무조정실장, 법제처장"을 "국무조정실장, 인사혁신처장, 법제처장"으로 한다.
제10조제2항 중 "행정자치부 의정관"을 "행정자치부 의정관"으로 한다.
〈142〉 국민권익위원회와 그 소속기관 직제 일부를 다음과 같이 개정한다.
제15조제5항 중 "행정자치부"를 "행정자치부"로 한다.
〈143〉 국민대통합위원회의 설치 및 운영에 관한 규정 일부를 다음과 같이 개정한다.
제3조제2항제1호 중 "미래창조과학부장관, 교육부장관"을 "교육부장관, 미래창조과학부장관"으로, "행정자치부장관"을 "행정자치부장관"으로, "국무조정실장"을 "국민안전처장관, 국무조정실장"으로 한다.
〈144〉 국민제안규정 일부를 다음과 같이 개정한다.
제2조제4호·제5호, 제3조, 제4조제6항, 제5조의2제2항, 제8조, 제9조, 제10조제1항부터 제4항까지, 제11조제1항, 같은 조 제2항제4호, 같은 조 제4항·제9항, 제13조제1항 각 호 외의 부분, 제16조 및 제17조제1항부터 제3항까지 중 "행정자치부장관"을 각각 "행정자치부장관"으로 한다.
〈145〉 국방부와 그 소속기관 직제 일부를 다음과 같이 개정한다.
제25조제3항 중 "행정자치부장관"을 각각 "행정자치부장관"으로 한다.
〈146〉 국새규정 일부를 다음과 같이 개정한다.
제6조제1항제5호 및 제8조제1항·제2항 중 "행정자치부장관"을 각각 "행정자치부장관"으로 한다.
〈147〉 국토교통부와 그 소속기관 직제 일부를 다음과 같이 개정한다.
제54조제3항 전단 중 "행정자치부"를 "행정자치부"로 하고, 같은 항 후단 중 "행정자치부장관"을 "행정자치부장관"으로 한다.
〈148〉 기부금품의 모집 및 사용에 관한 법률 시행령 일부를 다음과 같이 개정한다.
제2조제2호, 제3조제1항, 같은 조 제3항 각 호 외의 부분, 같은 조 제4항·제5항, 제4조제

2항 후단, 제5조제2항 후단, 제6조제1항ㆍ제2항ㆍ제3항ㆍ제5항, 제14조제3항 전단, 제20조제3항 및 제22조제2항 본문 중 "행정자치부장관"을 각각 "행정자치부장관"으로 한다.
제3조의 제목 "(행정자치부장관에 대한 등록신청 절차 등)"을 "(행정자치부장관에 대한 등록신청 절차 등)"으로 한다.
제6조제2항 및 제7조제2항 중 "행정자치부차관"을 각각 "행정자치부차관"으로 한다.
제6조제5항 중 "행정자치부"를 "행정자치부"로 한다.
별지 제3호서식 중 "행정자치부장관"을 "행정자치부장관"으로 한다.
〈149〉 노근리사건 희생자 심사 및 명예회복에 관한 특별법 시행령 일부를 다음과 같이 개정한다.
제2조제1항 및 제12조제1항 중 "행정자치부장관"을 각각 "행정자치부장관"으로 한다.
〈150〉 농림축산식품부와 그 소속기관 직제 일부를 다음과 같이 개정한다.
제38조제3항 전단 중 "소방방재청"을 "국민안전처"로 한다.
〈151〉 농어촌도로 정비법 시행령 일부를 다음과 같이 개정한다.
제5조제2항, 제6조제2항 및 같은 조 제3항제2호 중 "행정자치부장관"을 각각 "행정자치부장관"으로 한다.
제10조제2항제1호, 제11조의2제2항 및 같은 조 제3항제2호 중 "행정자치부령"을 각각 "행정자치부령"으로 한다.
〈152〉 대일항쟁기 강제동원 피해조사 및 국외강제동원 희생자 등 지원에 관한 특별법 시행령 일부를 다음과 같이 개정한다.
별표 4의 비고 전단 중 "행정자치부"를 "행정자치부"로 한다.
〈153〉 대통령직인수에관한법률시행령 일부를 다음과 같이 개정한다.
제8조제1항 및 제2항 중 "행정자치부장관"을 각각 "행정자치부장관"으로 한다.
〈154〉 대한민국국기법 시행령 일부를 다음과 같이 개정한다.
제2조제1항 및 제12조제2항제3호 중 "행정자치부장관"을 각각 "행정자치부장관"으로 한다.
〈155〉 도로명주소법 시행령 일부를 다음과 같이 개정한다.
제3조제3항, 제5조제2항, 제6조의2제2항제2호다목 단서, 제6조의6, 제7조제9항, 제7조의2제6항, 제7조의3제13항, 제7조의4제1항 단서, 같은 조 제3항, 제8조제5항, 제11조제2항 각 호 외의 부분, 같은 조 제3항, 제11조의5제1항 각 호 외의 부분 후단, 제11조의6제1항제4호, 제11조의7제4항, 제11조의11제4항, 제11조의13제3항, 제12조제4항, 제12조의2제7항 전단, 같은 조 제10항, 제14조, 제18조제4항, 제19조제1항 전단, 같은 조 제2항 전단 및 같은 조 제4항 단서 중 "행정자치부령"을 각각 "행정자치부령"으로 한다.
제4조제1항 전단ㆍ후단, 같은 조 제2항제4호, 제6조제1항 각 호 외의 부분 단서, 제6조의2제3항, 제6조의6, 제7조제1항 전단, 같은 조 제2항, 같은 조 제5항제2호, 제10조제1항제16

호, 같은 조 제2항, 제11조의3제1항 각 호 외의 부분, 같은 조 제2항 각 호 외의 부분 본문, 같은 항 제2호가목1) 후단, 같은 조 제3항, 같은 조 제4항 각 호 외의 부분, 같은 조 제5항·제6항, 같은 조 제7항 각 호 외의 부분 전단, 같은 조 제8항, 제11조의4 각 호 외의 부분, 제11조의6제1항제7호·제2항제5호, 제11조의8제4항·제5항, 제11조의9제2항·제3항, 제11조의12제2항, 제11조의13제2항제1호, 제11조의15제2항·제4항·제6항·제9항·제10항, 제12조제3항 각 호 외의 부분 본문, 같은 조 제4항·제5항, 제14조, 제15조제3항 각 호 외의 부분, 제16조제1항, 같은 조 제2항 전단, 제18조제2항, 제21조제1항제1호바목·제2호바목·제3호바목·제4호마목·제5호바목, 같은 조 제2항, 제23조제3항·제7항·제9항, 제24조제3항, 제25조제3항, 제25조의2제1항 각 호 외의 부분, 제26조제1항 각 호 외의 부분 전단, 같은 조 제2항 각 호 외의 부분 전단, 제26조의2제5호, 제27조제3항제1호부터 제3호까지, 제28조제2항 및 제29조제2항 중 "행정자치부장관"을 각각 "행정자치부장관"으로 한다.

제13조, 제27조제3항제1호 및 제29조제1항 중 "행정자치부"를 각각 "행정자치부"로 한다.

〈156〉 도서개발촉진법 시행령 일부를 다음과 같이 개정한다.

제4조제1항, 제5조, 제6조 각 호 외의 부분, 제7조제1항부터 제3항까지, 제8조, 제10조제1항 각 호 외의 부분, 제14조제1항 단서 및 제20조 중 "행정자치부장관"을 각각 "행정자치부장관"으로 한다.

제15조제1항 중 "행정자치부차관"을 "행정자치부차관"으로 한다.

제16조제3항, 같은 조 제4항제1호 및 제17조제2항 중 "행정자치부"를 각각 "행정자치부"로 한다.

〈157〉 모범공무원 규정 일부를 다음과 같이 개정한다.

제3조제2항, 제4조, 제7조제2항 전단, 같은 조 제4항 전단, 제9조제1항 및 제10조 중 "행정자치부장관"을 각각 "행정자치부장관"으로 한다.

〈158〉 미래창조과학부와 그 소속기관 직제 일부를 다음과 같이 개정한다.

제56조제3항 전단 중 "행정자치부"를 "행정자치부"로 하고, 같은 항 후단 중 "행정자치부장관"을 "행정자치부장관"으로 한다.

〈159〉 미수복지 명예시장·군수 등 위촉에 관한 규정 일부를 다음과 같이 개정한다.

제2조제2항 및 같은 조 제3항 본문 중 "행정자치부장관"을 각각 "행정자치부장관"으로 한다.

〈160〉 민방위기본법 시행령 일부를 다음과 같이 개정한다.

제3조제2항 및 제12조제4항 중 "행정자치부장관"을 각각 "국민안전처장관"으로 한다.

제3조제3항제1호 및 제3호를 각각 다음과 같이 한다.

1. 기획재정부장관, 교육부장관, 미래창조과학부장관, 외교부장관, 통일부장관, 법무부장

관, 국방부장관, 행정자치부장관, 문화체육관광부장관, 농림축산식품부장관, 산업통상자원부장관, 보건복지부장관, 환경부장관, 고용노동부장관, 여성가족부장관, 국토교통부장관 및 해양수산부장관

3. 인사혁신처장, 국가보훈처장, 경찰청장 및 원자력안전위원회위원장

제7조제1항 및 제2항 중 "행정자치부"를 각각 "국민안전처"로 한다.

제7조제2항 중 "안전관리본부장"을 "안전정책실장"으로 한다.

제9조제1항제1호·제2호, 제11조제2항, 제14조제25호, 제15조의2제1항 각 호 외의 부분, 같은 항 제6호, 같은 조 제2항, 제29조제1항·제2항, 제30조제1항·제5항, 제33조 전단, 제34조제1항·제2항, 제41조제2항·제3항, 제43조, 제47조제2항, 같은 조 제5항 후단, 제50조제1항·제2항, 제54조, 제54조의2제1항·제2항 및 제55조제2항·제5항 중 "소방방재청장"을 각각 "국민안전처장관"으로 한다.

제15조제4호, 제18조제1항 각 호 외의 부분 전단, 제21조제1항제2호마목·바목, 제25조제2항, 제26조제2항·제3항, 제30조제3항, 제36조, 제37조제2항, 제41조제1항·제2항, 제44조제1항, 제45조제2항, 제47조제5항 전단 및 같은 조 제6항 중 "행정자치부령"을 각각 "총리령"으로 한다.

〈161〉 민원사무 처리에 관한 법률 시행령 일부를 다음과 같이 개정한다.

제10조제4항 전단, 제25조제1항제4호, 제27조제2항, 같은 조 제3항 전단, 같은 조 제4항, 제41조제1항, 제42조제2항부터 제6항까지, 제45조제3항, 제49조, 제51조제2항·제3항, 제52조제1항·제2항, 제53조제1항 및 같은 조 제2항 전단·후단 중 "행정자치부장관"을 각각 "행정자치부장관"으로 한다.

제45조제2항 본문 중 "행정자치부·국무조정실·기획재정부"를 "기획재정부·행정자치부·국무조정실"로 한다.

〈162〉 민주화운동기념사업회법 시행령 일부를 다음과 같이 개정한다.

제2조제3호 중 "행정자치부장관"을 "행정자치부장관"으로 한다.

〈163〉 바르게살기운동조직 육성법 시행령 일부를 다음과 같이 개정한다.

제8조제2항 중 "행정자치부장관"을 "행정자치부장관"으로 한다.

〈164〉 방위사업청과 그 소속기관 직제 일부를 다음과 같이 개정한다.

제24조 중 "행정자치부장관"을 "행정자치부장관"으로 한다.

〈165〉 법제처 직제 일부를 다음과 같이 개정한다.

제7조제3항 각 호 외의 부분 중 "행정자치부"를 "행정자치부"로 한다.

〈166〉 별정직공무원 인사규정 일부를 다음과 같이 개정한다.

제3조제3항, 제3조의5제1항, 같은 조 제2항 후단, 같은 조 제3항, 제7조의4제4항 및 제9조제3항 중 "행정자치부장관"을 각각 "인사혁신처장"으로 한다.

〈167〉 보건복지부와 그 소속기관 직제 일부를 다음과 같이 개정한다.
제42조제3항 전단 및 제44조제2항 전단 중 "행정자치부"를 각각 "행정자치부"로 한다.
제42조제3항 후단 중 "행정자치부장관"을 "행정자치부장관"으로 한다.
〈168〉 보행안전 및 편의증진에 관한 법률 시행령 일부를 다음과 같이 개정한다.
제2조제3항 중 "행정자치부장관과 국토교통부장관이 공동으로 정하여 고시한다"를 "국민안전처장관이 국토교통부장관과 협의하여 총리령으로 정한다"로 한다.
제3조제5항 및 제7조제2항 중 "행정자치부장관과 국토교통부장관"을 각각 "국토교통부장관과 국민안전처장관"으로 한다.
제10조제3항제5호 및 같은 조 제4항 중 "행정자치부장관 및 국토교통부장관"을 각각 "국토교통부장관 및 국민안전처장관"으로 한다.
〈169〉 본인서명사실 확인 등에 관한 법률 시행령 일부를 다음과 같이 개정한다.
제6조제1항, 제7조제3항, 제11조제4항 전단 · 후단, 같은 조 제5항 · 제6항 · 제8항, 제12조제3항, 제14조제2항제6호, 제14조의2제1항, 같은 조 제2항 전단, 제15조제1항 및 제17조 각 호 외의 부분 중 "행정자치부장관"을 각각 "행정자치부장관"으로 한다.
〈170〉 부마민주항쟁 관련자의 명예회복 및 보상 등에 관한 법률 시행령 일부를 다음과 같이 개정한다.
제7조제2항 중 "행정자치부"를 "행정자치부"로 한다.
〈171〉 비상대비자원 관리법 시행령 일부를 다음과 같이 개정한다.
제3조의2제1항 · 제2항, 제10조제1항 본문, 제14조제1항제6호, 같은 조 제4항 · 제8항, 제14조의2제1항 각 호 외의 부분, 같은 조 제2항 · 제3항, 제20조의4제1항 · 제2항, 제20조의5제1항, 제21조제1항 · 제2항, 제22조제12호 · 제15호, 제35조제2항, 제44조 각 호 외의 부분 및 같은 조 제4호 중 "행정자치부장관"을 각각 "국민안전처장관"으로 한다.
제14조제5항제2호, 제14조의2제4항, 제20조의2제3항, 제26조제1항, 제27조제1항, 제31조제2항, 제40조제2항 및 같은 조 제4항 전단 중 "행정자치부령"을 각각 "총리령"으로 한다.
〈172〉 비영리민간단체지원법시행령 일부를 다음과 같이 개정한다.
제3조제3항, 제4조제2항, 제6조제1항, 같은 조 제3항 각 호 외의 부분, 제7조제3항, 제8조제1항 각 호 외의 부분, 같은 조 제2항 각 호 외의 부분, 제10조제6호, 제11조제4호, 제12조 및 제13조제1항 중 "행정자치부장관"을 각각 "행정자치부장관"으로 한다.
〈173〉 상훈법 시행령 일부를 다음과 같이 개정한다.
제2조제3항 본문, 같은 조 제5항, 제13조제2항, 제17조제2항, 제19조, 제20조제2항제5호, 같은 조 제3항, 제31조제1항, 같은 조 제2항 본문 · 단서, 같은 조 제3항 단서, 같은 조 제4항 · 제5항 및 제32조제1항 중 "행정자치부장관"을 각각 "행정자치부장관"으로 한다.
별지 제2호서식, 별지 제2호의2서식부터 별지 제2호의37서식까지, 별지 제3호서식, 별지 제6호서식, 별지 제7호서식 및 별지 제8호서식 중 “행정자치부장관”을 각각 “행정자치부장관”으로 한다.

별지 제6호서식 및 별지 제7호서식 중 “행정자치부”를 각각 “행정자치부”로 한다.

〈174〉 새마을금고법 시행령 일부를 다음과 같이 개정한다.

제3조제1항 각 호 외의 부분, 같은 조 제3항 · 제4항, 제4조제6항, 제7조제1호 · 제2호, 제11조제8호, 제13조제1항 전단, 같은 조 제2항, 제25조제1항제8호, 제33조제3호, 제34조, 제43조제2항제1호 · 제2호, 같은 조 제3항, 제50조 각 호 외의 부분, 제51조제1항 각 호 외의 부분, 제52조제1항 · 제4항, 제53조제1항 단서, 같은 조 제2항, 제54조제1항 각 호 외의 부분, 같은 항 제3호, 같은 조 제2항, 제56조, 제57조제1항 및 제58조제4항 중 “행정자치부장관”을 각각 “행정자치부장관”으로 한다.

제13조제3항 및 제36조제5항 중 “행정자치부령”을 각각 “행정자치부령”으로 한다.

제26조제1항제4호 중 “행정자치부”를 “행정자치부”로 한다.

〈175〉 새마을운동조직 육성법 시행령 일부를 다음과 같이 개정한다.

제10조제1항 및 제2항 중 “행정자치부장관”을 각각 “행정자치부장관”으로 한다.

〈176〉 서울특별시행정특례에관한법률시행령 일부를 다음과 같이 개정한다.

제3조제2항 중 “행정자치부장관”을 “행정자치부장관”으로 한다.

〈177〉 서해 5도 지원 특별법 시행령 일부를 다음과 같이 개정한다.

제3조제1항제1호, 제5조, 제7조제4항 · 제5항, 제8조제1항 · 제2항, 제9조제1항 및 같은 조 제3항 본문 중 “행정자치부장관”을 각각 “행정자치부장관”으로 한다.

제3조제7항 중 “행정자치부 제2차관”을 “행정자치부차관”으로 한다.

〈178〉 세종특별자치시지원위원회 등의 설치 · 운영에 관한 규정 일부를 다음과 같이 개정한다.

제2조제2항제1호 중 “미래창조과학부장관, 교육부장관, 행정자치부장관”을 “교육부장관, 미래창조과학부장관, 행정자치부장관”으로 한다.

제6조제3항제1호 중 “미래창조과학부차관 중 미래창조과학부장관이 지명하는 1명, 교육부차관, 행정자치부차관 중 행정자치부장관이 지명하는 1명”을 “교육부차관, 미래창조과학부차관 중 미래창조과학부장관이 지명하는 1명, 행정자치부차관”으로 한다.

〈179〉 소청절차규정 일부를 다음과 같이 개정한다.

제17조제4항 후단 중 “행정자치부”를 “인사혁신처”로 한다.

〈180〉 승강기시설 안전관리법 시행령 일부를 다음과 같이 개정한다.

제3조제1항제4호 · 제3항제4호, 같은 조 제5항, 제4조제2호, 제9조제2호, 제10조제2항, 제15조제3항제1호, 제16조제2항, 제20조의2제1항 및 제20조의3제4항 중 “행정자치부령”을 각각 “총리령”으로 한다.

제3조제4항, 제7조의2, 제13조, 제14조의2제1항 단서, 같은 조 제2항ㆍ제3항, 제14조의5제2항 각 호 외의 부분, 제15조제4항, 제20조제1항, 같은 조 제2항 각 호 외의 부분, 같은 조 제3항 각 호 외의 부분, 제20조의2제1항부터 제3항까지, 제20조의3제1항 각 호 외의 부분, 같은 조 제4항 및 제20조의4 각 호 외의 부분 중 "행정자치부장관"을 각각 "국민안전처장관"으로 한다.

제14조의5제2항 각 호 외의 부분 중 "행정자치부"를 "국민안전처"로 한다.

〈181〉 어린이놀이시설 안전관리법 시행령 일부를 다음과 같이 개정한다.

제7조제1항 및 제8조제2항ㆍ제5항 중 "행정자치부령"을 각각 "총리령"으로 한다.

제9조, 제17조 각 호 외의 부분, 같은 조 제5호 및 제17조의2 중 "행정자치부장관"을 각각 "국민안전처장관"으로 한다.

별표 2 제14호 중 "행정자치부령"을 "총리령"으로 한다.

별표 6 제3호 중 "행정자치부장관"을 "국민안전처장관"으로 한다.

〈182〉 여성가족부 직제 일부를 다음과 같이 개정한다.

제12조제3항 전단 중 "행정자치부"를 "행정자치부"로 하고, 같은 항 후단 중 "행정자치부장관"을 "행정자치부장관"으로 한다.

〈183〉 연구직 및 지도직공무원의 임용 등에 관한 규정 일부를 다음과 같이 개정한다.

제7조의2제2항 각 호 외의 부분, 같은 조 제3항 전단, 제7조의3제1항 단서, 같은 조 제2항, 제7조의4제1항, 제8조제1항, 제11조제1항제3호, 같은 조 제3항 본문, 제22조제1항제1호, 제23조제1항 본문ㆍ단서, 같은 조 제3항 단서, 제24조제3항 본문, 제25조제1항 본문ㆍ단서, 제26조제1항, 제26조의3제1항ㆍ제2항 및 제27조제1호 단서 중 "행정자치부장관"을 각각 "인사혁신처장"으로 한다.

제8조제3항제2호 중 "행정자치부"를 "행정자치부"로 한다.

제29조제2항 중 "행정자치부ㆍ교육부"를 각각 "교육부ㆍ행정자치부"로 한다.

별표 2 비고 중 "행정자치부장관"을 "인사혁신처장"으로 한다.

별표 2의2 비고 중 "행정자치부장관"을 "인사혁신처장"으로 한다.

별표 3의 유사경력(연구직공무원에게만 적용한다)의 경력란 제2호 중 "행정자치부장관"을 "인사혁신처장"으로 한다.

별표 4 제1호의 비고 제5호 전단 및 같은 표 제2호의 비고 제5호 전단 중 "행정자치부장관"을 각각 "인사혁신처장"으로 한다.

〈184〉 옥외광고물 등 관리법 시행령 일부를 다음과 같이 개정한다.

제19조의2제2항 전단, 같은 조 제3항, 제22조제2항, 제30조제4항 및 제54조 각 호 외의 부분 중 "행정자치부장관"을 각각 "행정자치부장관"으로 한다.

제34조제1항 및 제5항 중 "행정자치부"를 각각 "행정자치부"로 한다.

〈185〉 온천법 시행령 일부를 다음과 같이 개정한다.
제14조제2항 중 "행정자치부령"을 "행정자치부령"으로 한다.
제20조제1항·제2항, 제21조제2항 및 제23조 각 호 외의 부분 중 "행정자치부장관"을 각각 "행정자치부장관"으로 한다.
〈186〉 외교부와 그 소속기관 직제 일부를 다음과 같이 개정한다.
제54조제1항 및 제55조제3항 중 "행정자치부장관"을 각각 "행정자치부장관"으로 한다.
〈187〉 이북5도위원회 규정 일부를 다음과 같이 개정한다.
제6조제2항 및 제4항 중 "행정자치부장관"을 각각 "행정자치부장관"으로 한다.
〈188〉 인감증명법 시행령 일부를 다음과 같이 개정한다.
제5조의2제4항 및 제19조제2항제12호 중 "행정자치부장관"을 "행정자치부장관"으로 한다.
〈189〉 인사 감사 규정 일부를 다음과 같이 개정한다.
제4조제3항, 제5조, 제10조제1항·제2항, 제13조제1항 및 같은 조 제2항 본문 중 "행정자치부장관"을 각각 "인사혁신처장"으로 한다.
〈190〉 임용결격공무원 등에 대한 퇴직보상금지급 등에 관한 특례법 시행령 일부를 다음과 같이 개정한다.
제4조제1항 각 호 외의 부분 및 제12조제3항 중 "행정자치부장관"을 각각 "인사혁신처장"으로 한다.
제12조제1항 및 제2항 중 "행정자치부"를 각각 "인사혁신처"로 한다.
별지 제5호 서식 뒤쪽의 작성요령란 제2호 중 "행정자치부"를 "인사혁신처"로 한다.
〈191〉 자원봉사활동 기본법 시행령 일부를 다음과 같이 개정한다.
제2조제2항·제6항, 제3조제6항 전단, 제4조제1항제2호, 제5조제1항·제2항, 제6조제2항부터 제4항까지 및 제16조제1항·제2항 중 "행정자치부장관"을 각각 "행정자치부장관"으로 한다.
제3조제4항 및 제4조제6항 중 "행정자치부"를 각각 "행정자치부"로 한다.
제4조제2항 중 "행정자치부 제2차관"을 "행정자치부차관"으로, "행정자치부 소속 공무원"을 "행정자치부 소속 공무원"으로 한다.
〈192〉 자전거 이용 활성화에 관한 법률 시행령 일부를 다음과 같이 개정한다.
제11조제2항제1호 후단 중 "행정자치부령"을 "행정자치부령"으로 한다.
〈193〉 재난 및 안전관리 기본법 시행령 일부를 다음과 같이 개정한다.
제2조제2호, 제12조의3제2항, 같은 조 제4항제2호 각 목 외의 부분, 같은 조 제6항, 제27조제1항·제2항, 같은 조 제5항 각 호 외의 부분 본문, 같은 항 제3호, 제30조제2항·제5항, 제43조의4제6호, 제43조의6제2항제4호, 같은 조 제3항 각 호 외의 부분, 같은 조 제4항·제7항, 제43조의7제1항·제3항, 제43조의8제1항부터 제3항까지, 제43조의9제4항 각

호 외의 부분, 같은 조 제10항, 제73조의2제2항 각 호 외의 부분, 제73조의3제1항 · 제2항, 제73조의5제3항 · 제4항, 제73조의7 각 호 외의 부분, 같은 조 제4호, 제73조의8제1항제3호, 같은 조 제3항 · 제4항, 제73조의10제1항, 같은 조 제2항 각 호 외의 부분, 같은 조 제4항, 제73조의11제1항부터 제3항까지, 제75조의2제2항 각 호 외의 부분, 같은 항 제4호, 같은 조 제6항, 제75조의3제2항 · 제3항, 제78조의2, 제79조의5제2항 · 제3항, 제79조의6제2항 · 제3항, 제82조제2항 각 호 외의 부분, 제83조제1항제2호, 같은 조 제2항 각 호 외의 부분, 같은 조 제3항 각 호 외의 부분, 같은 조 제4항, 같은 조 제6항 각 호 외의 부분 및 제85조제3항 · 제4항 중 "행정자치부장관"을 각각 "국민안전처장관"으로 한다.

제4조제1호를 다음과 같이 한다.

1. 교육부, 미래창조과학부, 국방부, 산업통상자원부, 보건복지부, 환경부, 국토교통부, 해양수산부, 방송통신위원회, 경찰청, 기상청 및 산림청

제4조제7호, 제15조제5항, 제24조제2항, 제31조제3항, 제38조제4항, 제39조제1항 각 호 외의 부분, 제46조의2제3항, 제48조, 제51조의2제5항, 제52조제1항 본문 · 단서, 같은 조 제2항 본문 · 단서, 제55조제4항, 제58조제2항, 제59조제1항 각 호 외의 부분, 같은 조 제2항 · 제3항, 제62조제3항, 제64조제5항, 제65조제3항, 제66조제2항, 제67조제4항 및 제70조제4항제2호 중 "행정자치부령"을 각각 "총리령"으로 한다.

제6조제1항제1호 및 제3호를 각각 다음과 같이 한다.

1. 기획재정부장관, 교육부장관, 미래창조과학부장관, 외교부장관, 통일부장관, 법무부장관, 국방부장관, 행정자치부장관, 문화체육관광부장관, 농림축산식품부장관, 산업통상자원부장관, 보건복지부장관, 환경부장관, 고용노동부장관, 여성가족부장관, 국토교통부장관, 해양수산부장관 및 국민안전처장관

3. 경찰청장, 문화재청장, 산림청장 및 기상청장

제9조제1항제1호 전단을 다음과 같이 한다.

기획재정부차관, 교육부차관, 미래창조과학부차관, 외교부차관, 통일부차관, 법무부차관, 국방부차관, 행정자치부차관, 문화체육관광부차관, 농림축산식품부차관, 산업통상자원부차관, 보건복지부차관, 환경부차관, 고용노동부차관, 여성가족부차관, 국토교통부차관, 해양수산부차관 및 국민안전처차관

제10조제1항제1호 중 "행정자치부차관"을 "국민안전처차관"으로 한다.

제10조제1항제6호 중 "소방방재청 차장"을 "국민안전처차관"으로, 같은 항 제7호 중 "소방방재청 차장"을 "국민안전처 중앙소방본부장"으로 한다.

제10조의2제4항제1호 중 "행정자치부, 미래창조과학부, 국무조정실, 방송통신위원회, 소방방재청"을 "미래창조과학부, 행정자치부, 국민안전처, 국무조정실, 방송통신위원회"로 한다.

제12조의3제2항 및 제43조의9제3항 중 "행정자치부 제2차관"을 각각 "국민안전처차관"으로 한다.
제12조의3제4항제1호가목 및 나목을 각각 다음과 같이 한다.
가. 국민안전처 안전정책실장
나. 국민안전처 재난관리실장
제15조제2항을 다음과 같이 한다.
② 차장·총괄조정관·통제관 및 담당관은 다음 각 호의 사람이 된다.
1. 차장: 국민안전처차관
2. 총괄조정관: 국민안전처 소속 공무원 중 해당 재난업무를 총괄하는 고위공무원단에 속하는 일반직 공무원
3. 통제관: 국민안전처 소속 공무원 중 해당 재난업무를 담당하는 고위공무원단에 속하는 일반직 공무원
4. 담당관: 국민안전처 소속 공무원 중 해당 재난업무를 담당하는 부서의 과장급 공무원
제15조제4항을 다음과 같이 한다.
④ 법 제14조제3항에 따른 실무반은 국민안전처 소속 공무원과 법 제15조제1항에 따라 관계 재난관리책임기관에서 파견된 사람으로 편성한다.
제16조 각 호 외의 부분 중 "경찰청 및 해양경찰청의 경우에는 치안감 이상의 국가경찰공무원을, 소방방재청의 경우에는 고위공무원단에 속하는 일반직공무원 또는 소방감 이상의 공무원"을 "국민안전처의 경우에는 고위공무원단에 속하는 일반직 공무원, 소방감 이상의 소방공무원 또는 치안감 이상의 경찰공무원을, 경찰청의 경우에는 치안감 이상의 경찰공무원"으로 한다.
제16조제1호 및 제2호를 각각 다음과 같이 한다.
1. 기획재정부, 교육부, 미래창조과학부, 통일부, 외교부, 법무부, 국방부, 행정자치부, 문화체육관광부, 농림축산식품부, 산업통상자원부, 보건복지부, 환경부, 고용노동부, 국토교통부 및 해양수산부
2. 조달청, 경찰청, 기상청, 문화재청 및 산림청
제23조제1항제3호, 같은 조 제2항, 제29조의2제1항 각 호 외의 부분, 같은 조 제2항, 제37조제1항제12호, 제37조의2제2호, 제40조제13호, 제41조 각 호 외의 부분, 제42조제1항 각 호 외의 부분, 같은 조 제2항·제4항, 제43조제1항제8호, 제43조의10제1항, 같은 조 제4항 각 호 외의 부분, 같은 항 제4호, 같은 조 제8항, 제43조의11제3항·제4항, 제73조의4제3항, 제79조의2제1항, 제79조의3제1항 각 호 외의 부분, 같은 조 제2항 각 호 외의 부분, 같은 항 제1호, 제80조제1항·제2항, 제81조제1항·제2항, 같은 조 제3항제3호, 같은 조 제4항, 제82조제1항 각 호 외의 부분, 같은 항 제3호, 제87조 및 제88조 각 호 외의 부분 중

"행정자치부장관 또는 소방방재청장"을 각각 "국민안전처장관"으로 한다.

제24조제4항 각 호 외의 부분, 제38조제1항, 같은 조 제3항 본문, 제39조제1항 각 호 외의 부분, 같은 조 제3항, 제51조의2제4항 전단 및 제73조의2제1항 각 호 외의 부분 중 "행정자치부장관, 소방방재청장"을 각각 "국민안전처장관"으로 한다.

제32조제1항, 제34조의2제2항 각 호 외의 부분 전단, 같은 조 제4항, 제34조의4제1항 각 호 외의 부분, 같은 조 제2항, 제35조, 제36조 본문, 제43조의11제1항제7호, 제47조의2제2항, 제47조의3제3항, 제64조제1항 · 제2항, 제65조제2항제4호, 제66조의2제5항, 제66조의3제1항, 같은 조 제2항제3호, 제66조의4제1항제1호, 같은 조 제2항제1호, 제66조의5제1항제5호, 같은 조 제2항, 제73조제2항 후단 및 제73조의2제1항제4호 중 "소방방재청장"을 각각 "국민안전처장관"으로 한다.

제37조의2제1호 중 "행정자치부, 소방방재청"을 "국민안전처"로 한다.

제39조의2제1항 및 제2항 중 "국무총리 또는 행정자치부장관"을 각각 "국민안전처장관"으로 한다.

제39조의2제7항을 다음과 같이 한다.

⑦ 국민안전처장관은 정부합동 안전 점검의 효율성 제고와 업무의 중복 등을 방지하기 위하여 필요한 경우에는 관계 중앙행정기관으로부터 재난 및 안전관리 분야 점검계획을 제출받아 점검시기, 대상 및 분야 등을 조정할 수 있다.

제43조제2항 · 제3항, 제43조의3제1항, 제78조제1항, 같은 조 제2항 각 호 외의 부분 및 같은 항 제5호 중 "행정자치부장관과 소방방재청장"을 각각 "국민안전처장관"으로 한다.

제43조의7제2항 각 호 외의 부분 중 "행정자치부장관 및 소방방재청장"을 "국민안전처장관"으로 한다.

제43조의9제7항 및 제55조제3항 중 "소방방재청"을 각각 "국민안전처"로 한다.

제67조제1항 중 "자연재난에 관하여는 소방방재청 소속 공무원으로 하고, 사회재난에 관하여는 행정자치부"를 "국민안전처"로 한다.

제73조의9제4항 중 "소방방재청장은 행정자치부장관과 협의하여"를 "국민안전처장관은"으로 한다.

제73조의9제5항 중 "소방방재청장이 행정자치부장관과 협의하여"를 "국민안전처장관이"로 한다.

제75조의2제2항제1호 중 "행정자치부"를 "국민안전처"로 한다.

별표 1 비고 중 "행정자치부장관"을 "국민안전처장관"으로 한다.

별표 1의2 제99호 전단 중 "행정자치부장관"을 "국민안전처장관"으로 한다.

별표 1의3을 다음과 같이 한다.

재난 및 사고유형별 재난관리주관기관(제3조의2 관련)

재난관리 주관기관	재난 및 사고의 유형
교육부	학교 및 학교시설에서 발생한 사고
미래창조과학부	1. 우주전파 재난 2. 정보통시 사고 3. 위성항법장치(GPS) 전파혼선
외교부	해외에서 발생한 재난
법무부	교정시설에서 발생한 사고
국방부	국방시설에서 발생한 사고
문화체육관광부	경기장 및 공연장에서 발생한 사고
농림축산식품부	1. 가축 질병 2. 저수지 사고
산업통상자원부	1. 가스 수급 및 누출 사고 2. 원유수급 사고 3. 원자력안전 사고(파업에 따른 가동중단을 포함한다.) 4. 전력 사고 5. 전력생산용 댐의 사고
보건복지부	1. 감염병 재난 2. 보건의료 사고
환경부	1. 수질분야 대규모 환경오염 사고 2. 식용수(지방 상수도를 포함한다) 사고 3. 유해화학물질 유출 사고 4. 조류(藻類) 대발생(녹조에 한정한다) 5. 황사
고용노동부	사업장에서 발생한 대규모 인적 사고
국토교통부	1. 국토교통부가 관장하는 공동구 재난 2. 고속철도 사고 3. 국토교통부가 관장하는 댐 사고 4. 도로터널 사고 5. 식용수(광역상수도에 한정한다) 사고

재난관리 주관기관	재난 및 사고의 유형
국토교통부	6. 육상화물운송 사고 7. 지하철 사고 8. 항공기 사고 9. 항공운송 마비 및 항행안전시설 장애
해양수산부	1. 조류 대발생(적조에 한정한다) 2. 조수(潮水) 3. 해양 분야 환경오염 사고 4. 해양 선박 사고
국민안전처	1. 공동구(共同溝) 재난(국토교통부가 관장하는 공동구는 제외한다) 2. 정부중요시설 사고 3. 화재·위험물 사고, 내륙에서 발생한 유도선 등의 수난 사고 4. 다중 밀집시설 대형사고 5. 풍수해(조수는 제외한다)·지진·화산·낙뢰·가뭄으로 인한 재난 및 사고로서 다른 재난관리주관기관에 속하지 아니하는 재난 및 사고 6. 해양에서 발생한 유도선 등의 수난 사고
금융위원회	금융 전산 및 시설 사고
원자력안전위원회	1. 원자력안전 사고 2. 인접국가 방사능 누출 사고
문화재청	문화재 시설 사고
산림청	1. 산불 2. 산사태

비고: 재난관리 주관기관이 지정되지 아니한 재난 및 사고에 대해서는 중앙재난안전대책본부장이 「정부조직법」에 따른 관장 사무를 기준으로 재난관리 주관기관을 정한다.

〈194〉 전문경력관 규정 일부를 다음과 같이 개정한다.

제3조제1항·제2항, 제9조제2항, 제17조제3항, 제18조제2호 및 제20조제2항 후단 중 “행정자치부장관”을 각각 “인사혁신처장”으로 한다.

별표 1 비고 제1호·제2호 및 별표 2 비고 제1호 중 “행정자치부장관”을 각각 “인사혁신처장”으로 한다.

〈195〉 전자인사관리시스템의구축·운영등에관한규정 일부를 다음과 같이 개정한다.

제5조제3항 및 제7조 중 “행정자치부장관”을 각각 “인사혁신처장”으로 한다.

〈196〉 전자정부법 시행령 일부를 다음과 같이 개정한다.

제4조제1항, 같은 조 제2항 전단, 제4조의2제2항·제3항, 제4조의3 제1항 전단, 같은 조 제2항, 제6조제2항부터 제4항까지, 제9조제2항, 제10조제2항, 제11조제3항, 제12조제2항제3호, 제14조의2제2항 각 호 외의 부분 전단, 같은 항 제5호, 제14조의3제1항 각 호 외의 부분, 같은 조 제2항·제3항, 제14조의4제1항·제2항, 제14조의5제1항, 제15조제1항 각 호 외의 부분, 같은 조 제2항, 같은 조 제3항 전단, 같은 조 제4항·제5항, 제16조제1항·제2항, 같은 조 제3항 전단, 같은 조 제4항·제5항, 제17조제3항, 제18조제3항, 제19조제1항 각 호 외의 부분, 같은 항 제5호, 같은 조 제2항, 제34조제3항, 제35조제1항부터 제4항까지, 제35조의2제3항, 제35조의4제1항·제3항·제4항, 제36조제2항 각 호 외의 부분, 제38조제1항부터 제4항까지, 제39조제1항 각 호 외의 부분, 같은 조 제2항·제3항, 제40조제1항·제3항, 제41조제3항·제4항, 제43조제2항, 제44조제1항 각 호 외의 부분, 같은 조 제2항 후단, 제45조제1항 각 호 외의 부분, 같은 조 제2항·제4항·제5항, 제46조제1항, 제47조제3항, 같은 조 제4항 본문, 제49조제1항·제3항, 제50조제1항부터 제3항까지, 제51조제1항 각 호 외의 부분, 같은 조 제2항 본문, 제53조제1항, 제54조 각 호 외의 부분 단서, 제55조제4항부터 제6항까지, 제56조제1항, 제59조제1항 각 호 외의 부분, 같은 조 제2항 본문, 같은 조 제3항·제4항, 제60조제1항 각 호 외의 부분, 같은 조 제2항부터 제4항까지, 제61조제1항 각 호 외의 부분, 같은 조 제2항, 제62조제3항, 제64조제1항 각 호 외의 부분, 같은 조 제2항, 제65조제1항부터 제3항까지, 제66조제1항·제3항, 제73조제1항 각 호 외의 부분 전단, 같은 조 제3항·제4항·제6항·제7항, 제74조제3항, 제75조제1항부터 제3항까지, 제76조 각 호 외의 부분, 제77조제2항, 제78조제1항 각 호 외의 부분, 같은 항 제5호, 같은 조 제2항·제3항, 제78조의2제2항, 같은 조 제3항 각 호 외의 부분, 같은 항 제2호, 제78조의4제2항, 제78조의5, 제80조제1항 각 호 외의 부분, 같은 조 제2항, 제81조제1항 각 호 외의 부분, 제82조제4호, 제83조제1항·제2항, 같은 조 제3항 전단·후단, 같은 조 제4항, 제84조제1항제3호, 같은 조 제2항·제3항, 제85조제2항, 제86조제2항·제4항·제5항, 제88조, 제89조제1항, 같은 조 제2항 각 호 외의 부분, 같은 조 제3항 및 제91조 각 호 외의 부분 중 “행정자치부장관”을 각각 “행정자치부장관”으로 한다.

제28조 중 "행정자치부"를 "행정자치부"로 한다.

별표 3 감리원의 자격기준란, 같은 표 비고 제1호·제2호 중 "행정자치부장관"을 각각 "행정자치부장관"으로 한다.

별표 4 계속교육의 교육을 받아야 하는 시기란 중 "행정안전부장관"을 "행정자치부장관"으로 한다.

별표 6 제1호나목1)부터 3)까지 외의 부분 및 같은 호 다목1)·2) 외의 부분 본문 중 "행정자치부장관"을 각각 "행정자치부장관"으로 한다.

〈197〉 전직대통령 예우에 관한 법률 시행령 일부를 다음과 같이 개정한다.

제3조제1항, 같은 조 제2항 전단·후단, 제6조의2제1항제7호, 제7조제1항 및 제2항 중 "행정자치부장관"을 각각 "행정자치부장관"으로 한다.

제8조 중 "행정자치부"를 "행정자치부"로 한다.

별지 서식 3면 및 4면 중 "행정자치부장관"을 각각 "행정자치부장관"으로 한다.

〈198〉 접경지역 지원 특별법 시행령 일부를 다음과 같이 개정한다.

제3조제3항·제4항, 제4조제3항 각 호 외의 부분, 제7조제1항 전단, 같은 조 제3항·제4항, 제13조제1항부터 제4항까지, 제18조 각 호 외의 부분 및 제21조 중 "행정자치부장관"을 각각 "행정자치부장관"으로 한다.

제8조제1항제1호 중 "미래창조과학부장관, 교육부장관"을 "교육부장관, 미래창조과학부장관"으로, "행정자치부장관"을 "행정자치부장관"으로 한다.

제8조제5항 및 제13조제1항 중 "행정자치부 제2차관"을 각각 "행정자치부차관"으로 한다.

제13조제1항 중 "행정자치부"를 "행정자치부"로 한다.

〈199〉 정부3.0 추진위원회의 설치 및 운영에 관한 규정 일부를 다음과 같이 개정한다.

제3조제2항제1호 중 "미래창조과학부 제2차관, 교육부 차관, 행정자치부 제1차관"을 "교육부 차관, 미래창조과학부 제2차관, 행정자치부 차관"으로 한다.

제3조제5항 중 "행정자치부 제1차관"을 "행정자치부 차관"으로 한다.

제9조제2항 중 "행정자치부 창조정부조직실장"을 "행정자치부 창조정부조직실장"으로 한다.

〈200〉 정부청사관리규정 일부를 다음과 같이 개정한다.

제3조제1항, 같은 조 제2항제1호·제2호, 같은 조 제3항 본문·단서, 같은 조 제4항, 제4조제1항부터 제3항까지, 제5조제3항, 제6조제1항 본문, 같은 조 제2항 본문, 제7조제2항·제3항, 제8조제1항·제2항, 제9조제1항·제2항 및 제10조 중 "행정자치부장관"을 각각 "행정자치부장관"으로 한다.

제11조 중 "행정자치부령"을 "행정자치부령"으로 한다.

〈201〉 정부 표창 규정 일부를 다음과 같이 개정한다.

제4조제4항 전단, 제14조제4항 각 호 외의 부분 본문, 제17조제2항, 제19조제2항 단서, 제19조의2제1항 및 제20조 중 "행정자치부장관"을 각각 "행정자치부장관"으로 한다.
별지 제1호서식, 별지 제1호의2서식, 별지 제2호서식, 별지 제2호의2서식, 별지 제3호서식 및 별지 제3호의2서식 중 "행정자치부장관"을 각각 "행정자치부장관"으로 한다.
〈202〉 제주4·3사건 진상규명 및 희생자명예회복에 관한 특별법 시행령 일부를 다음과 같이 개정한다.
제3조, 제12조제2항 및 제12조의3제4항 중 "행정자치부장관"을 각각 "행정자치부장관"으로 한다.
〈203〉 제주특별자치도 설치 및 국제자유도시 조성을 위한 특별법 시행령 일부를 다음과 같이 개정한다.
제2조제1항제1호 중 "미래창조과학부장관·교육부장관"을 "교육부장관·미래창조과학부장관"으로, "행정자치부장관"을 "행정자치부장관"으로 한다.
제5조제1항제1호 중 "미래창조과학부차관·교육부차관"을 "교육부차관·미래창조과학부차관"으로, "행정자치부차관"을 "행정자치부차관"으로 한다.
제7조의3제1항부터 제3항까지 중 "행정자치부장관"을 각각 "행정자치부장관"으로 한다.
제8조 후단 중 "해양경찰서장"을 "해양경비안전서장"으로 한다.
〈204〉 주민등록법 시행령 일부를 다음과 같이 개정한다.
제2조제1항 각 호 외의 부분 본문, 제3조제1항 각 호 외의 부분, 제7조제4항, 제10조제4호, 제11조제1항·제2항, 제12조제1항·제2항, 제15조제4항, 제19조제1항, 제21조제1항 단서, 제26조제2항·제6항, 제35조제3항, 제36조제4항, 제37조제1항 각 호 외의 부분, 같은 조 제2항 후단, 제39조제1항제3호 후단, 같은 조 제4항, 제40조제7항, 제46조제1항, 같은 조 제2항 각 호 외의 부분, 같은 조 제3항 각 호 외의 부분, 같은 조 제4항, 제47조제4항제2호·제3호, 제50조제5항 본문, 같은 조 제6항 각 호 외의 부분, 같은 조 제7항·제10항, 제51조제2항 각 호 외의 부분, 같은 조 제4항·제5항, 제57조제1항·제3항·제4항, 같은 조 제5항 각 호 외의 부분 전단, 같은 조 제6항부터 제8항까지, 제58조제1항, 같은 조 제3항 각 호 외의 부분, 같은 조 제4항 각 호 외의 부분 전단 및 같은 조 제5항 중 "행정자치부장관"을 각각 "행정자치부장관"으로 한다.
제17조, 제36조제2항 단서, 제39조제2항, 제47조제5항 본문, 같은 조 제10항, 제47조의2 및 제50조제3항·제8항 중 "행정자치부령"을 각각 "행정자치부령"으로 한다.
별지 제33호서식의 확인방법란 제1호 및 제2호 중 "행정자치부"를 각각 "행정자치부"로 한다.
〈205〉 주한미군 공여구역주변지역 등 지원 특별법 시행령 일부를 다음과 같이 개정한다.
제32조 중 "행정자치부장관"을 "행정자치부장관"으로 한다.

〈206〉 중소기업청과 그 소속기관 직제 일부를 다음과 같이 개정한다.
제22조제3항 전단 중 "행정자치부"를 "행정자치부"로 한다.
〈207〉 지방공기업법 시행령 일부를 다음과 같이 개정한다.
제11조제1항 본문, 제15조제3항, 제17조제1항제1호·제2호, 제18조제2항 후단, 제22조 후단, 제42조제2항, 제44조제1항제3호, 제44조의2제1항제1호마목, 같은 조 제2항부터 제4항까지, 제47조제4항 각 호 외의 부분, 제56조의2제3항, 제56조의4제1항 본문, 제60조제1항, 제62조제1항 각 호 외의 부분 후단, 제68조제1항 단서, 같은 조 제2항 각 호 외의 부분, 같은 항 제4호, 같은 조 제4항, 제69조제5호, 제70조제1항제4호, 같은 조 제2항, 제71조제1항 각 호 외의 부분 전단·후단, 같은 조 제2항 전단, 제72조제1항 각 호 외의 부분, 제74조제2항, 제75조 각 호 외의 부분, 제76조제2항·제5항·제6항, 제78조제1항, 같은 조 제2항 각 호 외의 부분 및 같은 조 제3항·제4항 중 "행정자치부장관"을 각각 "행정자치부장관"으로 한다.
제15조제1항 및 제17조제3항 중 "행정자치부령"을 각각 "행정자치부령"으로 한다.
제72조제1항 각 호 외의 부분 중 "행정자치부 제2차관"을 "행정자치부차관"으로 한다.
제73조제6항 중 "행정자치부"를 "행정자치부"로 한다.
〈208〉 지방공무원 교육훈련법 시행령 일부를 다음과 같이 개정한다.
제2조제1항 각 호 외의 부분, 같은 조 제2항 각 호 외의 부분, 제5조제2항 단서, 제7조제3항 전단, 제9조제1항 후단, 같은 조 제4항, 제10조제2항제1호부터 제3호까지, 제15조, 제16조제2항, 제17조, 제30조제2항 및 제34조제2항·제3항 중 "행정자치부장관"을 각각 "행정자치부장관"으로 한다.
제2조제2항 각 호 외의 부분 중 "「행정자치부와 그 소속기관 직제」"를 "「행정자치부와 그 소속기관 직제」"로 한다.
제6조제4항 중 "행정자치부령"을 "행정자치부령"으로 한다.
〈209〉 지방공무원 보수규정 일부를 다음과 같이 개정한다.
제9조의2제2항, 제15조제7항, 제18조의2제2항, 제35조제2항제5호, 같은 조 제6항, 제36조제1항제6호, 제38조제3항, 제39조 본문 및 제49조 중 "행정자치부장관"을 각각 "행정자치부장관"으로 한다.
제10조제3항, 제14조제7호, 제16조제2항 및 제50조제1항·제2항·제4항 중 "행정자치부장관 또는 교육부장관"을 각각 "교육부장관 또는 행정자치부장관"으로 한다.
별표 1 제1호의 초임호봉란 각 목 외의 부분 중 "행정자치부장관"을 "행정자치부장관"으로 한다.
별표 2 제2호의 경력란 가목4), 나목1의2)·1의3) 및 다목2) 중 "행정자치부장관 또는 교육부장관"을 각각 "교육부장관 또는 행정자치부장관"으로 하고, 같은 표 비고 중 "행정자치부장관"을 "행정자치부장관"으로 한다.
별표 3 제1호나목의 경력란 2)·3의2)·3의3)·5) 및 같은 표 제2호나목의 경력란 2)·2의3)·4) 중 "행정자치부장관 또는 교육부장관"을 각각 "교육부장관 또는 행정자치부장관"으로 하고, 같은 표 비고 중 "행정자치부장관"을 "행정자치부장관"으로 한다.
별표 4 제1호나목의 경력란 3)·4의2)·4의3)·5) 및 같은 표 제2호나목의 경력란 2)·2의3)·4) 중 "행정자치부장관 또는 교육부장관"을 각각 "교육부장관 또는 행정자치부장관"으로 하고, 같은 표 비고 중 "행정자치부장관"을 "행정자치부장관"으로 한다.
〈210〉 지방공무원 복무규정 일부를 다음과 같이 개정한다.
제2조제4항, 제2조의3제1항 후단, 같은 조 제2항 본문·단서, 같은 조 제3항부터 제5항까지, 같은 조 제6항 전단 및 제2조의5제1항 중 "행정자치부장관"을 각각 "행정자치부장관"으로 한다.
별지 제1호서식 중 "행정자치부장관"을 "행정자치부장관"으로 한다.
별지 제2호서식의 보고요령 제2호가목 및 다목 중 "행정자치부장관"을 각각 "행정자치부장관"으로 한다.
〈211〉 지방공무원 수당 등에 관한 규정 일부를 다음과 같이 개정한다.
제6조의2제2항제5호, 같은 조 제6항, 제18조의5제5항 및 제22조 중 "행정자치부장관 또는 교육부장관"을 각각 "교육부장관 또는 행정자치부장관"으로 한다.
제10조제3항제6호, 같은 조 제11항, 제12조제1항, 제15조제4항제3호, 같은 조 제6항·제9항, 제16조제3항 후단, 제17조제3항, 같은 조 제4항 후단, 제21조의2제2항 및 제21조의3제3항 중 "행정자치부장관"을 각각 "행정자치부장관"으로 한다.
별표 3 비고 제1호 중 "행정자치부장관 또는 교육부장관"을 "교육부장관 또는 행정자치부장관"으로 한다.
별표 6 비고 중 "행정자치부장관"을 "행정자치부장관"으로 한다.
별표 8 비고 중 "행정자치부장관"을 "행정자치부장관"으로 한다.
별표 9 기술분야 제1호사목2) 중 "행정자치부장관 또는 교육부장관"을 "교육부장관 또는 행정자치부장관"으로 하고, 같은 표 기술분야 제2호가목1) 중 "행정자치부장관 또는 교육부장관"을 "교육부장관 또는 행정자치부장관"으로 하며, 같은 표 특수행정분야 제8호라목부터 사목까지의 지급액 및 지급방법란 중 "행정자치부장관"을 "행정자치부장관"으로 하고, 같은 표 특수행정분야 제9호가목3)의 지급대상란 중 "행정자치부장관·교육부장관"을 "교육부장관·행정자치부장관"으로 하며, 같은 표 특수행정분야 제9호나목2) 중 "행정자치부장관"을 "행정자치부장관"으로 하고, 같은 표 특수행정분야 제11호사목의 지급액 및 지급방법란 중 "행정자치부장관"을 "행정자치부장관"으로 하며, 같은 표 비고 중 "행정자치부장관"을 "행정자치부장관"으로 한다.

별표 10 제3호의 비고 제1호 단서 중 "행정자치부장관"을 "행정자치부장관"으로 한다.
별표 14의 비고 제5호 중 "행정자치부장관"을 "행정자치부장관"으로 한다.
〈212〉 지방공무원의 구분 변경에 따른 전직임용 등에 관한 특례규정 일부를 다음과 같이 개정한다.
제3조제2항ㆍ제4항, 제4조, 제5조제3항 단서, 제7조, 제8조 각 호 외의 부분 후단, 제9조제2항 각 호 외의 부분 단서, 같은 조 제3항, 제10조제1항, 같은 조 제2항제1호 후단 및 같은 조 제4항 중 "행정자치부장관"을 각각 "행정자치부장관"으로 한다.
별표 1 비고 중 "행정자치부장관"을 "행정자치부장관"으로 한다.
〈213〉 지방공무원 임용령 일부를 다음과 같이 개정한다.
제4조제1항, 제7조의2제3항, 제7조의3제4항, 제10조의2, 제17조제1항제5호 후단, 제17조의2, 제21조의2제11항, 제25조제2항 단서, 제31조제3항, 제31조의3제2항ㆍ제3항, 제32조제7항 전단, 제33조제7항 전단, 제38조제2항 각 호 외의 부분 후단, 같은 조 제7항 전단, 제38조의15제4항, 제42조의2제2항 본문, 같은 조 제6항, 제48조제5항 단서, 제59조 및 제64조제1항제1호 중 "행정자치부장관 또는 교육부장관"을 각각 "교육부장관 또는 행정자치부장관"으로 한다.
제7조의3제3항, 제10조제2항, 제10조의2, 제31조의2제7항, 제31조의3제7항 단서, 제31조의6제2항 각 호 외의 부분 본문, 같은 조 제4항, 제32조제3항 및 제64조제1항제1호 중 "행정자치부령 또는 교육부령"을 각각 "교육부령 또는 행정자치부령"으로 한다.
제17조제1항 각 호 외의 부분 단서, 같은 조 제3항, 제21조의2제1항 각 호 외의 부분, 제21조의3제6항 전단ㆍ후단, 제21조의4제4항, 제26조의2제1호, 제27조의2제6항, 제27조의3제1항 각 호 외의 부분 후단, 같은 조 제2항제2호, 제27조의5제2항 각 호 외의 부분 전단ㆍ후단, 같은 조 제3항ㆍ제5항, 제32조제7항 후단, 제33조제9항, 제33조의2제4항 각 호 외의 부분 단서, 같은 조 제8항, 제38조의4제1항제1호, 제38조의17제3항, 제42조제5항, 제50조의3제2항 전단, 제51조의4, 제51조의5제2항 및 제51조의6제1항 중 "행정자치부장관"을 각각 "행정자치부장관"으로 한다.
제27조의5제4항 중 "행정자치부령"을 "행정자치부령"으로 한다.
제64조제1항 각 호 외의 부분 단서 중 "행정자치부장관, 교육부장관"을 "교육부장관, 행정자치부장관"으로 한다.
〈214〉 지방공무원임용후보자장학규정 일부를 다음과 같이 개정한다.
제17조 중 "행정자치부장관 또는 교육부장관"을 "교육부장관 또는 행정자치부장관"으로 한다.
〈215〉 지방공무원 징계 및 소청 규정 일부를 다음과 같이 개정한다.
제8조제1항 중 "행정자치부장관 또는 교육부장관"을 "교육부장관 또는 행정자치부장관"

으로 한다.

〈216〉 지방교부세법 시행령 일부를 다음과 같이 개정한다.

제3조제1항 본문, 같은 조 제2항ㆍ제4항, 제3조의2제1항, 같은 조 제2항 전단ㆍ후단, 제7조제2항제1호ㆍ제2호, 제7조의2제1항ㆍ제2항, 제9조의2제2항제3호, 제11조 본문, 제12조제1항제1호ㆍ제6호, 제14조 및 제15조 중 "행정자치부장관"을 각각 "행정자치부장관"으로 한다.

제8조제1항, 제10조의2제4항 및 제10조의3제4항 중 "행정자치부령"을 각각 "행정자치부령"으로 한다.

〈217〉 지방별정직공무원 인사규정 일부를 다음과 같이 개정한다.

제4조제2항, 제7조제1항 각 호 외의 부분 본문 및 제11조제4항 중 "행정자치부장관"을 각각 "행정자치부장관"으로 한다.

〈218〉 지방분권 및 지방행정체제개편에 관한 특별법 시행령 일부를 다음과 같이 개정한다.

제2조 전단ㆍ후단 및 제23조제3항 중 "행정자치부장관"을 각각 "행정자치부장관"으로 한다.

〈219〉 지방세기본법 시행령 일부를 다음과 같이 개정한다.

제3조제2항ㆍ제3항, 제7조제1항제1호, 제102조의9 및 제115조제1항 중 "행정자치부장관"을 각각 "행정자치부장관"으로 한다.

제13조제1항제5호, 제15조제1항, 제63조제4항 및 제64조제5항 후단 중 "행정자치부령"을 각각 "행정자치부령"으로 한다.

별표 2 제1호부터 제184호까지의 제출받을 기관란 중 "행정자치부"를 각각 "행정자치부"로 하고, 같은 표 제177호 및 제178호의 과세자료명란 중 "행정자치부장관"을 각각 "행정자치부장관"으로 하며, 같은 표 비고 제2호 중 "행정자치부장관"을 "행정자치부장관"으로 한다.

〈220〉 지방세법 시행령 일부를 다음과 같이 개정한다.

제3조 전단ㆍ후단, 제4조제1항 각 호 외의 부분, 같은 조 제3항 본문ㆍ단서, 같은 조 제5항, 같은 조 제8항 전단, 제73조, 제75조제7항, 제101조제3항제7호, 제119조의3제1항ㆍ제2항, 제133조제1항제2호 후단 및 같은 조 제2항제2호 중 "행정자치부장관"을 각각 "행정자치부장관"으로 한다.

제18조제1항제6호 후단, 제26조제1항제10호 단서, 제27조제3항 전단, 제28조제2항제3호가목 단서, 제32조제1항, 제33조제1항, 제48조제3항, 제57조제2호 단서, 제58조제1항ㆍ제2항, 제63조제2항제8호, 제65조제1항ㆍ제3항, 제68조제2항 각 호 외의 부분 단서, 제69조제1항 각 호 외의 부분, 같은 조 제2항 각 호 외의 부분, 같은 조 제4항, 제70조제1항ㆍ제2항, 제71조제2항 본문, 제75조제1항 각 호 외의 부분 단서, 같은 조 제6항, 제78조제1항제1호 단서, 제84조제1항ㆍ제2항, 제85조의2 후단, 제85조의3제1항ㆍ제2항, 제88조제1항 각 호 외

의 부분 후단, 제90조제1항·제2항, 제92조제1항·제2항, 제93조제2항, 제96조제3항, 제98조제2항·제3항, 제99조, 제100조의2제1항·제2항, 제100조의3제1항·제3항, 제100조의4제1항·제2항, 제100조의7제2항 단서, 제100조의12제2항·제3항, 같은 조 제4항 후단, 제100조의13제1항 본문, 같은 조 제2항, 제100조의14제2항, 제100조의18제3항, 제100조의22제3항 후단, 제100조의25제1항·제2항, 제100조의26, 제100조의29, 제100조의30, 제102조제1항제1호, 같은 조 제4항, 제103조제1항제4호, 같은 조 제2항, 제110조, 제113조제1항·제3항, 제114조제3항, 제115조제2항 각 호 외의 부분 단서, 제116조제2항, 제119조의2제1항, 제128조제5항, 제132조 각 호 외의 부분, 제134조제2항, 제135조 전단, 제136조제2호다목1) 및 제138조제3항 중 "행정자치부령"을 각각 "행정자치부령"으로 한다.

제119조의2제1항 중 "「행정자치부와 그 소속기관 직제」"를 "「행정자치부와 그 소속기관 직제」"로 한다.

별표 제1종 제208호, 제2종 제162호, 제3종 제225호, 제4종 제175호 및 제5종 제38호 중 "행정자치부령"을 각각 "행정자치부령"으로 한다.

〈221〉 지방세외수입금의 징수 등에 관한 법률 시행령 일부를 다음과 같이 개정한다.

제21조제1항부터 제5항까지 및 제22조제1항 중 "행정자치부장관"을 각각 "행정자치부장관"으로 한다.

〈222〉 지방세특례제한법 시행령 일부를 다음과 같이 개정한다.

제2조제1항 각 호 외의 부분, 같은 조 제3항제6호, 같은 조 제7항, 제9조제2호, 제22조제2호, 제26조제2호, 제28조제1항제2호 및 제124조제5호 중 "행정자치부장관"을 각각 "행정자치부장관"으로 한다.

제22조제2호 중 "행정자치부장관이 미래창조과학부장관 또는 교육부장관"을 "행정자치부장관이 교육부장관 또는 미래창조과학부장관"으로 한다.

제45조제2항 본문, 제47조제3항 각 호 외의 부분, 제48조제2항 본문, 제49조제2항 본문, 제50조제2항 본문, 제53조제4항 본문, 제54조제10항 본문, 제55조제5항 본문, 제56조제6항 본문, 제57조제5항 본문, 제58조제3항 본문, 제59조제5항 본문, 제60조제3항 본문, 제62조제2항 본문, 제63조제2항 본문, 제64조제3항 본문, 제65조제3항 본문, 제66조제3항 본문, 제67조제12항 본문, 제68조제2항 본문, 제69조제4항 본문, 제70조제2항 본문, 제71조제6항 본문, 제72조제2항 본문, 제73조제3항 본문, 제74조제8항 본문, 같은 조 제9항 본문, 제75조제6항 본문, 제76조제4항 본문, 제77조제4항 본문, 제78조제2항 본문, 제79조제7항 본문, 같은 조 제9항 본문, 제80조제6항 본문, 같은 조 제7항 본문, 제81조제2항 본문, 같은 조 제3항 본문, 제82조제6항 본문, 제83조제6항 본문, 제84조제4항 본문, 제84조의2제1항 본문, 제85조제2항 본문, 같은 조 제5항 본문, 같은 조 제6항 본문, 제86조제3항 본문, 제87조제3항 본문, 제88조제2항 본문, 제89조 본문, 제90조제3항 본문, 제91조제5항 본문, 제

92조제3항 본문, 제94조제4항 본문, 제101조 본문, 제102조 본문, 제104조제5항 본문, 제106조제5항 본문, 제107조제5항 본문, 제108조제6항 본문, 제109조제6항 본문, 제110조제7항 본문, 제111조제5항 본문, 제112조제3항 본문, 제115조제2항 본문, 제116조 본문, 제126조제1항 각 호 외의 부분 및 제127조 중 "행정자치부령"을 각각 "행정자치부령"으로 한다.
대통령령 제25556호 지방세특례제한법 시행령 일부개정령 제3조제5항의 개정규정 중 "행정자치부령"을 "행정자치부령"으로 한다.
〈223〉 지방소도읍육성지원법시행령 일부를 다음과 같이 개정한다.
제2조제1항 각 호 외의 부분, 같은 조 제3항·제4항, 제3조제1항 각 호 외의 부분, 같은 조 제2항 및 제4조제2항·제3항 중 "행정자치부장관"을 각각 "행정자치부장관"으로 한다.
〈224〉 지방 연구직 및 지도직공무원의 임용 등에 관한 규정 일부를 다음과 같이 개정한다.
제14조제2항 각 호 외의 부분, 같은 조 제5항, 제18조, 제19조제2항 본문 및 같은 조 제6항 중 "행정자치부령 또는 교육부령"을 각각 "교육부령 또는 행정자치부령"으로 한다.
제20조제1항제1호 중 "행정자치부장관"을 "행정자치부장관"으로 한다.
제21조제1항 본문 중 "행정자치부장관이나 교육부장관"을 "교육부 장관이나 행정자치부장관"으로 한다.
별표 3 유사경력(연구직공무원에게만 적용한다)의 경력란 제2호 중 "행정자치부장관 또는 교육부장관"을 "교육부장관 또는 행정자치부장관"으로 한다.
〈225〉 지방자치단체 기금관리기본법 시행령 일부를 다음과 같이 개정한다.
제2조제1항, 같은 조 제3항 각 호 외의 부분, 같은 조 제4항, 제8조제1항·제2항, 제9조제1항·제4항 및 제11조 중 "행정자치부장관"을 각각 "행정자치부장관"으로 한다.
제9조제1항 중 "행정자치부"를 "행정자치부"로 한다.
〈226〉 지방자치단체를 당사자로 하는 계약에 관한 법률 시행령 일부를 다음과 같이 개정한다.
제2조제3호, 제5조 후단, 제6조제2항제4호 각 목 외의 부분, 제6조의2제1항·제2항, 제10조제3항·제4항, 제14조제2항 본문·단서, 같은 조 제5항, 제21조제3항, 제25조제1항제4호가목부터 다목까지, 제29조 단서, 제30조제2항·제5항, 제37조제3항제6호·제6호의2, 제39조제2항 단서, 같은 조 제3항 단서, 제42조제1항제1호, 같은 조 제2항부터 제4항까지, 제42조의2제1항, 제42조의3제3항, 제42조의4제4항, 제43조제8항·제13항, 제44조제2항, 제45조제1항, 제51조제4항, 제55조제2항, 제64조제1항 단서, 제74조제8항, 제77조제1항 각 호 외의 부분 본문, 같은 조 제2항, 제82조제5호, 제87조, 제88조제1항 후단, 같은 조 제6항, 제89조의2제2항, 제92조의5제2항제2호 각 목 외의 부분, 제92조의6제2항, 제92조의11제5항, 제96조제5항제3호, 제97조의2제2항 본문·단서, 같은 조 제5항, 제98조의2제5항, 제101조제2항, 제111조제1항·제2항, 제112조제2항 각 호 외의 부분, 제116조제2항, 제125

조제1항, 제125조의3제4항 · 제5항, 같은 조 제6항 단서, 같은 조 제8항 및 제131조제5항 중 "행정자치부장관"을 각각 "행정자치부장관"으로 한다.

제5조 후단, 제10조제1항제1호, 제13조제1항제3호, 제15조제1항 전단, 제16조제5항, 제17조제3항, 제18조제1항, 같은 조 제3항 전단, 제20조제1항 각 호 외의 부분 후단, 같은 항 제6호, 같은 조 제3항 전단, 제23조제3항, 제25조제1항제2호, 같은 항 제7호나목, 제30조제4항, 제34조 전단, 제38조제1항, 제39조제4항, 제43조제1항, 제49조, 제69조제1항 본문 · 단서, 제71조제1항 본문 · 단서, 제72조제2항, 제73조제1항 각 호 외의 부분 전단, 같은 항 제1호 · 제2호, 같은 조 제3항, 제74조제7항, 제90조제1항 전단, 제92조제2항, 같은 조 제6항 각 호 외의 부분 전단, 같은 조 제11항, 제92조의2제3항, 제96조제2항 본문, 제122조제2항, 제123조 및 제125조제1항 중 "행정자치부령"을 각각 "행정자치부령"으로 한다.

제92조의5제2항 각 호 외의 부분, 같은 항 제1호, 제112조제1항 및 같은 조 제2항 각 호 외의 부분 중 "행정자치부"를 "행정자치부"로 한다.

〈227〉 지방자치단체에 대한 행정감사규정 일부를 다음과 같이 개정한다.

제2조 각 호 외의 부분, 제3조 각 호 외의 부분, 같은 조 제1호 · 제3호 · 제4호, 제4조제1항 각 호 외의 부분, 같은 조 제2항 · 제3항, 제5조제1항 본문, 같은 조 제2항 본문, 제6조제1항 전단, 같은 조 제2항, 제7조제2항 각 호 외의 부분, 같은 조 제3항, 제8조제1항 · 제2항, 제9조 본문 · 단서, 제10조제1항 본문, 제11조제1항 각 호 외의 부분, 같은 조 제4항 · 제5항, 제12조제3항, 제13조제1항, 제15조, 제17조제1호, 제18조제1항 본문, 같은 조 제3항, 같은 조 제4항 단서, 같은 조 제5항 본문, 같은 조 제6항 전단 · 후단, 같은 조 제7항, 제19조, 제20조제1항 · 제3항, 같은 조 제4항 각 호 외의 부분, 같은 조 제5항 본문, 같은 조 제6항, 제21조, 제22조 후단 및 제23조 각 호 외의 부분 중 "행정자치부장관"을 각각 "행정자치부장관"으로 한다.

제22조 전단 중 "교육과학기술부장관"을 "교육부장관"으로 한다.

〈228〉 지방자치단체의 개방형직위 및 공모직위의 운영 등에 관한 규정 일부를 다음과 같이 개정한다.

제5조제1항제1호 · 제2호 및 제27조 중 "행정자치부장관"을 각각 "행정자치부장관"으로 한다.

제21조제2항 전단, 같은 조 제4항 각 호 외의 부분 및 같은 조 제5항 중 "행정자치부"를 각각 "행정자치부"로 한다.

〈229〉 지방자치단체의 행정기구와 정원기준 등에 관한 규정 일부를 다음과 같이 개정한다.

제4조제2항 전단 · 후단, 같은 조 제3항 · 제4항, 제16조제6항 전단, 같은 조 제7항, 제21조, 제23조제3항 · 제5항, 제24조제2항, 제33조제1항, 제34조제1항부터 제4항까지, 같은 조 제5항 후단, 같은 조 제6항, 제35조, 제36조제1항, 제40조제1항 후단 및 같은 조 제2항 중 "행

정자치부장관"을 각각 "행정자치부장관"으로 한다.
제23조제6항, 제33조제1항 및 제34조제1항 중 "행정자치부령"을 각각 "행정자치부령"으로 한다.
별표 2 제1호의 비고 제1호 및 같은 비고 제5호 후단 중 "행정사치부장관"을 각각 "행정자치부장관"으로 하고, 같은 비고 제1호 중 "행정자치부령"을 "행정자치부령"으로 한다.
별표 2 제2호 지방농촌진흥기구의 비고 제3호 중 "행정자치부장관"을 "행정자치부장관"으로, "행정자치부령"을 "행정자치부령"으로 하고, 같은 호 지방공무원교육훈련기관의 비고 제2호 후단 중 "행정자치부장관"을 "행정자치부장관"으로 한다.
별표 3 제1호의 비고 제5호·제7호 및 같은 표 제2호의 비고 제7호 중 "행정자치부장관"을 각각 "행정자치부장관"으로 한다.
〈230〉 지방자치단체 전자인사관리시스템 구축·운영 등에 관한 규정 일부를 다음과 같이 개정한다.
제2조제2호부터 제4호까지, 제4조제1항, 같은 조 제2항 단서, 같은 조 제4항, 제5조제1항·제2항, 제6조제1항 각 호 외의 부분 본문·단서, 같은 조 제2항·제3항, 제8조 및 제9조제1항·제2항 중 "행정자치부장관"을 각각 "행정자치부장관"으로 한다.
〈231〉 지방자치단체출연 연구원의 설립 및 운영에 관한 법률 시행령 일부를 다음과 같이 개정한다.
제2조제3항 각 호 외의 부분, 같은 조 제4항 각 호 외의 부분, 제4조제2항, 제6조제2항, 제8조제3항·제4항 및 제9조제1항 전단 중 "행정자치부장관"을 각각 "행정자치부장관"으로 한다.
별지 제1호서식 및 별지 제2호서식 중 "행정자치부장관"을 각각 "행정자치부장관"으로 한다.
별지 제1호서식의 처리절차란 중 "행정자치부"를 각각 "행정자치부"로 한다.
〈232〉 지방자치단체 출자·출연 기관의 운영에 관한 법률 시행령 일부를 다음과 같이 개정한다.
제3조제1항부터 제4항까지, 제7조제4항, 제8조제1항 각 호 외의 부분, 같은 조 제2항, 같은 조 제3항 각 호 외의 부분, 제11조, 제13조제3호, 제14조제2항, 제18조제3항 단서, 제19조제2항, 제20조제1항 전단, 제21조제2항, 제22조제1항 및 같은 조 제2항제4호 중 "행정자치부장관"을 각각 "행정자치부장관"으로 한다.
제22조제1항 중 "행정자치부"를 "행정자치부"로 한다.
〈233〉 지방자치법 시행령 일부를 다음과 같이 개정한다.
제7조제1항제3호, 제27조, 제73조제2항, 제101조 및 제102조제2항 중 "행정자치부령"을 각각 "행정자치부령"으로 한다.

제19조제1항 · 제2항, 제25조 각 호 외의 부분, 제55조, 제57조제2항, 제65조제2항, 제72조제2항, 제73조제2항, 제74조제4항, 제85조제1항 전단 · 후단, 같은 조 제2항부터 제4항까지, 제86조, 제99조제3항 · 제6항, 제102조제1항 각 호 외의 부분 전단, 제105조제2항 후단, 같은 조 제3항 · 제4항, 제111조 각 호 외의 부분 전단, 제112조 각 호 외의 부분 전단, 제114조 각 호 외의 부분 전단 및 제115조 각 호 외의 부분 중 "행정자치부장관"을 각각 "행정자치부장관"으로 한다.

제88조, 제90조제3항 및 제107조제3항 중 "행정자치부차관"을 각각 "행정자치부차관"으로 한다.

제89조 및 제108조제2항 중 "행정자치부"를 각각 "행정자치부"로 한다.

별표 3 제10호 중 "행정자치부령"을 "행정자치부령"으로 한다.

〈234〉 지방재정법 시행령 일부를 다음과 같이 개정한다.

제6조, 제9조제2항 각 호 외의 부분, 제10조제1항 각 호 외의 부분, 같은 조 제2항, 같은 조 제3항 전단, 제11조제1항, 같은 조 제2항 전단, 같은 조 제3항 · 제4항, 제12조제1항 전단, 같은 조 제2항 · 제3항, 제27조 각 호 외의 부분, 제30조, 제31조제1항 · 제2항 · 제4항, 제34조, 제35조의2제4항, 같은 조 제6항부터 제8항까지, 제35조의3제1항제3호, 같은 조 제3항 · 제7항, 제35조의4제1항 · 제3항, 제35조의5제1항 각 호 외의 부분 전단, 제36조제2항, 제38조제1항 전단, 같은 조 제2항, 제39조, 제40조의2제1항제3호, 같은 조 제2항, 제41조제2항 후단, 같은 조 제4항, 제47조제3항, 제59조제4항, 제63조제2항, 제63조의2제1항제4호, 같은 조 제2항, 제64조제2항, 제65조제1항, 같은 조 제2항 각 호 외의 부분, 같은 항 제1호 · 제4호, 같은 조 제3항부터 제5항까지, 제65조의2제1항 각 호 외의 부분, 같은 조 제2항부터 제4항까지, 제65조의3제1항부터 제3항까지, 제66조제2항 각 호 외의 부분, 같은 조 제5항제6호, 같은 조 제6항, 제67조, 제68조제2항제4호, 같은 조 제5항, 제71조 전단, 제72조제1항 · 제2항, 제89조의2제1항, 제90조의2제1항, 제96조제2항 본문, 제97조제5호, 제99조제3호, 제102조제3항, 제134조제3항, 제144조제1항 및 제145조 중 "행정자치부장관"을 각각 "행정자치부장관"으로 한다.

제6조, 제33조제1항 본문, 같은 조 제2항, 제41조제1항 각 호 외의 부분 단서, 같은 조 제4항 · 제6항, 제51조제4항, 제53조, 제54조제3항 및 제144조제2항 중 "행정자치부령"을 각각 "행정자치부령"으로 한다.

제31조제2항, 제35조의2제7항, 제35조의3제1항제1호, 같은 조 제3항 및 제66조제2항제1호 중 "행정자치부"를 각각 "행정자치부"로 한다.

제66조제2항 각 호 외의 부분 중 "행정자치부 제2차관"을 "행정자치부차관"으로 한다.

〈235〉 지방전문경력관 규정 일부를 다음과 같이 개정한다.

제3조제1항 · 제2항, 제13조제3항 및 제14조제2호 중 "행정자치부장관"을 각각 "행정자치

부장관"으로 한다.
별표 1 비고 제1호 및 제2호 중 "행정자치부장관"을 각각 "행정자치부장관"으로 한다.
별표 2 비고 제1호 중 "행정자치부장관"을 "행정자치부장관"으로 한다.
〈236〉 직능인 경제활동 지원에 관한 법률 시행령 일부를 다음과 같이 개정한다.
제3조 각 호 외의 부분 중 "행정자치부장관"을 "행정자치부장관"으로 한다.
〈237〉 직무대리규정 일부를 다음과 같이 개정한다.
제6조제5항제2호 후단 중 "행정자치부장관"을 각각 "인사혁신처장"으로 한다.
〈238〉 차관회의 규정 일부를 다음과 같이 개정한다.
제2조 본문 중 "각 부"를 "각 부·처"로 하고, 같은 조 단서 중 "부"를 "부·처"로 한다.
제9조 본문, 제11조제2항 및 제12조제2항 중 "행정자치부"를 각각 "행정자치부"로 한다.
〈239〉 통일부와 그 소속기관 직제 일부를 다음과 같이 개정한다.
제33조제3항 전단 중 "행정자치부"를 "행정자치부"로 한다.
〈240〉 한국지방행정연구원육성법시행령 일부를 다음과 같이 개정한다.
제2조제2항, 같은 조 제4항 전단, 제3조제1항 각 호 외의 부분, 제4조제1항·제2항 및 제6조 각 호 외의 부분 중 "행정자치부장관"을 각각 "행정자치부장관"으로 한다.
〈241〉 행정권한의 위임 및 위탁에 관한 규정 일부를 다음과 같이 개정한다.
제17조제1항 및 제2항 중 "행정자치부장관"을 각각 "행정자치부장관"으로 한다.
제17조의2를 다음과 같이 신설한다.
제17조의2(인사혁신처 소관) 인사혁신처장은 「공무원임용시험령」 제52조에 따라 인사혁신처가 시행하는 시험의 합격증명서, 합격확인서 및 응시표의 발급에 관한 권한을 인사혁신처의 인력기획과장(「국가공무원법」 제28조제2항 각 호 외의 부분 본문 및 단서에 따른 채용시험, 승진시험 및 전직시험만 해당한다)과 채용관리과장에게 각각 위임한다.
제27조의 제목 "(행정자치부 소관)"을 "(행정자치부 소관)"으로 하고, 같은 조 제1항 각 호 외의 부분, 같은 항 제2호 및 같은 조 제2항 중 "행정자치부장관"을 각각 "행정자치부장관"으로 한다.
제27조제3항을 삭제한다.
제29조의 제목 "(소방방재청 소관)"을 "(국민안전처 소관)"으로 하고, 같은 조 각 호 외의 부분 및 같은 조 제4호 중 "소방방재청장"을 각각 "국민안전처장관"으로 한다.
제41조의2제8항 중 "해양경찰서장"을 "해양경비안전서장"으로 한다.
제43조를 제43조의2로 하고, 제5장에 제43조를 다음과 같이 신설한다.
제43조(인사혁신처 소관) 인사혁신처장은 「국가유공자 등 예우 및 지원에 관한 법률」 제6조제3항 후단 및 같은 법 시행령 제9조제1항·제2항 또는 「보훈보상대상자 지원에 관한 법률」 제4조제3항 후단 및 같은 법 시행령 제6조제1항·제2항에 따른 소관 공무원에 대

한 국가유공자 등 요건 관련 사실의 확인 및 통보에 관한 사무를 「공무원연금법」 제4조에 따라 설립된 공무원연금공단에 위탁한다.
제46조를 다음과 같이 한다.
제46조(행정자치부 소관) 「온천법」 제24조의2제1항 및 같은 법 시행령 제20조에 따른 온천자원 관측 사무를 같은 법 제27조에 따라 설립된 온천협회에 위탁한다.
제47조의 제목 "(소방방재청 소관)"을 "(국민안전처 소관)"으로 하고, 같은 조 각 호 외의 부분 중 "소방방재청장"을 "국민안전처장관"으로 한다.
〈242〉 행정기관 소속 위원회의 설치・운영에 관한 법률 시행령 일부를 다음과 같이 개정한다.
제2조제1항 단서, 제3조제1항, 제7조제1항 각 호 외의 부분, 같은 조 제2항 각 호 외의 부분, 같은 항 제3호 및 제8조제2항제3호 중 "행정자치부장관"을 각각 "행정자치부장관"으로 한다.
〈243〉 행정기관의 조직과 정원에 관한 통칙 일부를 다음과 같이 개정한다.
제4조의2제2항제2호, 제18조제4항, 제19조제2항 중 "행정자치부장관이"를 각각 "인사혁신처장이 행정자치부장관과 협의하여"로 한다.
제8조제1항・제2항・제4항・제5항, 제8조의2제2항 전단・후단, 제9조제1항, 제10조 각 호 외의 부분, 제12조제3항, 제14조제4항, 제17조의3제2항 본문・단서, 같은 조 제4항, 제19조제3항 단서, 제24조제5항 단서, 제24조의2제2항, 제24조의3제1항・제4항, 제26조제2항제5호, 제27조제3항・제4항, 제27조의2제1항 전단・후단, 같은 조 제2항, 같은 조 제3항 후단, 제28조제1항부터 제4항까지, 제29조제1항・제2항・제4항, 제29조의2제2항 및 제30조제1항부터 제3항까지 중 "행정자치부장관"을 각각 "행정자치부장관"으로 한다.
제24조의2제1항을 다음과 같이 한다.
① 중앙행정기관(합의제 행정기관을 포함한다)의 장은 다음 각 호의 어느 하나에 해당하는 사유가 발생하여 별도 정원(파견자의 정원이 따로 있는 것으로 보고 결원을 보충할 수 있는 정원을 말한다. 이하 같다)을 운용할 필요가 있다고 인정되는 경우에는 기관별・계급별 또는 고위공무원단에 속하는 공무원의 경우에는 공무원의 종류별 별도 정원에 대하여 미리 행정자치부장관과 협의하여야 한다. 이 경우 인사혁신처장은 다음 각 호의 구분에 따른 시기에 별도 정원 및 그 기간의 연장 등에 관하여 행정자치부장관에게 협의를 요청하여야 한다.
1. 「국가공무원법」 제32조의4 및 제43조제2항에 따른 1년 이상의 파견근무: 「공무원임용령」 제41조제3항 본문에 따른 파견의 협의 시
2. 「공무원교육훈련법」 제13조제1항 및 「공무원교육훈련법 시행령」 제31조제1항 및 제37조제1항에 따른 6월 이상의 교육훈련: 위탁교육훈련계획의 협의 시

3. 「공무원교육훈련법」 제13조제2항에 따라 수립되는 위탁교육훈련계획에 의한 6월 이상의 교육훈련: 위탁교육훈련계획의 수립 시

제26조의2 중 "행정자치부장관"을 "인사혁신처장"으로 한다.

〈244〉 행정사법 시행령 일부를 다음과 같이 개정한다.

제4조제2항 각 호 외의 부분, 같은 항 제1호 및 같은 조 제4항 중 "행정자치부"를 각각 "행정자치부"로 한다.

제4조제2항제1호, 같은 항 제2호 각 목 외의 부분, 제8조제2항 각 호 외의 부분, 같은 조 제3항 전단, 제10조제1항 각 호 외의 부분, 같은 조 제2항부터 제4항까지, 제12조 각 호 외의 부분, 제16조제3항, 제17조제4항, 제18조제1항ㆍ제2항, 제19조제1항, 제23조제2항, 같은 조 제3항 각 호 외의 부분, 제24조 각 호 외의 부분, 제25조 및 제26조 각 호 외의 부분 중 "행정자치부장관"을 각각 "행정자치부장관"으로 한다.

제14조제3항, 제16조제1항, 같은 조 제2항 본문, 같은 조 제3항 및 제18조제1항ㆍ제2항 중 "행정자치부령"을 각각 "행정자치부령"으로 한다.

별표 4 제2호마목의 위반행위란 중 "행정자치부장관"을 "행정자치부장관"으로 한다.

〈245〉 행정업무의 효율적 운영에 관한 규정 일부를 다음과 같이 개정한다.

제7조제7항, 제8조제2항 본문, 같은 조 제4항 각 호 외의 부분 본문, 제11조제2항, 제12조제1항, 제14조제3항, 제17조 단서, 제18조제1항, 같은 조 제4항 전단, 제19조제2호가목, 제22조제2항, 제25조제3항, 제28조제8항, 제36조제1항 본문, 제37조제2항 전단, 제39조, 제41조제3항, 제50조제4항, 제57조제4항 및 제61조제1항 중 "행정자치부령"을 각각 "행정자치부령"으로 한다.

제21조제3항, 제24조제1항 각 호 외의 부분 본문, 같은 조 제2항 전단, 제25조제1항, 제29조제1항, 제42조제1항ㆍ제3항, 제43조제2항, 제44조제2항, 제44조의2제2항, 제46조제3항, 제47조제3항, 제48조 각 호 외의 부분, 제53조, 제55조제2항부터 제4항까지, 제56조제6호, 제57조제2항 전단ㆍ후단, 같은 조 제3항, 제58조제1항ㆍ제2항, 제59조제2항 전단, 같은 조 제3항ㆍ제6항, 제63조의4, 제63조의5제1항, 제64조제2항ㆍ제3항, 같은 조 제4항 각 호 외의 부분, 같은 조 제5항, 제66조 및 제70조 중 "행정자치부장관"을 각각 "행정자치부장관"으로 한다.

제25조제1항 중 "행정자치부"를 "행정자치부"로 한다.

〈246〉 행정절차법 시행령 일부를 다음과 같이 개정한다.

제11조제6호 중 "행정자치부령"을 "행정자치부령"으로 한다.

제22조의2 및 제27조제3항 중 "행정자치부장관"을 각각 "행정자치부장관"으로 한다.

〈247〉 경범죄 처벌법 시행령 일부를 다음과 같이 개정한다.

제3조제1항 각 호 외의 부분, 같은 조 제3항, 제6조제1항 각 호 외의 부분, 같은 조 제2항

・제3항・제5항, 제7조제1항・제2항 및 제8조제1항・제2항 중 "해양경찰서장"을 각각 "해양경비안전서장"으로 한다.

제4조제1항 중 "경찰청장, 해양경찰청장"을 "국민안전처장관, 경찰청장"으로 한다.

별표의 법 제3조제1항제32호(야간통행제한 위반)의 범칙행위란 중 "경찰청장이나 해양경찰청장"을 "국민안전처장관이나 경찰청장"으로 한다.

〈248〉 경비업법 시행령 일부를 다음과 같이 개정한다.

제3조제1항 전단, 제13조제4호, 제17조제3항, 제18조제3항・제4항, 제19조제1항제2호, 같은 조 제3항・제4항 및 제20조제7항 중 "행정자치부령"을 각각 "행정자치부령"으로 한다.

〈249〉 경찰공무원 교육훈련규정 일부를 다음과 같이 개정한다.

제2조제1호 중 "경찰청, 해양경찰청"을 "국민안전처, 경찰청"으로 하고, 같은 조 제2호나목을 다음과 같이 하며, 같은 조 제3호 중 "해양경찰교육원"을 "해양경비안전교육원"으로 한다.

나. 국민안전처장관의 경우: 해양경비안전교육원, 지방해양경비안전본부, 직할단, 직할대, 해양경비안전서 및 해양경비안전정비창

제4조제2항 중 "경찰청장 또는 해양경찰청장"을 "경찰청장(국민안전처 소속 경찰공무원에 관한 사항의 경우에는 국민안전처장관을 말한다. 이하 같다)"으로 한다.

제5조제1항, 제8조제3항, 제9조제1항・제2항, 제10조, 제11조제1항, 제12조 각 호 외의 부분 본문, 같은 조 제1호, 제14조, 제17조제2항, 제19조제1항・제2항 및 제25조제2항 중 "경찰청장 또는 해양경찰청장"을 각각 "경찰청장"으로 한다.

제6조의3제1항 중 "해양경찰청과"를 "국민안전처와"로 한다.

제11조제3항 중 "해양경찰청 및 그 소속기관의"를 "국민안전처 및 그 소속기관등의"로 한다.

대통령령 제24729호 경찰공무원 교육훈련규정 일부개정령 제6조의2제1항의 개정규정 중 "해양경찰청 및 그 소속기관 경찰공무원"을 "국민안전처 및 그 소속기관등의 경찰공무원"으로 한다.

〈250〉 경찰공무원 보건안전 및 복지 기본법 시행령 일부를 다음과 같이 개정한다.

제2조제1항 중 "경찰청장과 해양경찰청장"을 "경찰청장(국민안전처 소속 경찰공무원에 관한 사항의 경우에는 국민안전처장관을 말한다. 이하 같다)"으로 한다.

제2조제2항・제3항, 제3조제1항・제3항, 제7조제2항, 제8조제1항 각 호 외의 부분, 같은 조 제2항, 제9조 및 제10조 중 "경찰청장과 해양경찰청장"을 각각 "경찰청장"으로 한다.

제3조제2항제9호, 제4조제2항제5호, 제6조제2항제2호, 같은 조 제3항제4호, 같은 조 제4항・제5항, 같은 조 제6항 후단, 같은 조 제7항・제8항, 제7조제1항제9호 및 제8조제1항제3호 중 "경찰청장 또는 해양경찰청장"을 각각 "경찰청장"으로 한다.

제6조제3항 각 호 외의 부분 및 제7조제3항 중 "경찰청장과 해양경찰청장이 각각"을 "경찰청장이"로 한다.
제4조제2항제2호를 다음과 같이 한다.
2. 행정자치부
제7조제2항 중 "해양경찰관서"를 "해양경비안전관서"로 한다.
〈251〉 경찰공무원 복무규정 일부를 다음과 같이 개정한다.
제14조제2항 중 "경찰청장 또는 해양경찰청장"을 "경찰청장(국민안전처 소속 경찰공무원에 관한 사항의 경우에는 국민안전처장관을 말한다. 이하 같다)"으로 한다.
제15조제1항 및 제2항 중 "경찰청장 또는 해양경찰청장"을 각각 "경찰청장"으로 한다.
제15조제1항 중 "해양경찰청의 해상근무경찰공무원"을 "국민안전처의 해상근무경찰공무원"으로 한다.
〈252〉 경찰공무원 승진임용 규정 일부를 다음과 같이 개정한다.
제4조제1항 본문 중 "경찰청장이나 해양경찰청장"을 "경찰청장(국민안전처 소속 경찰공무원에 관한 사항의 경우에는 국민안전처장관을 말한다. 이하 제11조제1항제1호, 같은 조 제4항, 제17조제1항 각 호 외의 부분 단서 및 제18조제1항을 제외하고 같다)"으로 한다.
제4조제3항 본문, 같은 조 제5항, 제14조제1항, 같은 조 제2항 단서, 제15조제4항, 제20조 단서, 제22조의2제3항, 제27조제1항·제2항, 제28조, 제31조제1항제2호 단서, 같은 조 제2항, 제31조의2제1항 단서, 제34조제2항, 제39조 본문·단서 및 제41조제1항 단서 중 "경찰청장이나 해양경찰청장"을 각각 "경찰청장"으로 한다.
제7조제2항제1호다목, 같은 조 제6항, 제9조제4항, 제11조제3항 각 호 외의 부분, 제15조제6항, 제22조제2항, 제31조의2제1항 본문, 제32조, 제37조제3항제6호, 제41조제3항 및 제43조제2항 중 "행정자치부령 또는 해양수산부령"을 각각 "총리령 또는 행정자치부령"으로 한다.
제8조제3항 중 "행정자치부장관"을 "인사혁신처장"으로 한다.
제11조제7항, 제15조제3항 및 제17조제2항 중 "해양경찰청"을 각각 "국민안전처"로 한다.
제16조제1항 중 "경찰서·해양경찰청·해양경찰교육원·해양경찰연구소·직할해양경찰서·지방해양경찰청·해양경찰서"를 "경찰서와 국민안전처·해양경비안전교육원·지방해양경비안전본부·해양경비안전서"로 한다.
제22조의2제1항 전단, 제23조제1항 각 호 외의 부분 및 제26조제5항 중 "경찰청장 또는 해양경찰청장"을 각각 "경찰청장"으로 한다.
제27조제2항 중 "행정자치부장관"을 "행정자치부장관"으로 한다.
〈253〉 경찰공무원임용령 일부를 다음과 같이 개정한다.
제3조제1항 각 호 외의 부분 단서, 제16조제4항제2호, 제39조제4항 단서, 같은 조 제6항,

제41조제2항 및 제43조제5항 중 "해양경찰청"을 각각 "국민안전처"로 한다.
제3조제2항 중 "경찰청장 또는 해양경찰청장"을 "국민안전처장관 또는 경찰청장"으로 한다.
제3조제4항 중 "경찰청장 또는 해양경찰청장"을 "경찰청장(국민안전처 소속 경찰공무원에 관한 사항의 경우에는 국민안전처장관을 말한다. 이하 제4조제1항 · 제3항 · 제4항, 제9조제2항 및 제41조제1항제1호를 제외하고 같다)"으로 한다.
제3조제5항, 제16조제4항제3호, 같은 조 제8항, 제17조제1항, 제20조제4항, 제30조의2제4항, 제39조제3항 및 제48조제4항 중 "행정자치부령 또는 해양수산부령"을 각각 "총리령 또는 행정자치부령"으로 한다.
제4조제5항 및 제39조제4항 단서 중 "해양경찰청장"을 각각 "국민안전처장관"으로 한다.
제9조제2항을 다음과 같이 한다.
② 국민안전처에 두는 인사위원회의 위원장은 국민안전처 해양경비안전본부장이 되고, 위원은 국민안전처 소속 총경 이상의 경찰공무원 중에서 국민안전처장관이 임명하며, 경찰청에 두는 인사위원회의 위원장은 경찰청 인사담당국장이 되고, 위원은 경찰청 소속 총경 이상의 경찰공무원 중에서 경찰청장이 임명한다.
제12조제2항 중 "경찰청 및 해양경찰청소속"을 "국민안전처 및 경찰청 소속"으로 한다.
제13조, 제16조제4항제3호, 제18조제3항, 제22조제5항, 제27조제2항 본문, 같은 조 제3항, 제28조제2항, 제29조제1항 전단 · 후단, 같은 조 제3항, 제30조제4항, 제30조의2제3항, 제31조제1항 후단, 제33조 본문 · 단서, 제34조제1항 본문, 제35조제3항, 제38조제2항, 제39조제5항, 제40조의2, 제45조제5항, 제48조제1항 및 제50조 중 "경찰청장 또는 해양경찰청장"을 각각 "경찰청장"으로 한다.
제16조제7항 및 제45조의2제2항 중 "행정자치부령"을 각각 "행정자치부령"으로 한다.
제27조제1항제2호 중 "경찰청 및 해양경찰청"을 "국민안전처 및 경찰청"으로 하고, 같은 조 제2항 본문 중 "해양경찰교육원"을 "해양경비안전교육원"으로 한다.
제30조제3항 각 호 외의 부분 본문, 같은 항 제2호 및 제31조제1항 후단 중 "행정자치부장관"을 각각 "인사혁신처장"으로 한다.
제30조제3항 각 호 외의 부분 단서를 다음과 같이 한다.
다만, 제5항에 따라 협의된 파견기간 범위에서 경감 이하 경찰공무원의 파견기간을 연장하거나 경감 이하 경찰공무원의 파견기간이 종료된 후 그 파견자를 교체하는 경우에는 인사혁신처장과의 협의를 생략할 수 있다.
제30조에 제5항을 다음과 같이 신설한다.
⑤ 인사혁신처장은 제3항 본문에 따라 파견의 협의를 하는 경우에는 「행정기관의 조직과 정원에 관한 통칙」 제24조의2에 따라 별도정원의 계급 · 규모 등에 대하여 행정자치부장관과 미리 협의하여야 한다.

〈254〉 경찰공무원 징계령 일부를 다음과 같이 개정한다.
제3조제2항을 다음과 같이 한다.
② 중앙징계위원회는 국민안전처 및 경찰청에 두고, 보통징계위원회는 국민안전처, 경찰청, 지방경찰청, 지방해양경비안전본부, 경찰대학, 경찰교육원, 중앙경찰학교, 경찰수사연수원, 해양경비안전교육원, 경찰병원, 경찰서, 경찰기동대, 전투경찰대, 해양경비안전서, 정비창(整備廠), 경비함정 및 경찰청장(국민안전처 소속 경찰공무원에 관한 사항의 경우에는 국민안전처장관을 말한다. 이하 같다)이 지정하는 경감 이상의 경찰공무원을 장으로 하는 기관(이하 "경찰기관"이라 한다)에 둔다.
제4조제2항제1호 중 "해양경찰서"를 "해양경비안전서"로 한다.
제4조제2항제2호, 같은 조 제3항 및 제19조제1항 단서 중 "경찰청장 또는 해양경찰청장"을 각각 "경찰청장"으로 한다.
제4조제3항 중 "경찰청 및 해양경찰청"을 "국민안전처 및 경찰청"으로 한다.
제5조제3항 중 "경찰청 · 해양경찰청 · 지방경찰청 또는 지방해양경찰청"을 "국민안전처 · 경찰청 · 지방경찰청 또는 지방해양경비안전본부"로 한다.
제6조제1항 단서 중 "해양경찰청"을 "국민안전처"로, "해양경찰청장"을 "국민안전처장관"으로 한다.
〈255〉 경찰관직무집행법시행령 일부를 다음과 같이 개정한다.
제2조 중 "지방해양경찰관서"를 "지방해양경비안전관서"로 한다.
제3조 중 "해양경찰서장"을 "해양경비안전서장"으로 한다.
제10조제2항 및 제11조제1항 중 "경찰청, 해양경찰청, 지방경찰청 및 지방해양경찰청"을 각각 "국민안전처, 경찰청, 지방경찰청 및 지방해양경비안전본부"로 한다.
제10조제7항 중 "경찰청장 또는 해양경찰청장"을 "경찰청장(국민안전처 소속 경찰공무원의 직무에 관한 사항인 경우에는 국민안전처장관을 말한다. 이하 같다)"으로 한다.
제17조 중 "경찰청장 또는 해양경찰청장"을 "경찰청장"으로 한다.
별지 제1호서식 중 "○○경찰서장"을 "○○경찰서장 또는 ○○해양경비안전서장"으로, "(○○지 · 파출소장)"을 "(○○지 · 파출소장) 또는 (○○해양경비안전센터장 · 출장소장)"으로 한다.
별지 제2호서식 중 "○○경찰서"를 "○○경찰서 또는 ○○해양경비안전서"로 한다.
별지 제3호서식 전면 중 "해양경찰서장"을 "해양경비안전서장"으로 하고, 같은 서식 이면 중 "○○경찰서"를 "○○경찰서 또는 ○○해양경비안전서"로, "해양경찰서장"을 각각 "해양경비안전서장"으로 한다.
별지 제4호서식 중 "(　　)경찰청장"을 "국민안전처장관, 경찰청장, 지방경찰청장 또는 지방해양경비안전본부장"으로 하고, 같은 서식의 처리절차란 중 "지방해양경찰관서"를 "지방해양경비안전관서"로, "경찰청 · 해양경찰청 · 지방경찰청 · 지방해양경찰청"을 "국민안전처 · 경찰청 · 지방경찰청 · 지방해양경비안전본부"로 한다.
별지 제5호서식 및 별지 제6호서식 중 "(　　)경찰청장"을 각각 "국민안전처장관, 경찰청장, 지방경찰청장 또는 지방해양경비안전본부장"으로 한다.
〈256〉 경찰위원회규정 일부를 다음과 같이 개정한다.
제4조제2항, 제6조제1항 및 제7조제3항 중 "행정자치부장관"을 각각 "행정자치부장관"으로 한다.
〈257〉 경찰장비의 사용기준 등에 관한 규정 일부를 다음과 같이 개정한다.
제5조 후단 중 "경찰청장 · 해양경찰청장 · 지방경찰청장 · 경찰서장 또는 해양경찰서장"을 "국민안전처장관 · 경찰청장 · 지방경찰청장 · 경찰서장 또는 해양경비안전서장"으로 한다.
제20조제2항 중 "경찰청장 또는 해양경찰청장"을 "경찰청장(국민안전처 소속 경찰공무원의 무기 사용보고의 경우에는 국민안전처장관을 말한다)"으로 한다.
〈258〉 도로교통법 시행령 일부를 다음과 같이 개정한다.
제9조제2항, 제12조제4항, 제13조제1항부터 제3항까지, 같은 조 제4항 각 호 외의 부분, 제15조제1항, 제16조제5호, 제17조제1항부터 제4항까지, 제24조제1항 · 제2항, 제26조제1항, 제31조제2호, 제31조의2제3항 · 제5항, 제34조제1항 각 호 외의 부분, 제37조제2항, 제38조제4항, 같은 조 제5항 각 호 외의 부분 전단, 제43조제2항 본문, 제45조제2항제1호가목, 같은 항 제2호 · 제3호, 같은 조 제3항 · 제5항, 제48조제2항, 같은 조 제3항 단서, 제49조제3항, 제50조제7항, 제53조제1항 · 제2항, 제54조제1항 각 호 외의 부분, 같은 조 제3항, 제55조제1항 각 호 외의 부분, 제56조제2항 · 제4항 · 제5항, 제57조제1항 각 호 외의 부분, 제58조제2항, 제60조제1항 각 호 외의 부분, 같은 조 제4항, 제61조제2항, 제62조제1항 · 제4항 · 제5항, 제63조제2항부터 제4항까지, 제65조제1항제2호가목, 같은 항 제3호가목, 같은 조 제2항, 제66조제1항, 제70조의2제4항, 제71조제1항, 제83조제5항, 제87조제3항 전단, 제88조제1항 전단, 같은 조 제5항 각 호 외의 부분, 같은 조 제8항 전단 · 후단 및 같은 조 제9항 중 "행정자치부령"을 각각 "행정자치부령"으로 한다.
별표 5의 제9호나목3) 중 "행정자치부령"을 "행정자치부령"으로 한다.
〈259〉 동의대 사건 희생자의 명예회복 및 보상에 관한 법률 시행령 일부를 다음과 같이 개정한다.
제2조제1항제1호 및 제4조제1항제1호 중 "행정자치부"를 각각 "행정자치부, 인사혁신처"로 한다.
〈260〉 사격 및 사격장 안전관리에 관한 법률 시행령 일부를 다음과 같이 개정한다.
제4조제1항 각 호 외의 부분 본문, 같은 조 제4항, 제5조제2항 각 호 외의 부분 본문, 제6

조, 제7조제1항제1호 단서, 제7조의2제3항, 제8조 및 제11조 중 "행정자치부령"을 각각 "행정자치부령"으로 한다.

〈261〉 사행행위등규제및처벌특례법시행령 일부를 다음과 같이 개정한다.

제5조제2항, 제8조제1호가목, 같은 조 제2호나목, 같은 호 마목(1), 제12조, 제13조제1호나목·다목, 같은 조 제2호나목, 제14조제2항 및 제15조제3항 전단 중 "행정자치부령"을 각각 "행정자치부령"으로 한다.

별표의 현상업의 영업방법란 중 제2호, 같은 표의 그 밖의 사행행위업의 1. 회전판 돌리기의 당첨금의 기준란 중 제1호 및 같은 표의 비고 중 "행정자치부령"을 각각 "행정자치부령"으로 한다.

〈262〉 재일교포 북송저지 특수임무수행자 보상에 관한 법률 시행령 일부를 다음과 같이 개정한다.

제2조제1항 중 "행정자치부"를 "행정자치부"로 한다.

제2조제1항 및 제2항 중 "행정자치부장관"을 각각 "행정자치부장관"으로 한다.

〈263〉 전투경찰대 설치법 시행령 일부를 다음과 같이 개정한다.

제2조제2호를 다음과 같이 한다.

2. "경찰기관"이란 국민안전처, 경찰청, 지방경찰청, 지방해양경비안전본부, 경찰대학, 경찰교육원, 중앙경찰학교, 경찰수사연수원, 해양경비안전교육원, 경찰병원, 경찰서, 경찰기동대, 전투경찰대, 해양경비안전서, 정비창(整備廠), 경비함정 및 경찰청장(국민안전처 소속으로 편성된 경우에는 국민안전처장관을 말한다. 이하 같다)이 지정하는 경감 이상의 경찰공무원을 장으로 하는 기관을 말한다.

제2조제3호나목을 다음과 같이 한다.

나. 국민안전처의 소속기관: 해양경비안전교육원, 지방해양경비안전본부, 해양경비안전서 및 해양경비안전정비창

제3조의 제목 중 "해양경찰기관"을 "해양경비안전기관"으로 하고, 같은 조 제2항 중 "해양경찰기관은 경찰기관 중 해양경찰교육원, 해양경찰연구소, 지방해양경찰청, 직할해양경찰서, 해양경찰서, 해양경찰정비창, 경비함정 및 해양경찰청장"을 "해양경비안전기관은 경찰기관 중 해양경비안전교육원, 지방해양경비안전본부, 해양경비안전서, 해양경비안전정비창, 경비함정 및 국민안전처장관"으로 한다.

제3조의2제1항, 같은 조 제2항 본문, 제4조제1항 각 호 외의 부분, 같은 조 제2항, 제5조제1항, 같은 조 제2항 각 호 외의 부분 단서, 같은 항 제2호 단서, 같은 조 제3항, 제5조의2제1항제2호 본문, 같은 항 제3호 본문, 같은 조 제2항, 제6조제1항, 제7조제1항·제2항, 제8조제1항, 같은 조 제2항 단서, 제9조제1항 각 호 외의 부분, 같은 항 제4호, 같은 조 제2항 각 호 외의 부분 본문, 제10조, 제12조, 제14조제1항 단서, 같은 조 제2항 각 호 외의

부분 단서, 제16조제4항, 제19조제2항, 제20조 단서, 제23조제1항, 제31조제3항, 제32조의2 제1항제4호, 제35조제6항, 제36조의3제1항부터 제3항까지, 제48조제2항, 제53조 전단, 제56조제3항, 제57조제4항 단서, 제59조, 제60조, 제61조의2 각 호 외의 부분 및 제62조 중 "경찰청장 또는 해양경찰청장"을 각각 "경찰청장"으로 한다.
제24조 중 "행정자치부령"을 "행정자치부령"으로 한다.
별표 1의 비고 중 "경찰청장 또는 해양경찰청장"을 "경찰청장"으로 한다.
별지 제3호서식 중 "경찰청장 또는 해양경찰청장"을 "국민안전처장관 또는 경찰청장"으로 한다.
〈264〉 청원경찰법 시행령 일부를 다음과 같이 개정한다.
제3조제2호, 제5조제3항, 제12조제1항, 제14조제2항 및 제16조제4항 중 "행정자치부령"을 각각 "행정자치부령"으로 한다.
〈265〉 총포·도검·화약류 등 단속법 시행령 일부를 다음과 같이 개정한다.
제8조제5호 단서, 같은 조 제7호, 같은 조 제10호 단서, 같은 조 제11호 단서, 같은 조 제30호·제33호, 제9조제1항제3호, 같은 조 제2항제3호·제9호, 같은 항 제21호 본문, 같은 조 제3항제3호, 같은 조 제4항제3호, 같은 조 제5항제5호, 제12조제2항, 제14조제1항제3호·제5호, 같은 조 제2항, 제26조제1항제1호바목, 같은 조 제3항 각 호 외의 부분 본문, 제30조제5항, 제41조, 제44조, 제59조제2항제4호, 제63조 각 호 외의 부분 및 제84조제4항 중 "행정자치부령"을 각각 "행정자치부령"으로 한다.
별표 14의 비고란 ③ 중 "행정안전부령"을 "행정자치부령"으로 한다.
〈266〉 2011대구세계육상선수권대회, 2013충주세계조정선수권대회, 2014인천아시아경기대회, 2014인천장애인아시아경기대회 및 2015광주하계유니버시아드대회 지원법 시행령 일부를 다음과 같이 개정한다.
제8조제4항 중 "기획재정부장관"을 "기획재정부장관, 교육부장관"으로 한다.
제9조제1항제1호 중 "미래창조과학부, 교육부"를 "교육부, 미래창조과학부"로, "행정자치부"를 "행정자치부"로, "해양수산부"를 "해양수산부, 국민안전처"로 한다.
〈267〉 2013 평창 동계스페셜올림픽 세계대회 지원법 시행령 일부를 다음과 같이 개정한다.
제6조제3항 중 "기획재정부장관"을 "기획재정부장관, 교육부장관"으로 한다.
제7조제1항제1호 중 "미래창조과학부, 교육부"를 "교육부, 미래창조과학부"로, "행정자치부"를 "행정자치부"로, "환경부 및 국토교통부"를 "환경부, 국토교통부 및 국민안전처"로 한다.
〈268〉 2018 평창 동계올림픽대회 및 장애인동계올림픽대회 지원 등에 관한 특별법 시행령 일부를 다음과 같이 개정한다.
제11조제4항 중 "기획재정부장관"을 "기획재정부장관, 교육부장관"으로 한다.

제12조제1항제1호 중 "미래창조과학부, 교육부"를 "교육부, 미래창조과학부"로, "행정자치부"를 "행정자치부"로, "국토교통부"를 "국토교통부, 국민안전처"로 한다.
제24조제1항 중 "미래창조과학부장관, 교육부장관"을 "미래창조과학부장관"으로, "행정자치부장관"을 "행정자치부장관"으로, "국토교통부장관"을 "국토교통부장관 및 국민안전처장관"으로 한다.
제25조제3항 중 "기획재정부장관"을 "기획재정부장관, 교육부장관"으로 한다.
〈269〉 국제경기대회 지원법 시행령 일부를 다음과 같이 개정한다.
제5조제1항제1호 중 "미래창조과학부장관, 교육부장관"을 "미래창조과학부장관"으로, "행정자치부장관"을 "행정자치부장관"으로, "해양수산부장관"을 "해양수산부장관, 국민안전처장관"으로 하고, 같은 조 제5항 중 "기획재정부장관"을 "기획재정부장관, 교육부장관"으로 한다.
제6조제1항제1호 중 "미래창조과학부, 교육부"를 "교육부, 미래창조과학부"로, "행정자치부"를 "행정자치부"로, "해양수산부"를 "해양수산부, 국민안전처"로 한다.
〈270〉 도서관법 시행령 일부를 다음과 같이 개정한다.
제6조제1항 중 "미래창조과학부장관·교육부장관"을 "교육부장관·미래창조과학부장관"으로, "행정자치부장관"을 "행정자치부장관"으로 한다.
제13조의3제3항제1호 중 "행정자치부장관"을 "행정자치부장관"으로, "행정자치부"를 "행정자치부"로 한다.
〈271〉 동학농민혁명 참여자 등의 명예회복에 관한 특별법 시행령 일부를 다음과 같이 개정한다.
제2조 중 "행정자치부장관"을 "행정자치부장관"으로 한다.
〈272〉 문화융성위원회의 설치 및 운영에 관한 규정 일부를 다음과 같이 개정한다.
제4조제2항제1호 중 "미래창조과학부장관, 교육부장관, 행정자치부장관"을 "교육부장관, 미래창조과학부장관, 행정자치부장관"으로 한다.
〈273〉 아시아문화중심도시 조성에 관한 특별법 시행령 일부를 다음과 같이 개정한다.
제17조제1항제2호 중 "행정자치부장관"을 "행정자치부장관"으로 한다.
〈274〉 콘텐츠산업 진흥법 시행령 일부를 다음과 같이 개정한다.
제2조제4항 후단 중 "행정자치부장관"을 "행정자치부장관"으로, "행정자치부"를 "행정자치부"로 한다.
제3조제2항 후단 중 "행정자치부"를 "행정자치부"로 한다.
제5조제3항제1호 중 "미래창조과학부·교육부·국방부·행정자치부"를 "교육부·미래창조과학부·국방부·행정자치부"로 한다.
〈275〉 농어업인 삶의 질 향상 및 농어촌지역 개발촉진에 관한 특별법 시행령 일부를 다음과 같이 개정한다.
제6조제2항제1호의2를 다음과 같이 한다.
1의2. 통계청장, 경찰청장, 농촌진흥청장 및 산림청장
제11조 중 "행정자치부장관"을 "인사혁신처장"으로 한다.
〈276〉 농어업재해대책법 시행령 일부를 다음과 같이 개정한다.
제5조제3항제1호 중 "행정자치부"를 "행정자치부"로, "해양수산부"를 "해양수산부·국민안전처"로, "일반직공무원"을 "일반직공무원(국민안전처의 경우에는 경무관 이상의 경찰공무원을 포함한다)"으로 한다.
제5조제4항제1호 중 "행정자치부"를 "행정자치부"로, "국토교통부"를 "국토교통부·국민안전처"로, "일반직공무원"을 "일반직공무원(국민안전처의 경우에는 경무관 이상의 경찰공무원을 포함한다)"으로 한다.
〈277〉 동물보호법 시행령 일부를 다음과 같이 개정한다.
제10조제2호 중 "소방방재청"을 "국민안전처"로 한다.
〈278〉 방조제 관리법 시행령 일부를 다음과 같이 개정한다.
제9조제1항제2호 중 "행정자치부장관"을 "행정자치부장관"으로 한다.
〈279〉 식생활교육지원법 시행령 일부를 다음과 같이 개정한다.
제5조제1항제1호 전단 중 "행정자치부차관"을 "행정자치부차관"으로 한다.
〈280〉 산림교육의 활성화에 관한 법률 시행령 일부를 다음과 같이 개정한다.
제4조제2항제1호 중 "행정자치부, 문화체육관광부, 농림축산식품부, 보건복지부, 고용노동부, 여성가족부"를 "문화체육관광부, 농림축산식품부, 보건복지부, 고용노동부, 여성가족부, 국민안전처"로 한다.
〈281〉 산림보호법 시행령 일부를 다음과 같이 개정한다.
제2조제1항제2호를 다음과 같이 한다.
2. 국민안전처, 대검찰청, 경찰청, 문화재청, 기상청 및 농촌진흥청
제2조제2항제1호 및 제2호를 각각 다음과 같이 한다.
1. 국방부, 행정자치부, 농림축산식품부, 환경부, 국토교통부, 국민안전처 및 국무조정실
2. 경찰청, 문화재청, 기상청 및 농촌진흥청
별표 1 비고 제1호 중 "행정자치부장관"을 "국민안전처장관"으로 한다.
〈282〉 산지관리법 시행령 일부를 다음과 같이 개정한다.
제28조제5항제1호 중 "소방방재청"을 "국민안전처"로 한다.
〈283〉 가맹사업 진흥에 관한 법률 시행령 일부를 다음과 같이 개정한다.
제2조제1항 후단 및 제3조제3항 후단 중 "행정자치부"를 각각 "행정자치부"로 한다.
〈284〉 경제자유구역의 지정 및 운영에 관한 특별법 시행령 일부를 다음과 같이 개정한다.

제23조제1항 전단 중 "미래창조과학부차관 · 교육부차관"을 "교육부차관 · 미래창조과학부차관"으로, "행정자치부차관"을 "행정자치부차관"으로 한다.

〈285〉 국가균형발전 특별법 시행령 일부를 다음과 같이 개정한다.

제2조의2제1항 및 제2항 중 "행정자치부장관"을 각각 "행정자치부장관"으로 한다.

〈286〉 국가표준기본법 시행령 일부를 다음과 같이 개정한다.

제2조제2호를 다음과 같이 한다.

2. 행정자치부차관

〈287〉 대외무역법 시행령 일부를 다음과 같이 개정한다.

제47조제5항제1호를 제1호의2로 하고, 같은 항에 제1호를 다음과 같이 신설하며, 같은 항 제3호의2를 삭제한다.

1. 국민안전처

〈288〉 민 · 군기술협력사업 촉진법 시행령 일부를 다음과 같이 개정한다.

제1조의2 및 제3조제2항제8호 중 "소방방재청"을 각각 "국민안전처"로 한다.

〈289〉 부품 · 소재전문기업 등의 육성에 관한 특별조치법 시행령 일부를 다음과 같이 개정한다.

제42조제1항 전단 중 "행정자치부차관"을 "행정자치부차관"으로 한다.

〈290〉 산업기술의 유출방지 및 보호에 관한 법률 시행령 일부를 다음과 같이 개정한다.

제5조제1항 중 "미래창조과학부장관, 교육부장관"을 "교육부장관, 미래창조과학부장관"으로 한다.

〈291〉 산업기술혁신 촉진법 시행령 일부를 다음과 같이 개정한다.

제28조제1항 중 "행정자치부장관"을 "행정자치부장관"으로 한다.

〈292〉 산업융합촉진법 시행령 일부를 다음과 같이 개정한다.

제8조제3호를 다음과 같이 한다.

3. 행정자치부

제38조제4항 중 "소방방재청장"을 "국민안전처장관"으로 한다.

별표 5의 관계 중앙행정기관의 장란 중 "소방방재청장"을 "국민안전처장관"으로 한다.

〈293〉 에너지이용 합리화법 시행령 일부를 다음과 같이 개정한다.

제4조제1항제2호부터 제4호까지를 각각 다음과 같이 한다.

2. 교육부차관

3. 미래창조과학부차관

4. 행정자치부차관

제6조제3항제1호 중 "미래창조과학부 · 교육부 · 행정자치부"를 "교육부 · 미래창조과학부 · 행정자치부"로 한다.

〈294〉 엔지니어링산업 진흥법 시행령 일부를 다음과 같이 개정한다.
제9조제1항제2호부터 제4호까지를 각각 다음과 같이 한다.
2. 교육부차관
3. 미래창조과학부 제1차관
4. 행정자치부차관
제11조제2항제1호나목부터 라목까지를 각각 다음과 같이 한다.
나. 교육부
다. 미래창조과학부
라. 행정자치부
제11조제2항제2호를 다음과 같이 한다.
2. 국민안전처의 소방준감으로서 국민안전처장관이 지명하는 사람
〈295〉 오존층 보호를 위한 특정물질의 제조규제 등에 관한 법률 시행령 일부를 다음과 같이 개정한다.
제12조제2항제1호 중 "행정자치부 및 환경부"를 "환경부 및 국민안전처"로 한다.
〈296〉 자유무역지역의 지정 및 운영에 관한 법률 시행령 일부를 다음과 같이 개정한다.
제2조제3항 중 "행정자치부장관"을 "행정자치부장관"으로 한다.
〈297〉 자유무역협정 체결에 따른 무역조정 지원에 관한 법률 시행령 일부를 다음과 같이 개정한다.
제12조제4항 중 "행정자치부 제1차관"을 "행정자치부차관"으로 한다.
〈298〉 전시산업발전법 시행령 일부를 다음과 같이 개정한다.
제10조제2항제1호 중 "문화체육관광부, 행정자치부"를 "행정자치부, 문화체육관광부"로 한다.
〈299〉 전원개발촉진법 시행령 일부를 다음과 같이 개정한다.
제5조 중 "행정자치부"를 "행정자치부"로, "소방방재청"을 "국민안전처"로 한다.
〈300〉 전자무역 촉진에 관한 법률 시행령 일부를 다음과 같이 개정한다.
제3조제1항제1호 중 "행정자치부차관"을 "행정자치부차관"으로 한다.
〈301〉 지능형 로봇 개발 및 보급 촉진법 시행령 일부를 다음과 같이 개정한다.
제3조의2제2항제1호 가목·나목·카목 및 타목을 각각 다음과 같이 한다.
가. 교육부
나. 미래창조과학부
카. 국민안전처
타. 방위사업청
〈302〉 통상조약 국내대책위원회 규정 일부를 다음과 같이 개정한다.

제3조제2항제1호 중 "미래창조과학부장관이 지명하는 미래창조과학부차관, 교육부차관"을 "교육부차관, 미래창조과학부장관이 지명하는 미래창조과학부차관"으로, "행정자치부장관이 지명하는 행정자치부차관"을 "행정자치부차관"으로 한다.

〈303〉 장애인기업활동 촉진법 시행령 일부를 다음과 같이 개정한다.

제4조제3항제1호 중 "행정자치부"를 "행정자치부"로 한다.

〈304〉 중소기업제품 구매촉진 및 판로지원에 관한 법률 시행령 일부를 다음과 같이 개정한다.

제3조제1호가목부터 다목까지를 각각 다음과 같이 한다.

가. 기획재정부 · 교육부 · 미래창조과학부 · 외교부 · 통일부 · 법무부 · 국방부 · 행정자치부 · 문화체육관광부 · 농림축산식품부 · 산업통상자원부 · 보건복지부 · 환경부 · 고용노동부 · 여성가족부 · 국토교통부 · 해양수산부 및 국민안전처의 장관

나. 국무조정실 · 인사혁신처 · 법제처 · 국가보훈처 및 식품의약품안전처의 장

다. 국세청 · 관세청 · 조달청 · 통계청 · 검찰청 · 병무청 · 방위사업청 · 경찰청 · 문화재청 · 농촌진흥청 · 산림청 · 중소기업청 · 특허청 · 기상청 및 행정중심복합도시건설청의 장

〈305〉 지역특화발전특구에 관한 규제특례법 시행령 일부를 다음과 같이 개정한다.

제21조제4항제5호를 다음과 같이 한다.

5. 행정자치부

제25조제2항 중 "행정자치부"를 "행정자치부"로 한다.

〈306〉 국민건강보험법 시행령 일부를 다음과 같이 개정한다.

제10조 중 "행정자치부장관"을 "행정자치부장관"으로 한다.

제27조제2항 중 "소방방재청장 · 경찰청장 또는 해양경찰청장"을 "국민안전처장관 또는 경찰청장"으로 한다.

〈307〉 국민기초생활 보장법 시행령 일부를 다음과 같이 개정한다.

제27조제3항 중 "행정자치부 제2차관"을 "행정자치부차관"으로 한다.

〈308〉 국민연금과 직역연금의 연계에 관한 법률 시행령 일부를 다음과 같이 개정한다.

제10조제1호 중 "미래창조과학부, 교육부, 국방부, 행정자치부"를 "교육부, 미래창조과학부, 국방부, 인사혁신처"로 한다.

〈309〉 보건의료기본법 시행령 일부를 다음과 같이 개정한다.

제4조제2호부터 제4호까지를 각각 다음과 같이 한다.

2. 교육부차관

3. 미래창조과학부차관

4. 행정자치부차관

〈310〉 생명윤리 및 안전에 관한 법률 시행령 일부를 다음과 같이 개정한다.

제4조제2항제1호 중 "미래창조과학부, 교육부"를 "교육부, 미래창조과학부"로 한다.

〈311〉 실종아동등의 보호 및 지원에 관한 법률 시행령 일부를 다음과 같이 개정한다.
제4조의2제2항제5호 및 제4조의3제5항 중 "행정자치부령"을 각각 "행정자치부령"으로 한다.
〈312〉 아동복지법 시행령 일부를 다음과 같이 개정한다.
제11조제3항제1호 중 "미래창조과학부, 교육부, 외교부, 법무부, 행정자치부"를 "교육부, 미래창조과학부, 외교부, 법무부, 행정자치부"로, "식품의약품안전처, 경찰청 및 소방방재청"을 "국민안전처, 식품의약품안전처 및 경찰청"으로 한다.
제39조제2항 중 "미래창조과학부, 교육부, 행정자치부"를 "교육부, 미래창조과학부, 행정자치부"로 한다.
〈313〉 암관리법 시행령 일부를 다음과 같이 개정한다.
제16조 중 "행정자치부 제1차관"을 "행정자치부차관"으로 한다.
〈314〉 응급의료에 관한 법률 시행령 일부를 다음과 같이 개정한다.
제7조의2 중 "소방방재청장"을 "국민안전처장관"으로 한다.
〈315〉 의사상자 등 예우 및 지원에 관한 법률 시행령 일부를 다음과 같이 개정한다.
제3조제2항제1호 중 "국가보훈처, 경찰청 및 소방방재청"을 "국민안전처, 국가보훈처 및 경찰청"으로 한다.
〈316〉 장애인복지법 시행령 일부를 다음과 같이 개정한다.
제3조제3항 중 "행정자치부장관"을 "행정자치부장관"으로 한다.
제10조제3항 중 "행정자치부"를 "행정자치부"로 한다.
〈317〉 장애인·노인·임산부 등의 편의증진보장에 관한 법률 시행령 일부를 다음과 같이 개정한다.
제6조의2제3항제1호 중 "행정자치부"를 "행정자치부"로 한다.
〈318〉 저출산·고령사회기본법 시행령 일부를 다음과 같이 개정한다.
제5조제1항 중 "행정자치부장관"을 "행정자치부장관"으로 한다.
〈319〉 지역보건법시행령 일부를 다음과 같이 개정한다.
제7조제2항 후단 및 제9조제1항 중 "행정자치부장관"을 각각 "행정자치부장관"으로 한다.
〈320〉 한센인피해사건의 진상규명 및 피해자생활지원 등에 관한 법률 시행령 일부를 다음과 같이 개정한다.
제2조제1항 중 "행정자치부 제1차관"을 "행정자치부차관"으로 한다.
〈321〉 한의약육성법시행령 일부를 다음과 같이 개정한다.
제5조제3항제3호 중 "행정자치부"를 "행정자치부"로 한다.
〈322〉 국립생태원의 설립 및 운영에 관한 법률 시행령 일부를 다음과 같이 개정한다.
제9조제3항 단서 중 "행정자치부장관"을 "행정자치부장관 또는 인사혁신처장"으로 한다.
〈323〉 대기환경보전법 시행령 일부를 다음과 같이 개정한다.

제4조제1항 및 제6조제2항제1호 중 “식품의약품안전처, 기상청, 소방방재청”을 각각 “국민안전처, 식품의약품안전처, 기상청”으로 한다.
〈324〉 물의 재이용 촉진 및 지원에 관한 법률 시행령 일부를 다음과 같이 개정한다.
제5조제1항 및 제7조제2항제1호 중 “행정자치부 · 농림축산식품부 · 국토교통부 · 소방방재청”을 각각 “행정자치부 · 농림축산식품부 · 국토교통부 · 국민안전처”로 한다.
〈325〉 석면안전관리법 시행령 일부를 다음과 같이 개정한다.
제4조제2항제1호 중 “행정자치부, 농림축산식품부, 산업통상자원부, 고용노동부, 국토교통부”를 “농림축산식품부, 산업통상자원부, 고용노동부, 국토교통부, 국민안전처”로 한다.
〈326〉 수도법 시행령 일부를 다음과 같이 개정한다.
제8조제2항 및 제16조제2항 중 “행정자치부장관”을 각각 “행정자치부장관”으로 한다.
〈327〉 인공조명에 의한 빛공해 방지법 시행령 일부를 다음과 같이 개정한다.
제3조제1항제2호를 다음과 같이 한다.
2. 행정자치부차관
〈328〉 자연공원법 시행령 일부를 다음과 같이 개정한다.
제5조제3항제1호 및 제27조의4제4항제1호 중 “행정자치부”를 각각 “행정자치부”로 한다.
〈329〉 지속가능발전법 시행령 일부를 다음과 같이 개정한다.
제13조제1항 중 “행정자치부”를 “행정자치부”로 한다.
〈330〉 환경교육진흥법 시행령 일부를 다음과 같이 개정한다.
제5조제1호 중 “미래창조과학부차관, 교육부차관, 국방부차관, 행정자치부차관”을 “교육부차관, 미래창조과학부차관, 국방부차관, 행정자치부차관”으로 한다.
〈331〉 기상관측표준화법 시행령 일부를 다음과 같이 개정한다.
제9조제1호 중 “소방방재청 · 농촌진흥청 · 산림청 및 해양경찰청”을 “국민안전처 · 농촌진흥청 및 산림청”으로 한다.
〈332〉 기상법 시행령 일부를 다음과 같이 개정한다.
제12조제2항제2호의2를 다음과 같이 하고, 같은 항 제5호를 삭제한다.
2의2. 행정자치부
〈333〉 고용정책 기본법 시행령 일부를 다음과 같이 개정한다.
제3조제1항제1호 중 “미래창조과학부 제1차관, 교육부 차관, 행정자치부 제2차관”을 “교육부차관, 미래창조과학부 제1차관, 행정자치부차관”으로 한다.
〈334〉 국가기술자격법 시행령 일부를 다음과 같이 개정한다.
제2조제2항 중 “미래창조과학부차관, 교육부차관”을 “교육부차관, 미래창조과학부차관”으로 한다.
별표 2를 다음과 같이 한다.

검정별 소관 주무부장관(제13조 관련)

주무부장관	검정 분야
기획재정부장관 (통계청장)	통계의 기준 설정과 인구조사 및 각종 통계 관련 분야
교육부장관	인적자원개발정책, 학교교육 · 평생교육, 학술에 관한 사무 관련 분야
미래창조과학부장관	기초과학 정책 · 연구개발, 과학기술인력양성, 그 밖의 과학기술진흥 관련 분야, 우편 · 우편환 및 우편대체(郵便對替) 관련 분야, 정보통신산업 분야, 방송 · 통신 · 전파 연구 및 관리 관련 분야, 원자력, 다른 주무부장관의 소관에 속하지 않는 기술사 관련 분야
국방부장관	국방에 관련된 군정(軍政) 및 군령(軍令)과 그 밖의 군사 관련 분야
행정자치부장관	옥외광고 분야
행정자치부장관 (경찰청장)	화약류관리 등 치안 관련 분야
문화체육관광부장관	문화 · 예술 · 영상 · 광고 · 출판 · 간행물 · 체육 · 관광에 관한 사무와 국정에 대한 홍보 및 정부발표 관련 분야
농림축산식품부장관	농산 · 축산, 식량 · 농지 · 수리(水利), 식품산업 진흥, 농촌 개발 및 농산물 유통 관련 분야
농림축산식품부장관 (농촌진흥청장)	농촌 진흥 관련 분야
농립축산식품부장관 (산림청장)	산림 관련 분야
산업통상자원부장관	상업 · 무역 · 공업, 외국인 투자, 산업기술 연구개발정책, 에너지 · 지하자원 관련 분야
보건복지부장관	보건위생 · 방역 · 의정(醫政) · 약정(藥政) · 생활보호 · 자활지원 및 사회보장, 아동(영유아 보육을 포함한다), 노인 및 장애인 관련 분야
환경부장관	자연환경, 생활환경의 보전 및 환경오염방지 관련 분야
환경부장관 (기상청장)	기상 관련 분야

주무부장관	검정 분야
고동노동부장관	고용정책, 고용보험, 직업능력개발훈련, 근로조건의 기준, 근로자의 복지 후생, 노사관계의 조정, 산업안전보건, 산업재해보상보험과 그 밖에 고용과 노동 권련 f분야, 다른 주무부장관의 소관에 속하지 않는 국가기술자격 종목(기술사 등급은 제외한다) 분야
국토교통부장관	국토종합계획의 수립·조정, 국토 및 수자원의 보전·이용 및 개발, 도시·도로 및 주택의 건설, 해안·하천, 간척, 육운·철도 및 항공, 지적(地籍) 관련 분야
해양수산부장관	항만, 해운, 해양환경, 해양조사, 해양자원개발, 해양과학기술연구·개발 및 해양안전심판 관련 분야, 어촌개발, 수산물유통 및 수산 관련 분야
국민안전처장관	소방, 방재, 민방위 운영 및 안전관리 관련 분야
식품의약품안전처장	식품·의약품의 안전 관련 분야
공정거래위원회 위원장	시장지배적지위의 남용행위 규제 등 「독점규제 및 공정거래에 관한 법률」 제36조에 따른 공정거래위원회의 소관 사무 분야

별표 6의 국토교통부란 다음에 국민안전처란을 다음과 같이 신설하고, 같은 표 중 소방방재청란을 삭제한다.

국민안전처	국민안전처장관	특별시장, 광역시장, 도지사 또는 특별자치도지사

〈335〉 노사관계 발전 지원에 관한 법률 시행령 일부를 다음과 같이 개정한다.
제5조제2항제4호 중 "행정자치부"를 "행정자치부"로 한다.
〈336〉 한국산업인력공단법 시행령 일부를 다음과 같이 개정한다.
제9조제1항 중 "미래창조과학부·교육부"를 "교육부·미래창조과학부"로 한다.
〈337〉 외국인근로자의 고용 등에 관한 법률 시행령 일부를 다음과 같이 개정한다.
제4조 중 "행정자치부, 문화체육관광부, 농림축산부"를 "행정자치부, 문화체육관광부, 농림축산식품부"로 한다.
〈338〉 직업교육훈련촉진법시행령 일부를 다음과 같이 개정한다.
제12조제1항 중 "행정자치부장관"을 "행정자치부장관"으로 한다.

〈339〉 가정폭력방지 및 피해자보호 등에 관한 법률 시행령 일부를 다음과 같이 개정한다.
제1조의2제1항제2호 중 "행정자치부장관"을 "인사혁신처장"으로 한다.
〈340〉 가족친화 사회환경의 조성 촉진에 관한 법률 시행령 일부를 다음과 같이 개정한다.
제12조제4항제1호 중 "행정자치부, 산업통상자원부, 보건복지부, 고용노동부, 여성가족부"를 "산업통상자원부, 보건복지부, 고용노동부, 여성가족부, 인사혁신처"로 한다.
〈341〉 다문화가족지원법 시행령 일부를 다음과 같이 개정한다.
제5조제1항 중 "미래창조과학부장관, 교육부장관"을 "교육부장관, 미래창조과학부장관"으로, "행정자치부장관"을 "행정자치부장관"으로 한다.
〈342〉 성매매방지 및 피해자보호 등에 관한 법률 시행령 일부를 다음과 같이 개정한다.
제2조제1항제4호 중 "행정자치부장관"을 "인사혁신처장"으로 한다.
〈343〉 성별영향분석평가법 시행령 일부를 다음과 같이 개정한다.
제10조제2항제1호 중 "행정자치부"를 "행정자치부"로 한다.
〈344〉 성폭력방지 및 피해자보호 등에 관한 법률 시행령 일부를 다음과 같이 개정한다.
제2조제1항제2호 중 "행정자치부장관"을 "인사혁신처장"으로 한다.
〈345〉 여성발전기본법 시행령 일부를 다음과 같이 개정한다.
제2조제4항제2호 중 "행정자치부장관"을 "인사혁신처장"으로 한다.
제10조제3항제1호 중 "미래창조과학부장관 · 교육부장관 · 법무부장관 · 행정자치부장관"을 "교육부장관 · 미래창조과학부장관 · 법무부장관 · 행정자치부장관"으로, "국무조정실장"을 "국무조정실장 · 인사혁신처장"으로 한다.
제12조제4항 중 "미래창조과학부 · 교육부 · 법무부 · 행정자치부"를 "교육부 · 미래창조과학부 · 법무부 · 행정자치부"로, "국무조정실"을 "국무조정실 · 인사혁신처"로 한다.
제27조의3제5항 후단 중 "행정자치부장관"을 "인사혁신처장"으로, "행정자치부"를 "인사혁신처"로 한다.
〈346〉 청소년기본법 시행령 일부를 다음과 같이 개정한다.
제3조제2항 중 "행정자치부차관"을 "행정자치부차관"으로 한다.
〈347〉 개발제한구역의 지정 및 관리에 관한 특별조치법 시행령 일부를 다음과 같이 개정한다.
별표 3 제2호 중 "행정안전부"를 "행정자치부"로 하고, 같은 표 제10호 중 "행정자치부장관"을 "국민안전처장관"으로 한다.
〈348〉 건설산업기본법 시행령 일부를 다음과 같이 개정한다.
제34조의2제2항제2호, 같은 조 제3항제1호 및 같은 조 제4항 각 호 외의 부분 후단 중 "행정자치부령"을 각각 "행정자치부령"으로 한다.
〈349〉 건축기본법 시행령 일부를 다음과 같이 개정한다.

제5조제7호를 다음과 같이 한다.

7. 행정자치부장관

〈350〉 경관법 시행령 일부를 다음과 같이 개정한다.

제3조제2항 중 "행정자치부장관"을 "행정자치부장관"으로 한다.

〈351〉 교통안전법 시행령 일부를 다음과 같이 개정한다.

제2조제4호를 다음과 같이 하고, 같은 조에 제12호의2를 다음과 같이 신설한다.

4. 행정자치부

12의2. 국민안전처

〈352〉 국가공간정보센터 운영규정 일부를 다음과 같이 개정한다.

제13조, 제14조제1항 및 제2항 중 "행정자치부장관"을 각각 "행정자치부장관"으로 한다.

〈353〉 국가공간정보에 관한 법률 시행령 일부를 다음과 같이 개정한다.

제3조제1항제1호를 다음과 같이 하고, 같은 항 제2호 중 "통계청장, 소방방재청장"을 "통계청장"으로 한다.

1. 기획재정부 제1차관, 교육부차관, 미래창조과학부 제2차관, 국방부차관, 행정자치부차관, 농림축산식품부차관, 산업통상자원부 제1차관, 환경부차관, 해양수산부차관 및 국민안전처의 소방사무를 담당하는 본부장

제5조 중 "행정자치부"를 "행정자치부"로, "행정자치부장관"을 "행정자치부장관"으로 한다.

〈354〉 국가통합교통체계효율화법 시행령 일부를 다음과 같이 개정한다.

제24조제1항제1호 중 "행정자치부"를 "행정자치부"로, "경찰청, 해양경찰청"을 "국민안전처, 경찰청"으로 한다.

제104조 전단 중 "미래창조과학부차관・교육부차관"을 "교육부차관・미래창조과학부차관"으로, "행정자치부차관"을 "행정자치부차관"으로 한다.

별표 4의 국가교통정책조정실무위원회의 위원란 제1호 중 "미래창조과학부・교육부"를 "교육부・미래창조과학부"로, "행정자치부"를 "행정자치부"로 하고, 같은 표의 국가첨단교통실무위원회의 위원란 제1호 중 "미래창조과학부・교육부"를 "교육부・미래창조과학부"로, "행정자치부"를 "행정자치부"로 하며, 같은 표의 국가교통안전실무위원회의 위원란 제1호 중 "미래창조과학부・교육부・법무부・행정자치부"를 "교육부・미래창조과학부・법무부・행정자치부"로, "해양수산부 및 기상청・소방방재청"을 "해양수산부・국민안전처 및 기상청"으로 하고, 같은 란 제3호 중 "경찰청・해양경찰청"을 "국민안전처・경찰청"으로 하며, 같은 표의 도시교통정책실무위원회의 위원란 제1호 중 "미래창조과학부・교육부・행정자치부"를 "교육부・미래창조과학부・행정자치부"로 한다.

〈355〉 국토기본법 시행령 일부를 다음과 같이 개정한다.

제12조제1항 중 "미래창조과학부장관, 교육부장관, 국방부장관, 행정자치부장관"을 "교육

부장관, 미래창조과학부장관, 국방부장관, 행정자치부장관"으로 한다.
〈356〉 국토의 계획 및 이용에 관한 법률 시행령 일부를 다음과 같이 개정한다.
제125조제3항 및 제4항 중 "행정자치부장관"을 각각 "행정자치부장관"으로 한다.
〈357〉 기업도시개발 특별법 시행령 일부를 다음과 같이 개정한다.
제44조제1항제1호의2 · 제2호 · 제3호 및 제10호를 각각 다음과 같이 한다.
1의2. 교육부차관
2. 미래창조과학부차관
3. 행정자치부차관
10. 국무조정실의 차관급 공무원
별표 2 비고 제1호 각 목 외의 부분 중 "행정자치부장관"을 "행정자치부장관"으로 한다.
〈358〉 도로법 시행령 일부를 다음과 같이 개정한다.
제87조제1항 각 호 외의 부분 및 같은 조 제2항 각 호 외의 부분 중 "행정자치부장관"을 각각 "행정자치부장관"으로 한다.
〈359〉 도시개발법 시행령 일부를 다음과 같이 개정한다.
제82조제2항 각 호 외의 부분 및 제83조제2항 중 "행정자치부장관"을 각각 "행정자치부장관"으로 한다.
〈360〉 도시재생 활성화 및 지원에 관한 특별법 시행령 일부를 다음과 같이 개정한다.
제7조제1항제1호 중 "미래창조과학부장관, 교육부장관, 행정자치부장관"을 "교육부장관, 미래창조과학부장관, 행정자치부장관"으로 한다.
〈361〉 도시철도법 시행령 일부를 다음과 같이 개정한다.
제12조제3항 및 제13조제2항제2호 중 "행정자치부장관"을 각각 "행정자치부장관"으로 한다.
〈362〉 부동산 가격공시 및 감정평가에 관한 법률 시행령 일부를 다음과 같이 개정한다.
제50조제1항 및 제80조제1항 중 "행정자치부"를 각각 "행정자치부"로 한다.
〈363〉 사회간접자본건설추진위원회규정 일부를 다음과 같이 개정한다.
제3조제3항제1호 및 제8조제4항제1호 중 "행정자치부"를 각각 "행정자치부"로 한다.
〈634〉 산업입지 및 개발에 관한 법률 시행령 일부를 다음과 같이 개정한다.
제2조의3제3항제1호 중 "행정자치부"를 "행정자치부"로 한다.
〈365〉 새만금사업 추진 및 지원에 관한 특별법 시행령 일부를 다음과 같이 개정한다.
제27조제1항제1호 및 제34조제2항 중 "행정자치부장관"을 각각 "행정자치부장관"으로 한다.
〈366〉 수도권정비계획법 시행령 일부를 다음과 같이 개정한다.
제26조제1항제3호를 다음과 같이 한다.
3. 행정자치부차관
제30조제2항 중 "행정자치부"를 "행정자치부"로 한다.

〈367〉 신행정수도 후속대책을 위한 연기·공주지역 행정중심복합도시 건설을 위한 특별법 시행령 일부를 다음과 같이 개정한다.
제6조제1항 본문 중 "행정자치부장관"을 "행정자치부장관"으로 한다.
〈368〉 역세권의 개발 및 이용에 관한 법률 시행령 일부를 다음과 같이 개정한다.
제37조제2항 및 제38조제2항제2호 중 "행정자치부장관"을 각각 "행정자치부장관"으로 한다.
〈369〉 유비쿼터스도시의 건설 등에 관한 법률 시행령 일부를 다음과 같이 개정한다.
제8조제2항 후단 중 "행정자치부장관"을 "행정자치부장관"으로 한다.
제23조제1항제1호를 다음과 같이 한다.
1. 행정자치부장관
제25조제5항 중 "행정자치부"를 "행정자치부"로 한다.
〈370〉 주택법 시행령 일부를 다음과 같이 개정한다.
제108조제3항제1호 중 "행정자치부차관"을 "행정자치부차관"으로 한다.
〈371〉 지역균형개발 및 지방중소기업 육성에 관한 법률 시행령 일부를 다음과 같이 개정한다.
제47조제2항 중 "행정자치부장관"을 "행정자치부장관"으로 한다.
〈372〉 철도산업발전기본법시행령 일부를 다음과 같이 개정한다.
제6조제2항제1호 중 "미래창조과학부차관·교육부차관·행정자치부차관"을 "교육부차관·미래창조과학부차관·행정자치부차관"으로 한다.
제10조제4항제1호 중 "미래창조과학부·교육부·행정자치부"를 "교육부·미래창조과학부·행정자치부"로 한다.
〈373〉 측량·수로조사 및 지적에 관한 법률 시행령 일부를 다음과 같이 개정한다.
제87조제3항제2호 중 "행정자치부"를 "행정자치부"로 한다.
〈374〉 친수구역 활용에 관한 특별법 시행령 일부를 다음과 같이 개정한다.
제27조제2항제1호 중 "행정자치부차관 중 행정자치부장관이 지명하는 자"를 "행정자치부차관"으로 한다.
〈375〉 토지이용규제 기본법 시행령 일부를 다음과 같이 개정한다.
제17조제1호 및 제22조제1항제1호 중 "행정자치부장관"을 각각 "행정자치부장관"으로 한다.
〈376〉 하천법 시행령 일부를 다음과 같이 개정한다.
제74조제2항 중 "행정자치부장관"을 "행정자치부장관"으로 한다.
〈377〉 한국수자원공사법 시행령 일부를 다음과 같이 개정한다.
제12조제1항 각 호 외의 부분, 같은 조 제2항·제3항 및 제13조제1항 각 호 외의 부분 중 "행정자치부장관"을 각각 "행정자치부장관"으로 한다.
〈378〉 항공보안법 시행령 일부를 다음과 같이 개정한다.

제2조제2항제1호 중 "국가정보원 · 관세청 · 경찰청 및 해양경찰청"을 "국민안전처 · 국가정보원 · 관세청 및 경찰청"으로 한다.
〈379〉 개항질서법 시행령 일부를 다음과 같이 개정한다.
제8조 본문 중 "해양경찰서장"을 "해양경비안전서장"으로 한다.
〈380〉 국제항해선박 및 항만시설의 보안에 관한 법률 시행령 일부를 다음과 같이 개정한다.
제12조제1항 중 "관세청, 경찰청 및 해양경찰청"을 "국민안전처, 관세청 및 경찰청"으로 한다.
제15조제11호 중 "해양경찰청장"을 "국민안전처장관"으로 한다.
〈381〉 낚시 관리 및 육성법 시행령 일부를 다음과 같이 개정한다.
제6조제2호 중 "해양경찰서장"을 "해양경비안전서장"으로 한다.
〈382〉 독도의 지속가능한 이용에 관한 법률 시행령 일부를 다음과 같이 개정한다.
제5조제4호를 다음과 같이 하고, 같은 조에 제8호의2를 다음과 같이 신설한다.
4. 행정자치부장관
8의2. 국민안전처장관
제6조의2제2항제1호 중 "행정자치부"를 "행정자치부"로, "해양수산부"를 "해양수산부, 국민안전처"로 한다.
〈383〉 무인도서의 보전 및 관리에 관한 법률 시행령 일부를 다음과 같이 개정한다.
제19조제1항 각 호 외의 부분 중 "해양경찰청장"을 "국민안전처장관"으로, "보고하게 하여야 한다"를 "제출 또는 보고하게 하여야 한다"로 하고, 같은 항 제1호 중 "해양경찰청장"을 "국민안전처장관"으로 한다.
제19조제2항 중 "해양경찰청장"을 "국민안전처장관"으로, "보고하여야 한다"를 "제출 또는 보고하여야 한다"로 하고, 같은 조 제3항 전단 및 같은 조 제4항 중 "해양경찰청장"을 각각 "국민안전처장관"으로 한다.
제20조제1항제1호를 다음과 같이 한다.
1. 해양경비안전서
〈384〉 선원법 시행령 일부를 다음과 같이 개정한다.
별표 2 제2호나목의 위반행위란 중 "해양경찰관서"를 "해양경비안전관서"로 한다.
〈385〉 어업단속공무원의 직무에 관한 규정 일부를 다음과 같이 개정한다.
제9조제1항 중 "10명"을 "12명"으로 하고, 같은 조 제2항 중 "행정자치부 및 해양수산부"를 "행정자치부 · 해양수산부 및 국민안전처"로 한다.
제10조제1항 중 "행정자치부"를 "행정자치부"로 한다.
〈386〉 여수세계박람회 기념 및 사후활용에 관한 특별법 시행령 일부를 다음과 같이 개정한다.

제21조제1항제1호 중 “미래창조과학부, 교육부”를 “교육부, 미래창조과학부”로, “행정자치부”를 “행정자치부”로 한다.

〈387〉 연안관리법 시행령 일부를 다음과 같이 개정한다.

제17조제2항제1호 중 “행정자치부”를 “행정자치부”로, “해양수산부”를 “해양수산부 및 국민안전처”로 한다.

〈388〉 항로표지법 시행령 일부를 다음과 같이 개정한다.

제16조제2항 중 “해양경찰서장”을 “해양경비안전서장”으로 한다.

제22조제2항을 삭제한다.

〈389〉 항만법 시행령 일부를 다음과 같이 개정한다.

제3조제2항제1호 중 “행정자치부”를 “행정자치부”로, “해양수산부”를 “해양수산부, 국민안전처”로 한다.

별표 1 제1호 부산항의 수상구역란 나목 중 “해양경찰청”을 “국민안전처 해양경비안전본부”로 한다.

〈390〉 해사안전법 시행령 일부를 다음과 같이 개정한다.

제10조제1항 각 호 외의 부분, 같은 조 제2항, 제11조제1항부터 제3항까지, 제21조제4항 및 같은 조 제5항 각 호 외의 부분 중 “해양경찰서장”을 각각 “해양경비안전서장”으로 한다.

제11조제4항 중 “해양경찰청”을 “국민안전처”로 한다.

제12조제1항 중 “해양수산부장관(제2항제2호에 따른 해역에서의 선박교통관제의 경우에는 해양경찰청장을 말한다. 이하 이 조에서 같다)”을 “국민안전처장관”으로 한다.

제12조제2항제2호 및 제21조제5항 각 호 외의 부분 중 “해양경찰청장”을 각각 “국민안전처장관”으로 한다.

제12조제4항 중 “해양수산부장관”을 “국민안전처장관”으로 한다.

제21조제2항제12호 및 같은 조 제3항을 각각 삭제하고, 같은 조 제4항 중 “법 제99조제1항”을 “법 제99조제2항”으로, “위임”을 “위탁”으로 하며, 같은 조 제6항 중 “법 제99조제2항”을 “법 제99조제2항 및 제3항”으로 한다.

별표 5 제2호머목의 위반행위란 중 “해양경찰청”을 “국민안전처”로 한다.

〈391〉 해양과학조사법시행령 일부를 다음과 같이 개정한다.

제2조제3항 중 “해양경찰청장”을 “국민안전처장관”으로 한다.

〈392〉 해양생명자원의 확보·관리 및 이용 등에 관한 법률 시행령 일부를 다음과 같이 개정한다.

제29조제2항 중 “해양경찰청장에게 위임한다”를 “국민안전처장관에게 위탁한다”로 한다.

〈393〉 해양수산발전 기본법 시행령 일부를 다음과 같이 개정한다.

제6조제1항 중 “미래창조과학부 제2차관, 교육부차관”을 “교육부차관, 미래창조과학부

제2차관"으로, "행정자치부 제2차관"을 "행정자치부차관"으로, "국토교통부 제2차관 및 해양수산부차관"을 "국토교통부 제2차관, 해양수산부차관 및 국민안전처 해양경비안전본부장"으로 한다.

〈394〉 허베이 스피리트호 유류오염사고 피해주민의 지원 및 해양환경의 복원 등에 관한 특별법 시행령 일부를 다음과 같이 개정한다.

제2조제1호 중 "행정자치부장관"을 "행정자치부장관"으로, "농림축산식품부장관, 산업통상자원부장관"을 "농림축산식품부장관"으로, "국토교통부장관 및 해양수산부장관"을 "국토교통부장관, 해양수산부장관 및 국민안전처장관"으로 한다.

〈395〉 방송법 시행령 일부를 다음과 같이 개정한다.

제39조제21호 중 "행정자치부장관"을 "국민안전처장관"으로 한다.

〈396〉 소비자기본법 시행령 일부를 다음과 같이 개정한다.

제14조제1항 중 "미래창조과학부장관·교육부장관·법무부장관·행정자치부장관"을 "교육부장관·미래창조과학부장관·법무부장관·행정자치부장관"으로 한다.

〈397〉 대부업 등의 등록 및 금융이용자 보호에 관한 법률 시행령 일부를 다음과 같이 개정한다.

제9조의2 및 제11조의4제2항 각 호 외의 부분 중 "행정자치부장관"을 각각 "행정자치부장관"으로 한다.

〈398〉 대부업정책협의회 등의 구성 및 운영에 관한 규정 일부를 다음과 같이 개정한다.

제2조제3항 중 "행정자치부차관"을 "행정자치부차관"으로 한다.

제5조제2항제3호 중 "행정자치부"를 "행정자치부"로 한다.

〈399〉 보험업법 시행령 일부를 다음과 같이 개정한다.

제76조제1항에 제2호의2를 다음과 같이 신설하고, 같은 항 제4호를 삭제한다.

2의2. 국민안전처장관이 지정하는 소속 공무원 1명

〈400〉 특정 금융거래정보의 보고 및 이용 등에 관한 법률 시행령 일부를 다음과 같이 개정한다.

제5조제3항 중 "경찰청·해양경찰청"을 "국민안전처·경찰청"으로 한다.

제12조의 제목 중 "경찰청장"을 "국민안전처장관"으로 하고, 같은 조 제목 외의 부분 중 "경찰청장 및 해양경찰청장"을 "국민안전처장관 및 경찰청장"으로 한다.

제13조제1항 본문 중 "경찰청장·해양경찰청장"을 "국민안전처장관·경찰청장"으로 한다.

제15조제2항 및 같은 조 제3항제2호 중 "행정자치부장관"을 각각 "행정자치부장관"으로 한다.

〈401〉 원자력시설 등의 방호 및 방사능 방재 대책법 시행령 일부를 다음과 같이 개정한다.

제7조제4항제5호 및 제14조제1항제6호 중 "해양경찰서"를 각각 "해양경비안전서"로 한다.

제14조제2항제6호 중 “해양경찰파출소”를 “해양경비안전센터”로 한다.
제30조제2항제1호・제2호・제4호・제7호의5 및 제8호를 각각 다음과 같이 한다.
1. 교육부
2. 미래창조과학부
4. 행정자치부
7의5. 국민안전처
8. 원자력안전위원회
〈402〉 부패방지 및 국민권익위원회의 설치와 운영에 관한 법률 시행령 일부를 다음과 같이 개정한다.
제17조제1항제5호 중 “해양경찰기관”을 “해양경비안전기관”으로 한다.
제68조제3항 전단 중 “행정자치부장관”을 “인사혁신처장”으로 한다.
〈403〉 국가정책조정회의 규정 일부를 다음과 같이 개정한다.
제3조제2항 중 “미래창조과학부장관・교육부장관・행정자치부장관”을 “교육부장관・미래창조과학부장관・행정자치부장관”으로 한다.
〈404〉 온실가스 배출권의 할당 및 거래에 관한 법률 시행령 일부를 다음과 같이 개정한다.
제4조제1항 중 “행정자치부”를 “행정자치부”로 한다.
〈405〉 저탄소 녹색성장 기본법 시행령 일부를 다음과 같이 개정한다.
제10조제1항 중 “미래창조과학부장관, 교육부장관, 외교부장관, 행정자치부장관”을 “교육부장관, 미래창조과학부장관, 외교부장관, 행정자치부장관”으로 한다.
제28조제2항・제5항 및 제10항 중 “행정자치부장관”을 각각 “행정자치부장관”으로 한다.
제36조제3항 중 “행정자치부”를 “행정자치부”로 한다.
〈406〉 정부업무평가 기본법 시행령 일부를 다음과 같이 개정한다.
제8조제3호를 다음과 같이 하고, 같은 조에 제4호를 다음과 같이 신설한다.
3. 조직・정보화부문: 행정자치부
4. 인사부문: 인사혁신처
제17조제1항・제2항, 제18조제2항, 같은 조 제3항제1호・제2호, 같은 조 제5항, 제21조제1항, 같은 조 제2항 전단 및 후단 중 “행정자치부장관”을 각각 “행정자치부장관”으로 한다.
〈407〉 정부출연연구기관 등의 설립・운영 및 육성에 관한 법률 시행령 일부를 다음과 같이 개정한다.
제15조제1항제2호 중 “미래창조과학부・교육부”를 “교육부・미래창조과학부”로, “행정자치부”를 “행정자치부”로, “해앙수산부”를 “해양수산부”로 한다.
〈408〉 행정규제기본법 시행령 일부를 다음과 같이 개정한다.
제18조제2항 중 “행정자치부장관”을 “행정자치부장관”으로 한다.

〈409〉 법제업무 운영규정 일부를 다음과 같이 개정한다.
제12조의2제3항제1호 중 "행정자치부"를 "행정자치부"로 한다.
제23조제3항 중 "행정자치부장관"을 "행정자치부장관"으로 한다.
〈410〉 국가보훈위원회 규정 일부를 다음과 같이 개정한다.
제2조제7호를 다음과 같이 한다.
7. 행정자치부장관
〈411〉 국가유공자 등 예우 및 지원에 관한 법률 시행령 일부를 다음과 같이 개정한다.
제9조제1항제2호 중 "경찰청장 또는 해양경찰청장"을 "국민안전처장관 또는 경찰청장"으로 하고, 같은 항 제3호의2 중 "소방방재청장"을 "국민안전처장관"으로 하며, 같은 항 제4호가목 중 "행정자치부장관"을 "인사혁신처장"으로 한다.
제9조제3항 중 "행정자치부장관"을 "행정자치부장관"으로 한다.
〈412〉 국립묘지의 설치 및 운영에 관한 법률 시행령 일부를 다음과 같이 개정한다.
제6조제1항, 제8조제1항제1호 및 제10조제2항 중 "행정자치부장관"을 각각 "행정자치부장관"으로 한다.
제6조제1항 중 "소방방재청장"을 "국민안전처장관"으로 한다.
〈413〉 보훈보상대상자 지원에 관한 법률 시행령 일부를 다음과 같이 개정한다.
제6조제1항제2호 중 "경찰청장 또는 해양경찰청장"을 "국민안전처장관 또는 경찰청장"으로 하고, 같은 항 제4호 중 "소방방재청장"을 "국민안전처장관"으로 하며, 같은 항 제5호가목 중 "행정자치부장관"을 "인사혁신처장"으로 한다.
〈414〉 마약류 관리에 관한 법률 시행령 일부를 다음과 같이 개정한다.
제5조의2 중 "행정자치부, 보건복지부, 여성가족부, 국가정보원, 관세청, 검찰청, 경찰청, 해양경찰청"을 "행정자치부, 보건복지부, 여성가족부, 국민안전처, 국가정보원, 관세청, 검찰청, 경찰청"으로 한다.
〈415〉 대통령 등의 경호에 관한 법률 시행령 일부를 다음과 같이 개정한다.
제26조제3항 중 "행정자치부장관 및 기획재정부장관"을 "기획재정부장관 및 인사혁신처장"으로 한다.
〈416〉 국가정보원직원법 시행령 일부를 다음과 같이 개정한다.
제2조의3제7항 단서 중 "행정자치부장관"을 "인사혁신처장"으로 한다.
〈417〉 방첩업무 규정 일부를 다음과 같이 개정한다.
제2조제3호나목 및 다목을 각각 다음과 같이 한다.
나. 국민안전처
다. 경찰청
제10조제3항제1호 중 "외교부"를 "외교부"로, "행정안전부 및 국무총리실"을 "행정자치

부, 국민안전처 및 국무조정실"로 하고, 같은 항 제2호 중 "경찰청 및 해양경찰청"을 "경찰청"으로 한다.

〈418〉 정보및보안업무기획·조정규정 일부를 다음과 같이 개정한다.

제5조를 다음과 같이 한다.

제5조(조정업무의 범위) 국정원장이 정보 및 보안업무에 관하여 행하는 조정 대상기관과 업무의 범위는 다음과 같다.

1. 미래창조과학부
   가. 우편검열 및 정보자료의 수집에 관한 사항
   나. 북한 및 외국의 과학기술 정보 및 자료의 수집관리와 활용에 관한 사항
   다. 전파감시에 관한 사항
2. 외교부
   가. 국외정보의 수집에 관한 사항
   나. 출입국자의 보안에 관한 사항
   다. 재외국민의 실태에 관한 사항
   라. 통신보안에 관한 사항
3. 통일부
   가. 통일에 관한 국내외 정세의 조사·분석 및 평가에 관한 사항
   나. 남북대화에 관한 사항
   다. 이북5도의 실정에 관한 조사·분석 및 평가에 관한 사항
   라. 통일교육에 관한 사항
4. 법무부
   가. 국내 보안정보의 수집·작성에 관한 사항
   나. 정보사범 등에 대한 검찰정보의 처리에 관한 사항
   다. 공소보류된 자의 신병처리에 관한 사항
   라. 적성압수금품등의 처리에 관한 사항
   마. 정보사범 등의 보도 및 교도에 관한 사항
   바. 출입국자의 보안에 관한 사항
   사. 통신보안에 관한 사항
5. 국방부
   가. 국외정보·국내보안정보·통신정보 및 통신보안업무에 관한 사항
   나. 제4호나목부터 마목까지에 규정된 사항
   다. 군인 및 군무원의 신원조사업무지침에 관한 사항
   라. 정보사범 등의 내사·수사 및 시찰에 관한 사항

6. 행정자치부
   가. 국내 보안정보(외사정보 포함)의 수집·작성에 관한 사항
   나. 정보사범 등의 내사·수사 및 시찰에 관한 사항
   다. 신원조사업무에 관한 사항
   라. 통신정보 및 통신보안 업무에 관한 사항
7. 문화체육관광부
   가. 공연물 및 영화의 검열·조사·분석 및 평가에 관한 사항
   나. 신문·통신 그 밖의 정기간행물과 방송 등 대중전달매체의 활동 조사·분석 및 평가에 관한 사항
   다. 대공심리전에 관한 사항
   라. 대공민간활동에 관한 사항
8. 산업통상자원부
   국외정보의 수집에 관한 사항
9. 국토교통부
   국내 보안정보(외사정보 포함)의 수집·작성에 관한 사항
10. 해양수산부
   국내 보안정보(외사정보 포함)의 수집·작성에 관한 사항
11. 국민안전처
   가. 국내 보안정보(외사정보 포함)의 수집·작성에 관한 사항
   나. 정보사범 등의 내사·수사 및 시찰에 관한 사항
   다. 통신정보 및 통신보안 업무에 관한 사항
12. 방송통신위원회
   가. 전파감시에 관한 사항
   나. 그 밖에 통신정보 및 통신보안 업무에 관한 사항
13. 그 밖의 정보 및 보안 업무 관련 기관
   정보 및 보안 관련 업무에 관한 사항

저자약력

권혁빈

연세대학교 행정학 학사

미국 Indiana University 행정학 석사

뉴욕주립대 올버니 행정학 박사

前) Center for Technology 연구원

한국행정연구원 수석연구원

현) (사)한국안전교육정책연구소 사무총장

한국국가정보학회 편집위원

한국경호경비학회 이사

한국대테러정책학회 이사

〈논문〉

- Interorganizational Collaboration and community-building for the preservation of state government digital information: Lessons from NDIIPP state partnership initiative
- The Conflict between People's Rights and National Security in the Formulation and Implementation of the U.S. Freedom of Information Act (FOIA)
- NSC(국가안전보장회의) 체제의 한미일 비교
- 국가통합위기관리체제의 필요성과 구축 방안
- 개인정보 유출을 통해 본 잊혀질 권리와 개인정보보호법의 개선방안 등

저자약력

박준석(朴埈奭)

현) 한국국가안보·국민안전학회 회장
한국경호경비학회 명예회장
(사)한국안전교육정책연구소 이사장
정부업무 국정과제 평가위원
용인대학교 경호학과 교수(학과장)
행정자치부 정책자문위원회 안전관리분과 총괄위원
한국사회안전학회 부회장
한국국가정보학회 부회장
한국산업보안연구학회 부회장
국가정보원 국가대테러정책 자문위원
국민안전처 정책자문위원
경찰청·서울청 자문위원
국민생활체육회 이사
교육부 학교폭력 자문위원
한국범죄심리학회 상임이사
한국대테러정책학회 총무이사
한국경찰연구학회 이사

〈저서〉

- 국가안보·위기관리 대테러론
- 산업보안론
- 경호학 원론
- 경호무도론
- 민간경비산업론

그 외 다수

〈논문〉

- 국가안보 및 국민의 안전을 위한 위기관리 제도적 개선방안
- 뉴테러리즘의 대응전략의 민간 산·학·관·연의 상호협력방안
- 경호학의 학문적 정립을 위한 발전방안
- 산업기술유출방지법상 국가핵심기술의 효율적 통제방안
- 한국 민간경비시장 확대방안에 관한 연구

그 외 다수

국가안보정책론

2015년 3월 10일 초판 1쇄 인쇄
2015년 3월 15일 초판 1쇄 발행

지은이 권혁빈 · 박준석
펴낸이 진욱상 · 진성원
펴낸곳 백산출판사
교　정 편집부
본문디자인 오행복
표지디자인 오정은

저자와의 합의하에 인지첩부 생략

등　록 1974년 1월 9일 제1-72호
주　소 서울시 성북구 정릉로 157(백산빌딩 4층)
전　화 02-914-1621/02-917-6240
팩　스 02-912-4438
이메일 editbsp@naver.com
홈페이지 www.ibaeksan.kr

ISBN 979-11-5763-042-4
값 25,000원